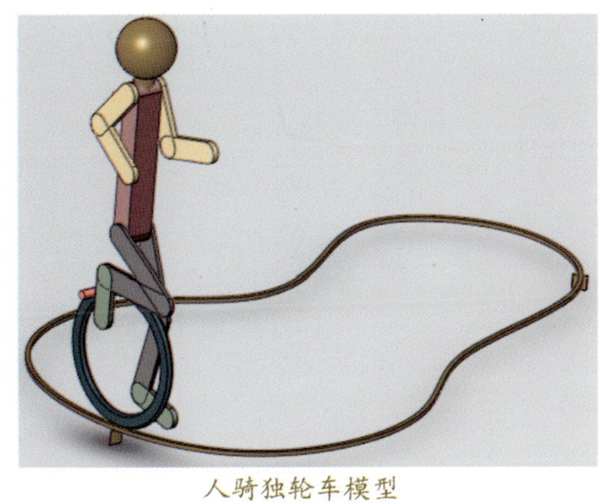

人骑独轮车模型

装载机模型

行驶的汽车模型

翱翔的飞机模型

赛车场模型

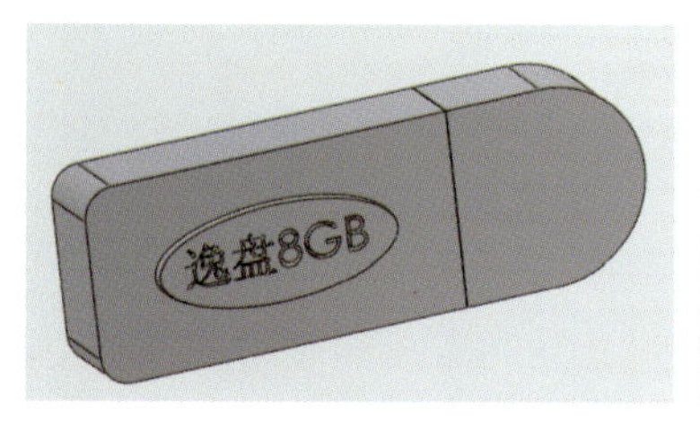

U 盘模型

五环模型

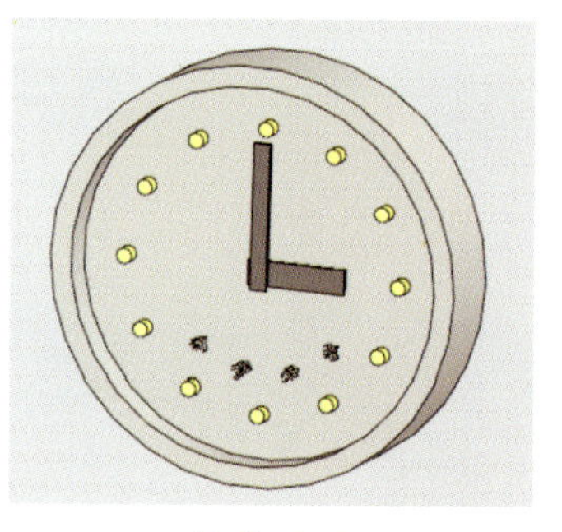

钟表模型

轮胎模型

模具剖切模型

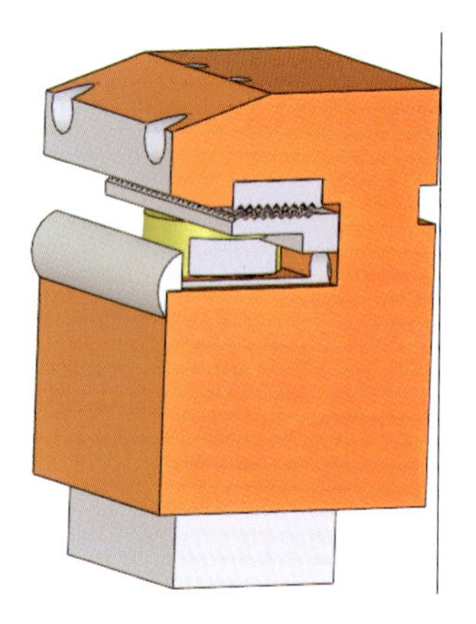

夹钳模型

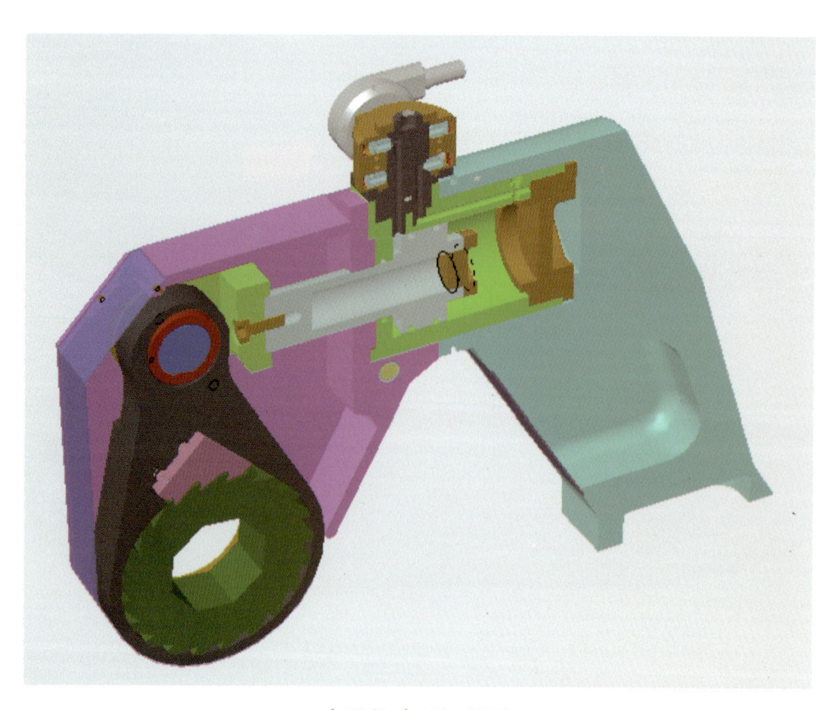

液压扳手剖切模型

全国本科院校机械类创新型应用人才培养规划教材

SolidWorks 三维建模及实例教程

主　编　上官林建

副主编　张学宾　郜金华

参　编　赵　新　纪占玲

主　审　魏　峥

北京大学出版社

PEKING UNIVERSITY PRESS

内 容 简 介

本书以最新版的 SolidWorks 2009(中文版)为蓝本，通过丰富的设计案例，系统地介绍 SolidWorks 2009 的主要功能及其使用技巧，采用理论和实践相结合的方法，以各种设计理念作为学习的目标，引导读者快速掌握三维设计技术。

全书共分 8 章，循序渐进地介绍了 SolidWorks 软件在草图绘制、特征造型、零件设计、装配体设计、工程图建立和动画制作方面的知识。全书贯穿了 SolidWorks 软件的综合运用并紧密结合实例，对该软件难懂的部分进行了深入剖析，同时帮助已初步掌握 SolidWorks 的用户达到更加精湛的技术水平。本书每章节前都配有教学目标和教学要求，方便阅读和学习，章中有使用技巧和特别提示，可提高读者的实际操作能力，少犯错误或少走弯路，章后有小结，并配有适量的习题，以供读者掌握和提高。

本书可作为高等院校大机械各专业的 CAD/CAM 课程教材，还可作为 SolidWorks 培训教材和参加 CSWP(Certified SolidWorks Professional，SolidWorks 认证专家)认证考试的参考书。

图书在版编目(CIP)数据

SolidWorks 三维建模及实例教程/上官林建主编. —北京：北京大学出版社，2009.5

(全国本科院校机械类创新型应用人才培养规划教材)

ISBN 978-7-301-15149-5

Ⅰ. S… Ⅱ. 上… Ⅲ. 计算机辅助设计—应用软件，SolidWorks—高等学校—教材 Ⅳ. TP391.72

中国版本图书馆 CIP 数据核字(2009)第 055967 号

书　　名：SolidWorks 三维建模及实例教程

著作责任者：上官林建　主编

策 划 编 辑：郭穗娟

责 任 编 辑：李　楠

标 准 书 号：ISBN 978-7-301-15149-5/TH・0133

出　版　者：北京大学出版社

地　　址：北京市海淀区成府路 205 号　100871

网　　址：http://www.pup.cn　http://www.pup6.cn

电　　话：邮购部 62752015　发行部 62750672　编辑部 62750667　出版部 62754962

电 子 邮 箱：pup_6@163.com

印　刷　者：北京飞达印刷有限责任公司

发　行　者：北京大学出版社

经　销　者：新华书店

787 毫米×1092 毫米　16 开本　18.5 印张　427 千字　彩插 2

2009 年 5 月第 1 版　2015 年 8 月第 3 次印刷

定　　价：30.00 元

前　　言

SolidWorks 软件是世界上第一个基于 Windows 操作系统开发的三维 CAD 系统，该软件以参数化特征造型为基础，具有功能强大、易学、易用等特点，在全球拥有 50 万用户。在美国，麻省理工学院、斯坦福大学等高校已经把 SolidWorks 软件列为制造专业的必修课，在国内，清华大学、北京航空航天大学、北京理工大学等高校也在应用 SolidWorks 软件进行教学，目前国内外有越来越多的企业和科研院所正采用 SolidWorks 软件进行产品设计和开发。

本书以最新版的 SolidWorks 2009(中文版)为蓝本，循序渐进地介绍了 SolidWorks 软件在草图绘制、特征造型、零件设计、装配体设计、工程图建立和动画制作方面的知识。通过丰富的设计案例，系统地介绍了 SolidWorks 软件的主要功能及其使用技巧。

本书注重“学以致用”和“理论联系实际”，不仅讲述了 SolidWorks 软件如何使用和操作，而且还贯穿了相应的 CAD 原理内涵和理论知识，引导读者形成正确的三维软件学习方法，通过大量实例来培养读者从事实际产品开发和设计的能力。

本书由华北水利水电学院上官林建主编，张学宾和郤金华为副主编，赵新和纪占玲为参编。具体写作分工如下：第 1 章、第 2 章由郑州航空工业管理学院赵新编写，第 3 章、第 4 章的 4.1 节、4.3 节由华北水利水电学院郤金华编写，第 5 章、第 6 章由河南科技大学张学宾编写，第 4 章(除 4.1 节和 4.3 节两节)、第 7 章由华北水利水电学院上官林建编写，第 8 章由华北水利水电学院纪占玲编写。

全书由山东理工大学魏峥教授主审，魏教授对全书进行了认真的审阅，提出了许多宝贵的意见，使本书的内容更为严谨，在此深表感谢！

在本书编写过程中，得到了孙建国等专家和网友的热情支持，并参考和借鉴了许多国内外公开出版和发表的文献，在此一并致谢！

由于编者水平有限，加之时间仓促，书中难免存在不妥或疏漏之处，恳请广大读者批评指正，以便再版时修正。

为方便老师授课及读者自学，编者提供了全书的模型文件和配套的电子课件。有需要的读者可登录北京大学出版社第六事业部的网站 http://www.pup6.cn，免费下载或者致信编者邮箱 sgljbh@163.com 索取，编者会无偿提供。

编　者

2009 年 3 月

目　录

第1章　绪　　论

教学目标

了解常见三维设计软件的功能特点，熟悉 SolidWorks 软件操作环境，知道该软件所具备的功能，对软件基本操作有初步的认识。

教学要求

能力目标	知识要点	权重	自测分数
了解三维设计软件的特点	SolidWorks 2009 版功能特点	10%	
掌握基本概念和术语	特征建模方法、参数化技术等	30%	
认识 SolidWorks 用户界面	基本界面构成与工具栏的个性化定制	45%	
了解三维模型构建流程	SolidWorks 的基本操作过程	15%	

引例

在学习机械制图的时候，总会有同学感到困难，因为他们无法将平面图形与立体实物联系起来。以往遇到这种情况，同学们会用大萝卜自己雕刻一下实物，来帮助建立立体感。现在的条件好多了，制图老师可以采用三维设计软件来训练同学们的立体感。这样不仅效果良好，而且绿色环保。比如，图 1.1 是一个设计 U 盘的例子。该 U 盘是由主体和盘盖两个零件组成的一个装配体。采用 SolidWorks 软件设计时，直接进行两个零件的三维立体设计(见左上和左下视口)；然后将两个零件进行虚拟装配，形成一个装配体(见右上视口)；最后由 SolidWorks 软件自动生成工程图(见右下视口)。在整个过程中，零件、装配体和工程图是全联动的。如果设计者认为装配体中某零件尺寸不合适，可以直接进行修改，那么零件和工程图中相应的尺寸就会随之修改。事实上，采用三维软件设计，就仿佛是在加工自己的作品，设计者的主要精力用于构思上，其余的辅助工作由软件辅助完成，可以大大地提高设计效率和质量。

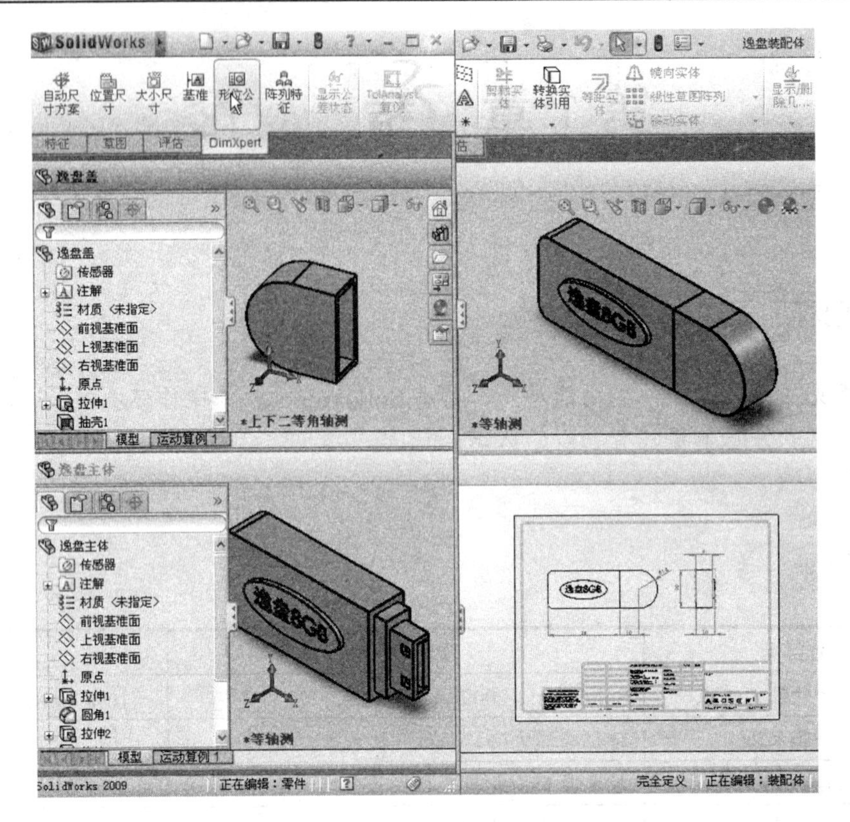

图 1.1　U 盘的零件、装配体和工程图

1.1　SolidWorks 概述

1.1.1　三维设计软件的优势

现阶段，计算机辅助设计(CAD)软件已经被许多企业和设计院校所使用，其应用领域也越来越广泛。通过大量的实践表明，三维 CAD 软件比二维 CAD 软件具有更大的优势，具体表现如下：

1. 零件设计更加方便

使用三维 CAD 软件，可以直接设计立体实物，【资源查找器】中的【零件回放】还可以把建模过程通过动画演示出来，使人一目了然；也可以在装配环境下，利用相邻零件的位置及形状来设计新零件，避免了单独设计零件导致装配的失败。

2. 零件装配更加直观

三维 CAD 软件可以实现虚拟装配(见图 1.2)。在装配过程中，【资源查找器】中的【装配路径查找器】记录了零件之间的装配关系，若装配不正确即予以显示。另外，零件还可以隐藏，在隐藏了外部零件的时候，可清楚地看到内部的装配结构。整个机器装配模型完成后还能进行运动演示，对于有一定运动行程要求的，可检验行程是否达到要求，及时对设计进行更改，避免了产品生产后才发现需要修改甚至报废。

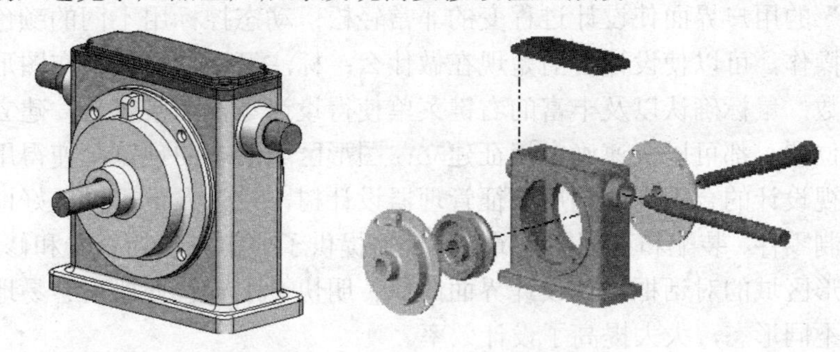

图 1.2 虚拟装配模型

3. 缩短了设计周期

采用三维 CAD 技术，设计时间缩短了近 1 / 3，大幅度地提高了设计效率。采用三维 CAD 软件进行新产品的开发设计时，只需对其中部分零部件进行重新设计和装配，而大部分零部件的设计都继承以往的信息。另外，三维 CAD 软件具有高度变型设计能力，能够通过快速重构，得到一种全新的机械产品。

4. 提高了设计质量

三维 CAD 技术采用先进的设计方法，如有限元受力分析、产品的虚拟制造、运动仿真和优化设计等，提高了产品的设计质量。同时，若采用 CAD / CAPP / CAM 进行产品加工，则一致性更好，保证了产品质量相应提高。

1.1.2 三维设计软件的种类

经过多年的高速发展，三维 CAD 软件家族人丁兴旺，如影视行业、建筑行业和机械设计行业的三维 CAD 软件。同时，随着三维技术的日趋成熟，CAD 软件的专业性也更加明显。就机械行业而言，主要的三维软件有如下几种：

UGS 公司的 NX(高端)和 Solid Edge(中端)，该公司软件几乎垄断了汽车行业，而且三维软件行业的最大内核 Parasolid 就是 UGS 的产品；

达索集团的 CATIA(高端)和 SolidWorks(中端)，CATIA 几乎垄断航空业用户；

PTC 公司的 Pro / ENGINEER，主要应用于模具行业；

Autodesk 公司的 Inventor，主要优点是可以很好地读取 AutoCAD 图样。

1.1.3 SolidWorks 软件

SolidWorks 机械设计自动化软件是一个基于特征的参数化实体建模设计工具，一贯倡导三维 CAD 软件的易用性、高效性，其主要的特点和优点包括：

1. 操作简单

SolidWorks 全面采用 Microsoft Windows 的技术，支持特征的“剪切、复制、粘贴”等操作，对于熟悉 Windows 的设计人员来说，十分方便。

2. 清晰、直观、整齐的“全动感”用户界面

“全动感”的用户界面使设计过程变的非常轻松：动态控标用不同的颜色及说明提醒设计者目前的操作，可以使设计者清楚现在做什么；标注可以使设计者在图形区域就给定特征的有关参数；鼠标确认以及丰富的右键菜单使得设计零件非常容易；建立特征时，无论鼠标在什么位置，都可以快速确定特征建立；图形区域动态的预览，使得用户在设计过程中就可以审视设计的合理性；利用特征管理器设计树，设计人员可以更好地通过管理和修改特征来控制零件、装配和工程图；属性管理器提供了非常方便的查看和修改属性操作，同时减少了图形区域的对话框，使设计界面简捷、明快；配置管理器很容易地建立和修改零件或装配的不同形态，大大提高了设计效率。

3. 灵活的草图绘制和检查功能

草图绘制状态和特征定义状态有明显的区分标志，设计者可以很容易了解自己的操作状态；草图绘制更加容易，可以快速适应并掌握 SolidWorks 灵活的绘图方式：单击-单击式或单击-拖动式；单击-单击式的绘制方式非常接近 AutoCAD 软件；绘制草图过程中的动态反馈和推理可以自动添加几何约束，使得绘图非常清楚和简单；草图中采用不同的颜色显示草图的不同状态；拖动草图的图元，可以快速改变草图形状甚至是几何关系或尺寸值；可以检查草图的合理性。

4. 强大的特征建立能力和零件与装配的控制功能

SolidWorks 软件具有强大的基于特征的实体建模功能。通过拉伸、旋转、薄壁特征、高级抽壳、特征阵列以及打孔等操作来实现零件的设计；可以对特征和草图进行动态修改；利用 FeaturePalette 窗口，只需简单地拖动到零件中就可以快速建立特征；利用零件和装配体的配置不仅可以利用现有的设计，建立企业的产品库，而且解决了系列产品的设计问题；可以利用 Excel 软件驱动配置，从而自动地生成零件或装配体；在装配中可以实现智能化装配，可以进行动态装配干涉检查和间隙检测，以及静态干涉检查；可以动画式地装配和动态查看装配体运动。

5. 自动生成工程图功能

可以为三维模型自动产生工程图，包括视图、尺寸和标注；使用 RapidDraft 工程图技术，可以将工程图与三维模型单独进行操作，以加快工程图的操作，但仍然保持与三维模型的相关性；可以建立各种类型的投影视图、剖面视图和局部放大图。

6. 方便的数据交换功能

可以通过标准数据格式与其他 CAD 软件进行数据交换；提供数据输入诊断功能，允许用户对输入的实体执行几何体简化、模型误差重设以及冗余拓扑移除。

7. 支持工作组协同作业

3DMeeting 是基于微软 NetMeeting 技术而开发的、专门为 SolidWorks 设计人员提供的协同工作环境，可以通过 Internet 利用 3DMeeting 实时地协同工作；支持 Web 目录，可以将设计数据存放在互联网的文件夹中，像存放在本地硬盘一样方便；将工程图输出成

eDrawings 文件格式，可以非常方便地交流设计思想；提供了自由、开放、功能完整的 API 开发工具接口，用户可以根据实际情况利用 VC、VB、VBA 或其他 OLE 开发程序对 SolidWorks 进行二次开发。

8. SolidWorks 合作伙伴计划和集成软件

作为“基于 Windows 平台的 CAD / CAE / CAM / PDM 桌面集成系统”的核心软件，SolidWorks 完整提供了产品设计的解决方案。而 SolidWorks“合作伙伴计划”又提供了许多高性价比的解决方案，SolidWorks 用户可以从非常广泛的范围内选择在产品开发、加工制造以及数据管理等各个方面的软件，其中许多“金牌产品”与 SolidWorks 完全集成，在相应领域中处于领先水平。

9. SolidWorks 2009 新增功能

SolidWorks 2009 的性能有了非常大的提高，具体内容可以参考该软件的【帮助】菜单中【新增功能】。对于机械设计人员来说，以下这些全新增强功能是值得注意的：

1) 新增的最轻量化模式(SpeedPak)

SpeedPak 可以让用户对机器资源的使用更具策略性，在不牺牲图形细节的情况下处理复杂的子装配体，在 SpeedPak 的操作界面选择用户需要的面和零部件，其他部分做最轻量化处理，这些面和孔将用于把子装配体安装到上一级装配体。它几乎不占内存，但却能使图形保持高精度，当添加配合关系时，SolidWorks 会为用户过滤视图，只有用户在 SpeedPak 中指定的那些面和零部件会被选中，这样可实现性能的大幅提升。此外 SpeedPak 可以闪电般的速度绘制工程图。由于 SpeedPak 充分保留了图形精度，工程图视图中的细节将始终存在，不用担心用户执行的所有常规出详图任务，包括尺寸标注以及生成材料明细表。

SpeedPak 的另一大好处是：您可以同其他的 SolidWorks 用户分享 SpeedPak 装配体，而不必发送所有相关的零部件文件。

2) 打开指定工程图(Open Drawing to Specific Sheet)

SolidWorks 2009 满足了用户对处理大型装配体及复杂模型工程图文件性能提升的要求。通常大装配或复杂模型往往需要添加多张图纸来表达，这样就会使该文件过大，造成运行缓慢。这一版本新增加了选择性打开图纸，我们可将需要处理的那一页工程图信息加载到内存，进行细节编辑，同时还可预览其他图纸页，如需处理其他图纸内容，可以随时选定该页(右键选择【装载图纸】即可)，大幅提升了大型工程图文件的处理能力。

3) 唇缘 / 凹槽(Lip-Groove and Rib)

SolidWorks 2009 设计塑料件的扣合工具组中增加了一个新特征“唇缘 / 凹槽”。当采用 Top-Down 的方式来设计这个塑料件时，首先使用拔模分析工具确定分型线的位置，并依据此分型线绘制分割该零件的“盖”和“底”的草图并做分割实体的操作，单击【唇缘 / 凹槽】特征命令，根据菜单要求分别选择“盖”和“底”的实体部分及参考面，然后为上下两个实体分别依次选择“接触面”和“内边”确定间隙参数后即可完成。过去用户需要很多复杂步骤和高级建模手段才可以做到，现在我们有了专门的特征命令。另外“筋特征”有了增进功能，用户可以控制带拔模角度筋的厚度尺寸在草图平面还是壳体塑料件底部交接处，避免筋厚度大于壳体引起表面缺陷。

4) 转换实体到钣金(Solid to SheetMetal)

在设计复杂钣金零件如“料斗，通风口”等结构时，用常规的钣金折弯特征是很难实现的。通常采用“Top-Down”的设计思路，先用实体建模特征构建总体钣金成型后的外形，然后单击钣金工具集中的新增特征【转换到钣金】，在菜单中依次选择“固定面，折弯边线及钣金的厚度和折弯半径”等参数。SolidWorks 2009会帮助用户自动计算出“撕裂边或开口面”，这样就非常快捷的完成复杂钣金结构设计。以前要通过“抽壳，切口，插入折弯”等多个步骤，且经常出现由于参数冲突造成转换失败。

1.2 基本概念和术语

根据以往的经验，在开始介绍SolidWorks软件之前，先说明一些基本概念和术语，可以大幅度地提高读者的学习效率。

1. 几何模型(Geometric Model)

几何模型是用几何概念描述物理或者数学物体形状。它包含了物体的几何信息和拓扑信息。几何信息是指物体在欧氏几何空间中的形状、位置和大小，拓扑信息则是指物体各分量的数目及其相互间的连接关系。计算机中常用的几何模型有线框模型、表面模型和实体模型三种。在计算机中构造物体模型的过程称为建模，几何建模就是构建或者使用几何模型的过程。

2. 线框模型(Wireframe Model)

线框模型是早期CAD软件中三维物体的可视化表示方法。它由物体两个光滑连续的表面相交而成，或者用直线或曲线连接物体顶点得到。这样就可以通过绘制其每一条边线来将物体映射到计算机屏幕上(见图1.3)。事实上，线框模型是利用顶点和棱边来描述物体，因此不能完全反映物体的信息。

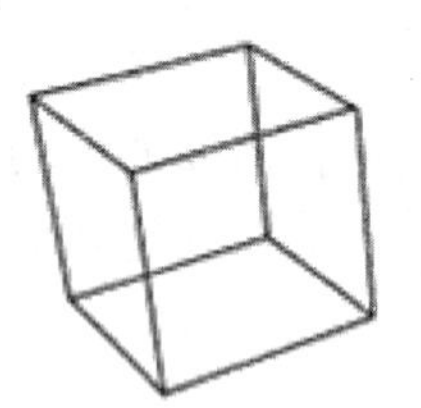
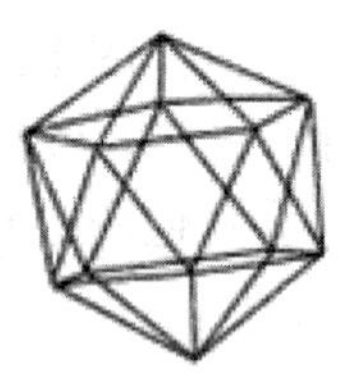
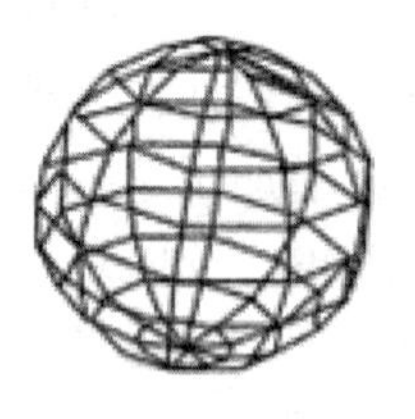

图1.3 立方体、二十面体和球体的线框模型

线框模型相对来说比较简单而且计算速度快，所以这种方法经常用于高帧速的场合(如非常复杂的三维模型或者模拟外部现象的实时系统)。但线框模型在三维方面的进一步处理上有很多麻烦和困难，如消隐、着色、特征处理等。

3. 曲面模型(Surface Model)

曲面模型是用面的集合来描述物体的模型。曲面建模有三种应用类型：一是原创产品设计，由草图建立曲面模型；二是根据二维图纸进行曲面建模，即所谓图纸建模；三是逆向工程，即点测绘建模。

曲面模型能够反映物体的外表面信息，可以对物体做剖面和消隐等处理(见图 1.4)。从曲面模型上可以获得数控加工编程所需信息，为 CAD / CAM 建立统一模型提供了基础。然而，该模型不能准确地表达物体的质量、重心和惯性矩等，难以实现 CAE。

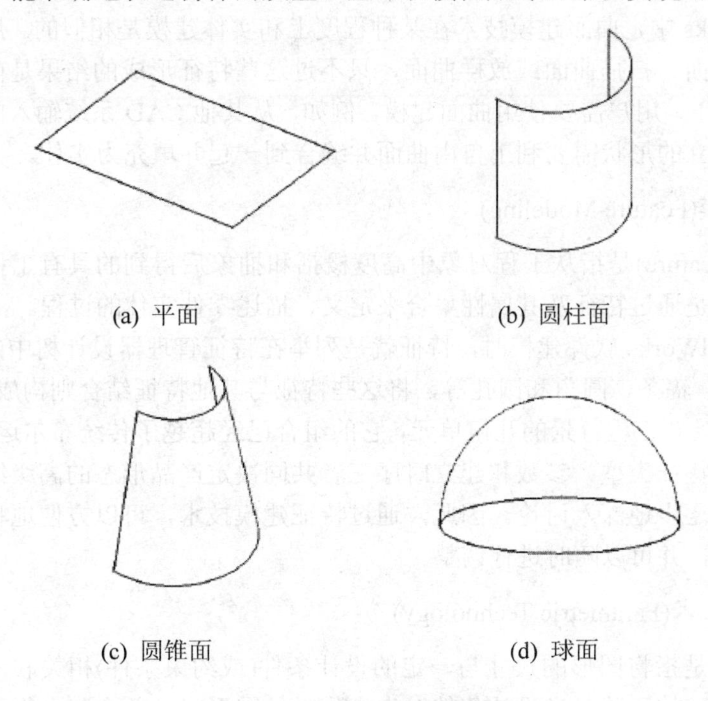

(a) 平面　(b) 圆柱面

(c) 圆锥面　(d) 球面

图 1.4　简单曲面模型

4. 实体模型(Solid Model)

实体模型是用几何信息和拓扑信息的集合来描述物体的模型。实体模型能精确地表达物体在空间上的全部属性，为 CAD / CAE / CAM 建立统一模型提供了基础，是目前运用最广泛的模型。在 SolidWorks 中设计零件时所使用的理论基础就是实体模型(见图 1.5)。

图 1.5　手轮的实体模型

曲面模型和实体模型的区别在于所包含的信息及其完备性不同：

(1) 实体模型总是封闭的，没有任何缝隙和重叠边，而曲面模型可以不封闭，几个曲面之间可以不相交，也可以有缝隙和重叠；

(2) 实体模型所包含的信息是完备的，系统知道哪些空间是在实体“内部”，哪些空间是在“外部”；而曲面模型缺乏这种信息的完备性。可以把曲面看成是极薄的“薄壁特征”，曲面只有形状，没有厚度。当把多个曲面组合到一起，使得其边界重合并且没有缝隙后，可以把结合到一起的曲面进行“填充”，将曲面转化成实体。

在 SolidWorks 中，曲面建模技术在某种程度上和实体建模是相似的。用户可以建立拉伸曲面、旋转曲面、扫描曲面或放样曲面，只不过这些特征形成的结果是曲面，而不是实体。在许多情况下，用户需要使用曲面建模。例如，从其他 CAD 系统输入的数据生成了曲面模型，或者建立的形状需要利用自由曲面并缝合到一起并填充为实体。

5. 特征建模(Feature Modeling)

所谓特征(Feature)是指从工程对象中高度概括和抽象后得到的具有工程语义的功能要素。特征建模就是通过特征及其属性集合来定义、描述零件实体的过程。

当使用 SolidWorks 软件建模时，特征就是列举在特征管理器设计树中的单个形状，如图 1.5 中的凸台、辐条、圆角和圆孔等，将这些特征与其他特征结合则构成零件或装配体。但是，特征作为具有工程背景的几何单元，它的组合已经超越了传统布尔运算的减加并差，而是延伸为一种特征类型、参数和建立时序三者共同决定产品形态的高级组合方式，这在后面的章节中会逐步地深入讨论。因此，通过特征建模技术，可以方便地将设计意图融合进产品实体之中，并可以随时进行调整。

6. 参数化技术(Parametric Technology)

参数化技术是指将图形的尺寸与一定的设计条件(或约束条件)相关联，将图形的尺寸看成“设计条件”的函数，当设计条件发生变化时，图形尺寸便会随之得到相应更新。比如形状相似、边长尺寸不同的一组零件，可以将边长设置为某参数的函数，通过给定参数的取值范围来改变零件图形的大小。

7. 原点(Origin)

模型原点显示为三个灰色箭头，代表模型的(0,0,0)坐标。当草图为激活状态时，草图原点显示为红色，代表草图的(0,0,0) 坐标。尺寸和几何关系可以添加到模型原点，但不能添加到草图原点。

8. 基准面(Plane)

设计人员在建立零件模型之前必须考虑草图绘制在哪个平面上的问题。SolidWorks 软件提供了三个默认的绘图基准面，分别为“前视”、“上视”和“右视”，可以对应于机械制图中的“主视”、“俯视”和“左视”。除此之外，设计人员也可根据需要自定义参考基准面。

1.3 SolidWorks 用户界面

当打开一个已有文件，继续进行零件设计时，SolidWorks 用户界面如图 1.6 所示。默认状态下，界面包含菜单栏、命令管理器、配置管理器、属性管理器、特征管理器(FeatureManager)设计树、工具栏、状态栏、任务窗格和图形区域。

图 1.6　SolidWorks 用户界面

1.3.1　下拉菜单

在进行零件设计过程中，单击 SolidWorks 2009 界面菜单栏中 SolidWorks 图标右端的按钮，会弹出下拉菜单，图 1.7 所示。一共有 7 个子菜单，即为【文件(F)】、【编辑(E)】、【视图(V)】、【插入(I)】、【工具(T)】、【窗口(W)】和【帮助(H)】。它们的使用方法与 Windows 的很相似。值得注意的是，在不同状态下和不同设计窗口中，弹出的下拉菜单中子菜单数目以及各子菜单中的可用选项会有所差异。

图 1.7　SolidWorks 下拉菜单

1.3.2　命令管理器

命令管理器可以根据设计者要使用的工具栏进行动态更新。默认情况下，它根据文档类型嵌入相应的工具栏。将鼠标置于命令管理器右击，会弹出命令管理器菜单，单击下面的选项卡将更新工具栏。例如，单击【草图】选项卡，草图工具栏将出现。

1.3.3　属性管理器

在 SolidWorks 窗口中，属性管理器与特征管理器设计树、配置管理器处于同样的位置，当属性管理器被激活时，它将代替特征管理器设计树、配置管理器而显示在最上层。属性管理器具有对话框的功能，许多操作命令可通过属性管理器执行。它位于窗口左侧，既能方便地用于设置对象的属性、参数、定义和配置，又不会覆盖。设计人员可根据需要拖动分隔条来调整属性管理器窗口大小。

图 1.8　编辑【拉伸特征】时属性管理器的有关选项

当编辑某一特征的定义、选取尺寸或编辑对象的属性时，属性管理器会自动弹出。图 1.8 所示是编辑【拉伸特征】时属性管理器的有关选项，它包括的内容有：特征名称和特征图像的标题栏、【确定】按钮、【取消】按钮、【帮助】按钮、【特征方向】按钮、激活的选项组、未激活的选项组、【打开】或【关闭】选项组开关等。当选定对象不同时，属性管理器的有关选项也略有不同，除图 1.8 中表示的一些按钮和功能外，有时还有其他一些选项和按钮，如【上一步】按钮、【下一步】按钮、配置框等。

1.3.4　特征管理器设计树

特征管理器设计树可以动态地、可视化地记录和显示草图、特征、零件模型、装配体和工程图的设计过程，因而，提供了激活零件、装配体或工程图的大纲视图。在设计过程中，当一个草图、一个特征建立后，就自动加入到特征管理器设计树中；当一个零部件装配到装配体中时，该零件也自动加入到特征管理器设计树中；每当工程图中新增加一个视图，该视图的名称也将自动添加到特征管理器设计树中。

在特征管理器设计树中，设计人员可以编辑草图、特征、装配关系和工程视图。它不但记录了设计过程中每一操作结果，而且将操作结果按时间顺序排列。如果人为改变这种排列顺序，将导致设计对象的变化。在设计过程中，通过特征管理器设计树，可以随时、方便地查看零件模型或装配体的构造情况，或者查看工程图中的不同图样和视图。如果设计的草图过定义了，则草图之前显示(+)；如果草图欠定义，则草图之前显示(−)；如果草图不能解出，则草图之前显示(?)；如果草图已完全定义，则没有前缀。如果装配体零部件的位置过定义，则装配体零部件之前显示(+)；如果装配体零部件的位置欠定义，则显示(−)；如果装配体零部件的位置无法解出，则显示(?)；如果装配体零部件的位置被固定(锁定于某个位置)，则显示(固定)。如果配合关系牵涉到过定义零部件的位置，则配合的名称之前显示(+)；如果前面显示(?)，则表示配合无法解出。

通过特征管理器选项，可指定特征管理器设计树以自动滚动的方式来显示与图形区域上所选项目相关的特征图标；当生成一个新的模型特征时，在特征管理器设计树窗口内，该特征名称会自动成为选取状态，设计人员也可以输入自己选用的名称；可使用方向键在特征管理器设计树中移动，并且可以展开或是折叠特征目录及内容；指定当光标经过特征管理器设计树中的项目时，图形区域中的相应几何体(边线、面、基准面、轴等)会被高亮显示。通过鼠标上下拉动退回控制棒，可将模型暂时恢复到以前的一个状态，并压缩最近添加的特征，当模型处于退回控制状态时，可以增加新的特征或编辑现有的特征。如图 1.9 所示，被压缩的特征名称以灰色显示，图形区域中相应部分不再显示。

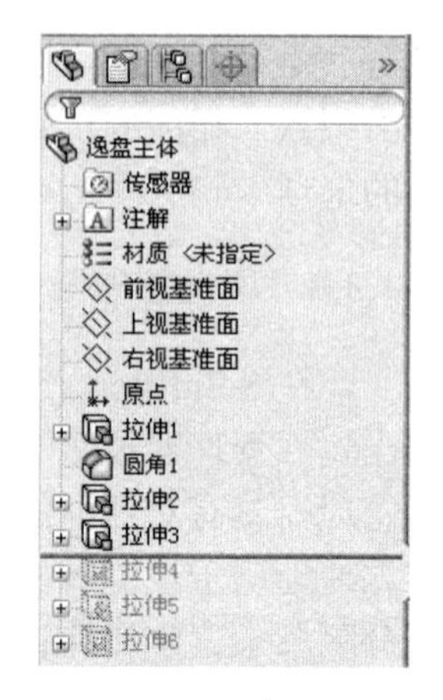

图 1.9　退回控制棒

1.3.5 工具栏

工具栏是零件模型设计过程中最常用的手段和工具，设计人员可以在各种工具栏上得到最常用的操作命令。SolidWorks 包含的工具栏种类繁多，各有不同的用途，当设计对象、设计阶段、设计目的不同时，设计人员希望使用不同的工具栏，但是工作窗口区域有限，不可能显示全部工具栏，因此设计人员可根据文件类型(零件、装配体或工程图)来放置工具栏，并自定义、显示或隐藏工具栏。在各种下拉子菜单中、尤其是在【工具】菜单下的【自定义】对话框中(见图 1.10)，设计人员可以自定义下拉菜单和工具栏的显示方式及显示哪些选项和工具栏。设计人员还可设定哪些工具栏在没有文件打开时可以显示，SolidWorks 可记住显示哪些工具栏以及根据每个文件类型在什么地方显示工具栏。

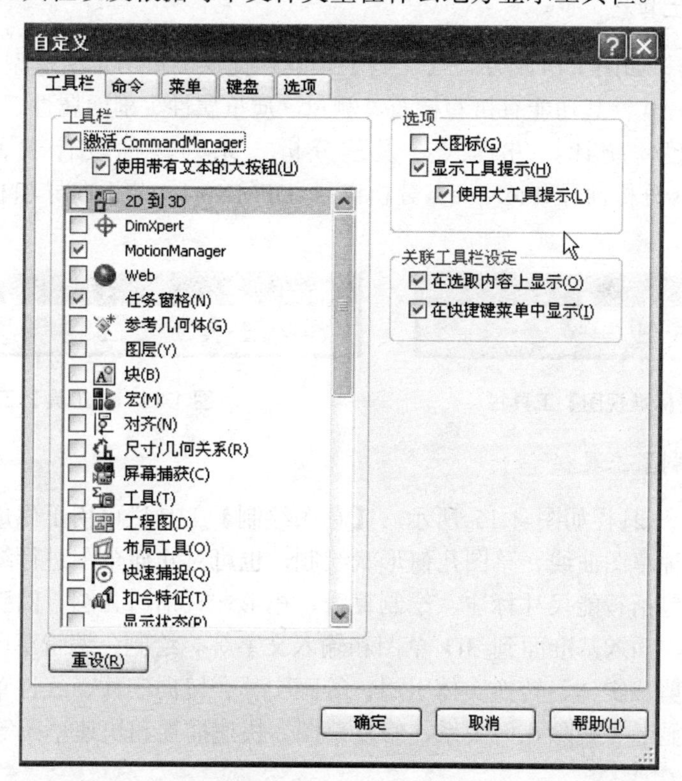

图 1.10 【工具】菜单下的【自定义】对话框

新版本的工具栏有了一些变化，下面简要介绍一些常用工具栏。

1. 【标准】工具栏

【标准】工具栏如图 1.11 所示，主要用于控制文件的管理。如从零件 / 装配体制作工程图、从零件 / 装配体制作装配体、选择及编辑外观等功能可在【标准】工具栏中完成。

2. 【视图】工具栏

【视图】工具栏如图 1.12 所示，可以使设计人员控制如何观看零件模型。主要包括上一视图、3D 工程图视图、上色模式中的阴影、剖面视图及 RealView 图形等。

图 1.11 【标准】工具栏

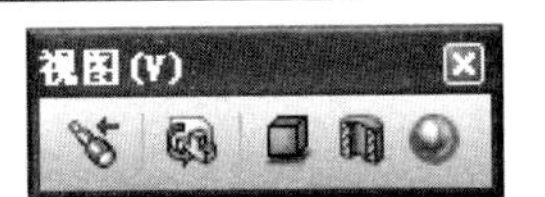

图 1.12 【视图】工具栏

3. 【标准视图】工具栏

【标准视图】工具栏如图 1.13 所示。通过【标准视图】工具栏，设计人员可以从前、后、左、右、上、下 6 个方位将草图、模型或装配体放置到任何预设的标准视图中去，也可用等轴测图表达零件模型的结构，也可以选定的草图、模型或装配体平面作为投影平面，形成正视图。还可以设定视图的显示窗口和方式。

4. 【工具】工具栏

【工具】工具栏如图 1.14 所示。【工具】工具栏提供测量与定义模型质量特性的工具，并可用来建立方程式。其功能有拼写检查、测量、质量属性、剖面属性、几何体错误检查、显示零件和装配体统计、方程式、误差分析、系列零件设计表、添加传感器、nSimulationXpress 分析向导、FloXpress 分析向导、DFMXpress 分析向导和 DriveWorksXpress 向导。

图 1.13 【标准视图】工具栏

图 1.14 【工具】工具栏

5. 【草图绘制】工具栏

【草图绘制】工具栏如图 1.15 所示。【草图绘制】工具栏可用于生成单个的草图或草图实体，完成各种草图曲线、草图几何形状绘制，也可对几何草图进行编辑、修改。【草图绘制】的功能包括智能尺寸标注、绘制直线、矩形、直槽口、圆、圆弧、样条曲线、椭圆、多边形、点、插入基准面到 3D 草图和输入文字等。绘制、编辑草图实体的功能包括生成新的草图、剪裁实体、转换实体引用、等距实体、镜向实体、线性草图阵列、移动草图实体与注解、显示 / 删除几何关系、修复草图、快速捕捉和快速草图等。

图 1.15 【草图绘制】工具栏

特别提示

随着 SolidWorks 软件的功能日益强大，工具按钮越来越多，一些功能相近的按钮的被集中地放置在下拉菜单中。比如，在【绘制矩形】下拉菜单中包含了【绘制边角矩形】、【中心矩形】、【三点边角矩形】、【三点中心矩形】和【平行四边形】5 个工具按钮。

6. 【特征】工具栏

【特征】工具栏为设计人员提供生成模型特征的工具，如图 1.16 所示。由于特征图标相当多，所以并非所有的特征工具都被包含在默认的【特征】工具栏中，用户可以通过新增或移除图标来自定义【特征】工具栏，以符合不同用户的工作方式与要求。【特征】工具栏包含的功能有拉伸凸台/基体、拉伸切除、圆角、筋、抽壳、拔模、异型孔向导、线性阵列、参考几何体、曲线和 Instant 3D。

图 1.16 【特征】工具栏

7. 【2D 到 3D】工具栏

【2D 到 3D】工具栏如图 1.17 所示，可帮助设计人员将 2D 工程图转换到 3D 零件，其中有些工具可用于任何草图中。其功能包括所选草图实体在转换到 3D 零件时成为前视图、上视图、右视图、左视图、下视图、后视图、辅助视图(但必须在另一视图中选择一直线来指定辅助视图的角度)、形成新草图。通过该工具栏可修正草图中的错误，使草图可用于拉伸或切除特征、可选择第一视图中的边线与在第二个视图中选择的边线对齐、将所选草图实体形成拉伸特征、将所选草图实体形成切除特征。

8. 【尺寸/几何关系】工具栏

【尺寸/几何关系】工具栏如图 1.18 所示，一般用于定义草图实体及标注其尺寸。在【尺寸/几何关系】工具栏和【工具】|【标注尺寸】菜单上，提供了智能尺寸标注、水平尺寸标注、竖直尺寸标注、基准尺寸、尺寸链、水平尺寸链、竖直尺寸链、倒角尺寸、添加几何关系、显示/删除几何关系和完全定义草图等工具。

图 1.17 【2D 到 3D】工具栏

图 1.18 【尺寸/几何关系】工具栏

9. 【注解】工具栏

【注解】工具栏如图 1.19 所示，可以使设计人员添加注释及符号到工程图、零件或装配体文件中。在使用过程中，只能选择适合当前设计模式的、激活的注解工具，其他的工具会以灰色显示。【注解】工具栏提供的功能有拼写检查、复制粘贴格式、注释、零件序号、自动零件序号、表面粗糙度符号、焊接符号、添加形位公差、添加基准特征符号、添加基准目标、孔标注、插入修订符号、区域剖面线/填充、块命令、中心符号线和中心线，另外还有各种表格。

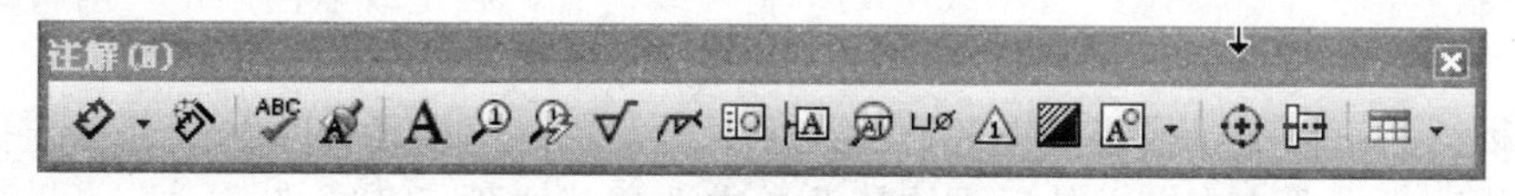

图 1.19 【注解】工具栏

10. 【装配体】工具栏

【装配体】工具栏如图 1.20 所示，用于控制零部件的管理、移动及配合。主要功能包括插入零件、配合、线性零件阵列、插入智能扣件、移动零部件、隐藏 / 显示零部件、装配体特征、参考几何体、新建运动算例、材料明细表、爆炸视图、爆炸直线草图、干涉检查、间隙验证、检查装配体孔对齐、AssemblyXpert 和 Instant 3D。

图 1.20　【装配体】工具栏

11. 【工程图】工具栏

【工程图】工具栏如图 1.21 所示，提供对齐尺寸及生成工程视图的工具，包括模型视图、投影视图、辅助视图、剖面视图、局部视图、标准三视图、断开的剖视图、断裂视图、剪裁视图和交替位置视图等。

12. 【参考几何体】工具栏

【参考几何体】工具栏如图 1.22 所示，提供生成与使用参考几何体的工具。利用【参考几何体】工具栏，可在零件或装配体文件中生成基准面，用该基准面可以绘制草图、生成模型的剖面视图，也可用于拔模特征中的中性面；可以在生成草图几何体时或在圆周阵列中使用基准轴；可以定义零件或装配体的坐标系；添加一参考点；为使用 Smartmate 的自动配合指定参考实体。

图 1.21　【工程图】工具栏

图 1.22　【参考几何体】工具栏

特别提示

可根据自己的习惯定义工具栏，定制的工具栏可放在窗口的四周。也可以把一个常用的按钮放到不同的工具栏中。如【智能尺寸】按钮，可以在窗口左上角和右下角各放一个，以便于提高工作效率。

1.3.6　任务窗格

打开 SolidWorks 2009 软件时，将会出现任务窗格，如图 1.6 右侧所示。它一般包含 6 个标签：【SolidWorks 资源】、【设计库】、【文件探索器】、【查看调色板】、【外观布景】和【自定义属性】。

任务窗格存在 8 种状态：可见或隐藏、展开或折叠、固定或取消固定、对接或浮动，可根据设计需要进行设定。

有 2 种方式可以显示或隐藏任务窗格：由下拉菜单，单击【视图】|【任务窗格】；在图形区域的边界中单击右键，然后在快捷菜单中选择或清除任务窗格。

欲展开或折叠任务窗格：单击箭头≪或≫，或沿着邻近此箭头的折叠条单击任意位置。如果任务窗格被固定就不会折叠。

欲固定或取消固定任务窗格：单击任务窗格标题栏右侧的【固定】图标以固定任务窗格，或者单击【浮动】图标以取消固定任务窗格。如果任务窗格已取消固定，则拖动文档、库特征或注解等项目到图形区域或打开新的 SolidWorks 文档时，它将会折叠。

欲调整任务窗格的大小，拖动任务窗格的任意边框进行调整。

1.4　SolidWorks 软件快速入门

SolidWorks 是一个基于特征的参数化实体建模设计工具，只要操作者的设计思路明确，很快就会发现其 2009 版软件的简单易用和高效便捷的特点。下面以绘制大家最熟悉的 U 盘盖体为例，介绍使用 SolidWorks 构建三维模型的流程和方法。

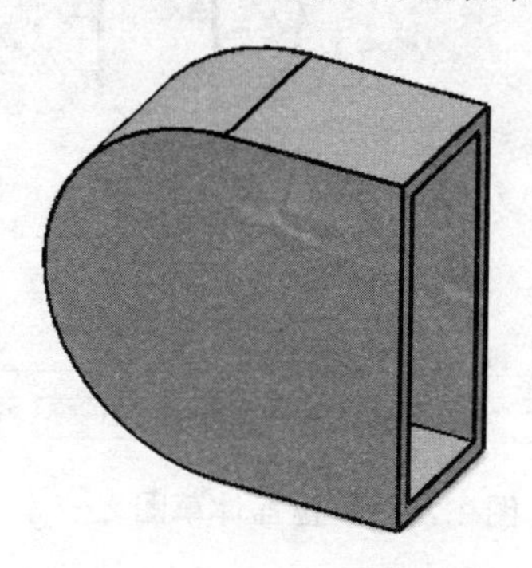

图 1.23　U 盘盖体

图 1.23 是本例要设计的 U 盘盖体。分析零件形状特点后，确定设计思路是首先绘制盖体轮廓草图并拉伸成实体，然后对实体进行抽壳处理挖去心部，即为所求盖体。

建模操作过程如下：

(1) 创建新文件。启动 SolidWorks 2009，单击菜单栏上的【新建工具】图标，系统自动弹出一个对话框如图 1.24 所示。选择【零件】选项，单击【确定】按钮，创建一个新的零件文件。新文件自动嵌入的工具栏是【草图绘制】工具栏。

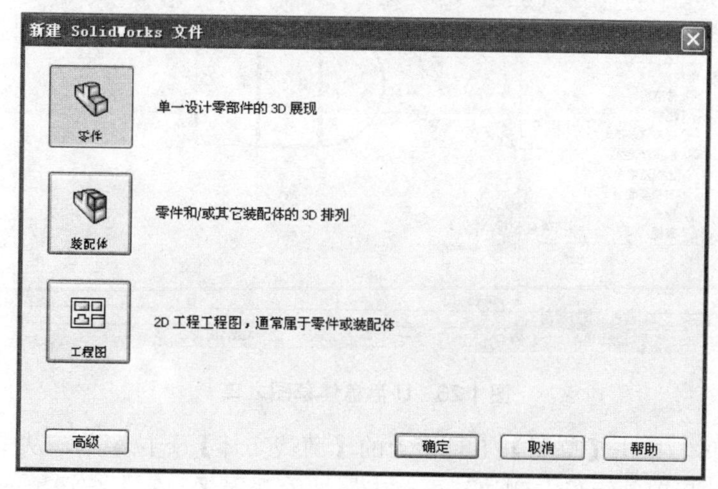

图 1.24　【新建文件】对话框

(2) 绘制草图。单击特征管理器设计树中【前视基准面】作为绘图基准面。此时，特征管理器设计树中会自动添加“草图 1”。单击【草图】工具栏上的【边角矩形】按钮，然后在图形区域选择原点为定点绘制一个矩形，单击属性管理器【确定】按钮。单击【草图】工具栏上的【圆弧】下拉菜单，选择单击【3 点圆弧】按钮，然后在矩形左侧绘制一个圆弧，再单击属性管理器【确定】按钮，结果如图 1.25 所示。

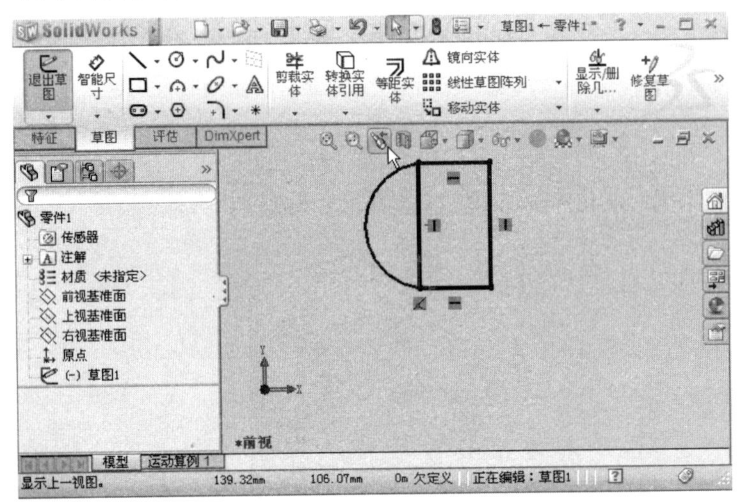

图 1.25　U 盘盖体草图之一

(3) 标注尺寸。在步骤 2 中，绘制的只是图形形状，都没有给定尺寸。现在单击【草图】工具栏上的【智能尺寸】下拉菜单，从中选择【智能尺寸】按钮单击，然后在绘制图形上逐一标注尺寸，结果如图 1.26 所示。标注之后的草图图形会自动更新至标注尺寸，即零件的设计尺寸。

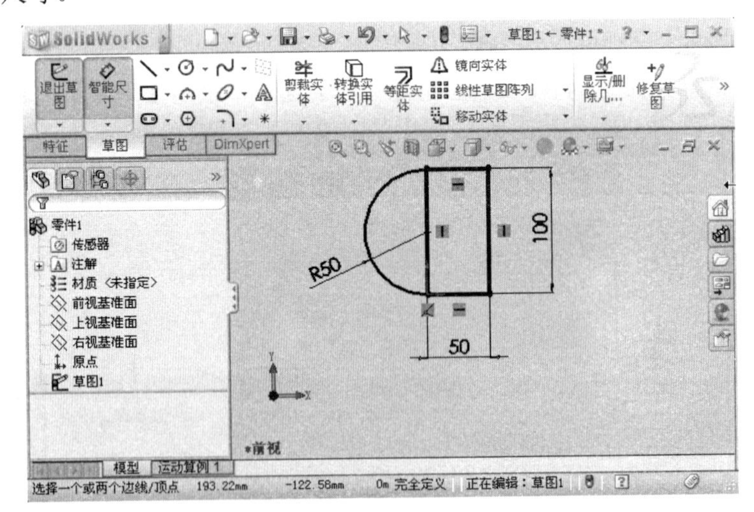

图 1.26　U 盘盖体草图之二

(4) 剪裁实体。单击【草图】工具栏上的【剪裁实体】下拉菜单，从中选择【剪裁】按钮单击，然后剪裁矩形左侧边，再单击属性管理器【确定】按钮，结果如图 1.27 所示。

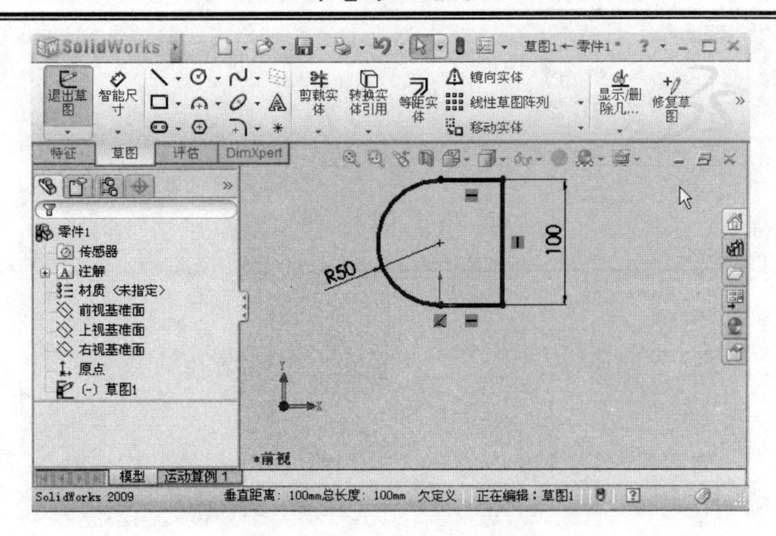

图 1.27 U 盘盖体草图之三

(5) 拉伸实体。单击菜单栏中 SolidWorks 图标右端的按钮，执行【插入】|【凸台】|【基体】|【拉伸】菜单命令，或单击【特征】工具栏中【拉伸凸台 / 基体】按钮，然后系统会自动弹出一个拉伸属性对话框。此时在对话框的“深度”一栏中输入“45”，再单击属性管理器【确定】按钮，结果如图 1.28 所示。

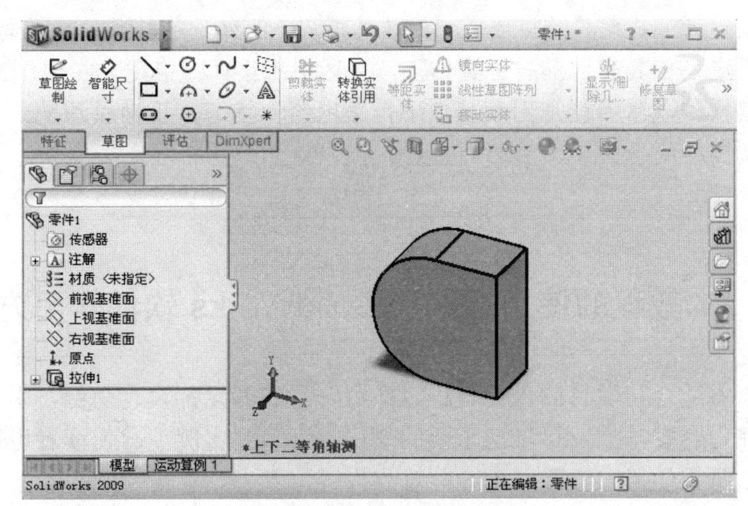

图 1.28 U 盘盖体草图之四

特别提示

SolidWorks 软件是有多种不同的绘图状态，在本例中草图绘制状态和特征定义状态在设计树中有明显的区分标志，设计者可以很容易清楚自己的操作状态。只有在正确的绘图状态，才能进行相应的绘图操作。

(6) 抽壳实体。单击菜单栏中 SolidWorks 图标右端的按钮，执行【插入】|【特征】|【抽壳】菜单命令，或单击【特征】工具栏中【抽壳】按钮，然后系统会自动弹出一个抽壳属性对话框。此时在对话框的“厚度”一栏中输入“2”，在图形区域中单击要抽壳的移除面，再单击属性管理器【确定】按钮，结果如图 1.29 所示。至此，U 盘盖体就设计完成了。

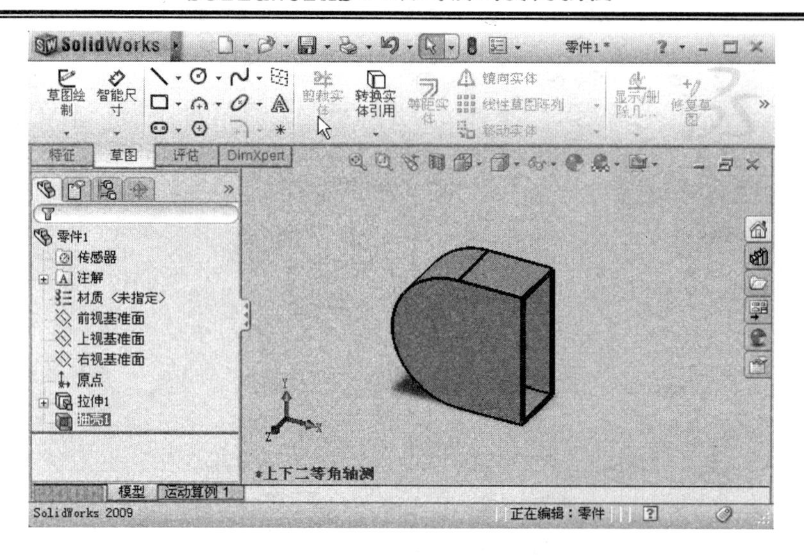

图 1.29　U 盘盖体草图之五

【反例分析 1-1】

许多零件在设计完成后，经常会遇到修改的情况。例如，在本例 U 盘盖体设计完成后，有些同学会觉得应当在其表面加一个装饰点，以区别正反面。但是，在图 1.29 所示状态下却无法进行修改操作，原因就是图示状态不是草图绘制状态。正确做法是：单击盖体的一个表面设定为草图绘制平面，然后画圆再进行拉伸或切除等特征定义操作。

1.5　本教程的使用方法和 SolidWorks 软件学习方法

本教程是一本适合初学者的入门教程。在每一章的开始都设有引例，引导读者快速进入学习状态。在内容安排上，尽量把重要的知识点嵌入到实例中，使读者可以随学随用，并在实际操作中掌握学习内容。对于一些难点内容，本书设置【特别提示】栏目。对于初学者在上机操作中可能遇到的问题，本书还特别设置了【反例分析】栏目。为了培养读者正确的建模思路，在本书大部分课后习题中都给出了解题思路。

对于初学者要想在最短的时间内掌握实体建模技术，还应在学习方法上注意以下几点：

(1) 应学习必要的基础知识，包括一些计算机图形学的原理。这对正确地理解软件功能和建模思路是十分重要的。不能正确理解也就不能正确使用各种软件功能，必然会给日后的工作留下隐患，使得学习过程出现反复。

(2) 要有针对性地学习软件功能。这包括两方面意思：一是学习功能切忌贪多，SolidWorks 软件中的各种功能复杂多样，初学者往往陷入其中不能自拔。其实在实际工作中能用得上的只占其中很小一部分，完全没有必要求全。对于一些难得一用的功能，即使学了也容易忘记，徒然浪费时间。另外，对于必要的、常用的功能应重点学习，真正领会其基本原理和应用方法，做到融会贯通。

(3) 重点学习建模基本思路。三维实体设计的核心是建模的思路，而不在于软件本身的功能。要在短时间内学会 SolidWorks 的操作并不难，但面对实际产品时却又感到无从下手，这是许多初学者常常遇到的问题。这就好比学射击，其核心技术其实并不在于对某一型号的枪械的操作一样。

(4) 应培养严谨的工作作风，切忌在建模学习和工作中“跟着感觉走”，在建模的每一步骤都应有充分的依据。一旦在学习过程中养成不良习惯，则贻害无穷。

本教程内容涉及 SolidWorks 软件的主干部分。在学习过程中，可以同时利用该软件自带的帮助系统作为辅助工具。方法是单击 SolidWorks 图标 SolidWorks 右端的按钮，弹出【帮助】下拉菜单，在菜单中可以选择【帮助】或【指导教程】。

在需要时，还可以通过任务窗格中的【SolidWorks 资源】来获取相关信息。展开【SolidWorks 资源】窗口，如图 1.6 所示，其中包括命令、链接和信息。

开始选项框中含有 6 项功能：①新建文档(用于打开 SolidWorks 新建文档对话框)；②打开文档(显示打开对话框)；③制作我的第一个零件(在第一个零件课程中打开在线指导教程)；④制作我的第一个工程图(在第一个工程图课程中打开在线指导教程)；⑤在线指导教程(打开在线指导教程主页)；⑥有关 SolidWorks 软件的一般信息。

社区选项框中的探讨论坛可在线链接到 SolidWorks 探讨论坛；在线资源选项框中 Partner Solutions(解决方案)可链接到黄金产品和解决方案合作伙伴的在线目录，这些资源以及标签底部的日积月累的内容都有利于初学者加深对软件的认识和提高操作技巧。

本章小结

本章介绍了 SolidWorks 软件用户界面和基本术语，并通过实例说明了三维实体模型构建流程和方法，以及文件和图形控制的基本操作。同时，阐述教程的适用范围、SolidWorks 软件学习方法和 SolidWorks 的帮助途径与在线资源等。

第2章 草 图

教学目标

通过本章的学习，了解草图绘制流程，熟练使用各种草图绘制工具进行草图绘制，熟练运用几何工具进行草图的编辑和修改，掌握SolidWorks软件草图绘制方法和技巧，初步形成正确的设计意图。

教学要求

能力目标	知识要点	权重	自测分数
了解草图绘制流程	草图绘制环境、尺寸标注、草图特征等	10%	
掌握草图绘制工具的使用	绘制直线、圆、椭圆、矩形、样条曲线等	35%	
掌握草图编辑工具的使用	草图镜向、绘制圆角、草图剪裁等	35%	
掌握尺寸标注和几何约束	草图尺寸标注方法和几何关系的添加、编辑、删除等	20%	

引例

在医院里常采用CT机对人体进行断面扫描，实际上是将三维实体离散化的过程。与此相反，在机械制造系统中的快速成型机则采用分层堆积的方法来快速构建三维实体。SolidWorks软件里也采用了类似快速成型机的原理，在构建三维模型时通常先绘制二维草图，然后采取拉伸或切除等操作形成三维模型特征。因此，绘制草图是SolidWorks建模的基础工作。

2.1 草图概述

在使用SolidWorks软件进行三维设计时，首先是从草图绘制开始的。草图一般分为二维(2D)草图和三维(3D)草图两大类。其中二维草图是建立SolidWorks各种特征的基础，比如，通过拉伸二维草图建立零件上的凸台特征。而三维草图通常由一系列空间直线、圆弧以及样条曲线构成，可作为扫描路径、引导线或放样的中心线来创建三维模型。在本章的学习中，首先从较为简单的二维草图绘制开始。

2.1.1　草图的分类

不同形状的草图会形成不同的实体特征。按照几何形状的不同，草图可以分为以下几类：

1. 闭环草图

闭环草图又称封闭式草图，可分为单一封闭、嵌套式封闭、分离式封闭，如图 2.1 所示。单一闭环草图由单一封闭轮廓组成，是典型的“标准”草图。嵌套式闭环草图，可以用来建立具有内部切除的凸台实体。如图 2.1(b)应用拉伸特征之后可以形成圆筒实体。分离式闭环草图包含多个闭环的轮廓，但轮廓之间相互分离。该类型草图可以建立多个实体。

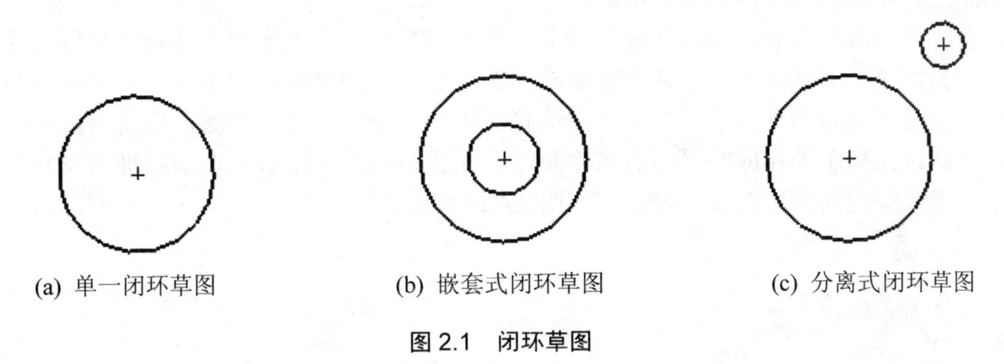

(a) 单一闭环草图　　(b) 嵌套式闭环草图　　(c) 分离式闭环草图

图 2.1　闭环草图

2. 开环草图

开环草图就是不封闭草图，可以用来建立薄壁特征、曲面特征，也可以用于扫描特征的扫描轨迹或用于放样特征的中心线，如图 2.2 所示。

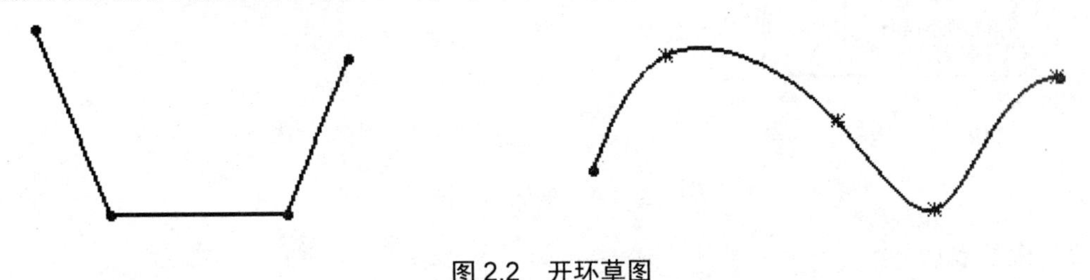

图 2.2　开环草图

3. 轮廓交叉草图

如图 2.3 草图包含一个自相交轮廓。建立特征时必须使用轮廓选择工具指定轮廓。

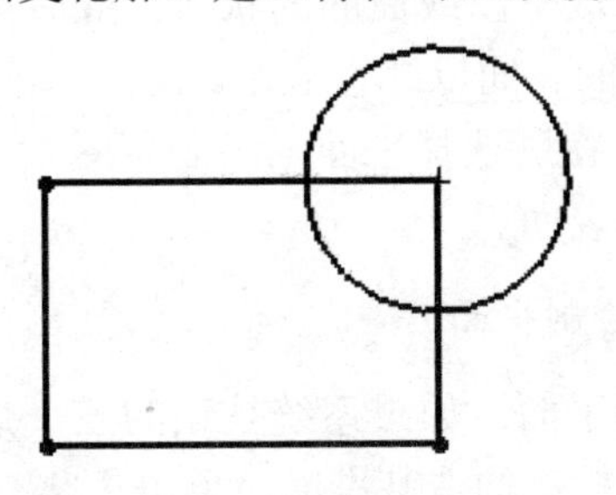

图 2.3　包含交叉线段的草图

2.1.2　草图绘制平面

在绘制二维草图时，面临的首要问题就是选择绘图平面。事实上，这个问题会对以后的各特征之间的关系、设计工作的难易程度以及工作量的大小产生重要的影响。所以，设计人员应根据设计对象的特点、设计意图和设计习惯认真选择一个草图绘制平面。

1. 默认基准面

可以直接选择系统默认的基准面作为草图绘图平面。SolidWorks 有三个默认绘图基准面，在特征管理器设计树中的名称分别为【前视】、【上视】和【右视】。如果决定选择其中的一个作为绘图平面，只需用鼠标单击相应的名称即可，被选取的基准面及其名称将在绘图区以绿色的平行四边形表示。

在绘制二维草图时，SolidWorks 中有三个系统默认的基准面可供选择，分别是【前视基准面】、【上视基准面】、【右视基准面】。这三个基准面互相垂直，将空间分为八个象角，形成空间直角坐标系。如果决定选择其中的一个作为绘图平面，只需用鼠标单击特征管理器设计树中的相应的平面的名称即可，如图 2.4(a)所示，被选取的基准面及其名称将在绘图区以绿色的平行四边形表示，如图 2.4(b)所示。

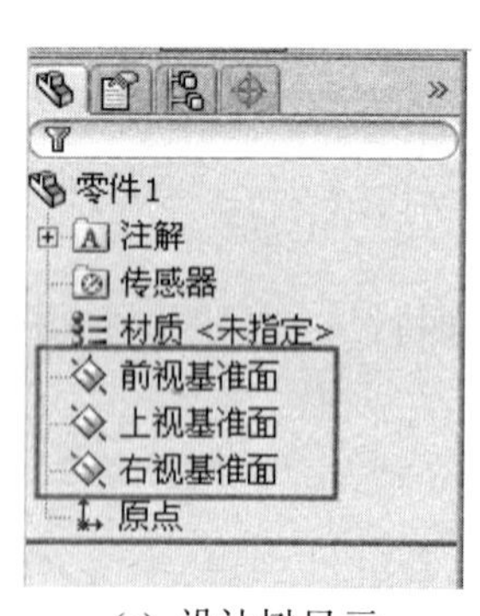

(a) 设计树显示

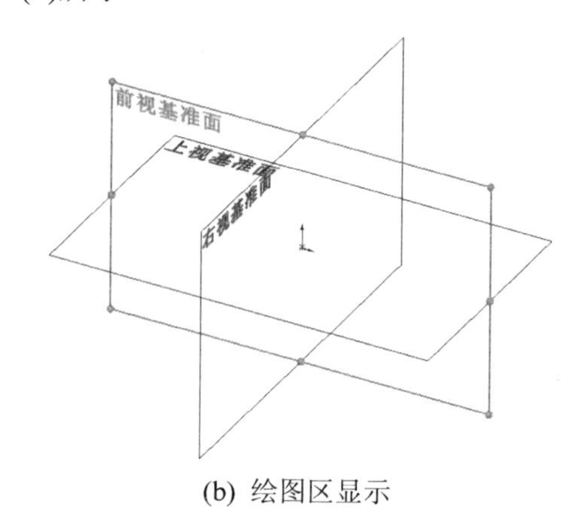

(b) 绘图区显示

图 2.4　默认基准面

2. 模型表面

如果在绘图区域内已有零件模型存在，根据绘图需要可以选择在模型的某个表面上绘制新的草图。在没有其他作图指令的情况下，将鼠标移到模型表面上，鼠标指针将变为状态，这表明系统已经进入选取平面或曲面的状态，此时可以单击选择需要的模型表面作为绘制草图的基准面，被选中的表面以绿色显示。此时，联动工具栏出现，单击其中的【草图绘制】按钮，就可以开始在所选择平面上绘制草图了。使用【正视于】命令，可以使该平面会旋转至平行于屏幕表面。

3. 构造基准面作为草图绘制平面

构造基准面作为草图绘制平面。如果系统默认的三个基准面和所有的模型表面都不是所需要的作图平面，用户可以自己构造基准面。单击【参考几何体】工具栏上的【基准面】按钮，或单击【插入】|【参考几何体】|【基准面】，就会出现【基准面】属性管理器。

选择想要生成的基准面类型及项目来生成基准面。单击【确定】生成基准面。新的基准面出现在图形区域并列举在 FeatureManager 设计树中。

4. 通过以下操作之一进入草图模式：

(1) 单击【草图绘制】工具栏上的【草图绘制】按钮；

(2) 单击【草图】工具栏上的一草图工具(如【矩形】按钮)；

(3) 单击【特征】工具栏上的【拉伸凸台／基体】按钮或【旋转凸台／基体】按钮；

(4) 用右键单击 FeatureManager 设计树中的一现有草图，然后选择编辑草图。

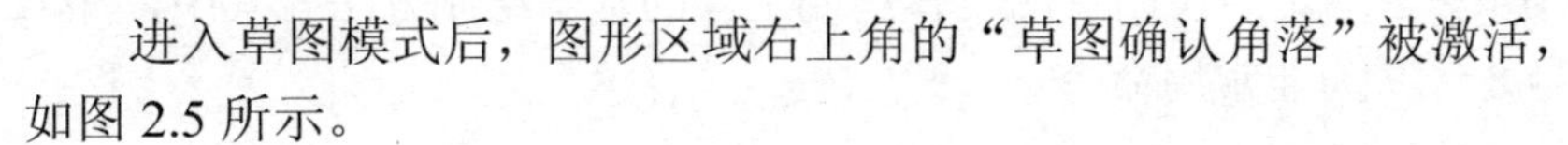

进入草图模式后，图形区域右上角的“草图确认角落”被激活，如图 2.5 所示。

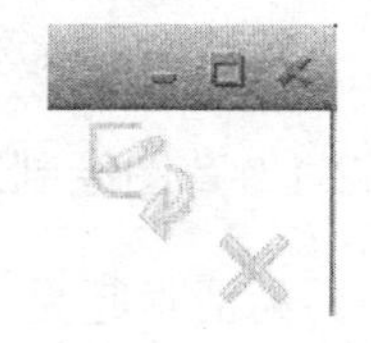

图 2.5　草图确认角落

2.2　草图图元绘制与编辑

SolidWorks 软件提供的草图绘制与编辑工具非常丰富，可以帮助使用者自由快捷地生成各类草图。

草图绘制与编辑工具的调用方式有两种：

(1) 菜单方式。草图命令集中在【工具】菜单下，如图 2.6 与图 2.7 所示。

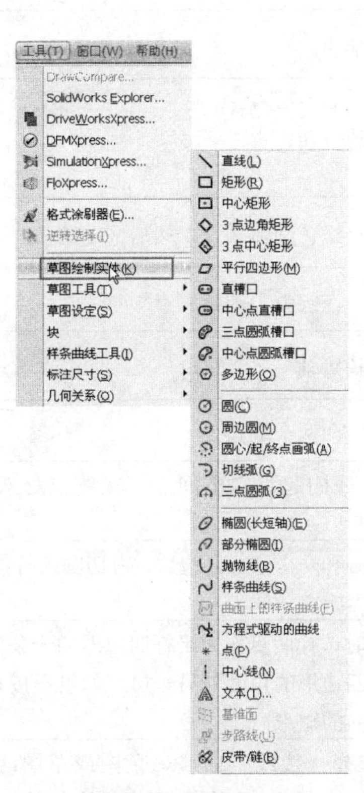

图 2.6　【草图绘制实体】下拉菜单

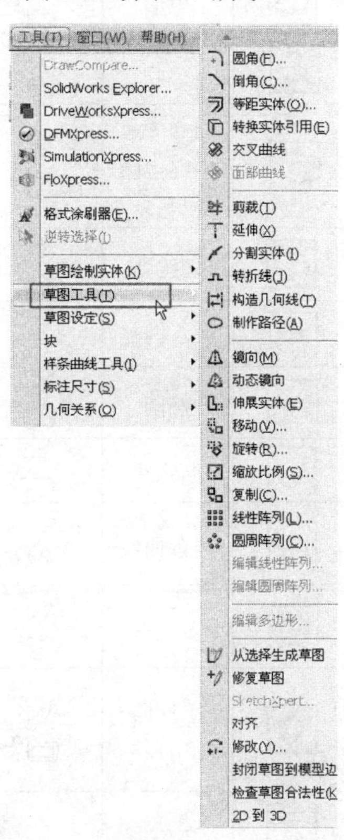

图 2.7　【草图工具】下拉菜单

(2) 工具栏方式。SolidWorks 中的草图工具主要集中在【草图】工具栏中。工具栏中的按钮都十分形象，按钮上的图形表达了功能。

例如：单击【草图】工具栏上的▱，或使用菜单命令【工具】|【草图绘制实体】|【平行四边形】。草图绘制方法有两种模式，以绘制直线为例说明：

①“单击—拖动”方式。在第一点单击鼠标，拖动到下一位置后松开鼠标；

②“单击—单击”方式。在第一点单击鼠标，然后移动到第二点再次单击鼠标即可。

SolidWorks 对这两种模式的识别和切换是自动的，用户只需要按自己的习惯使用便可。

2.2.1　草图绘制工具

为清晰起见，我们用表 2-1 集中说明草图实体绘制工具的基本绘制方法。其中，序号 1～7 为常用命令，序号 8～17 为非常用命令。

表 2-1　草图实体绘制工具

序号	按钮图标	名称	鼠标指针	基本绘制方法与说明
1		直线		选择起点和终点
2		中心线		绘制方法同直线，中心线不能用于建立特征，可用于定位、镜向草图和旋转特征等
3		矩形		选择矩形的两个对角
4		圆		选择圆心，确定半径
5		圆心／起／终点画弧		选择圆心，确定起点和终点
6		切线弧		选择与之相切的直线、圆弧端点，然后拖动圆弧
7		三点圆弧		选择起点、终点，在圆弧上的第三点
8		椭圆		选择圆心，确定长短轴
9		抛物线		确定抛物线的焦点和两个端点
10		样条曲线		依次选择样条曲线的起点、中间点，在终点处双击或按 ESC 键
11		多边形		选择多边形的中心和一个顶点，边数、内切圆或外接圆等可以通过属性管理器定义
12		平行四边形		按着 Ctrl 键的同时选择两点作为平行四边形的一条边，再选择一点决定平行四边形的角度与另一边。如果不按 Ctrl 键，将绘制出一个斜向的矩形
13		文字		在图形区域中选择一边线、曲线、草图或草图线段；在 PropertyManager 中，在文字下键入要显示的文字

续表

序号	按钮图标	名称	鼠标指针	基本绘制方法与说明
14		直槽口		用两个端点绘制直槽口
15		中心点直槽口		从中心点绘制直槽口
16		三点圆弧槽口		在圆弧上用三个点绘制圆弧槽口
17		中心点圆弧槽口		用圆弧半径的中心点和两个端点绘制圆弧槽口

一般在调用绘图命令后，如【圆】，控制区都会出现相应的PropertyManager。通过管理器可以对草图实体进行设置，根据需要选用不同的绘图指令完成相同的图形绘制工作。因此，熟练掌握、灵活运用各种绘图指令是提高设计效率的有效手段。下面介绍常用绘图指令的使用方法。

1.【点】

用于在草图或工程图中插入点。其操作方法如下：

(1) 单击【草图绘制】工具栏中的【点】图标*；

(2) 在图形绘制区的选定位置单击鼠标左键绘制点，同时属性管理器中自动弹出该点的属性窗口，其中主要有点的坐标位置等。此时，只要点工具保持激活状态，就可以继续在绘图区插入点；

(3) 在【点】的属性管理器中编辑其属性。

2.【中心线】

用于绘制草图中心线。也可作为生成对称草图实体的参考基准线或旋转特征操作的中心轴，亦可用作构造几何体。其操作方法如下：

(1) 单击【草图绘制】工具栏上【直线】下拉菜单中的【中心线】图标；

(2) 在图形绘制区的选定位置单击鼠标左键，开始绘制中心线，同时系统自动弹出【中心线】属性管理器；

(3) 拖动鼠标，系统会自动提示中心线长度以及中心线与水平方向的重要夹角关系(一般为45°的整数倍)，在适当位置单击来设定中心线的终点；

(4) 在【中心线】的属性管理器中编辑其属性。

3.【直线】

用于绘制草图中的直线段。其操作方法如下：

(1) 单击【草图绘制】工具栏上【直线】下拉菜单中的【直线】图标；

(2) 在图形绘制区的选定位置单击鼠标左键，开始绘制直线，同时系统自动弹出【直线】属性管理器；

(3) 拖动鼠标，系统会自动提示直线长度以及直线与水平方向的重要夹角关系(一般为45°的整数倍)，在适当位置单击来设定直线的终点；

(4) 在【直线】的属性管理器中编辑其属性。

如果要编辑、修改直线，可通过拖动直线或直线端点完成，操作步骤如下。

① 如果要改变直线的长度，请选择一个端点，并拖动此端点来延长或缩短直线；

② 如果要移动直线，请选择该直线，并将它拖动到另一个位置；

③ 如果要改变直线的角度，请选择一个端点，并拖动它来改变直线的角度；

④ 如果该直线具有竖直或水平几何关系，请在拖动到新的角度之前，在直线的属性管理器中，删除竖直或水平几何关系。

4. 【圆心/起/终点画弧】

用于根据给定的圆心、起点和终点绘制一段圆弧。其操作方法如下：

(1) 单击【草图绘制】工具栏上【圆弧】下拉菜单中的【圆心/起/终点画弧】图标；

(2) 在图形绘制区的选定位置单击鼠标左键，该点即为圆心点，同时系统自动弹出【圆弧】属性管理器；

(3) 拖动鼠标，系统会自动提示半径长度，在适当位置单击来设定圆弧的起点，继续移动鼠标至圆弧的终点单击；

(4) 在【圆弧】的属性管理器中修改圆弧的起点、终点坐标等属性，然后单击【确定】按钮退出。

按照上述步骤，用【圆心/起/终点画弧】绘制的圆弧如图2.8所示。

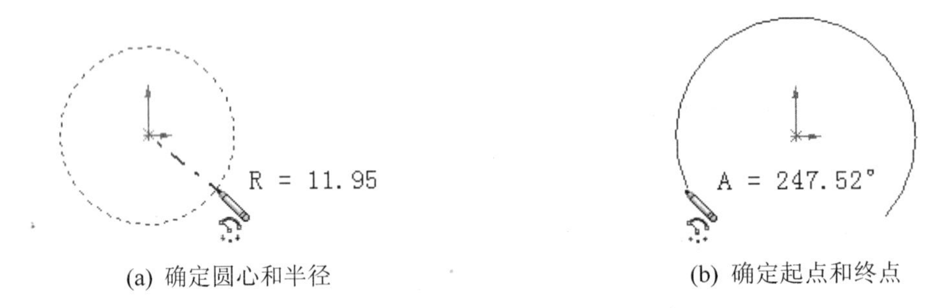

(a) 确定圆心和半径　　(b) 确定起点和终点

图2.8　使用【圆心/起/终点画弧】绘制圆弧

5. 【切线弧】

用于生成一条与草图实体相切的弧线。其操作方法如下：

(1) 单击【草图绘制】工具栏上的【切线弧】图标；

(2) 在直线、圆弧、椭圆或样条曲线的端点处单击鼠标，【切线弧】的属性管理器出现；

(3) 拖动圆弧以绘制所需的形状。在拖动鼠标过程中，系统会自动显示弧长对应的圆心位置、圆心角和圆弧半径；

(4) 单击鼠标以完成该圆弧的绘制；

(5) 继续拖动鼠标，绘制下一段圆弧；

(6) 在圆弧端点处双击鼠标，或者单击【草图绘制】工具栏上的【切线弧】图标以结束切线弧绘图指令。

按照上述操作步骤绘制的切线弧如图2.9所示。

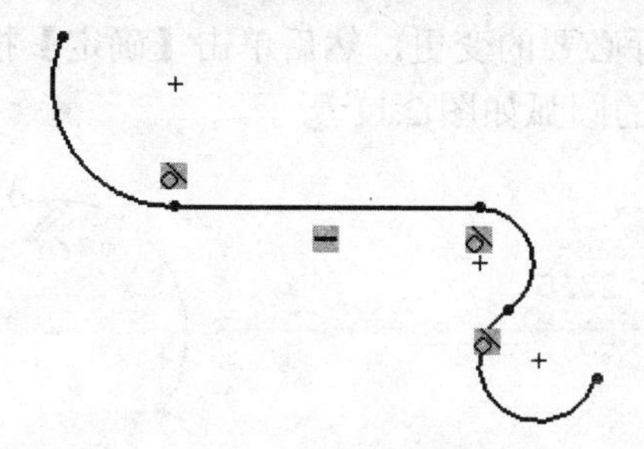

图 2.9 用【切线弧】绘制的圆弧

特别提示

绘制切线弧时，可使用 SolidWorks 提供的自动过渡功能，从绘制直线过渡到绘制圆弧，或者从绘制圆弧过渡到绘制直线，而无须选择切线弧或直线绘图指令。

直线和圆弧之间自动切换，其操作方法如下：

(1) 单击【草图绘制】工具栏上的【直线】图标；

(2) 绘制一条直线；

(3) 单击直线的终点，然后将指针移开；

(4) 预览显示另一条直线；

(5) 将指针移回到终点，然后再移开；

(6) 预览显示一条切线弧；

(7) 单击以放置圆弧的终点；

(8) 移动鼠标指针，预览显示一条直线，这时可以绘制一条直线，或如同在步骤(3)中更换到圆弧。

在绘制直线或圆弧过程中，若想在直线和圆弧之间切换而不回到终点，按键盘上的 A 键即可。利用在直线和圆弧之间自动切换功能绘制的直线、圆弧草图如图 2.10 所示。

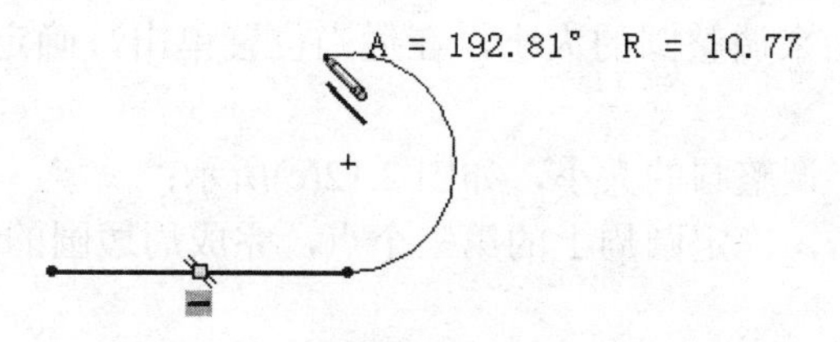

图 2.10 在直线和圆弧之间自动切换

6.【3 点圆弧】

用于生成一条圆弧线，【3 点圆弧】指令是基本的绘图指令之一。其操作方法如下：

(1) 单击【草图绘制】工具栏上的【3 点圆弧】图标；

(2) 单击圆弧的起点位置，【圆弧】属性管理器出现；

(3) 拖动鼠标指针到圆弧的结束位置。在拖动过程中，系统自动显示弧长；

(4) 释放指针。圆弧另一端点被确定，但圆弧半径、方向未定，所以，拖动鼠标时的大小、半径是变化的；

(5) 拖动圆弧以设置圆弧的半径，必要的话可以反转圆弧的方向；

(6) 释放指针；

(7) 在属性管理器中进行必要的变更，然后单击【确定】按钮✔。

按照上述操作步骤绘制的圆弧如图 2.11 所示。

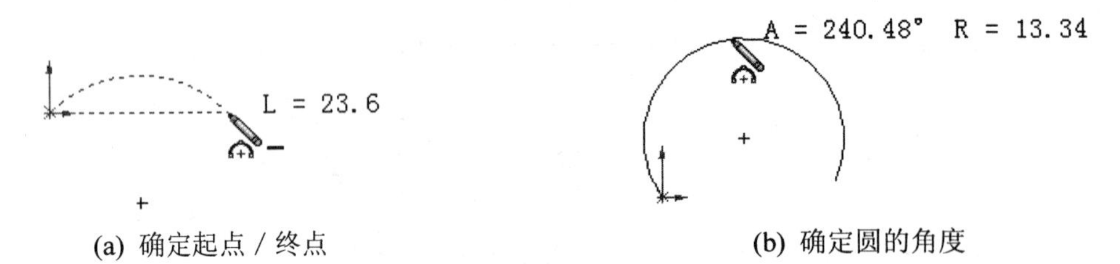

(a) 确定起点 / 终点　　(b) 确定圆的角度

图 2.11　绘制 3 点圆弧

7. 【圆】

用于生成一条圆弧线，圆指令是基本的绘图指令之一。其操作方法如下：

(1) 单击【草图绘制】工具栏上的【圆】图标；

(2) 单击圆心的位置，【圆】的属性管理器出现；

(3) 拖动或移动指针设定圆半径；

(4) 通过拖动修改圆参数，操作方法如下：

① 拖动圆的边线远离其中心来放大圆；

② 拖动圆的边线靠近其中心来缩小圆；

③ 拖动圆的中心来移动圆。

(5) 在【圆】的属性管理器中编辑其属性。

8. 【周边圆】

用于生成一条圆弧线，与圆指令有类似之处。其操作方法如下：

(1) 单击【草图绘制】工具栏上的【周边圆】图标；

(2) 在图形区域中单击以放置圆周上的第一个点，如图 2.12(a)所示；

(3) 往左或往右拖动来调整圆的大小，在适当位置单击，确定圆周上的第二个点，如图 2.12(b)所示；

(4) 继续拖动鼠标，调整圆的大小，如图 2.12(c)所示；

(5) 在适当位置单击，确定圆周上的第三个点，完成周边圆的绘制。

特别提示

在步骤(3)中拖动鼠标调整圆的大小时，第一个点与鼠标指针的拖动点总是位于圆的直径两端，单击确定圆周上的第二个点后，鼠标指针变为形状，此时如果单击鼠标右键，将完成周边圆的绘制，前后两次单击点，将位于圆周和直径端点上。

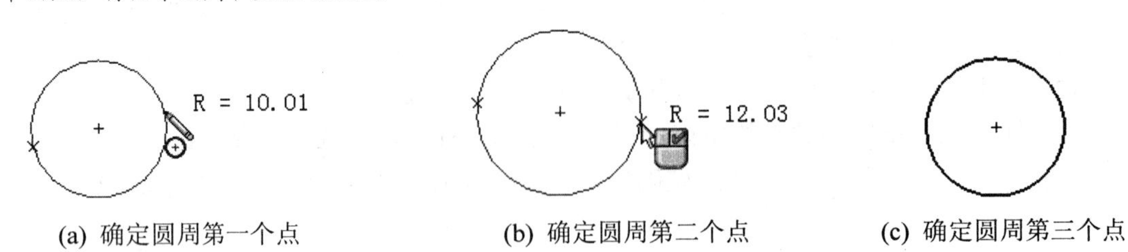

(a) 确定圆周第一个点　　(b) 确定圆周第二个点　　(c) 确定圆周第三个点

图 2.12　绘制周边圆

9.【椭圆】

用于生成一条椭圆曲线。其操作方法如下：

(1) 单击【草图绘制】工具栏上的【椭圆】下拉菜单中【椭圆】图标；

(2) 单击放置椭圆中心的位置，【椭圆】属性管理器出现；

(3) 拖动鼠标指针，系统显示椭圆长轴和短轴的半径，单击左键，以确定椭圆的长轴或短轴的半径。如果以后拖动指针时，形成的椭圆半轴较长，则该轴为椭圆短轴，反之为长轴；

(4) 拖动指针，并再次单击以设定椭圆的另一个半轴；

(5) 在草图中选择椭圆，然后在【椭圆】属性管理器中编辑其属性，完成椭圆绘制；

(6) 在椭圆上四个星位处按下鼠标左键不放，可用鼠标指针拖动椭圆旋转和调整长、短轴的半径；在椭圆圆心处按下鼠标左键后，拖动鼠标，可使椭圆绕一个星位旋转。

按上述操作步骤绘制椭圆的过程和结果如图 2.13 所示。

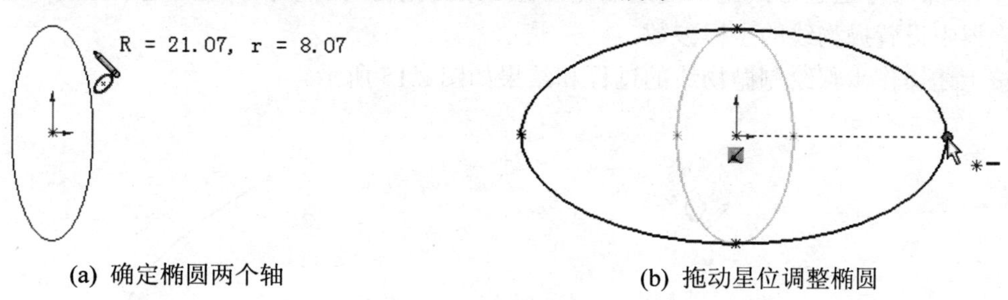

(a) 确定椭圆两个轴　　(b) 拖动星位调整椭圆

图 2.13　绘制椭圆

10.【部分椭圆】

用于生成一条椭圆弧线。其操作方法如下：

(1) 单击【草图绘制】工具栏上的【椭圆】下拉菜单中【部分椭圆】图标；

(2) 单击放置椭圆中心的位置，【椭圆】属性管理器出现；

(3) 拖动鼠标指针，系统以虚线圆表示圆周引导线。单击以定义出椭圆的一个半轴长度；

(4) 拖动并单击以定义出第二个半轴长度，生成淡蓝色实线椭圆引导线；

(5) 绕椭圆圆周拖动指针，定义椭圆弧长的范围；

(6) 在适当位置，单击鼠标左键，完成椭圆弧绘制；

(7) 用鼠标拖动星位，可调整椭圆的长轴和短轴的半径；用鼠标拖动椭圆弧线圆弧的形状和弧长。

按上述操作步骤绘制椭圆弧的过程和结果如图 2.14 所示。

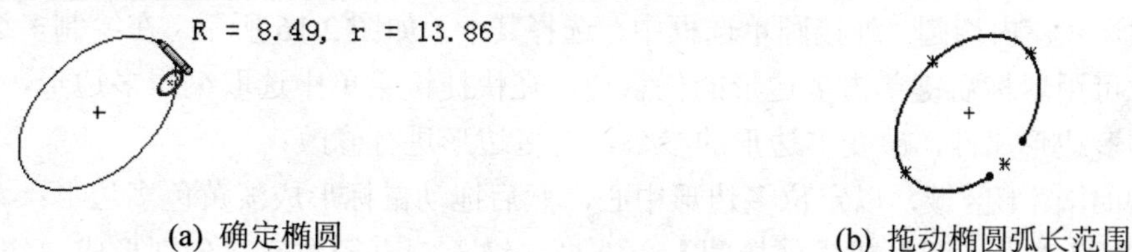

(a) 确定椭圆　　(b) 拖动椭圆弧长范围

图 2.14　绘制部分椭圆

11. 【抛物线】

用于绘制一条抛物线状曲线。其操作方法如下：

(1) 单击【草图绘制】工具栏上的【抛物线】下拉菜单中【抛物线】图标；

(2) 单击放置抛物线的焦点位置，然后拖动以放大抛物线。抛物线的预览形状被画出，【抛物线】属性管理器出现；

(3) 单击抛物线，并拖动指针来定义曲线的范围；

(4) 用鼠标拖动抛物线的不同部位，调整抛物线的形状和弧长。

具体方法如下：

① 如果要展开抛物线，将顶点拖离焦点；

② 如果要使抛物线更弯曲，请将顶点拖向焦点；

③ 如果要改变抛物线一个边长而不修改抛物线的曲率，选择一个端点，并拖动之；

④ 如果希望通过修改抛物线的端点坐标，改变抛物线的形状，则先选取抛物线，在属性管理器中设置抛物线的坐标参数。

按上述操作步骤绘制抛物线的过程和结果如图 2.15 所示。

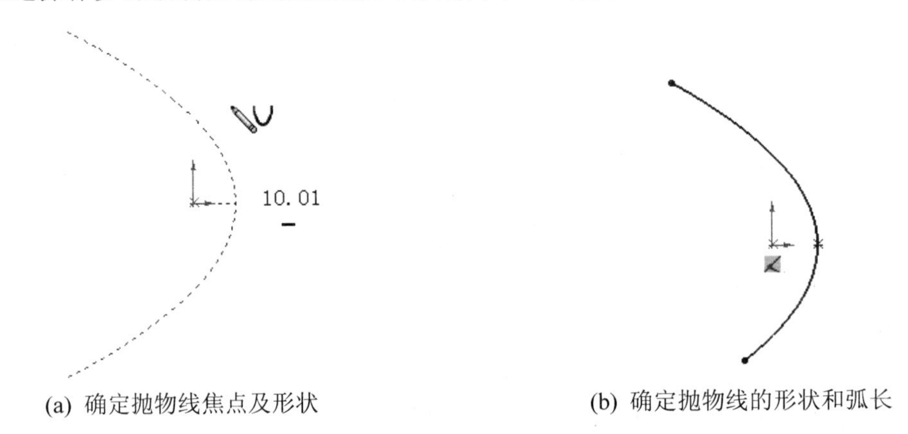

(a) 确定抛物线焦点及形状　　(b) 确定抛物线的形状和弧长

图 2.15　绘制抛物线

12. 【多边形】

用于生成带有任意边数的等边多边形，并通过内切圆或外接圆的直径定义多边形的大小，也可以指定多边形的旋转角度。【多边形】指令是基本的绘图指令之一，其操作方法如下：

(1) 单击【草图绘制】工具栏上的【多边形】图标；

(2) 【多边形】属性管理器出现，在【多边形】属性管理器的参数选项中，输入多边形的边数，并在内切圆、外接圆单选框中，选择其一，如图 2.16 所示。在绘制多边形之后，如需要，可用鼠标右键单击多边形的任意边，在快捷键菜单中选取编辑多边形，打开属性管理器的多边形属性，改变多边形的参数，对多边形进行修改；

(3) 单击图形区域，以定位多边形中心，然后拖动鼠标形成淡黄色多边形；

(4) 选择【内切圆】或【外接圆】单选框，键入圆直径数值，分别形成内切圆或外接圆多边形，如图 2.16 所示；

(5) 在属性管理器中修改多边形的属性；

(6) 欲绘制另一多边形，在【多边形】属性管理器中，单击【新多边形】按钮，并重复步骤(2)～(5)；

(7) 通过下列方法之一修改多边形：

① 用鼠标拖动多边形的任意一条边来改变多边形的大小；

② 用鼠标拖动多边形的顶点或中心点来移动多边形。

(8) 单击对话框【确定】按钮✔，关闭属性管理器。按上述操作步骤绘制多边形的过程及结果如图 2.17 所示。

图 2.16　【多边形】的 PropertyManager

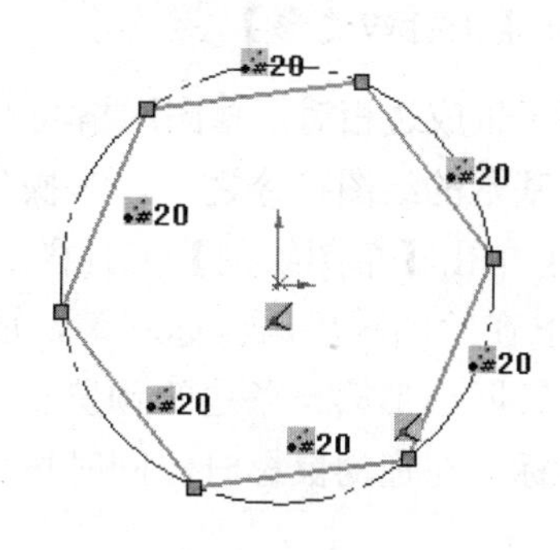

图 2.17　绘制多边形的过程及结果

对于已绘制完成的多边形需要进行编辑时，可选择下列方法之一：

(1) 选择多边形的一条边，然后单击【工具】|【草图绘制工具】|【编辑多边形】；

(2) 用鼠标右键单击多边形的边，在快捷键菜单中选择编辑多边形。

然后在【多边形】属性管理器中修改多边形参数和属性。

13. 【矩形】

用于生成矩形图形，其边相对于草图网格线为水平或竖直，对于处于不同视角的矩形，可生成平行四边形。【矩形】指令是基本的绘图指令之一，其操作方法如下：

(1) 单击【草图绘制】工具栏上的【矩形】下拉菜单中【矩形】图标□；

(2) 在绘图区适当位置单击鼠标左键，以放置矩形的第一个顶角，移动指针拉出一个矩形预览图形，当矩形的大小和形状正确时，再次单击鼠标左键。当拖动指针时，系统会自动显示矩形的边长，供设计人员参考；

(3) 选择一条边或一个顶点，拖动鼠标，可调整矩形大小；全选矩形四个边，用鼠标拖动任意一个边，可平移矩形；

(4) 在属性管理器中修改矩形的属性，单击对话框【确定】按钮✔。

按上述操作步骤绘制矩形图形的过程及结果如图 2.18 所示。

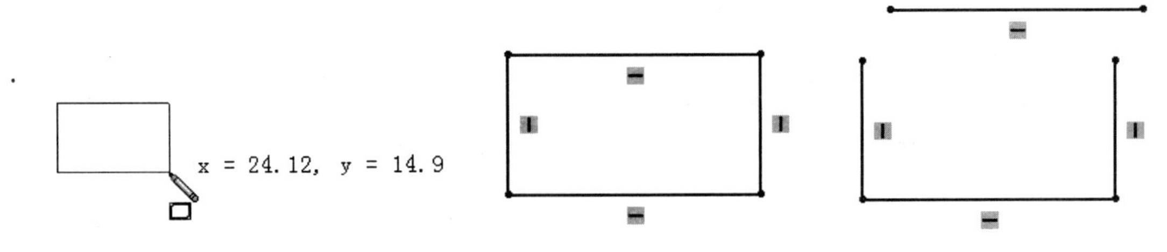

图 2.18　绘制矩形

使用技巧

如果尺寸或几何关系不阻止拖动，可以将矩形的一个边从实体中分离出来，操作方法为：单击【工具】|【草图设定】|【独立拖动单一草图实体】，选择要从草图实体上分离开的对象，将其拖动到一新位置(见图 2.18)。上述将草图几何要素从与它接触的草图实体中分离的方法，同样适用于直线、圆弧、椭圆或样条曲线，但独立拖动单一草图实体在 3D 草图中不可使用。独立拖动单一草图实体不会删除几何关系。

14. 【平行四边形】

用于生成边相对于草图网格线不平行或不垂直的平行四边形及矩形图形。【平行四边形】指令是基本的绘图指令之一，其操作方法如下：

(1) 单击【草图绘制】工具栏上的【矩形】下拉菜单中【平行四边形】图标；

(2) 在绘图区单击鼠标左键，放置平行四边形的第一个角，拖动指针移动，系统自动显示平行四边形第一条边的预览长度和角度，当平行四边形的一条边线长度正确时，再次单击鼠标。在拖动鼠标时，同时按住 Ctrl 键，可以生成任意角度的平行四边形，否则，生成矩形；

(3) 选取平行四边形的一条边，可以调整平行四边形的大小。选取平行四边形的一个角，用鼠标拖动，可以调整平行四边形的大小和角度。如果是矩形，上述拖动方法只能改变矩形的大小，而不能改变矩形的夹角，即不能通过拖动将矩形变为平行四边形，也不能使其旋转；

(4) 在属性管理器中修改平行四边形的属性，单击对话框【确定】按钮。

按上述操作步骤绘制平行四边形图形的过程及结果如图 2.19 所示。

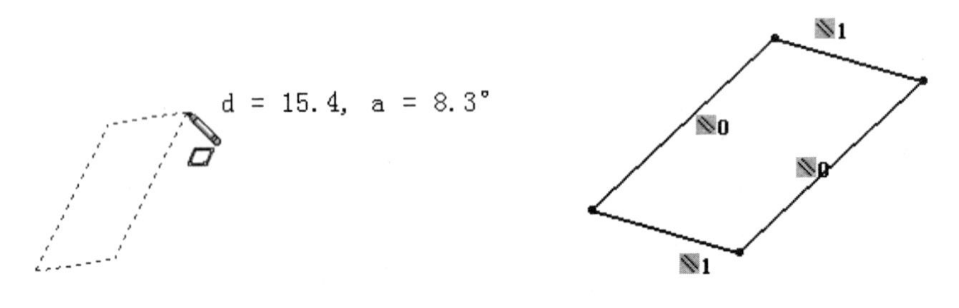

图 2.19　绘制平行四边形

15.【样条曲线】

用于绘制一条样条曲线或自由曲线。其操作方法如下：

(1) 单击【草图绘制】工具栏上的【样条曲线】下拉菜单中【样条曲线】图标；

(2) 在绘图区适当位置单击鼠标左键，以放置第一点，然后拖动出第一段曲线，【样条曲线】属性管理器出现；

(3) 单击另一点，拖动出第二段曲线；

(4) 重复以上步骤直到完成整条样条曲线；

(5) 拖动样条曲线上的星位可以编辑曲线形状。

按上述操作步骤绘制样条曲线的过程和结果如图 2.20 所示。

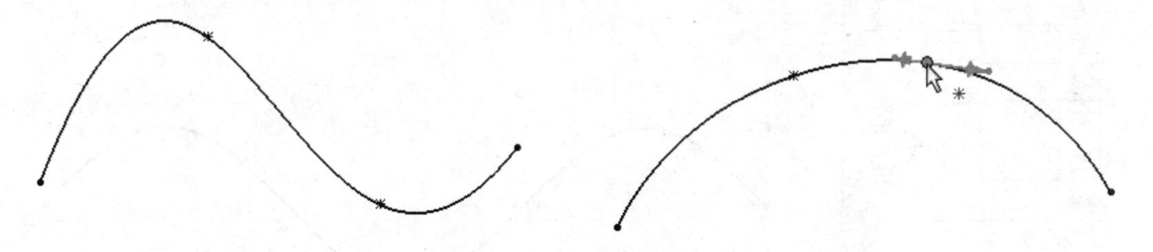

图 2.20 绘制样条曲线

当样条曲线绘制完成后，还可通过下列步骤改变样条曲线的形状：

(1) 选择样条曲线，控标出现在通过点和线段端点上；

(2) 使用以下方法修改样条曲线：

① 选择插入的型值点，并拖动来改变样条曲线的形状；

② 选取样条曲线上的型值点，用 Delete 键删除，就可改变样条曲线的形状。

(3) 右键单击样条曲线，在快捷菜单中选择【插入样条曲线型值点】选项，或者选取【工具】|【样条曲线工具】|【插入样条曲线型值点】。在样条曲线上单击想要插入的一个或多个点的位置，然后用鼠标拖动插入点，改变样条曲线的形状；

(4) 用样条曲线上的控制多边形来操纵样条曲线形状。其操作方法为：用右键单击样条曲线，在快捷键菜单中选取【显示控制多边形】，然后拖动控制多边形的顶点；或者在控制多边形出现后，单击控制多边形顶点，使【样条曲线多边形】属性管理器出现，在其中修改顶点的坐标值，也能取得同样效果。

16.【方程式驱动曲线】

用于根据指定定义曲线的方程式绘制一条样条曲线，【方程式驱动曲线】是 2009 版 SolidWorks 的新增功能之一。其操作方法如下：

(1) 单击【草图绘制】工具栏上的【样条曲线】下拉菜单中【方程式驱动曲线】图标；

(2) 在【曲线】的属性管理器中输入指定方程式及其参数如图 2.21 所示。如果输入的方程式无解，则该方程式表达式将变成红色。参数 x_1 表示起点坐标，x_2 表示终点坐标；

(3) 单击对话框【确定】按钮，该曲线自动生成在图形区域中。

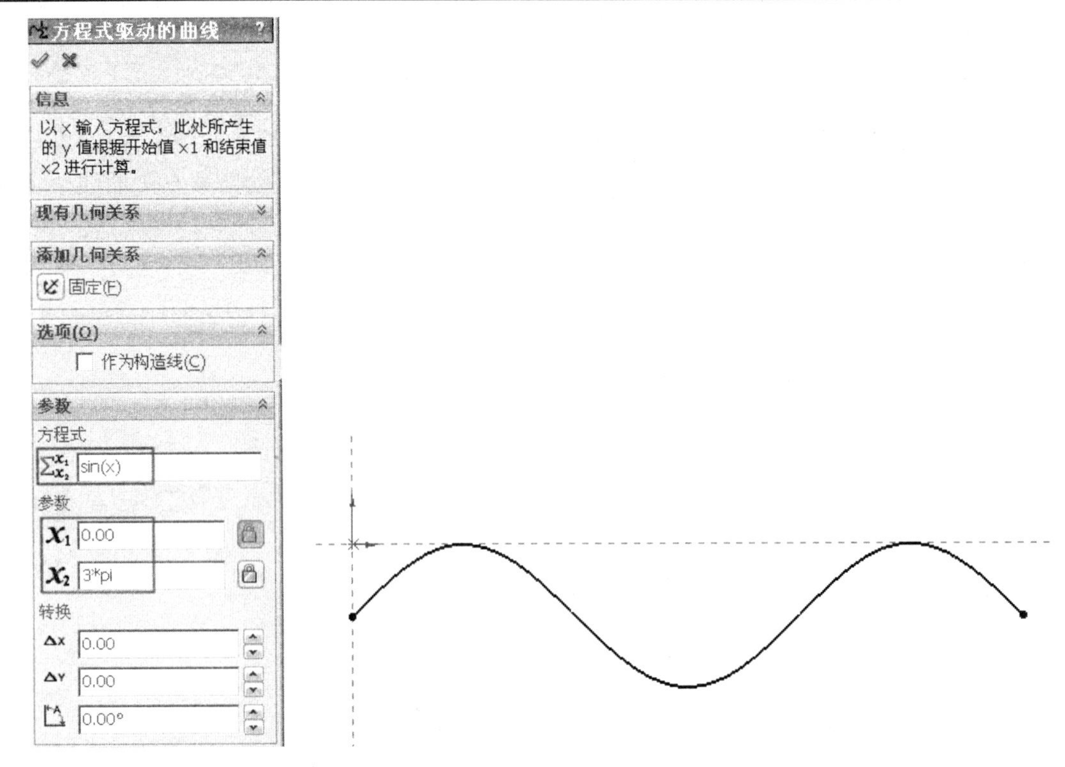

图 2.21　【方程式驱动曲线】的属性管理器中的设置及生成形预览

2.2.2　草图编辑工具

SolidWorks 软件提供的草图绘制工具也很多，有些时候，可用不同的编辑工具完成相同的草图编辑工作。因此，熟练掌握与灵活运用各种草图编辑工具是提高设计效率的有效途径，设计人员平时应注意积累这方面的经验。下面逐一介绍这些工具的使用与操作方法。

1.【转换实体引用】

用于将边、环、面、外部草图曲线、外部草图轮廓、一组边线或一组外部草图曲线投影到草图基准面中，在草图上生成一个或多个实体。绘制步骤如下：

(1) 激活要绘制的草图，在平行于草图的平面内，单击模型边线、环、面、曲线、外部草图轮廓线、一组边线或一组曲线；

(2) 单击【草图绘制】工具栏上的【转换实体引用】下拉菜单中的【转换实体引用】图标 ；

(3) 如果选择零件模型平面进入草图绘制状态后，直接启动【转换实体引用】指令系统将自动搜索该模型平面的边线，将其转换为草图曲线；

使用【转换实体引用】指令生成草图曲线后，SolidWorks 将自动建立以下几何关系：

(1) 在新的草图曲线和实体之间，在边线上建立几何关系，新草图曲线位于草图平面内。这样一来，如果实体更改，曲线也会随之更新；

(2) 在草图实体的端点上，系统内部生成固定的几何关系，使草图保持完全定义状态，因此，以黑色实线显示。当使用【显示／删除】几何关系时，不会显示此内部几何关系。对 U 盘主体零件模型进行转换实体引用操作的过程和结果如图 2.22 所示。

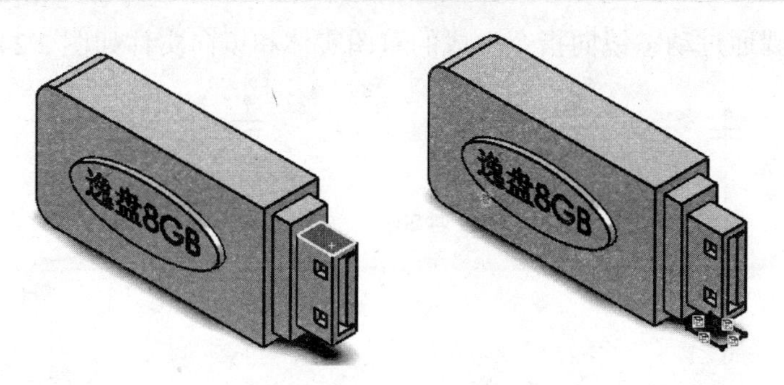

图 2.22 转换实体引用

特别提示

【转换实体引用】命令生成图元的过程与众不同，它要求首先用鼠标单击选择要引用的对象，如直线、圆或者一个草图，然后再调用【转换实体引用】命令。而其他草图绘制和编辑命令鲜有此项要求。

2. 【草图镜向】

用于沿中心线镜向草图实体。生成镜向实体时，SolidWorks 会在每一对相应的草图点之间生成一个对称关系，如果改变被镜向的实体，则其镜向图像也将随之变动。

【草图镜向】指令是基本的绘图与编辑指令之一，其操作步骤如下：

(1) 在一个草图中，单击【草图绘制】工具栏上的【中心线】图标，并绘制一条中心线；

(2) 选择中心线和要镜向的项目(几何要素)；

(3) 单击【草图绘制】工具栏上的【镜向实体】图标。

按照上述步骤通过镜向指令生成的草图如图 2.23 所示。

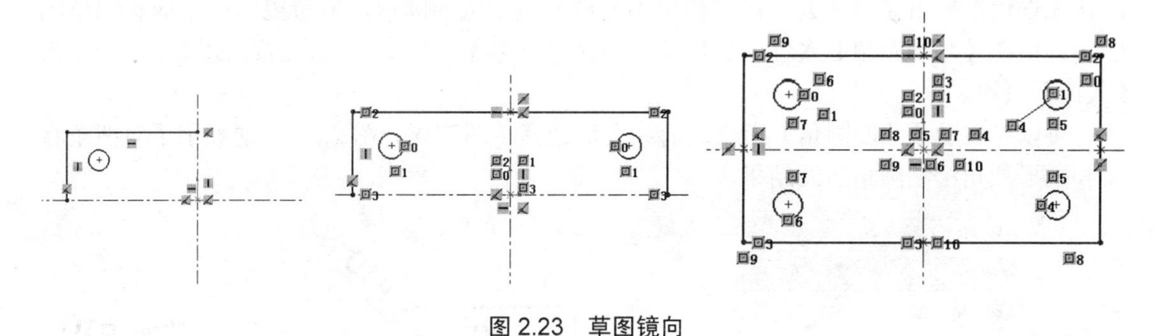

图 2.23 草图镜向

3. 【动态镜向草图】

用于在绘制草图几何要素的过程中同时生成镜向图像。其操作步骤如下：

(1) 选择要沿其作镜向的一条中心线、直线、线性草图边线或线性工程图边线；

(2) 单击【草图绘制】工具栏上的【动态镜向实体】图标，中心线的两端会显现对称符号，表示当前正处于动态镜向状态；

(3) 绘制要镜向的草图实体。在绘制实体时，所有绘制的实体均会自动镜向；

(4) 再次单击【动态镜向实体】图标，关闭镜向功能。

按照上述步骤通过动态镜向指令生成的草图实体和镜向实体如图 2.24 所示。

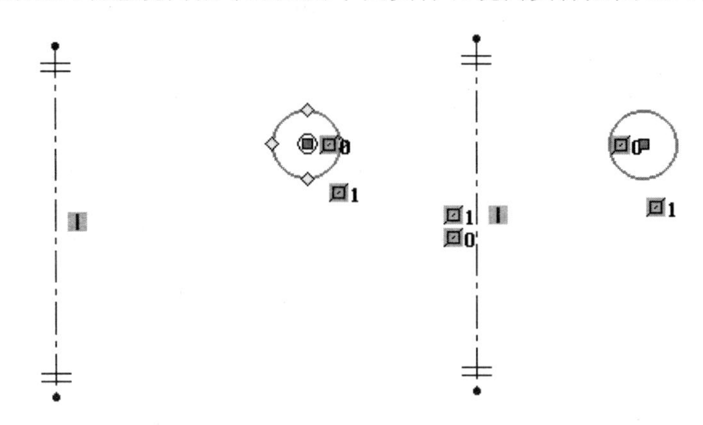

图 2.24　在绘制过程中镜向实体

4.【绘制圆角】

用于在两个草图实体的交叉处或延伸后的交叉处剪裁掉角部，生成一个切线弧，在 2D 和 3D 草图绘制中均可使用该指令。如果非交叉实体没有标注尺寸，则所选实体会被延伸，然后生成圆角。生成圆角的操作步骤如下：

(1) 单击【草图绘制】工具栏上【圆角】下拉菜单中的【绘制圆角】图标，【绘制圆角】属性管理器出现，如图 2.25 所示，在【圆角参数】框中，输入圆角半径；

(2) 如果角部具有尺寸或几何关系，而且希望保持虚拟交点，请选择保持拐角处约束条件复选框。如果不选取该复选框，并且该角部具有尺寸或几何关系，则系统会询问是否要在生成圆角时删除这些几何关系；

(3) 选择有交点的两个草图实体，或者选择草图实体的顶角，系统立即生成圆角预览，确认无误后，单击【确认】按钮。如果不是所希望生成的圆角，但希望继续生成新的草图圆角，请在【绘制圆角】属性管理器中，单击【撤销】按钮。若要放弃绘制圆角，请单击【关闭】按钮。

可以在启动【绘制圆角】指令之前或之后选择草图实体。图 2.26 分别表示了对两条直线和矩形顶角绘制圆角后的结果。

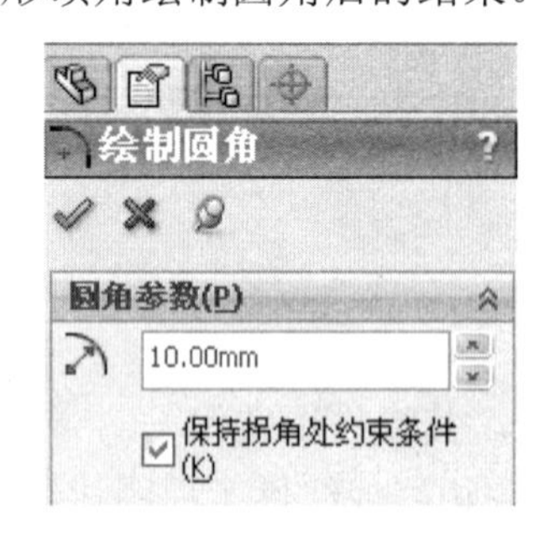

图 2.25　【绘制圆角】属性管理器

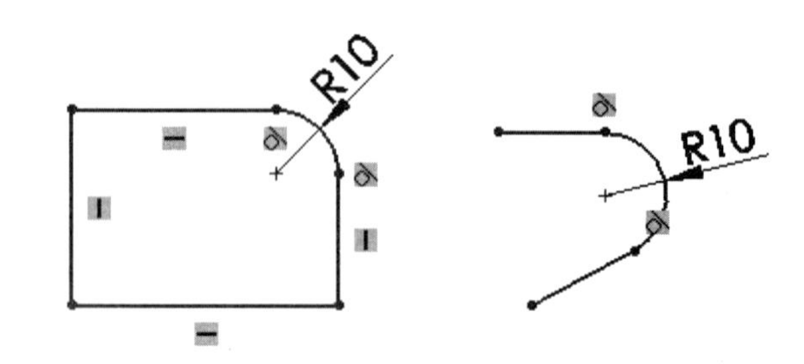

图 2.26　绘制圆角

5.【草图倒角】

【绘制倒角】与【绘制圆角】的操作过程基本相同，可参照执行。

6.【等距实体】

用于从一个或多个所选的草图实体、边线、环、面、曲线、一组边线和一组曲线等在特定的距离来生成相似草图曲线。所选草图实体可以是构造几何线，等距实体允许双向操作。SolidWorks 应用程序会在每个原始实体和相对应的草图曲线之间，生成边线上的几何关系，当重建模型时原始实体改变，则等距生成的曲线也会随之改变。生成等距实体的操作步骤如下：

(1) 进入草图编辑或草图绘制状态；

(2) 在草图中，选择一个或多个草图实体、一个模型面、一条模型边线或外部草图曲线。如果选取的是模型平面，则系统将自动搜索该平面的边线作为等距实体的对象，本例就是选取绘制草图的模型平面；

(3) 单击【草图绘制】工具栏上的【等距实体】图标，【等距实体】属性管理器打开，如图 2.27 所示；

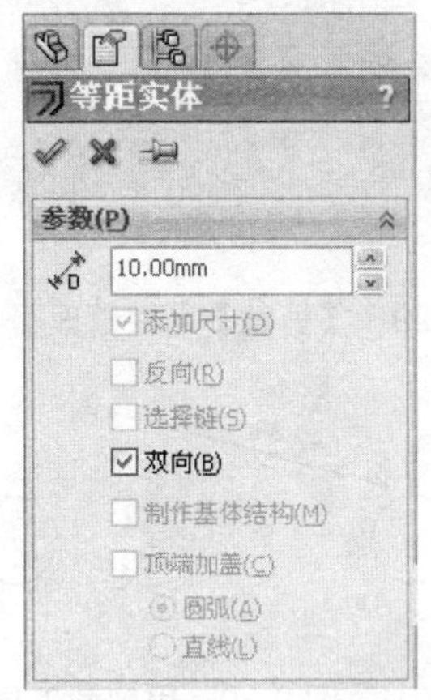

图 2.27　【等距实体】属性管理器

(4) 在【等距实体】属性管理器的【参数】选项下，在【等距距离】框中，输入设定数值，或者在图形区域中，移动指针以设定等距距离。当在图形区域中单击鼠标时，等距实体已经完成，因此，在图形区域中单击以前，应根据需要选择以下任何复选框：

①【添加尺寸】：在草图中标注等距距离尺寸，这不会影响到包括在原有草图实体中的任何尺寸；

②【反向】：来更改单一方向的等距方向；

③【选择链】：生成所有连续草图实体的等距实体；

④【双向】：在两个方向生成等距实体；

⑤【制作基体结构】：将原有草图实体转换到构造性直线；

⑥【顶端加盖】：通过选择双向并添加一圆弧或直线顶盖来延伸原有非相交草图实体。

(5) 单击【确定】按钮，或在图形区域中单击，完成等距实体，并关闭属性管理器；

(6) 双击等距实体的尺寸，在【尺寸修改】对话框中更改数值，便可改变等距量。在双向等距中，可单个更改两个等距实体的尺寸。

按照上述操作步骤绘制生成的等距实体图形如图 2.28 所示。

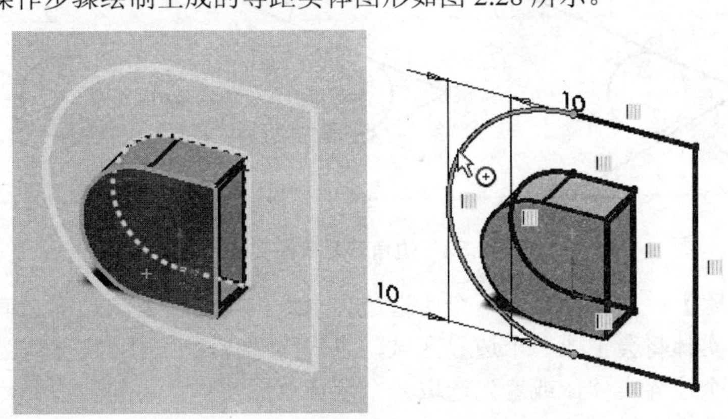

图 2.28　用【等距实体】绘制草图曲线

7.【草图剪裁】

可用于删除草图线段，也可以延伸草图线段。使用【草图剪裁】工具可剪裁直线、圆弧、圆、椭圆、样条曲线或中心线，使其截断于与另一直线、圆弧、圆、椭圆、样条曲线或中心线的交点处；可删除一条直线、圆弧、圆、椭圆、样条曲线或中心线；与拉伸配合使用，可延伸草图线段，使它与另一个实体相交。草图剪裁的操作步骤如下：

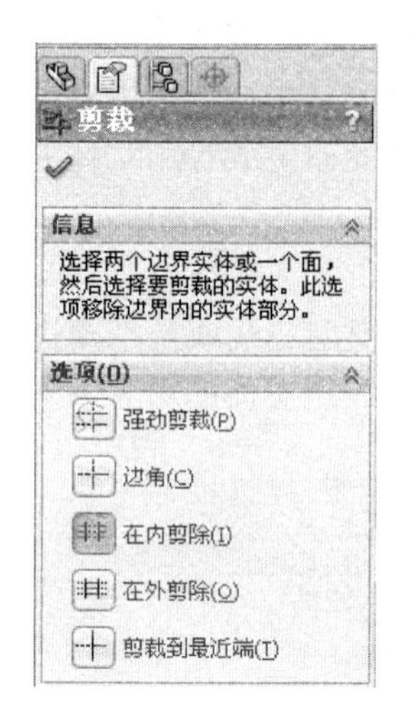

图 2.29　【剪裁】属性管理器

(1) 单击【草图绘制】工具栏上【草图剪裁】下拉菜单中的【草图剪裁】图标，【剪裁】属性管理器出现，如图 2.29 所示；

(2) 在【剪裁】属性管理器选项框中，选择将要进行的剪裁类型，其中包括的选项如下：

①【强劲剪裁】：可以通过单击草图端点后移动鼠标指针来延伸实体，如图 2.30 所示；可以先单击被剪裁实体，再单击剪裁边界来剪裁单一草图实体，如图 2.31 所示；

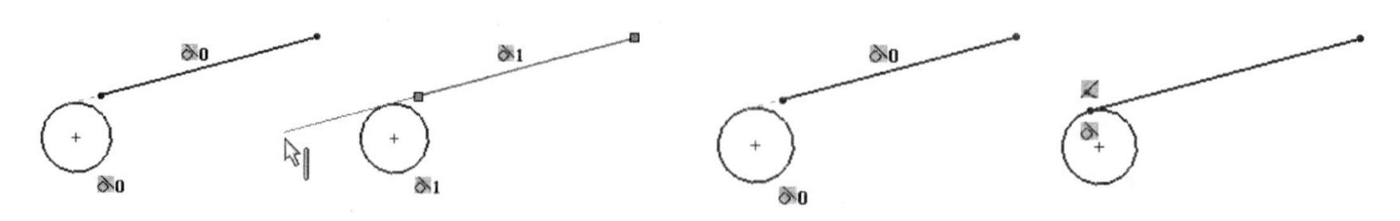

图 2.30　用剪裁工具延伸实体　　　　图 2.31　用剪裁工具剪裁实体

②【边角】：修改两个所选实体，直到它们沿着其自然路径延伸一个或两个实体，以虚拟边角交叉，并生成边角。根据草图实体的不同，剪裁操作可以延伸一个草图实体而缩短另一个实体，或者同时延伸两个草图实体。如果所选的两个实体之间不可能有几何上的自然交叉，则剪裁操作无效。如图 2.32 所示，左图为要剪裁的草图，中图是单击右侧直线段草图后，再单击左侧线段下部生成的草图实体，右图是单击右侧直线段草图后，再单击左侧线段上部生成的草图实体。

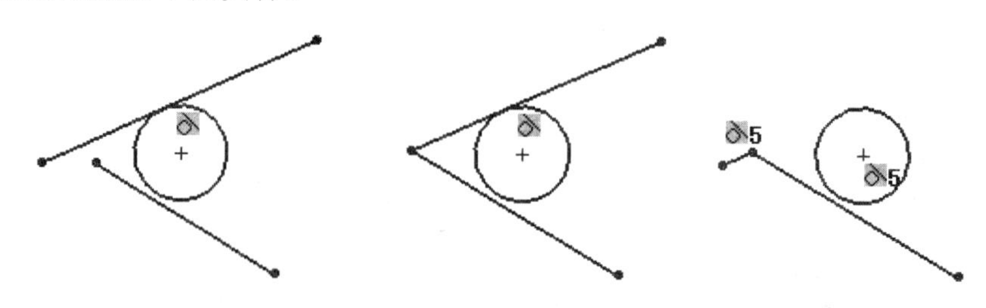

图 2.32　边角剪裁草图实体

③【在内剪除】：剪裁交叉于两个所选边界上或位于两个所选边界之间的开环实体。椭圆等闭环草图实体将会生成一个边界区域，方式与选择两个开环实体作为边界相同。操作时，先选取两个边界实体，或者先选取一个闭环草图实体作为剪裁边界，再选取要剪裁的对象，如图 2.33 所示；

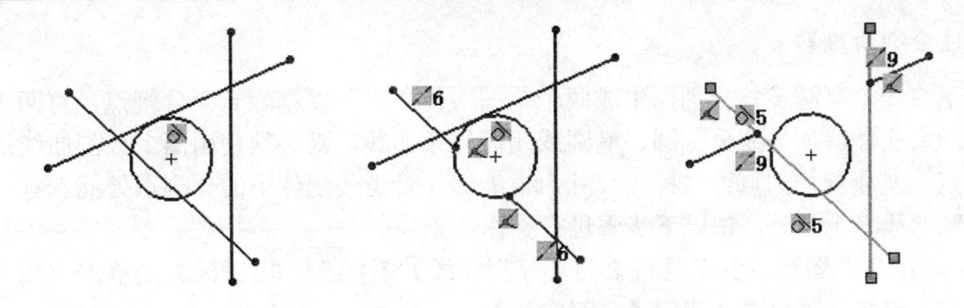

图 2.33　使用【在内剪除】选项剪裁草图实体

④【在外剪除】：与在内剪除选项的剪裁效果正好相反，剪裁位于两个所选边界之外的开环实体。边界不受所选草图实体端点的限制，边界定义为草图实体的无限延续，剪裁操作将会删除所选边界外部所有有效草图实体。如果要剪裁的草图实体与边界实体之一交叉一次，它会剪裁边界实体外的线段，而将边界实体内的线段延伸到下一实体；

⑤【剪裁到最近端】：剪裁或延伸所选草图实体，直到与其他草图实体的最近交叉点，实体延伸的方向取决于用户拖动指针的方向，使用剪裁到最近端选项剪裁草图的过程和所得到的结果如图 2.34 所示；

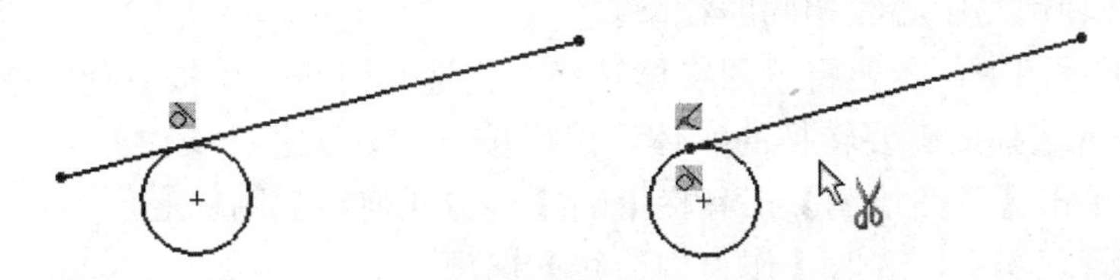

图 2.34　使用【剪裁到最近端】选项剪裁草图

启动剪裁功能后，移动鼠标到工作窗口绘图区时，鼠标指针形状变为![]。移动指针时，系统自动捕捉剪裁对象，如果某条线段以红色高亮显示，则表示这条线段与其他线段或模型边线最多只有一个交点，将被整条删除。

8.【草图延伸】

用于增加草图实体(直线、中心线或圆弧)的长度，将草图实体延伸到另一个草图实体。草图延伸的操作步骤如下：

(1) 单击【草图绘制】工具栏上【草图剪裁】下拉菜单中的【草图延伸】图标![]；

(2) 将鼠标指针移动到绘图区时，指针的形状变为![]。当指针移动到一条线段上时，若该线段变为红色显示，则表示该线段被捕捉到，并显示延伸预览；

(3) 确认后，用鼠标左键单击要延伸的线段。

草图延伸结果如图 2.35 所示。

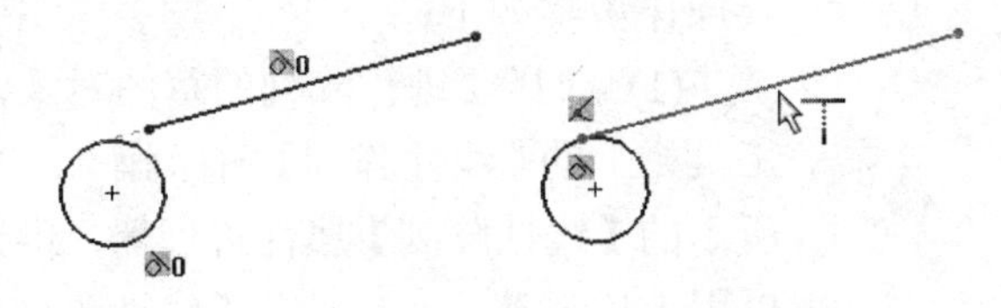

图 2.35 【草图延伸】的结果

9.【分割曲线】

用于将一个草图实体分割，生成两个草图实体；也可以删除一个分割点，将两个实体合并成一个实体。如果要分割圆、椭圆或闭环样条曲线，则必须使用两个分割曲线点。有了分割点，就能以分割点为界标注尺寸，也能够在管道装配体中的分割点处插入零件。使用【分割曲线】工具时，按以下步骤进行操作：

(1) 单击【草图绘制】工具栏上的【分割曲线】图标。用鼠标右键单击曲线上的分割点，在右键快捷菜单中，选取【分割实体】；

(2) 移动指针到曲线上时，鼠标指针形状变为，在希望的分割点处单击鼠标左键。如果曲线不是封闭的，则曲线被分割为两段，在分割点处添加一个分割点。反之，可以删除一个分割点，将两个曲线合并成一单一曲线。当删除、移动或编辑其中一段曲线时，以分割点为界，另一段曲线保持不变，也不会被删除。

10.【构造几何线】

用于将草图上或工程图中的草图实体转换为构造几何线。【构造几何线】仅用来协助生成最终包含在零件中的草图实体及几何体，当草图被用来生成特征时，构造几何线被忽略，构造几何线使用与中心线相同的线型。

在草图或工程图中，若要将草图实体转换为构造几何线，可按下列方法进行。

(1) 在绘图区选择所有要转换的实体，然后按下列方法之一操作：

① 用鼠标单击【草图绘制】工具栏上的【构造几何线】图标；

② 在属性管理器中，选取【作为构造线】选项；

③ 对于工程图，单击【工具】|【草图绘制工具】|【构造几何线】；

④ 对于工程图，用鼠标右键单击草图实体，然后选择【构造几何线】。

(2) 启动构造几何线功能后，用鼠标单击希望转换为构造几何线的曲线，即可完成转换操作。

图 2.36　【线性阵列】属性管理器

当草图实体被转换为构造几何线后，将与中心线具有相同的线型，即点画线。若对中心线执行构造几何线指令，中心线将被转换为草图实体中的线段。在构造几何线功能开启的情况下，反复单击草图实体，将在中心线和草图实体线段之间转换。

11.【线性草图阵列】

用于在草图绘制过程中，将选定的草图几何要素复制后，沿互为一定夹角的两个方向，按一定的间距进行排列。其操作步骤如下：

(1) 选择要进行阵列的草图对象，单击【草图绘制】工具栏上的【线性阵列】图标。此时系统弹出如图 2.36 所示的【线性阵列】属性管理器，供设定各种选项。也可以用上述方法，在启动了【线性阵列】功能后，选择要阵列的草图实体。这时，要阵列的实体列表为空白，当在绘图区选择一个或多个对象时，其名称将出现在要阵列的实体列表中；

(2) 在方向 1 选项框中，进行下列设置：

①【反向】：如果单击反向按钮，方向 1 的阵列方向将反转，即阵列方向反转 180°；

②【间距】：输入该方向上实体阵列的间距；

③【添加尺寸】：选取该复选框，间距尺寸将标注在草图中；

④【数量】：输入该方向上阵列实体的总数量，其中包括被复制对象；

⑤【角度】：输入该阵列方向与水平方向的夹角。

在设置上述参数时，系统会自动显示预览。在工作窗口查看排列情况，若不满意，可重新设定参数；

(3) 如果沿两个方向排列，请按第(2)步设定方向 2 选项框中的参数；

(4) 如果定义了两个阵列方向，则可以选择是否在轴之间添加角度尺寸复选框，以决定是否在草图中标注两个阵列方向的夹角尺寸；

(5) 要阵列的实体选项框列出了每个被复制对象的名称，根据设计需要，可删除或添加实体；

(6) 可跳过的实例选项框中，列出了不想包括在阵列中的实例，可在绘图区用鼠标选取；如果要恢复该实例，在可跳过的实体列表中选取后，按 Delete 键；

(7) 单击【确定】按钮，完成草图实体的排列。对草图圆进行阵列操作结果如图 2.37 所示。

如果要编辑线性草图阵列生成的草图，用右键单击任意一个阵列实例，然后在快捷菜单中选择【编辑线性阵列】，在系统弹出的【线性阵列】属性管理器中重新设置参数。

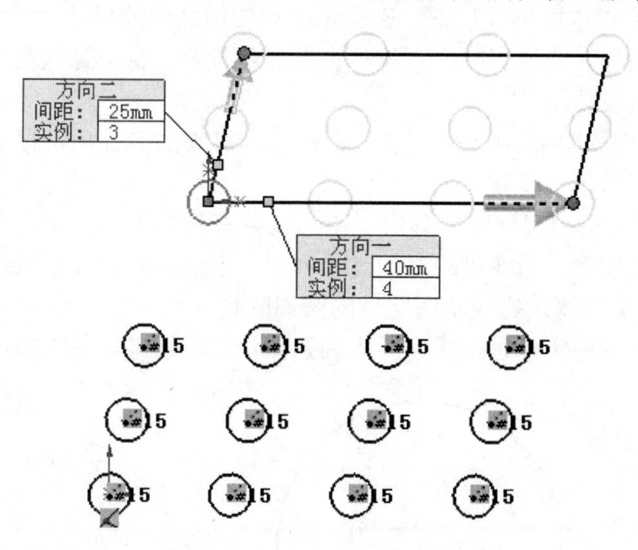

图 2.37 【线性草图阵列】的应用

12.【圆周草图阵列】

【圆周草图阵列】指令用于在草图绘制过程中，将选定的草图几何要素复制后，沿圆周方向，按一定的角度、间距进行排列。其操作步骤如下：

(1) 选择要进行阵列的草图对象，单击【草图绘制】工具栏上【线性阵列】下拉菜单

图 2.38　【圆周阵列】属性管理器

中的【圆周草图阵列】图标。此时系统弹出如图 2.38 所示的【圆周阵列】属性管理器对话框，供设定各种参数。也可以用上述方法，在启动了【圆周草图阵列】功能后，再选择要阵列的草图实体。这时，要阵列的实体列表为空白，当在绘图区选择一个或多个对象时，其名称将出现在要阵列的实体列表中；

(2) 在参数选项框中，设定下列参数：

① 【方向】(旋转)：单击该按钮，阵列方向反转，即在逆时针和顺时针方向之间转换；

② 【中心 X】：设置阵列中心在 X 方向(绘图区水平方向)的坐标值；

③ 【中心 Y】：设置阵列中心在 Y 方向的坐标值；

④ 【数量】：输入包括原始草图在内的阵列草图总数；

⑤ 【间距】：输入所有阵列草图在圆周上排列时的总角度；

⑥ 【半径】：输入阵列半径值，该值表示圆周排列的中心与所选实体中心或顶点之间的距离；

⑦ 【圆弧角度】：该角度表示圆周阵列中心与所选实体中心，或顶点的连线与水平线方向的夹角；

⑧ 【等间距】：选取该复选框，则阵列实例彼此间距相等；

⑨ 【添加尺寸】：选取该复选框，则显示阵列实例之间的尺寸。

在进行上述参数输入或设置时，系统将自动显示预览，供设计人员查看阵列结果，若不符合要求，可重新设置；

(3) 要阵列的实体列表框中，列出了每个被复制对象的名称，可根据设计需要，删除阵列实体中的一个或多个被复制对象；

(4) 在可跳过的实例列表框中，列出了不想包括在阵列中的实例，可在绘图区用鼠标选取：如果要恢复该实例，请在可跳过的实体列表框中选取后，按 Delete 键；

(5) 单击【确定】按钮，完成草图实体的圆周阵列。

按照上述步骤对草图实体进行【圆周阵列】操作后，结果如图 2.39 所示。

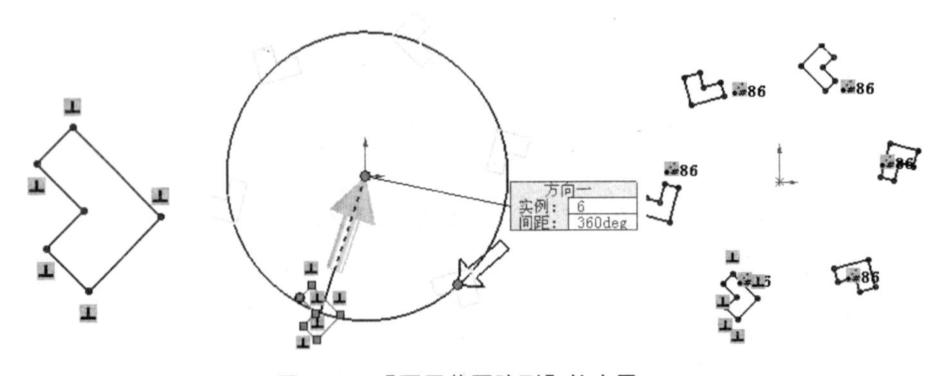

图 2.39　【圆周草图阵列】的应用

13.【移动实体】

用于将一个或多个草图实体移动到指定位置，该操作不生成几何关系。操作步骤如下：

(1) 选择要进行移动的草图对象，单击【草图绘制】工具栏上的【移动实体】下拉菜单中【移动实体】图标。此时系统弹出如图 2.40 所示的【移动草图】属性管理器，供设定各种参数。也可以用上述方法，在启动了移动实体功能后，再选择要移动的草图实体。这时，要移动的实体列表为空白，当在绘图区选择一个或多个对象时，其名称将出现在要移动的实体列表中；

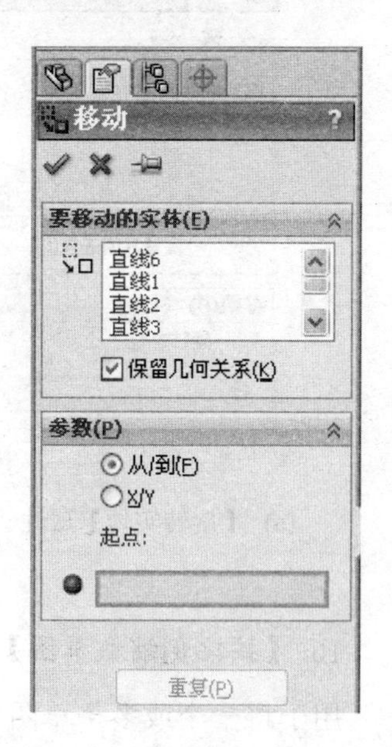

图 2.40　【移动实体】属性管理器

(2) 在要移动的实体选项框中，如果选取【保留几何关系】复选框，则保持草图实体之间的几何关系；

(3) 在参数选项框中，设置如下参数：

①【从 / 到】：添加一基准点，以设定开始点。移动指针，并双击以设定目标；

②【X / Y】：以 X 和 Y 方向的相对坐标值设定数值，以生成目标；

③【基准点】：设置移动的参考基准位置。

(4) 单击【重复】按钮，按相同距离再次移动草图实体；

(5) 单击【确定】按钮。

14.【复制实体】

【复制实体】与【移动实体】指令的使用方法基本类似，可以仿效操作。

15.【旋转实体】

用于将一个或多个草图实体旋转一定角度，操作步骤如下：

(1) 选择要进行旋转的草图对象，单击【草图绘制】工具栏上【移动实体】下拉菜单中的【旋转实体】图标。此时系统弹出如图 2.41(a)所示的【旋转实体】属性管理器，供设定各种参数。也可以用上述方法，在启动了【旋转草图】功能后，再选择要旋转的草图实体。这时，要旋转的实体列表为空白，当在绘图区选择一个或多个对象时，其名称将出现在要旋转的实体列表中；

(2) 根据设计需要，决定是否选取【保留几何关系】复选框。如果选取该复选框，则保持草图实体之间的几何关系；

(3) 在参数选项框中，设置如下参数：

①【基准点】：单击该列表框后，在图形区单击希望的旋转基准，如坐标原点；

②【角度】：输入旋转角度。

(4) 单击【确定】按钮。

按照上述步骤对矩形草图进行旋转的过程和结果如图 2.41(b)所示。

(a) 【旋转实体】属性管理器

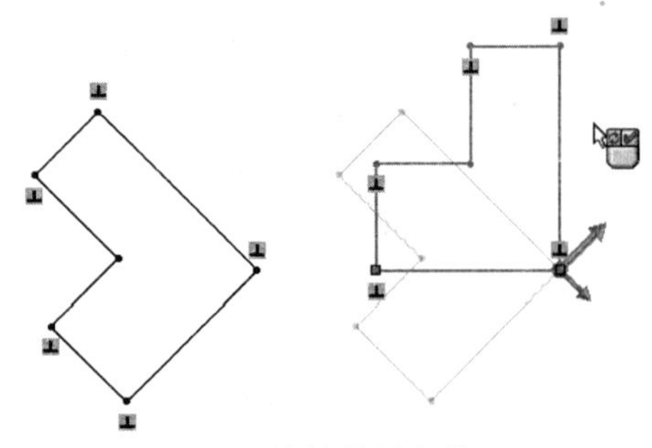

(b) 旋转草图实体

图 2.41　旋转实体

16. 【按比例缩放草图】

用于将一个或多个草图实体按照一定比例进行缩放。如有必要，缩放源草图时，可包括副本在内一起进行缩放，该操作不生成几何关系。使用步骤如下：

(1) 选择要进行缩放的草图对象，单击【草图绘制】工具栏上【移动实体】下拉菜单中的【缩放实体比例】图标。此时系统弹出【缩放比例】属性管理器，供设定各种参数。也可以用上述方法，在启动了比例缩放草图功能后，再选择要缩放的草图实体。这时，要缩放比例的实体列表为空白，当在绘图区选择一个或多个对象时，其名称将出现在列表中；

(2) 在参数选项框中，设置如下参数：

① 【基准点】：单击该列表框后，在图形区单击比例缩放的基准，如坐标原点；

② 【比例因子】：设置缩放比例；

③ 【复制数】：设定缩放后，草图实体的数量；

④ 【复制复选框】：清除【复制复选框】，仅生成已缩放比例的实体。选择【复制复选框】，则保留原件，并生成已缩放比例的实体。

(3) 单击【确定】按钮。

按照上述步骤对矩形草图进行旋转的过程和结果如图 2.42 所示。

图 2.42　按比例缩放草图实体

17. 【修复草图】

用于找出草图中的错误。有些特征工具在检测到能修复的错误时，会自动修复草图。【修复草图】对于由输入 DXF / DWG 文件而生成的草图尤其有用。

【修复草图】按下述方法操作：

(1) 在特征管理器设计树中选取草图，单击【草图绘制】工具栏上的【修复草图】图标⁺⁄。系统弹出一警告信息，说明检测结果；

(2) 修正草图后，单击【刷新】按钮来继续检测修复结果。

特别提示

【修复草图】中指定的最大缝隙值是可以人为调整的，小于该值的缝隙或重叠会被系统认定为错误并特别显示，大于该值的缝隙或重叠被视为是特意设计的。

2.3 尺寸标注和几何约束

2.3.1 尺寸标注

So1idWorks 2009是一种尺寸驱动式系统，用户可以指定尺寸及各实体间的几何关系，更改尺寸将改变零件的尺寸与形状。尺寸标注是草图绘制过程中的重要组成部分。SolidWorks虽然可以捕捉用户的设计意图，自动进行尺寸标注，但由于各种原因有时自动标注的尺寸不理想，此时用户必须自己进行尺寸标注。对于机械设计的尺寸标注要求正确、完整、清晰、合理。正确是指符合标准的规定，完整是指不能有欠标注和过标注的情况，清晰是指尺寸标注要易于阅读，合理是指尺寸标注符合加工制造工艺要求。

1. 尺寸标注方法

通常二维草图的尺寸标注可以分为三类：线性尺寸标注，圆尺寸标注和角度尺寸标注。下面是这三类尺寸标注的具体方法。

(1) 线性尺寸的标注。

用于标注直线段的长度或两个几何元素间的距离。标注直线长度尺寸可如下操作：

① 单击【草图绘制】工具栏上的【智能尺寸标注】按钮；

② 将鼠标指针放到要标注的直线上，这时要标注的直线以红色高亮度显示；

③ 单击鼠标，则标注尺寸线出现并随着鼠标指针移动，至适当的位置后单击鼠标，则尺寸线被固定下来，系统自动弹出【修改】对话框；

④ 在【修改】对话框中输入直线的长度，单击【确定】按钮便完成了标注。

(2) 直径尺寸标注。

在默认情况下，SolidWorks对圆标注直径尺寸，对圆弧标注半径尺寸。如果要对圆进行直径尺寸的标注，可按如下操作：

① 单击【草图绘制】工具栏上的【智能尺寸标注】按钮；

② 将鼠标指针放到要标注的圆上，这时要标注的圆以红色高亮度显示；

③ 单击鼠标，则标注尺寸线出现，在适当的位置单击鼠标将尺寸线固定下来，系统自动弹出【修改】对话框；

④ 在【修改】对话框中输入圆的直径，单击【确认】按钮便完成了标注。

如果要对圆弧进行半径尺寸的标注，可仿效对圆的标注操作。

(3) 角度尺寸的标注。

用于标注两条直线的夹角或圆弧的圆心角。

要标注两条直线的夹角，可如下操作：

① 单击【草图绘制】工具栏上的【智能尺寸标注】按钮；

② 用鼠标左键拾取第一条直线。此时标注尺寸线出现，不管它，继续用鼠标左键拾取第二条直线；

③ 标注尺寸线显示为两条直线之间的角度，随着鼠标指针的移动，单击鼠标，将尺寸线固定下来；

④ 在【修改】对话框中输入夹角的角度值，单击【确定】按钮便完成了标注。

如果要标注圆弧的圆心角，可如下操作：

① 单击【草图绘制】工具栏上的【智能尺寸标注】按钮；

② 用鼠标左键拾取圆弧的一个端点；

③ 用鼠标左键拾取圆弧的另一个端点，此时标注尺寸线显示这两个端点间的距离；

④ 用鼠标左键继续拾取圆心点，此时标注尺寸线显示圆弧两个端点间的圆心角；

⑤ 将尺寸线移到适当的位置后，单击鼠标将尺寸线固定下来；

⑥ 在【修改】对话框中输入圆弧的角度值，单击【确认】便完成了标注。

2. 尺寸编辑

尺寸的修改，可以是尺寸值的修改、也可以是尺寸名称、尺寸界限、文字类型的修改。无论进行何种修改均可以在【尺寸】的 PropertyManager 中修改。双击激活需要修改的尺寸，在激活的 PropertyManager 中重新输入或者选择要修改的内容。

删除尺寸的方法：单击选中尺寸后按 Delete 键。

SolidWorks 是一个全相关的设计软件，对任何一个模型尺寸(见图 2.43)的修改都会影响到如装配、工程图等方面，因此 SolidWorks 中每一个尺寸都有一个特定的名称，该名称是自动建立，无须人工干预。图 2.44 中【数值】选项卡中的“D1@草图 1”就是尺寸名称。尺寸名称在设定尺寸之间联动关系时将非常有用。

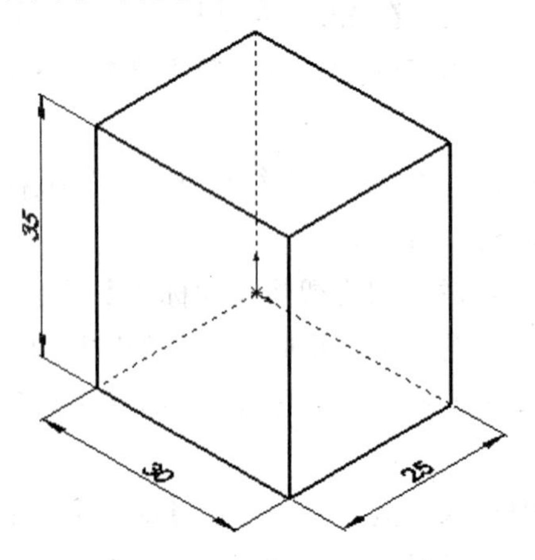

图 2.43　模型尺寸和参考尺寸

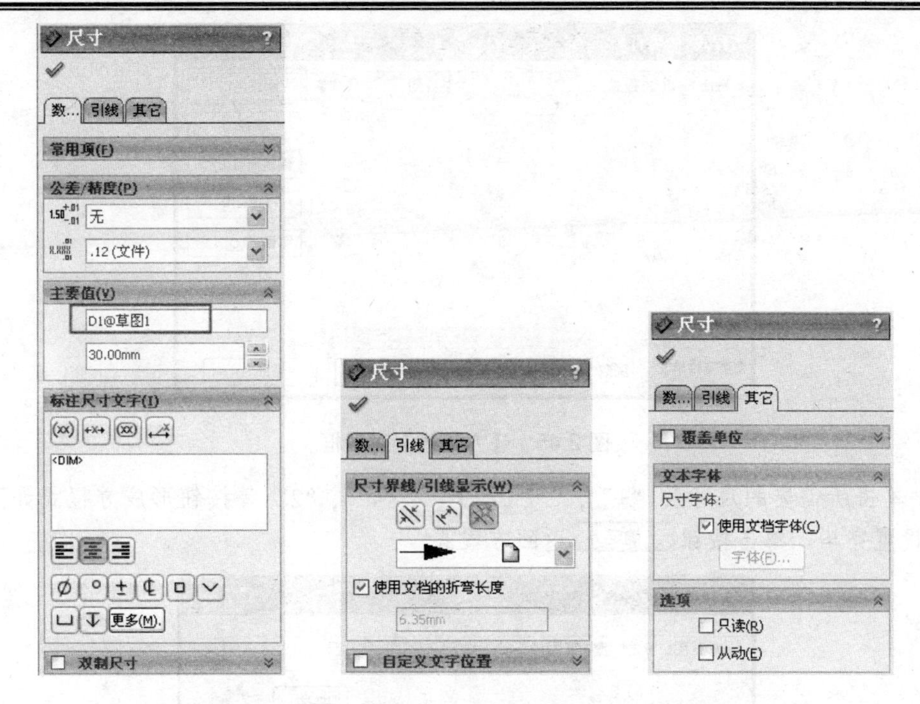

图 2.44 【尺寸】PropertyManager 中的三个选项卡

3. 方程式

如果所设计的零件尺寸之间存在某种固有的数值关系、零部件之间存在某种数值的配合关系，可以通过方程式来实现其设计意图。

在模型尺寸之间可以使用尺寸名称作为变量来生成方程式。被方程式所驱动的尺寸无法在模型中以编辑尺寸值的方式来改变。方程式由左到右，位于等号左侧的尺寸会被右侧的值驱动，多个方程式的求解按编辑方程式中所列顺序逐一解出。

方程式支持的运算符和函数。SolidWorks 提供的方程式支持以下运算符和函数：“+”加法、“－”减法、“*”乘法、“/”除法和“^”求幂运算符，sin(a)正弦、cos(a)余弦、tan(a)正切、atn(a)反正切、abs(a)绝对值、exp(n)指数、log(a)自然对数、sqr(a)平方根、int(a)取整和 sgn(a)符号函数，同时还可以在方程式中使用常数圆周率 π，它的值精确计算到文件系统选项指定的小数位数。

应用案例 2-1

有一长方形，当前标注尺寸长为 30mm，宽为 25mm，根据工程需要，要求更改长度数值，要求长度=2*宽度。

步骤：

(1) 选中长和宽尺寸后分别在其 PropertyManager 中将其名称更改为“长”和“宽”。这是为了读尺寸时见名知义，增加图形的清晰性和可读性。该步骤并非必须；

(2) 单击【工具】|【方程式】或【工具】工具栏上的按钮 Σ；

(3) 在出现的对话框中单击按钮 添加(A)...，如图 2.45 所示；

图 2.45　【方程式】对话框

(4) 单击所需要的尺寸及“+”，“-”，“/”，“=”，“2”等按钮形成方程式如图 2.46 所示。设置完毕，单击按钮 确定 返回方程式；

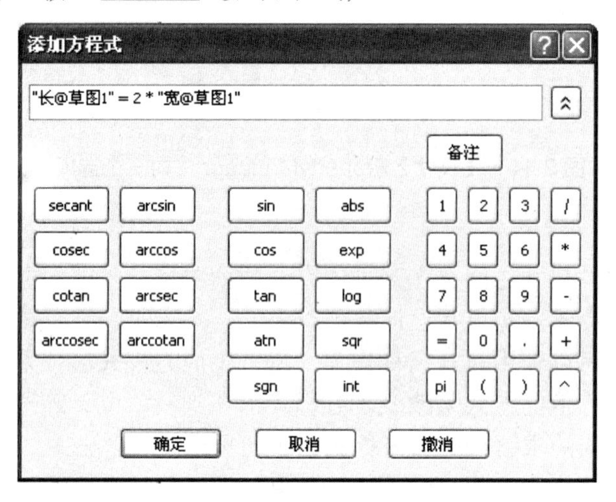

图 2.46　【添加方程式】对话框

(5) 添加方程式完毕后，【方程式】对话框如图 2.47 所示。如需要重新编辑则单击按钮 编辑(I) ；如需要删除则单击按钮 删除(D) ；

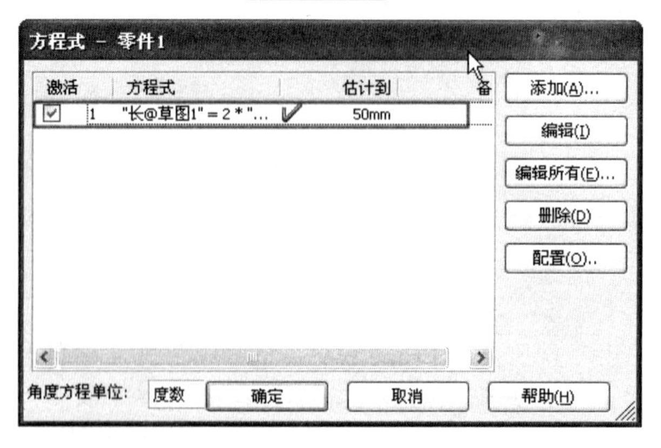

图 2.47　【方程式】添加完成后的对话框

(6) 单击图 2.47 中的按钮[确定]后，草图将显示为图 2.48 状态，其中长度尺寸被宽度驱动后尺寸前将有Σ符号。同时在 FeatureManager 设计树中将添加 [Σ 方程式]。右击此文件夹也可以对方程式进行编辑。

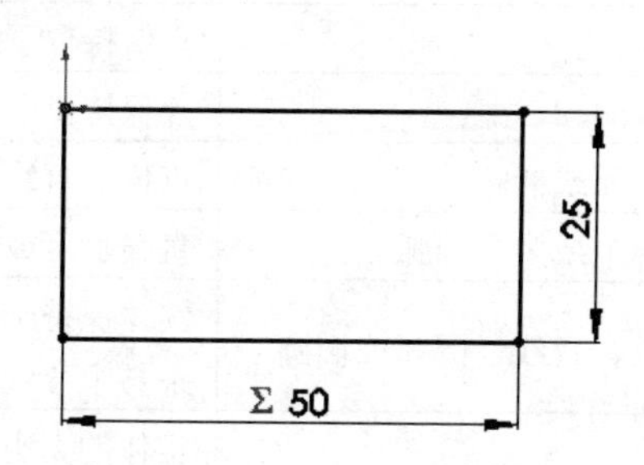

图 2.48　被方程式驱动的长度尺寸

4. 链接数值

【链接数值】也是一种设置尺寸之间关系的工具，应用条件不同之处在于：

(1) 如果模型中的多个尺寸相等并且需要同步变化，使用【链接数值】；

(2) 当尺寸用这种方式链接起来后，该组中任何成员都可以当成驱动尺寸来使用。改变链接数值中的任意一个数值都会改变与其链接的所有其他数值。

设置【链接数值】的方法：

(1) 选择尺寸，用右键单击选择【链接数值】。输入名称(这是将被用作链接的项目尺寸名称的变量名)单击【确定】；

(2) 单击选择您想要和第一步所选择尺寸同步变化的尺寸，用右键单击选择【链接数值】，从【名称】方框的清单中选择变量名称，然后单击确定；

(3) 尺寸被链接后在尺寸前将有[链接]标识。

2.3.2　几何约束

几何关系是指草图中的几何要素之间的某些约束关系。这种约束关系可以是草图绘制过程中由 SolidWorks 系统自动判断添加产生，也可以是设计人员根据自己的设计意图人为地添加、定义或标注产生。在 SolidWorks 系统中，常用的几何关系见表 2-2。

表 2-2　常用几何关系

几何关系	要选择的实体	所产生的几何关系
水平或竖直	一条或多条直线，两个或多个点	直线会变成水平或竖直(由当前草图的空间定义)，而点会水平或竖直对齐
共线	两条或多条直线	实体位于同一条无限长的直线上
全等	两个或多个圆弧	实体会共用相同的圆心和半径
垂直	两条直线	两条直线相互垂直
平行	两条或多条直线	实体相互平行
相切	圆弧、椭圆和样条曲线，直线和圆弧，直线和曲面或三维草图中的曲面	两个实体保持相切

续表

几何关系	要选择的实体	所产生的几何关系
同心	两个或多个圆弧，或一个点和一个圆弧	圆弧共用同一圆心
中点	一个点和一条直线	点保持位于线段的中点
交叉	两条直线和一个点	点保持位于直线的交叉点处
重合	一个点和一直线、圆弧或椭圆	点位于直线、圆弧或椭圆上
相等	两条或多条直线，两个或多个圆弧	直线长度或圆弧半径保持相等
对称	一条中心线和两个点、直线、圆弧或椭圆	实体保持于和中心线相等的距离，并位于一条与中心线垂直的直线上
固定	任何实体	实体的大小和位置被固定
穿透	一个草图点和一个基准轴、边线、直线或样条曲线	草图点与基准点、边线或曲线在草图基准面上穿透的位置重合
合并点	两个草图点或端点	两个点合并成一个点

在选定草图实体后，单击【草图绘制】工具栏上【显示/删除几何关系】下拉菜单中【显示/删除几何关系】图标，在属性管理器中可以显示现有几何关系。要想删除已有的几何关系，在属性管理器的现有几何关系方框中，选择相应的几何关系名称，按 Delete 键就可以了。

若要添加几何关系，可选择下列方法之一进行操作：

(1) 单击【标注几何关系】工具栏上【显示/删除几何关系】下拉菜单中的【添加几何关系】图标；

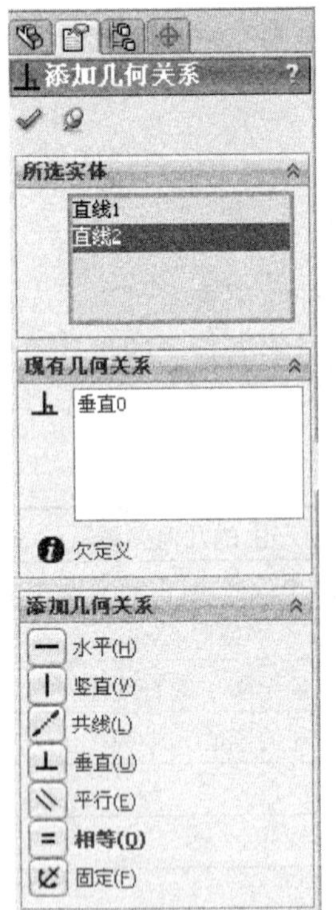

图 2.49　【添加几何关系】属性管理器

(2) 选取要添加几何关系的所有草图实体，用鼠标右键单击该实体组，在快捷菜单中选择【添加几何关系】；

(3) 使用下拉菜单，单击【工具】|【几何关系】|【添加】，【添加几何关系】属性管理器弹出，如图 2.49 所示；

(4) 选择一个或多个草图实体，在属性管理器【添加几何关系】选项组中，单击希望添加的几何关系按钮(如【相切】、【平行】或【垂直】等)，如图 2.49 所示。用于在草图实体之间或在草图实体与基准面、轴、边线、顶点之间生成几何关系。

也可以在生成单独草图实体或在选择两个现有实体时添加几何关系，添加的几何关系部分将在每个草图绘制实体属性管理器中出现。

生成几何关系时，其中至少必须有一个项目是草图实体，其他项目可以是草图实体或边线、面、顶点、原点、基准面、轴，或其他草图的曲线投影到草图基准面上形成的直线或圆弧。如果选择自动添加几

何关系，则系统可以自动生成几何关系。自动添加几何关系在【工具】|【选项】中的【草图】|【几何关系】中勾选☑自动几何关系(U)。

查看现有几何关系的方法：单击【工具】|【几何关系】|【显示/删除】或单击【尺寸/几何关系】工具栏的按钮。

删除现有几何关系的方法：在草图中选中所要删除的关系按Delete键。

特别提示

在建立几何关系时，应当注意如下事项：

1. 在为直线建立几何关系时，此几何关系是相对于无限长的直线，而不仅仅是相对于草图线段或实际边线，因此，在希望一些项目互相接触时，它们可能实际上并未接触到。

2. 同样地，当生成圆弧或椭圆弧的几何关系时，几何关系是对于整圆或椭圆。

3. 如果为不在草图基准面上的项目建立几何关系，则所产生的几何关系应用于此项目在草图基准面上的投影。

4. 当使用等距实体及转换实体引用指令时，额外的几何关系会自动生成。

5. 一般情况下，对完全定义的草图几何体添加几何关系会导致过定义，导致添加几何关系失败；对欠定义的草图几何体添加几何关系将导致几何体原有的相对位置发生变化。

尽管SolidWorks不要求完全定义的草图，但本教程建议在绘制草图的过程最好使用完全定义的草图。合理标注尺寸以及添加几何关系，反映了设计者的思维方式以及机械设计的能力。在绘制草图过程中，可采用标注尺寸和生成几何关系两种手段联合定义草图。先确定草图各元素间的几何关系，其次是位置关系和定位尺寸，最后标注草图的形状尺寸。一般在绘图时并不追求尺寸准确，但几何关系要尽早添加，这样可以避免日后的麻烦。对于一个在绘制过程中已经建立几何关系欠定义草图(见图2.50中的左图)，要想完全定义它，只需单击【草图绘制】工具栏上【显示/删除几何关系】下拉菜单中【完全定义草图】图标就可以了。结果如图2.50中的右图所示，SolidWorks系统只标注了其中一个顶点的坐标，图面干净利落，表达清晰明确。

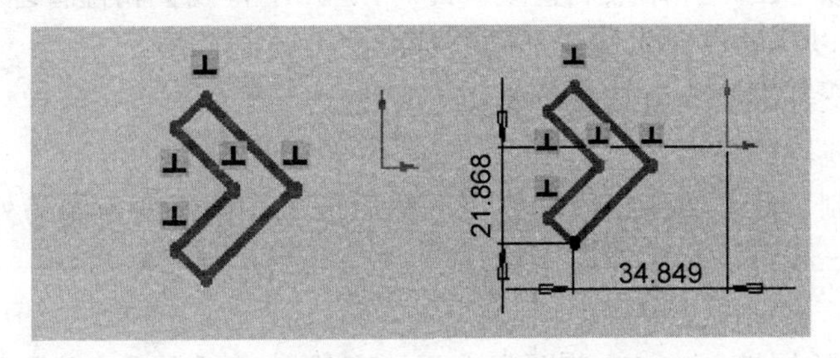

图2.50 完全定义已添加几何关系的草图

【反例分析2-1】

如果上例中的欠定义草图在绘制过程中没有建立几何关系，那么在单击【草图绘制】工具栏上【显示/删除几何关系】下拉菜单中【完全定义草图】图标后，SolidWorks系统自动添加的尺寸就会增加很多(见图2.51)。这种方式定义的草图看起来很乱，是不符合要求的。

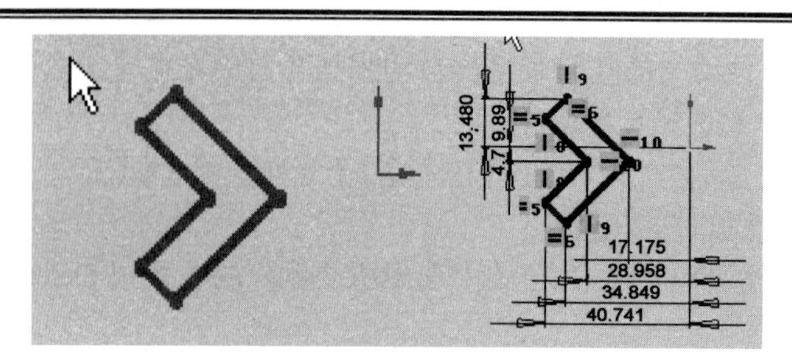

图 2.51　完全定义未添加几何关系的草图

2.4　3D 草图的绘制

用 SolidWorks 软件不但能够生成 2D 草图，而且还可以生成 3D 草图。3D 草图一般由系列直线、圆弧以及样条曲线构成。可以将 3D 草图作为扫描路径，或作为放样和扫描的引导线、放样的中心线或管道系统中的关键实体。

在开始 3D 草图前，先将视图方向改为等轴测。在等轴测方向中 X、Y、Z 方向均可见，可以更加方便地生成 3D 草图。当在几个基准面上绘图 3D 草图时，空间控标会帮助设计人员保持方向。欲生成一条 3D 草图中的直线，其操作方法如下：

(1) 单击【草图绘制】工具栏上的【3D 图绘制】图标，或者单击【插入】|【3D 草图】打开一个新的 3D 草图；

(2) 单击【视图】工具栏上的【标准视图】下拉菜单，从中选取【等轴测】图标，以便能够观察所有三个方向；

(3) 单击【草图绘制】工具栏上的【直线】图标；

(4) 在图形区域单击，开始绘制直线。此时，【3D 直线】属性管理器出现，每次单击时，空间控标出现以帮助设计人员在不同的基准面上绘制草图；

(5) 如果想改变基准面，就按 Tab 键；

(6) 拖动到直线段的终点；

(7) 要继续绘制直线，选择线段的终点，然后按 Tab 键，变换到另外一个基准面；

(8) 拖动出第二线段，然后释放指针；

(9) 根据需要，重复以上步骤。

若要改变直线的属性，在 3D 草图中选择一直线，然后在【直线】属性管理器中编辑其属性。当一个 3D 直线完成后，还可以通过拖动修改直线，步骤如下：

(1) 如要改变直线的长度，请选择一个端点，并拖动此端点来延长或缩短直线；

(2) 如要移动直线，请选择该直线，并将它拖动到另一个位置。

在 3D 草图绘制中，可以使用的草图绘制工具主要有：

(1)【直线】：用于生成 3D 直线；

(2)【样条曲线】：用于生成 3D 样条曲线；

(3)【点】：用于生成 3D 点；

(4)【中心线】：用于生成构造几何线；

(5)【转换实体引用】：通过将边线、环、面、外部曲线、外部草图轮廓部曲线投影到草图基准面上，在 3D 草图中生成一个或多个实体；

(6)【面部曲线】：从面或曲面中抽取 3D ISO-参数曲线；

(7)【草图圆角】：用于在草图直线交点处生成圆角；

(8)【绘制倒角】：斜削所绘制直线的交叉处；

(9)【相贯线】(交叉曲线)：用于在交点处生成草图曲线；

(10)【草图剪裁】：用于剪裁或延伸 3D 草图中的草图实体；

(11)【草图延伸】：用于延伸 3D 草图中的草图实体；

(12)【构造几何线】：将 3D 草图中所绘制的曲线转换为构造几何线。

当绘制直线时，直线捕捉到一个主要方向(X、Y 或 Z)，而且，如果可以，将分别被约束为水平、竖直或沿 Z 向，这就相对于当前的坐标系，为 3D 草图添加几何关系。

根据系统默认，绘制 3D 草图时，将相对于模型中的默认坐标系进行绘制，若想转换到其他两个默认基准面之一，在启动某个绘图指令的情况下，单击 Tab 键，当前草图基准面的坐标原点将被显示。

特别提示

绘制 3D 草图直线时，并不要求沿着这三个主要坐标方向之一进行，设计人员根据绘制要求，可以在当前基准面中与一个主要方向成一角度进行绘制；或者，如果端点直线捕捉到现有的几何模型，可以在基准面之外绘制。

2.5　综合应用案例

草图是 3D 模型的基础。草图服务于零件的各个特征，如何合理快速地建立零件的特征，与绘制草图的过程有很大的关系。通常，草图在绘制时只需要绘制大概形状以及位置关系，要利用几何关系和尺寸标注来确定几何体的大小和位置，这有利于提高工作效率。对于初学者来说，多多练习使用草图绘制工具绘制草图是一个必然的过程。

综合应用案例 2-1

在设计草图时，不仅仅要考虑尺寸与几何关系的准确性，更要注意贯彻设计者的设计意图。这样，以草图为基础生成的 3D 模型才能符合设计要求。图 2.52 就是一个实训例子。

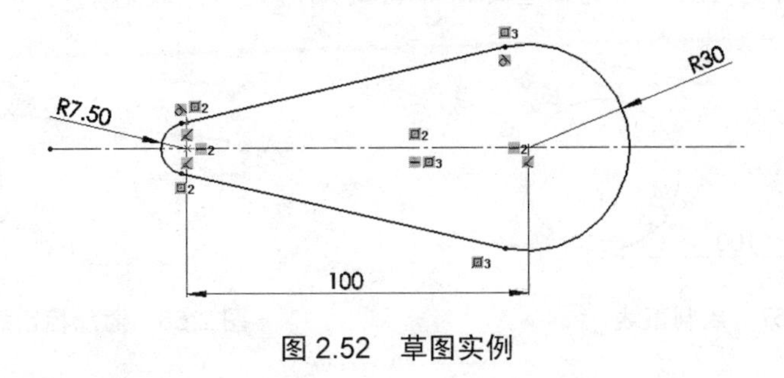

图 2.52　草图实例

在图 2.52 草图实例中，有两个主要设计意图：一是两端圆弧圆心应在同一条水平线上，二是连接两圆弧的直线应与圆弧相切。按照上述设计意图，该草图的绘制步骤如下：

(1) 单击菜单栏上【新建工具】按钮，创建一个零件文件；

(2) 单击【草图绘制】工具栏上的【草图绘制】按钮，新建一张草图；

(3) 单击【草图绘制】工具栏上的【圆】按钮，绘制一个以原点为圆心的圆；

(4) 然后水平向右拖动鼠标指针，这时会出现蓝色的水平推理线，如图 2.53 所示；

(5) 拖动鼠标指针到适当的位置后再次单击鼠标，绘制另一个圆，如图 2.54 所示；

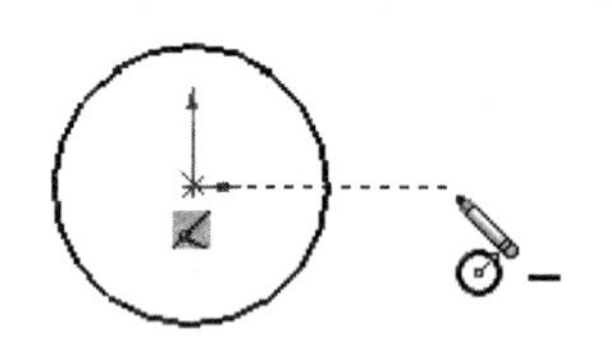

图 2.53　绘制第一个圆

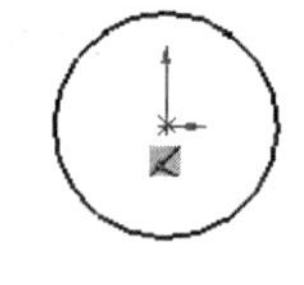
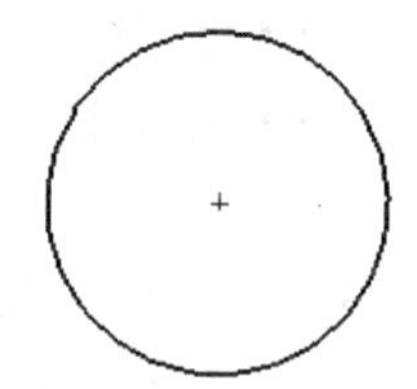

图 2.54　绘制第二个圆

(6) 单击【草图绘制】工具栏上的【智能尺寸标注】按钮；

(7) 将圆心间距标注为 100mm，两个圆的直径分别标注为 35mm 和 60mm，如图 2.55 所示；

(8) 细心的读者会发现：在图 2.55 中的大圆在计算机屏幕上显示为蓝色，说明其还未完全定义。因此，还要在两个圆心之间添加水平对齐几何关系。方法是：选中两个圆心，在属性管理器中添加几何关系“水平”，结果见图 2.56，完全定义的大圆在计算机屏幕上变成黑色了；

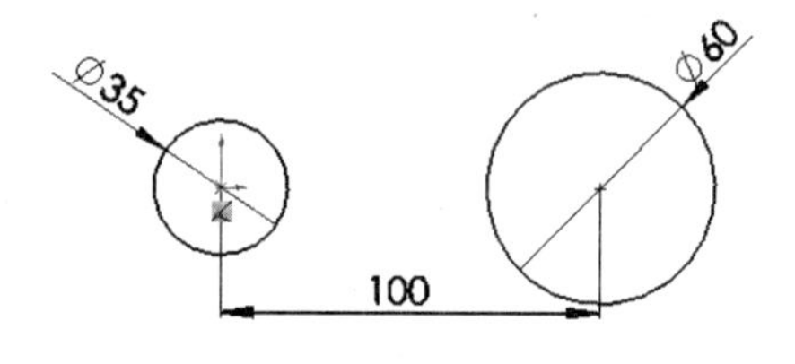

图 2.55　标注圆心距离

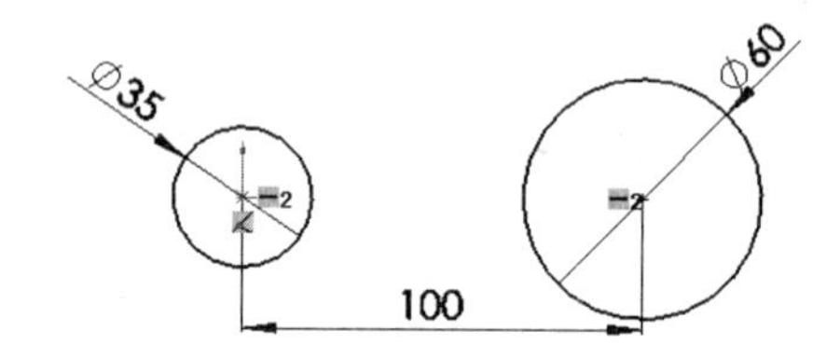

图 2.56　添加水平几何关系

(9) 在两个圆的上方绘制一条直线，直线的长度要略长一点，如图 2.57 所示；

(10) 单击【选择】按钮，按住 Ctrl 键，选中直线和小圆；

(11) 单击【添加几何关系】按钮，在【添加几何关系】属性管理器中为这两个实体添加相切的关系；

(12) 选择直线和大圆，为它们也添加相切的几何关系。这时的草图如图 2.58 所示；

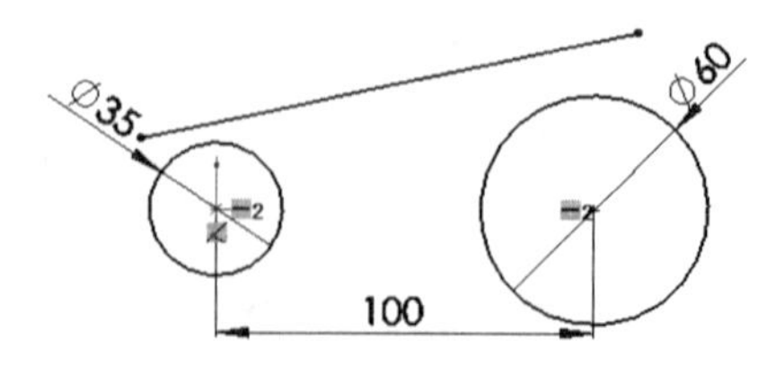

图 2.57　绘制直线

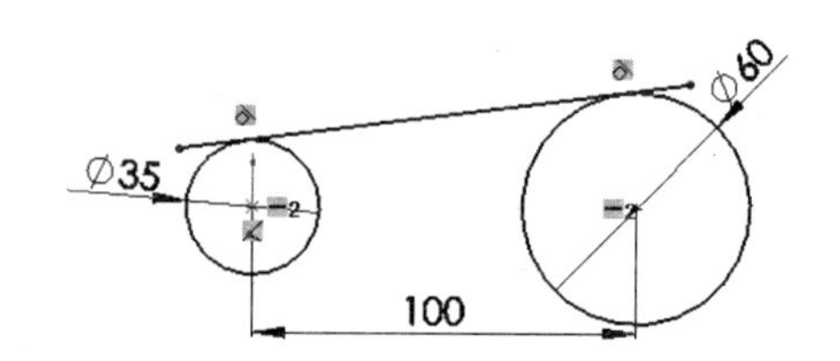

图 2.58　添加相切的几何关系

(13) 单击【裁剪实体】按钮，用【裁剪到最近端】方式裁剪掉直线的两端;

(14) 单击【中心线】按钮，绘制一条通过两个圆心的中心线，如图 2.59 所示;

(15) 选择直线和中心线，单击【镜向】按钮，将直线沿中心线镜向到另一端，如图 2.59 所示;

(16) 单击【草图裁剪】按钮，用【裁剪到最近端】方式分别裁剪掉大圆和小圆的两段圆弧;

(17) 选取已标注的直径尺寸，按 Delete 键将它们删除掉;

(18) 单击【智能尺寸标注】按钮，重新标注圆弧的半径尺寸，从而完成整个草图的绘制工作。

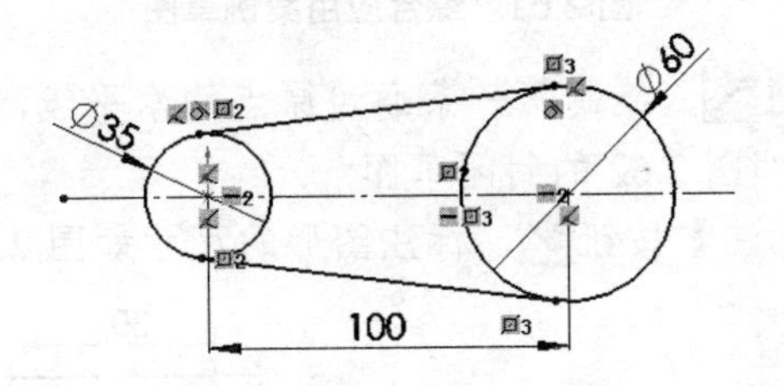

图 2.59　绘制中心线并镜向切线

特别提示

正确贯彻设计意图的绘制草图应当具有尺寸驱动特性。例如，减小左端圆弧的半径，其他与之相连的图元应随着调整，但几何关系保持不变，如图 2.60 所示。

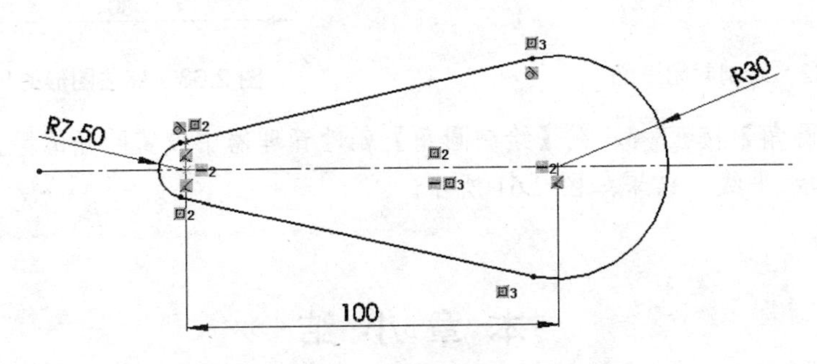

图 2.60　调整圆弧半径

综合应用案例 2-2

完成图 2.61 所示草图。

在本例中，有两个主要设计意图：一是直线或水平或竖直的几何定位，二是右端两直线相交成 60° 角。按照上述设计意图，该草图的绘制步骤如下:

(1) 单击菜单栏上【新建工具】按钮，创建一个零件文件;

(2) 单击【草图绘制】工具栏上的【草图绘制】按钮，新建一张草图;

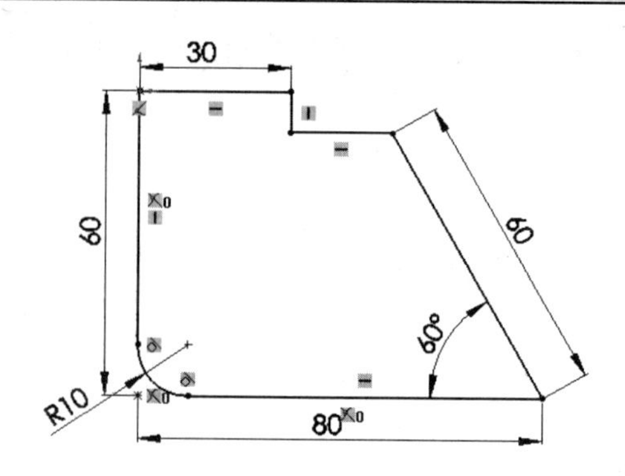

图 2.61 综合应用案例草图

(3) 单击【直线】按钮，绘制第一条通过原点的水平线，利用鼠标指针形状与几何关系的对应变化关系绘制如图 2.62 的封闭草图；

(4) 单击【智能尺寸标注】按钮，标注图形的尺寸如图 2.63 所示；

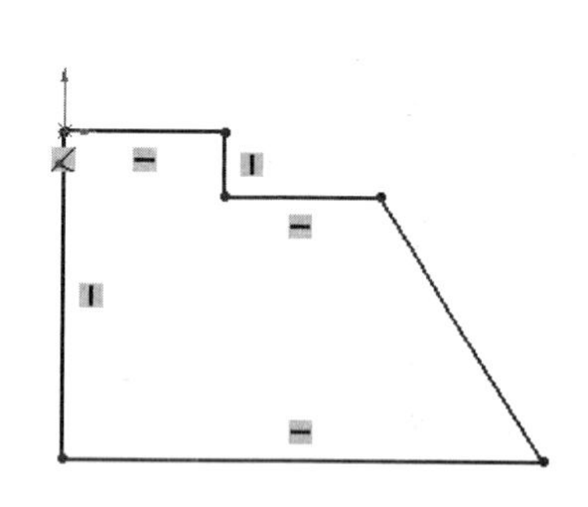

图 2.62 绘制封闭草图

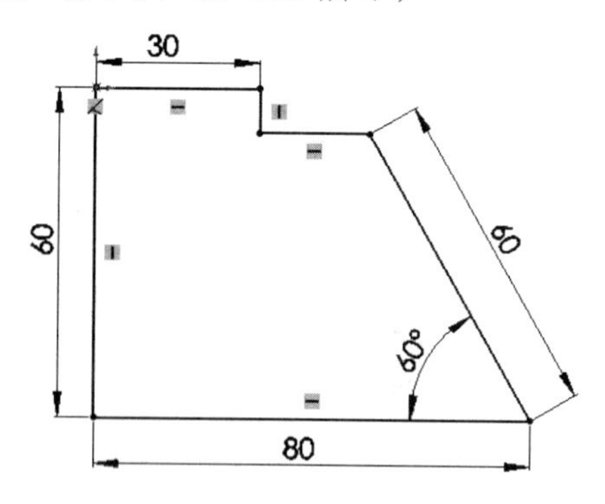

图 2.63 标注图形的尺寸

(5) 单击【圆角】按钮，在【绘制圆角】属性管理器中设置圆角的半径为 15mm，然后点选竖直线和水平线，结果如图 2.61 所示。

本 章 小 结

草图绘制是三维建模的基础，通过本章的学习，掌握利用草图绘制工具、编辑工具及几何关系条件来绘制二维草图，绘制基本流程如下：

1. 由草图形状、结构特点形成绘图构思；
2. 指定草图绘制平面；
3. 绘制草图的基本几何形状；
4. 编辑草图的细部；
5. 确定草图各元素间的几何关系、位置关系和定位尺寸，最后标注草图的形状尺寸。

习　　题

2.1 绘制图 2.64 所示草图。

2.2 绘制图 2.65 所示草图。

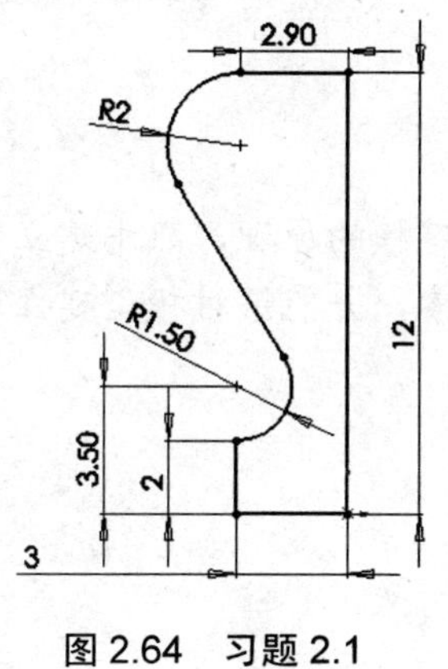

图 2.64　习题 2.1

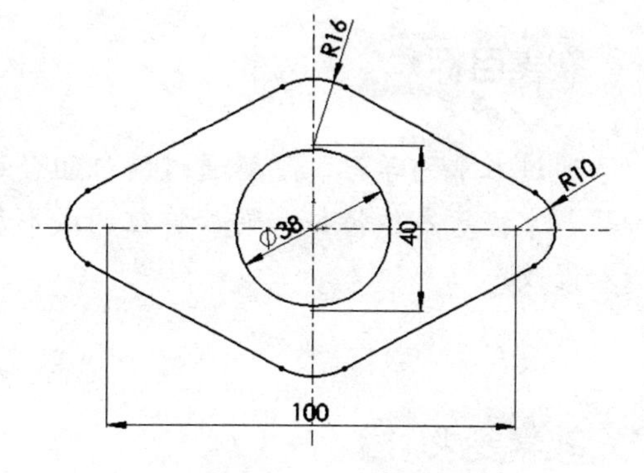

图 2.65　习题 2.2

第3章 特征造型

教学目标

通过本章的学习，了解通过特征组合进行三维零件建模的原理，熟悉建立特征的一般步骤，掌握基本体特征和附加特征的成形原理和操作要素，并能够对模型建立过程进行分析和修改。

教学要求

能力目标	知识要点	权重	自测分数
了解零件组成方式和特征分类	零件的三类组成方式、特征的分类	2%	
掌握基本体特征造型方法	拉伸、旋转、扫描、放样特征成形原理及操作要素	30%	
掌握工程特征造型方法	圆角、倒角、抽壳、拔模斜度、筋、孔向导、包覆特征成形原理及操作要素	22%	
了解变形特征造型方法	缩放、圆顶、特型、变形、弯曲、自由形成形方法	10%	
掌握基准特征造型方法	基准面、基准轴、坐标系建立方法	10%	
掌握阵列、镜向特征变换方法	线性／圆周／草图／曲线／填充阵列、镜向特征成形原理及要素	18%	
掌握特征管理方法	特征父子关系分析，模型错误修正方法	8%	

引例

小朋友都是搭积木的能手，他们能搭建桥梁、道路、摩天大楼等各种各样的形状，而且能即时看到自己的作品。一座小房子、一辆玩具车、一台装载机虽然外形、功能、原理有很大不同，但都是由一个个基本形体组合而成。一块一块的积木就如同 SolidWorks 中一个一个的特征。SolidWorks 的模型是由许多单独的元素组成，这些元素被称为特征。

工程技术人员能不能采用搭积木的方法来进行产品设计呢？

3.1　特征技术简介

特征是各种单独的加工形状，当将它们组合起来时就形成各种零件。特征建模过程就是选择特征类型、定义特征属性、安排特征建立顺序从而生成零件的过程。特征技术是当今三维 CAD 的主流技术，利用特征建立实体既具有工程意义，又便于后期的回溯与调整。通过特征技术，我们可以轻松地将设计意图融入产品之中，并可以随时方便地进行调整。

3.1.1　特征造型的组合原理

特征的组合方式有三种：堆积式、切挖式和相交式。

1. 堆积式

零件由若干个基本体特征经过堆积而成，如图 3.1 所示，三个实体堆积在一起形成零件。

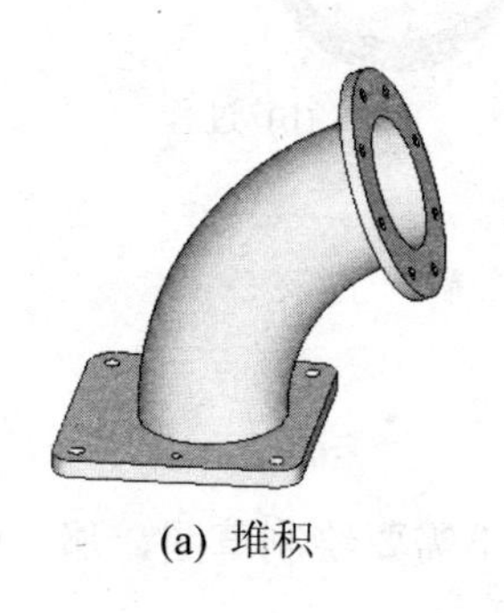

(a) 堆积

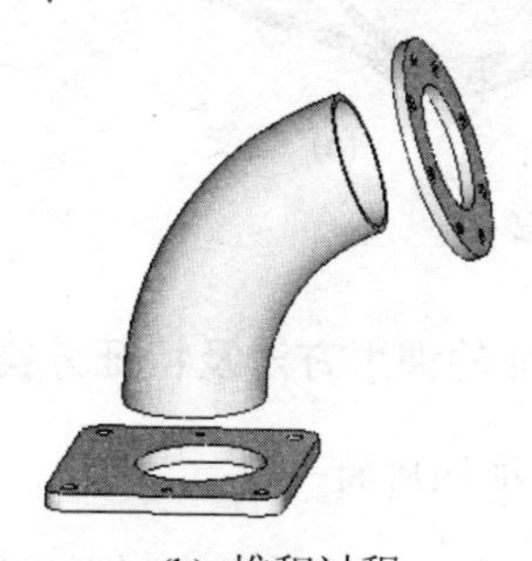

(b) 堆积过程

图 3.1　堆积成形

2. 切挖式

零件是基体被切割掉多个部分后形成的。基体是零件最初的特征形成的实体。如图 3.2 所示，压板零件基体被六个拉伸特征形成的实体逐块切挖。

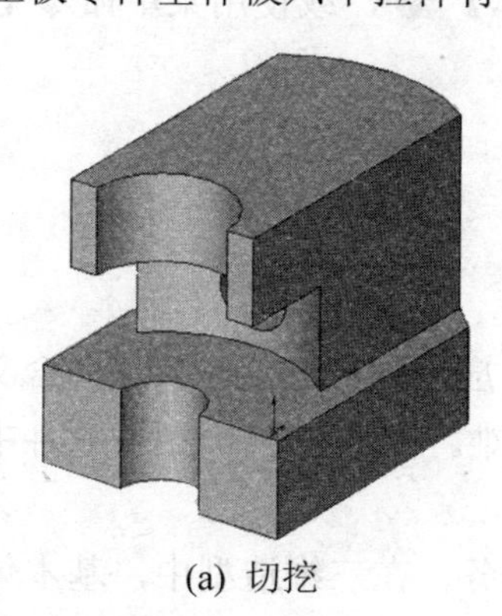

(a) 切挖

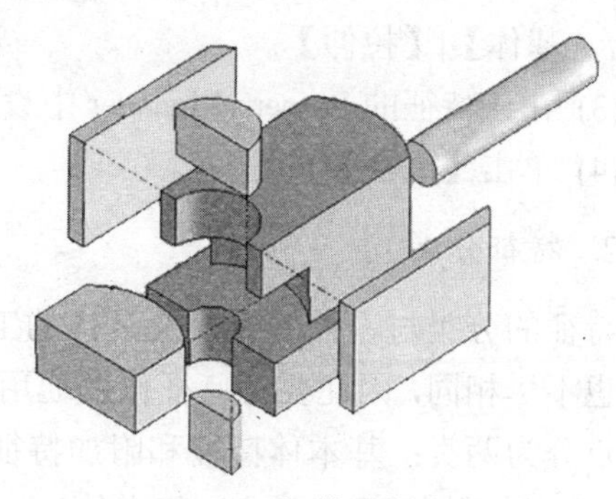

(b) 切挖过程

图 3.2　切挖成形

3. 接交式

接交式是指多个基本形体相交或相切形成，如图 3.3 和图 3.4 所示。此类零件一般属于机械零件中的叉架类零件。图 3.3 使用扫描特征连接两个实体。图 3.4 使用拉伸特征连接两个实体。

(a) 接交　　(b) 过程

图 3.3　接交成形(扫描)

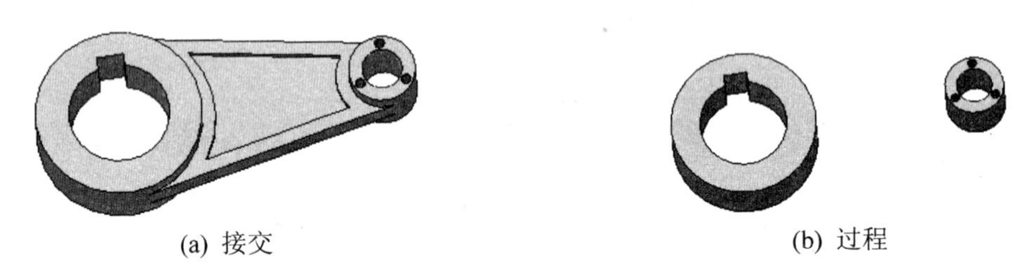

(a) 接交　　(b) 过程

图 3.4　接交成形(拉伸)

3.1.2　特征的调用方法及特征分类

1. 特征调用的一般方法

(1) 选择一个平面，绘制形成特征的草图(部分特征不需要绘制草图，那么此步骤可以省去)；

(2) 调用特征。特征工具也就是特征命令的调用方式有两种：

① 菜单方式。特征命令集中在【插入】菜单下；

② 工具栏方式。SolidWorks 中的特征工具主要集中在【特征】工具栏中。

例如：单击【特征】工具栏上的【拉伸凸台 / 基体】，或使用菜单命令【插入】|【凸台 / 基体】|【拉伸】。

(3) 在该特征的 PropertyManager 中设定选项；

(4) 单击【确定】按钮✔。

2. 特征分类

特征的分类与零件的类型及具体的工程应用有关。应用领域不同，特征的含义和表达形式也不尽相同，因此要对特征作以通用的分类比较困难。一般在三维 CAD 软件中按照功能特点分为两类：基本体特征和附加特征。

(1) 基本体特征。完成最基本的三维几何体造型任务。在三维造型中，基本体特征的地位相当于几何中最基本的元素，如点、直线和圆；相当于电路中最基本的与门、或门和非门电路。基本体特征包括拉伸、旋转、扫描、放样及其切除类型，它们的调用命令如图 3.5 所示。

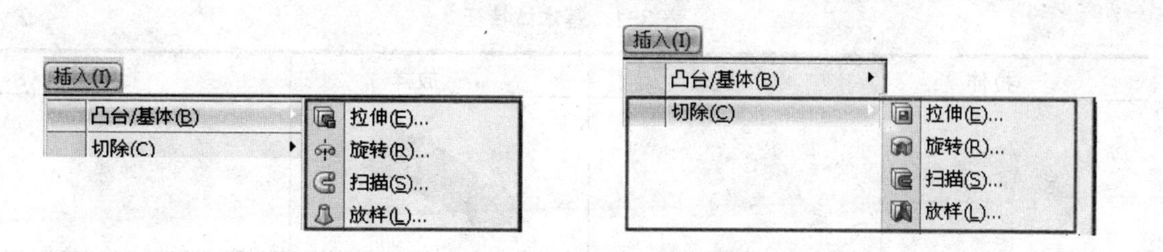

图 3.5　SolidWorks 基本体特征菜单栏

(2) 附加特征。一般在通过拉伸、旋转、扫描、放样建立基体之后使用。是在基本体特征之上的特征修饰，如抽壳、倒角和加筋等。这些特征也称为设计特征、应用特征或细节特征。附加特征根据其成形特点又可以细分为：工程特征、变形特征、基准特征、复制类特征阵列、镜向和多实体特征，如图 3.6 所示。其中多实体特征将在第 4 章零件设计中讲述。

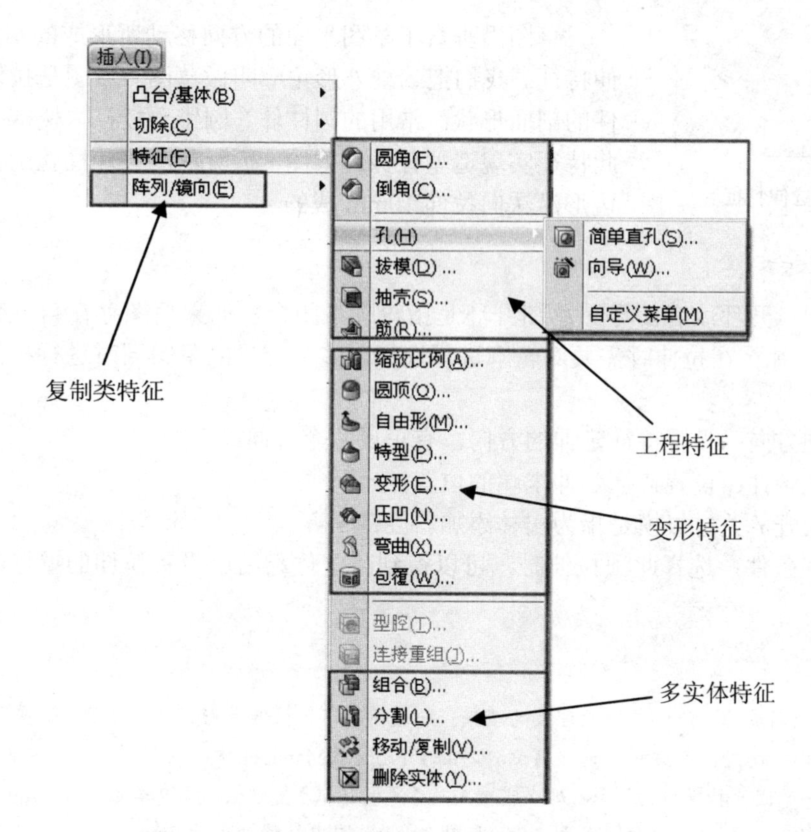

图 3.6　SolidWorks 附加特征分类

3.2　基本体特征

基本体特征包括拉伸、旋转、扫描和放样及其切除四个特征造型工具，如表 3-1。建立基本体特征的第一步是选择绘制平面建立草图，因此它们也称为基于草图的特征。

表 3-1　基本体特征

拉伸	旋转	放样	扫描
将草图沿着草图平面的法向拉伸形成拉伸特征	草图必须有一个旋转轴，草图围绕该旋转轴旋转形成旋转特征	在不同的轮廓之间进行过渡形成放样特征	截面沿着路径线移动形成扫描特征

3.2.1　拉伸凸台／基体

1. 成形原理

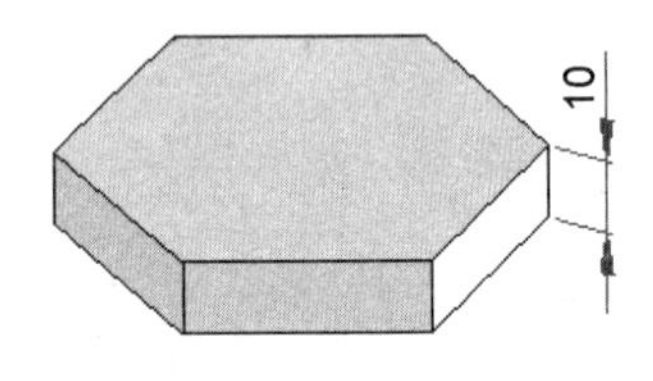

图 3.7　拉伸特征

草图沿垂直于草图平面的方向移动所形成的实体，就是拉伸特征。我们把二维外形轮廓叫做草图。草图是拉伸得到的零件的剖面形状。常用的圆柱体、圆锥、棱柱、棱锥都可以应用此特征实现造型任务。如图 3.7 所示，该棱柱就是将一个正六边形沿法向拉伸 10mm 成的。

2. 成形要素

(1) 草图：开环或者闭环。草图开环是指轮廓不闭合。如果草图存在自相交叉或者出现分离轮廓，那么在拉伸时需要对轮廓进行选择。多个分离的草图同时进行拉伸将会形成多个实体；

(2) 拉伸方向：设置特征延伸的方向，有正反两个方向；

(3) 终止条件：设置特征延伸末端的位置；

(4) 拔模开／关：拔模是指为实体添加斜度；

(5) 薄壁条件：选择此项拉伸时，可以得到薄壁体。用于设置拉伸的壁厚，有正反两个方向。

特别提示

拉伸特征应用最为广泛，成形原理最为清晰。一般情况下，拉伸成形不会发生错误，需要注意的拉伸薄壁条件有向内、向外两个方向。通过【拉伸特征】PropertyManager 中的【薄壁特征】中的调节。如图 3.8(a)草图中的圆要拉伸成为圆环。那么需要勾选【薄壁特征】复选框，拉伸厚度设为 5mm，如图 3.8(b)，厚度生成有向内、向外两个方向，如图 3.8(c)和图 3.8(d)，图中拉伸高度为 2mm。

(a) 拉伸草图

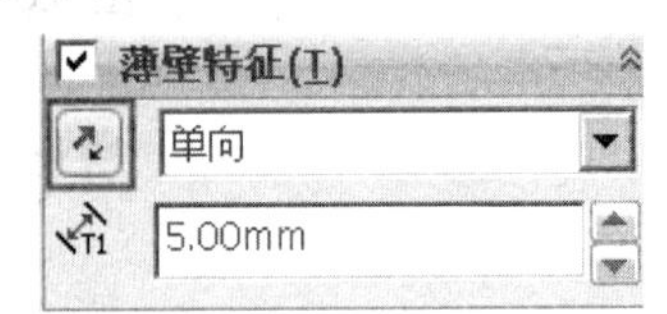

(b) 【拉伸特征】PropertyManager【薄壁特征】

图 3.8　拉伸【薄壁特征】选项应用及生成实体

(c) 向外 5mm

(d) 向内 5mm

图 3.8 拉伸【薄壁特征】选项应用及生成实体(续)

应用案例 3-1

圆柱、圆台、圆环是非常常用的实体。图 3.9 所示零件是圆柱、圆台、圆环的综合应用。请使用拉伸特征建立这个零件。

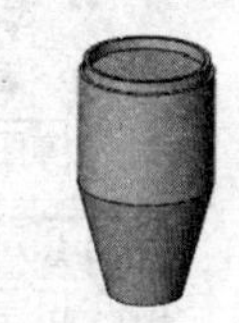

图 3.9 例 3-1 零件

1) 在本例中将学习

(1) 拉伸特征的调用；

(2) 草图绘制平面的选择及使用；

(3) 拉伸方向、终止条件、拔模开 / 关、薄壁条件等四个拉伸属性的含义及操作方法。

2) 建模思路

该实体由圆柱、圆台及圆环堆积组成，建模思路如表 3-2。

表 3-2 例 3-1 零件建模思路

步骤	内容	结果示意图	主要方法和技巧
(1)	圆台、圆柱生成		(1) 选择草图绘制平面 (2) 绘制草图 (3) 调用拉伸特征设置相关属性后进行拉伸
(2)	薄壁圆环生成		(1) 选择草图绘制平面 (2) 绘制草图 (3) 调用拉伸特征设置相关属性后进行拉伸

3) 详细操作步骤

(1) 圆台、圆柱生成。

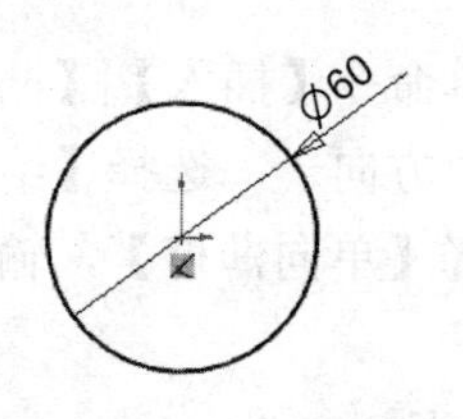

图 3.10 例 3-1 将被拉伸的草图

① 选择草图绘制平面。

选择前视基准面作为草图绘制平面；

② 绘制完全定义草图。

以原点为圆心，使用【草图】工具栏中的【圆】命令绘制如图 3.10 所示草图，使用智能尺寸工具标注尺寸。新草图 1 出现在 FeatureManager 设计树中和图形区域。

③ 调用拉伸特征设置相关属性后进行拉伸。

单击【特征】工具栏上的【拉伸凸台／基体】按钮，或使用菜单命令【插入】|【凸台／基体】|【拉伸】。在激活的【拉伸】PropertyManager中，方向一，选择【给定深度】选项，输入深度为50mm；单击激活【拔模】开关，输入拔模角度15.00deg；方向二，选择【给定深度】选项，输入深度为50mm，然后单击按钮✔。新特征拉伸1出现在FeatureManager设计树中和图形区域。拉伸过程及结果如图3.11所示。

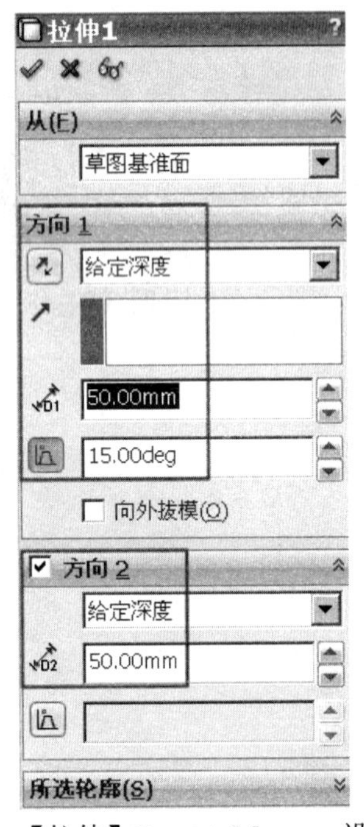

(a) 【拉伸】PropertyManager设置

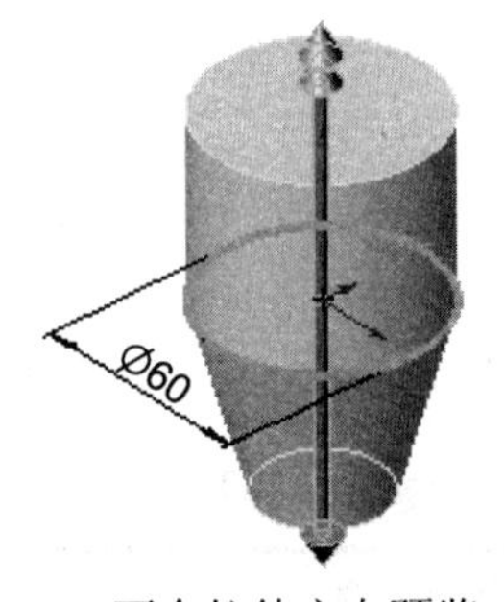

(b) 两个拉伸方向预览

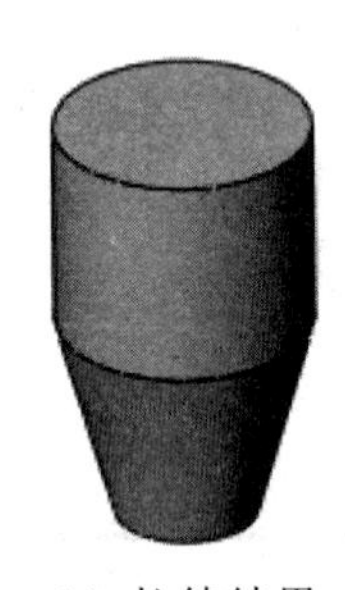

(c) 拉伸结果

图3.11　例3-1 拉伸生成圆柱、圆台

(2) 薄壁圆环生成。

① 选择草图绘制平面。

单击选择拉伸1的顶面为草图基准面，被选中面高亮显示如图3.12(a)。单击【视图】工具栏中【标准视图】列表中的【正视于】按钮“”，使该顶面正对用户。

② 绘制完全定义草图。

以原点为圆心，使用【草图】工具栏中的【圆】命令绘制如图3.12(b)所示草图，使用智能尺寸工具标注尺寸。一个新草图出现在FeatureManager设计树中和图形区域。

③ 使用拉伸工具设置相关属性后进行拉伸。

单击【特征】工具栏上的【拉伸凸台／基体】，或使用菜单命令【插入】|【凸台／基体】|【拉伸】。设定PropertyManager参数后单击按钮✔。其中方向一，选择【给定深度】选项，输入深度为5mm；勾选【薄壁特征】复选框，并且选择【单向薄壁】，输入壁厚2mm。注意单击按钮调整薄壁方向。

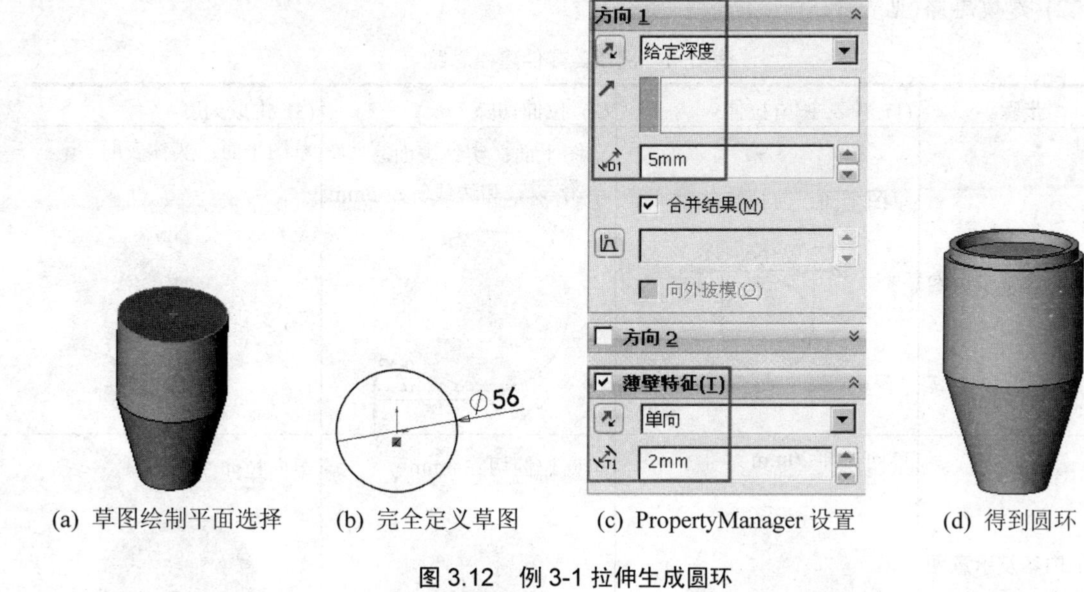

(a) 草图绘制平面选择　(b) 完全定义草图　(c) PropertyManager 设置　(d) 得到圆环

图 3.12　例 3-1 拉伸生成圆环

应用案例 3-2

图 3.13 是一个钟表模型。从中可以看出，表身、刻度、时针、分针、文字实体都可以通过拉伸得到。请灵活使用拉伸特征来为钟表建模。

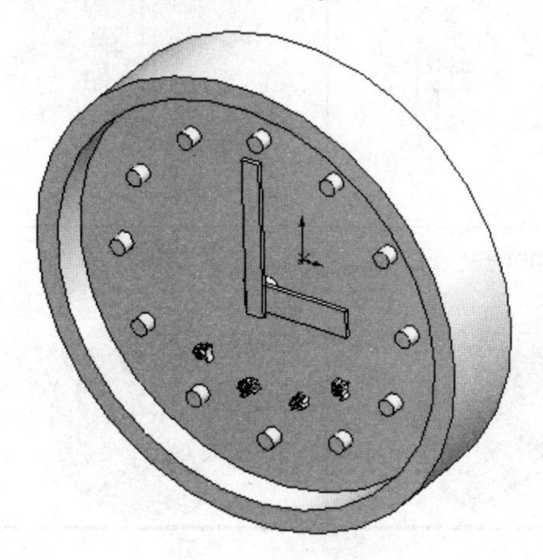

图 3.13　例 3-2 钟表

1) 在本例中学习

(1) 拉伸特征的调用；

(2) 草图绘制平面的选择及使用；

(3) 拉伸切除特征的调用及操作方法；

(4) 文字拉伸操作方法。

2) 建模思路(见表 3-3)

表 3-3 例 3-2 零件建模思路

步骤	(1) 钟表主体(拉伸)	(2) 拉伸切除	(3) 生成刻度
草图内容及示意图	草图平面：前视基准面 Ø100	草图平面：实体表面。 单击，和边线等距 5mm 5	草图平面：实体表面 12-Ø3.70 Ø4.90 Ø67.90
特征内容及示意图	单向拉伸 20mm	单向拉伸切除 8mm	单向拉伸 3mm
步骤	(4) 拉伸矩形得到时针	(5) 拉伸矩形得到分针	(6) 文字拉伸(难点)
草图内容及示意图	草图平面：实体表面 3 3 6 24	草图平面：实体表面 35 4 2 4	草图平面：实体表面 R26
特征内容及示意图	单向拉伸 1mm	单向拉伸 1mm	单向拉伸 2mm

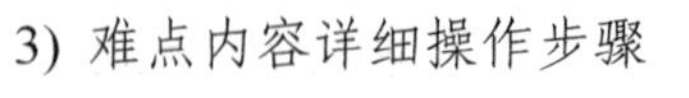

3) 难点内容详细操作步骤

第六步文字拉伸详细操作步骤如下：

(1) 选择草图绘制平面：选择实体表面作为草图绘制平面；

(2) 绘制草图。以原点为固定点，使用【草图】工具栏中的按钮绘制如图 3.14 所示圆弧，使用智能尺寸工具标注尺寸 R26。

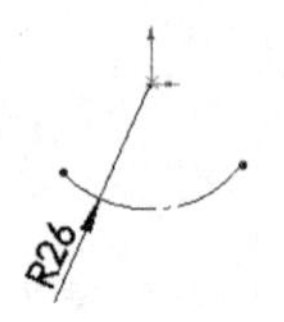

图 3.14 例 3-2 文本定位曲线草图

单击【草图】工具栏上的【文本】按钮，在激活的【草图文本】PropertyManager 中输入文字“分 秒 必 争”，并且使之对齐到曲线“圆弧 2”如图 3.15(a)。其中“圆弧 2”即 R26 圆弧。对字体的设置需要单击按钮字体(F)...，在打开的【选择字体】对话框中设置。具体参数如图 3.15(b)所示；

(a) 文本 PropertyManager

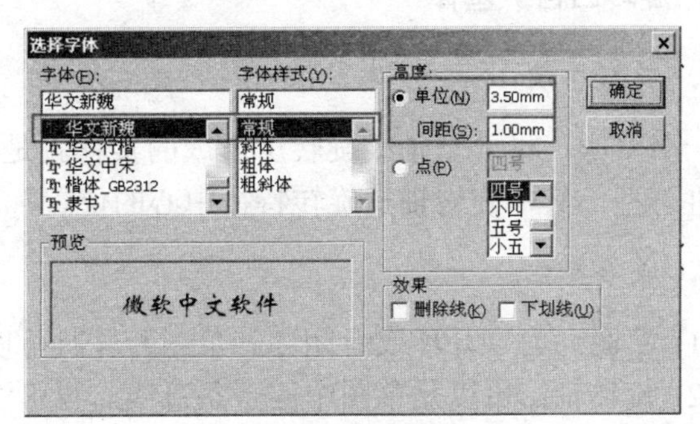

(b) 字体设置

图 3.15　例 3-2 文本拉伸草图中的设置

(3) 使用拉伸特征生成文字实体。单击【特征】工具栏上的【拉伸凸台／基体】，或使用菜单中命令【插入】|【凸台／基体】|【拉伸】。在激活的【旋转】PropertyManager 中，设定拉伸厚度为 2mm 后单击按钮。一个新特征拉伸出现在 FeatureManager 设计树中和图形区域。拉伸结果如图 3.16 所示。单击 FeatureManager 中的新特征将它重新命名为“文字拉伸”。

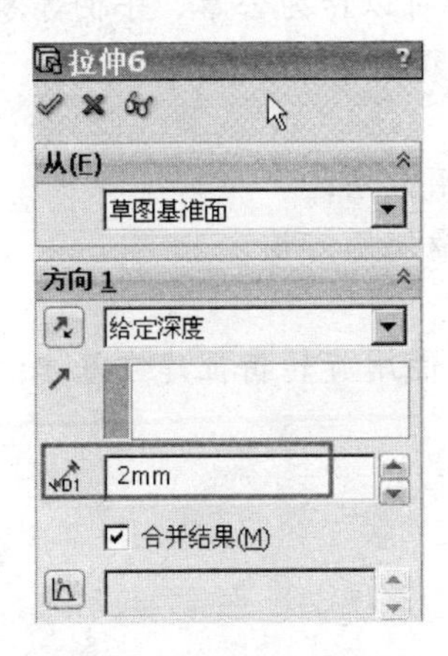

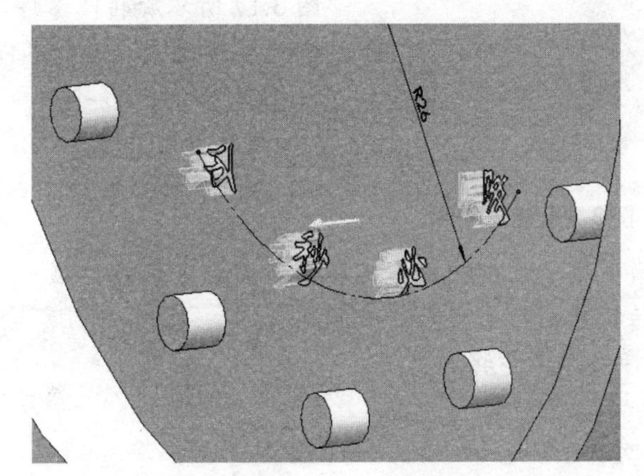

图 3.16　例 3-2 文本拉伸时在【拉伸】PropertyManager 中的设置及生成形预览

特别提示

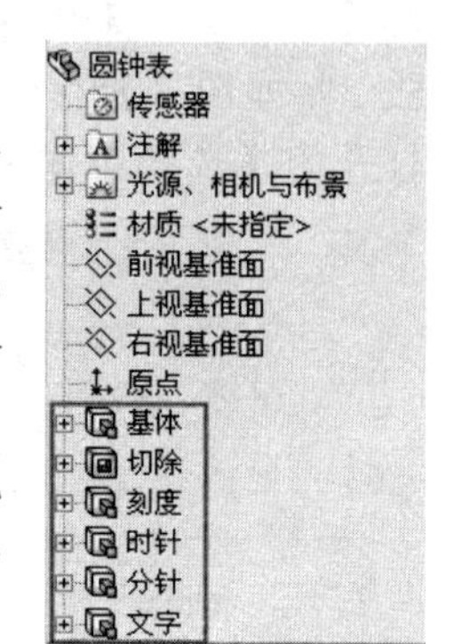

每建立一个草图、一个特征、一个实体、一个基准面、基准轴、坐标系，在FeatureManager设计树中都会出现并且由系统自动添加一个名称。为阅读和编辑修改方便，希望对上述涉及的元素，如特征、草图等进行重新命名。按照建模思路或者形体特点给这些对象起一个见名知义的名称如右图所示。这个良好的习惯一定会对学习和应用带来便利和惊喜。

特征重命名的方法：选中需要重新命名特征后单击。该特征就会高亮显示，此时输入新的名称后按 Enter 键即可。这种方法和在 office 软件中更改文档或者文件夹名称完全相同。

3.2.2 旋转凸台/基体

1. 成形原理

一个草图，沿一条轴线旋转所形成的实体就是旋转特征。运用于多数轴类、盘类等回转零件造型。其中旋转轴是旋转特征中心的位置。草图是旋转得到的零件的剖面形状。

2. 成形要素

(1) 草图：允许开环或者闭环。草图开环时可以形成旋转薄壁特征；
(2) 旋转轴：可以是草图中的一条直线，也可以是独立于草图之外的一条中心线；
(3) 草图和旋转轴位置要求：二者不允许交叉，这是旋转特征成功运用最基本的原则。

特别提示

在 SolidWorks 2009 中，中心线、旋转的草图轮廓可以位于不同绘图平面的不同草图中。

应用案例 3-3

图 3.17　例 3-3 旋转体零件

图 3.17 所示旋转体零件，可以作为公章、手柄等零件的基体。请用旋转特征完成此零件建模。

1) 在本例中将学习
(1) 旋转特征的含义及使用方法；
(2) 旋转切除特征的含义及使用方法。

2) 建模思路

该模型属于切挖式建模，建模思路分为两步。第一，使用旋转特征建立基体；第二，使用旋转特征切除生成零件中间通孔。

3) 详细操作步骤

(1) 旋转体生成。
① 选择前视基准面作为草图绘制平面；
② 绘制草图。

以原点为固定点，使用【草图】工具栏中的【直线】、【圆弧】命令绘制如图 3.18 所示草图，使用智能尺寸工具标注尺寸。新草图 1 出现在 FeatureManager 设计树中和图形区域；

③ 使用旋转特征生成旋转体。

单击【特征】工具栏上的【旋转凸台／基体】按钮，或使用菜单中命令【插入】|【凸台／基体】|【旋转】。如图 3.19 所示，在激活的【旋转】PropertyManager 中，选择通过原点的直线为旋转轴和设定旋转角度为 360.00deg，然后单击【确定】按钮。新特征旋转 1 出现在 FeatureManager 设计树中和图形区域。

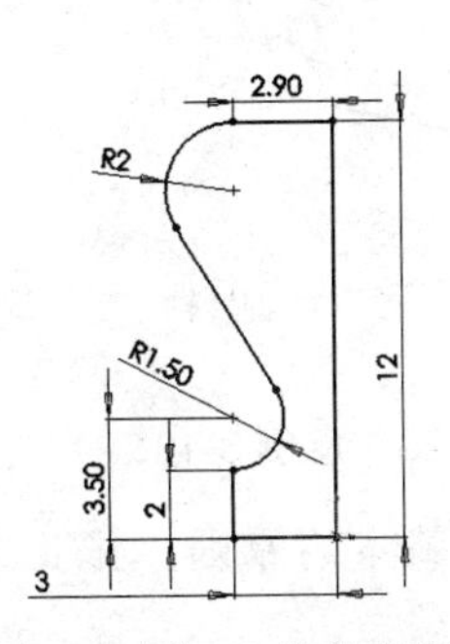

图 3.18 例 3-3 基体草图

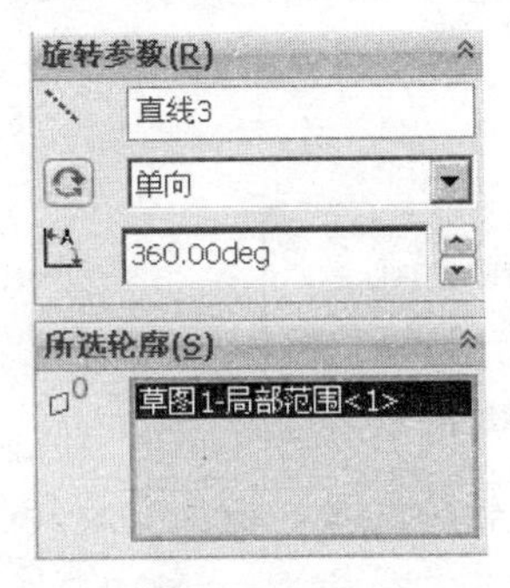

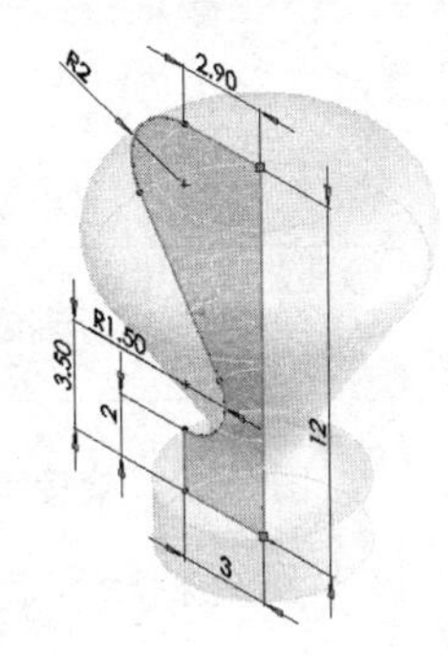

图 3.19 例 3-3【旋转】特征 PropertyManager 中的设置及生成形预览

(2) 利用旋转切除特征生成零件中间通孔。

① 选择前视基准面为草图绘制平面。单击【视图】工具栏中标准视图列表中的【正视于】按钮“”，使该面正对用户；

② 使用矩形工具绘制图 3.20 所示矩形，使用智能尺寸标注尺寸 1.20，添加直线与原点的重合关系；

③ 使用旋转切除特征切除圆柱。

单击【特征】工具栏上的【旋转切除】按钮，或使用菜单中命令【插入】|【切除】|【旋转】。在激活的【旋转】PropertyManager 中，如图 3.21 所示。选择通过原点的直线为旋转轴和设定旋转角度为 270.00deg，然后单击【确定】按钮。新特征切除-旋转 1 出现在 FeatureManager 设计树中和图形区域。

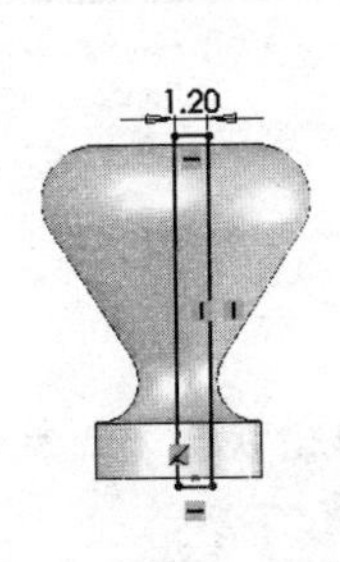

图 3.20　例 3-3 通孔草图

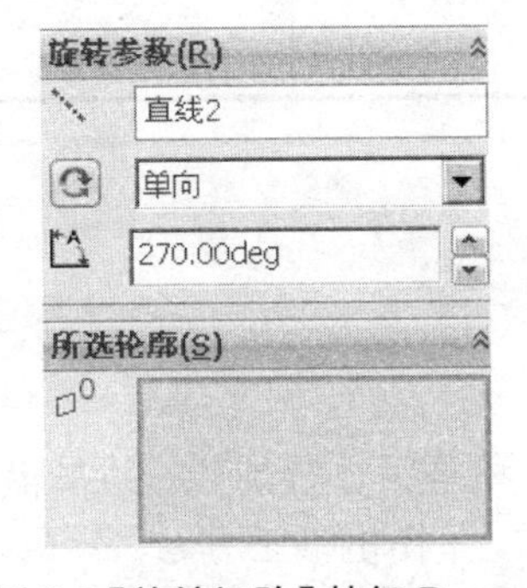

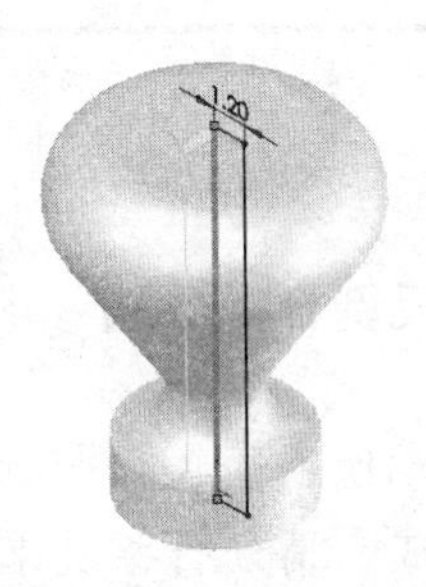

图 3.21　例 3-3【旋转切除】特征 PropertyManager 中的设置及生成形预览

使用技巧

图 3.22 所示是使用旋转特征建模时最常见的错误提示。这个错误提示传递的信息是：草图和旋转轴不允许交叉是旋转特征建模最基本的原则，如果交叉旋转特征不能够生成。那么，遇到这种错误，应该从草图、旋转轴、相对位置这些要素的哪方面入手解决呢？下面我们结合两个例子来进行分析。

【反例分析 3-1】

某同学使用图 3.23 所示闭环草图进行旋转，结果出现图 3.22 所示的错误提示，旋转特征无法完成。请分析错误原因，并提出修正方法。

图 3.22　旋转错误提示

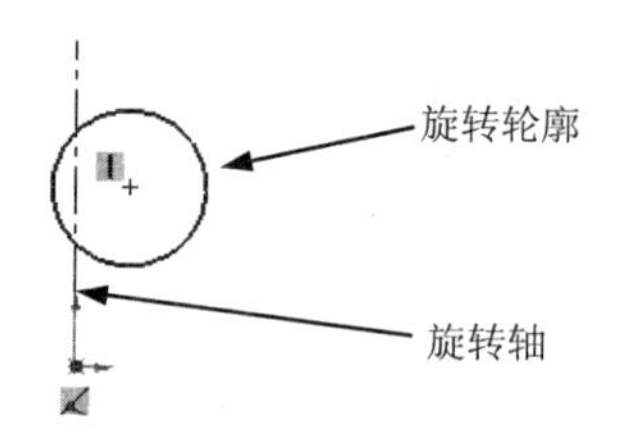

图 3.23　反例 3-1

分析：该草图旋转轴和旋转轮廓交叉，违反了旋转特征建模最基本的原则。修正方法见表 3-4。

表 3-4　旋转特征闭环草图和旋转轴位置修正

修正方法	说明	调整后草图	结果示意图(旋转 360deg)
方法一	调整草图圆心位置，使之远离旋转轴		
方法二	更改草图。将圆和旋转轴相交的两个交点用直线连接，用裁剪工具裁掉不需要的圆弧		

【反例分析 3-2】

某同学使用图 3.24 所示开环草图进行旋转，结果出现图 3.22 所示的错误提示，旋转特征无法完成。请分析错误原因，并提出修正方法。

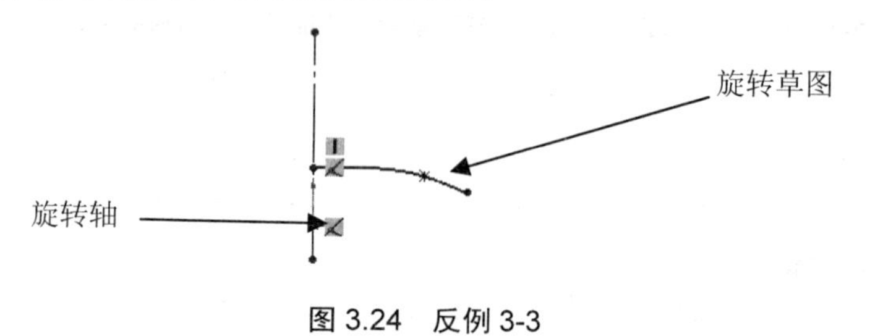

图 3.24　反例 3-3

分析：该草图旋转轴和旋转轮廓相交于一点，仍然属于交叉，违反了旋转特征建模最基本原则——非交叉原则。修正方法见表 3-5。

表 3-5　旋转特征开环轮廓和旋转轴位置修正

修正方法说明	调整后草图	结果示意图(旋转 180deg)	
		选择开环草图自动封闭	选择开环草图不自动封闭从而形成薄壁零件
调整草图圆心位置，使之远离旋转轴			

💡使用技巧

开环的草图轮廓和旋转轴相对位置分离时，均可以成功建模。图 3.25 中，开环样条曲线绕一竖直旋转轴旋转，在应用旋转特征命令时必然看到图 3.26 所示提示。面对此对话框中的询问，选择“是”还是“否”呢？选择“是”或者“否”时所建立的两种模型截然不同。结果见表 3-6。

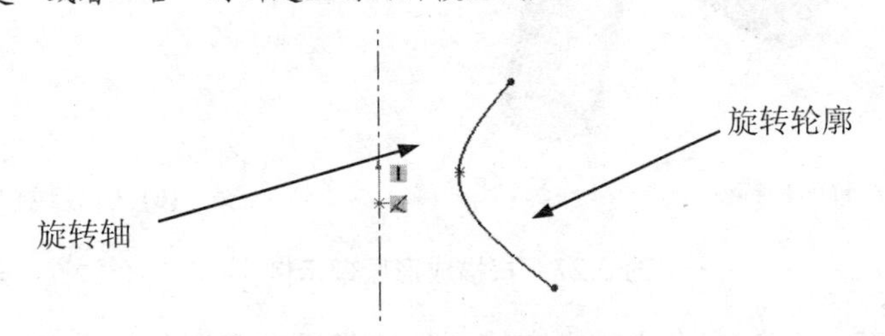

图 3.25　开环草图旋转分析

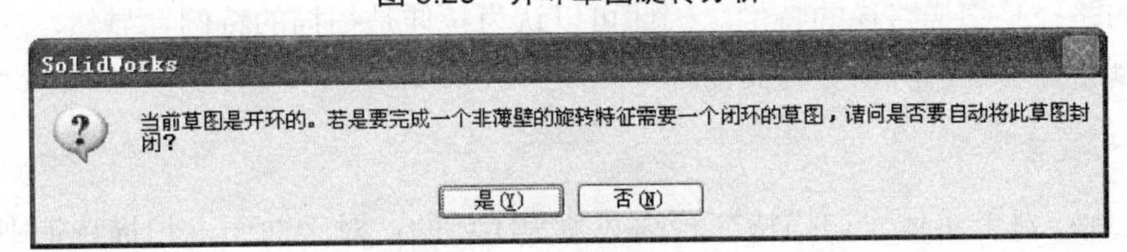

图 3.26　开环草图旋转的提示

表 3-6　开环草图应用旋转特征分析

选择状态	草图形状	结果示意图	说明
单击按钮[是]			封闭后的草图变为一般的闭环草图旋转建模问题

续表

选择状态	草图形状	结果示意图	说明
单击按钮[否]	保持图 3.25 不变		在激活的属性管理器将必须选择的薄壁特征要素，确定建立旋转薄壁特征 并且此特征完成后将在 FeatureManager 设计树中添加“旋转-薄壁 1”

3.2.3　扫描

1. 成形原理

一个草图轮廓沿着路径曲线进行移动生成几何实体的特征造型方法，草图轮廓是扫描得到的实体的截面形状。在 SolidWorks 中扫描分为简单扫描和引导线扫描两种，简单扫描单纯由截面和路径组成，在扫描过程中扫描轮廓不发生变化，如图 3.27(a)所示。而引导线扫描中，截面沿路径扫描的形态受到引导线的控制，扫描的轮廓随着引导线发生变化，因此在引导线扫描中不能够设定扫描轮廓的尺寸。

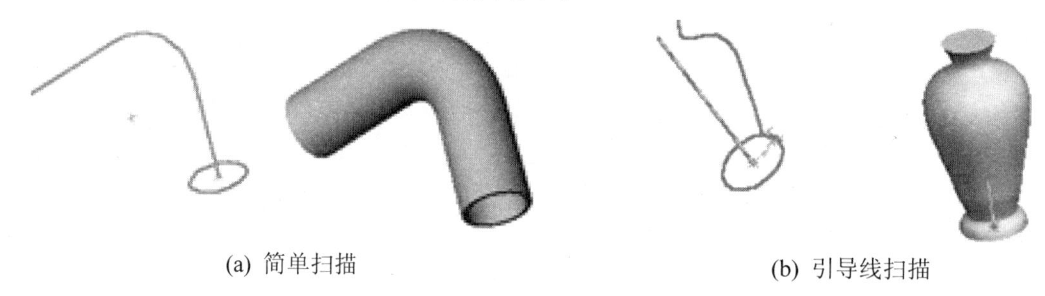

(a) 简单扫描　　(b) 引导线扫描

图 3.27　扫描成形原理示例

扫描是草图沿着自由曲线移动形成实体，拉伸是沿着草图的法向移动形成实体。拉伸草图移动的路径是扫描路径的特例，因此可以认为拉伸是扫描的特例。显然，应用拉伸特征不必绘制路径草图，所以更为简便。

2. 成形要素

(1) 轮廓：对于实体，扫描特征轮廓必须是闭环的；对于曲面，扫描特征则轮廓可以是闭环的也可以是开环的。

(2) 路径：开环或者闭环。可以是一张草图、一条曲线或一组模型边线中包含的一组草图曲线。

(3) 轮廓与路径间的关系：

① 轮廓线、路径分别位于不同的平面；

② 路径的起点要位于或穿过轮廓所在的平面；

③ 不论是截面、路径、所形成的实体都不能出现自相交叉的情况。

(4) 通过方向 / 扭转控制类型设置控制扫描轮廓在扫描过程中的方位。

表 3-7 扫描特征方向 / 扭转控制类型分析

方向 / 扭转控制类型	PropertyManager 中设置	扫描预览及结果
选择随路径变化：截面与路径的角度始终保持不变		
选择保持法向不变：截面总是与起始截面保持平行		

(5) 通过起始处 / 结束处相切设置可以设定扫描特征两端的形态。

特别提示

应用扫描特征时，需要退出所有草图状态。而拉伸、旋转特征允许在草图状态下直接应用特征。

应用案例 3-4

图 3.28 例 3-4 零件

图 3.28 所示节能灯的灯管，通过拉伸、旋转显然都不是最简单的方法。请应用扫描特征建立灯管的模型。

(1) 在本例中将学习扫描特征的含义及使用方法；

(2) 建模思路：该模型属于堆积式建模，建模思路见表 3-8。

表 3-8 例 3-4 零件建模思路

步骤	内容	结果示意图	主要方法和技巧
1	选择上视基准面绘制 56mm 圆，拉伸 13mm 形成灯座实体。也可以使用旋转特征		(1) 选择草图绘制平面 (2) 绘制草图 (3) 调用拉伸 / 旋转 / 扫描特征设置相关属性后成形

续表

步骤	内容	结果示意图	主要方法和技巧
2(难点)	扫描形成一侧灯管		(1) 选择草图绘制平面。绘制轮廓草图 (2) 选择另一草图绘制平面。绘制路径草图 (3) 调用扫描特征设置相关属性后进行扫描
3(难点)	镜向生成另一侧灯管		(1) 选择或者生成镜向平面 (2) 调用镜向特征设置相关属性后进行镜向
4	拉伸或者旋转形成灯尾实体		(1) 选择草图绘制平面 (2) 绘制草图 (3) 调用拉伸／旋转／扫描特征设置相关属性后成形

(3) 难点内容详细操作步骤。

第 2 步扫描形成一侧灯管的操作步骤如下：

① 绘制灯管轮廓完全定义草图。草图形状及基准面如图 3.29(b)所示。在 FeatureManager 设计树中重命名此草图为“轮廓”；

② 添加基准面 1(和前视基准面平行，相距 13mm)，作为灯管路径草图的基准面。在此平面上绘制如图所示完全定义的路径草图。在 FeatureManager 设计树中重命名此草图为“路径”；

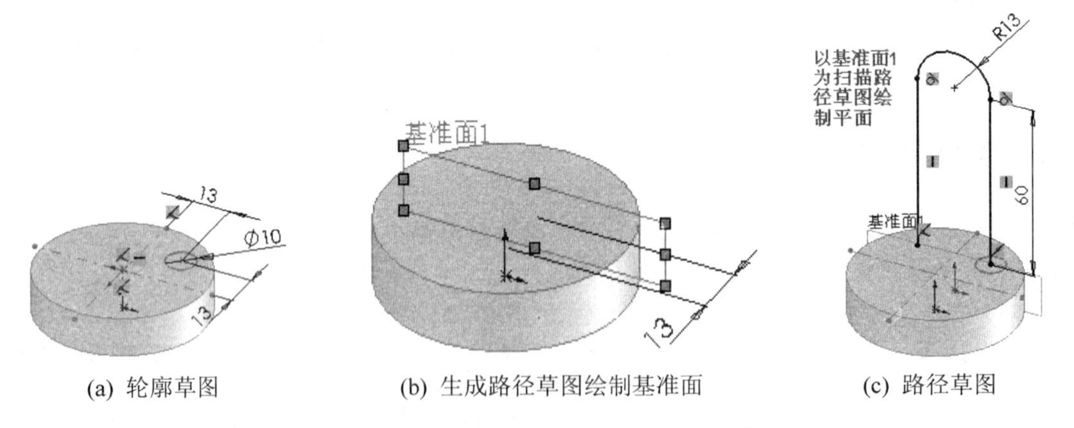

(a) 轮廓草图　　(b) 生成路径草图绘制基准面　　(c) 路径草图

图 3.29　扫描所需要的路径及轮廓草图生成

③ 退出所有草图状态；

④ 单击【特征】工具栏上的【扫描凸台／基体】按钮，或使用菜单中命令【插入】|【凸台／基体】|【扫描】。设定 PropertyManager 参数后单击按钮。结果如图 3.30。

第 3 步 利用零件的对称性镜向形成一侧灯管。

① 单击【标准视图】工具栏上的上下二等角轴测。在 FeatureManager 设计树中，选择

【右视基准面】；

② 单击【特征】工具栏上的【镜向】按钮。或使用菜单中命令【插入】|【阵列/镜向】。【镜向】PropertyManager 出现，如图 3.31；

③ 单击 FeatureManager 设计树中的【前视基准面】使之列举在【镜向面/基准面】下；

④ 在要镜向的特征下，单击图形区域中的生成灯管的特征-扫描；

⑤ 在图形区域中出现镜向的模型预览；

⑥ 单击【确定】按钮。

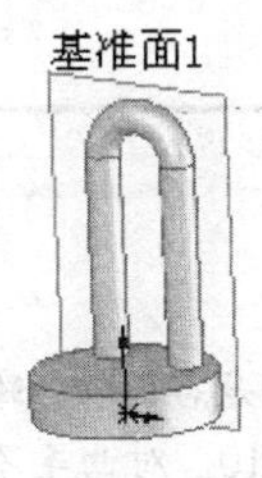

图 3.30 扫描形成的一侧灯管

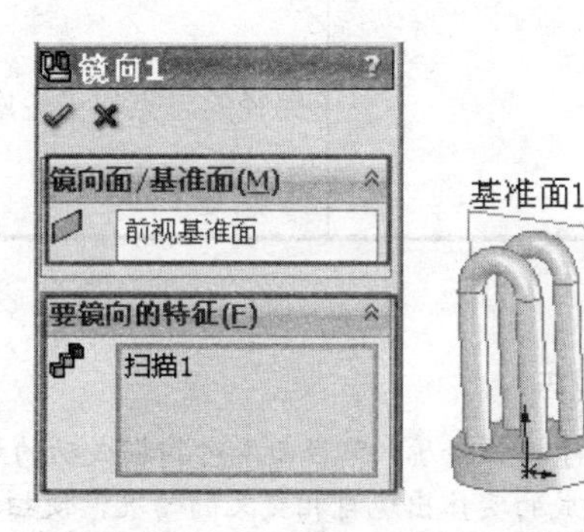

图 3.31 镜向形成的一侧灯管

【反例分析 3-3】

如图 3.32，扫描轮廓是位于上视基准面上的圆，扫描路径为位于前视基准面自由曲线。当应用扫描特征时出现图 3.33 所示错误提示。请分析错误原因，并提出修正方法。

图 3.32 反例

图 3.33 扫描常见错误提示

分析：扫描对于轮廓与路径的相对位置有要求，路径的起点必须位于或穿过轮廓所在的平面，这也是扫描成形的基本要素之一。而图 3.32 显示，路径没有和轮廓所在平面相交，路径的起点在轮廓所在平面之外，违反了这一成形要素。这也就是错误提示中所说的“无法在路径上找到一个作为起始的点。针对开环路径，路径必须与剖切面相交”。改正方法如表 3-9 所示。

表 3-9　图 3.32 错误修正

修正方法	说明	调整后草图
方法一	路径的起点穿过轮廓所在的平面	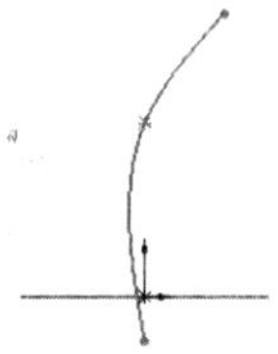
方法二	路径的起点位于轮廓所在的平面	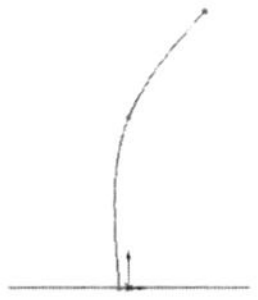

使用技巧

相对于扫描轮廓，路径曲率对扫描成功的影响更大，它往往决定扫描是否成功。路径曲率如果过大将导致所形成的实体出现自相交叉的情况，使扫描失败。具体分析见表 3-10，对曲率不同的两种路径。使用相同的轮廓草图进行扫描，结果是曲率大的路径扫描不能够成功。这个例子告诉我们当扫描因为出现表中的“重建模型错误”提示而不能够成功时。调整路径的曲率比调整轮廓要更加有效。

表 3-10　路径曲率对扫描的影响

扫描路径草图	扫描轮廓草图	扫描过程与结果	结果说明
	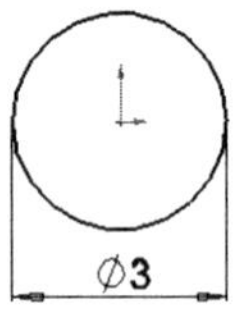 Ø3	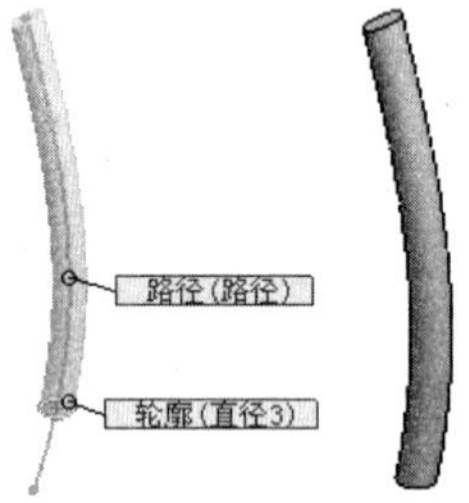 路径(路径) 轮廓(直径3)	扫描成功
	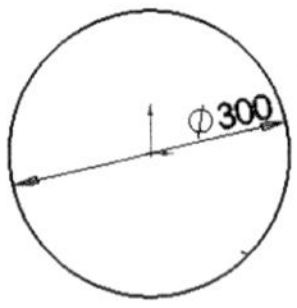 Ø300	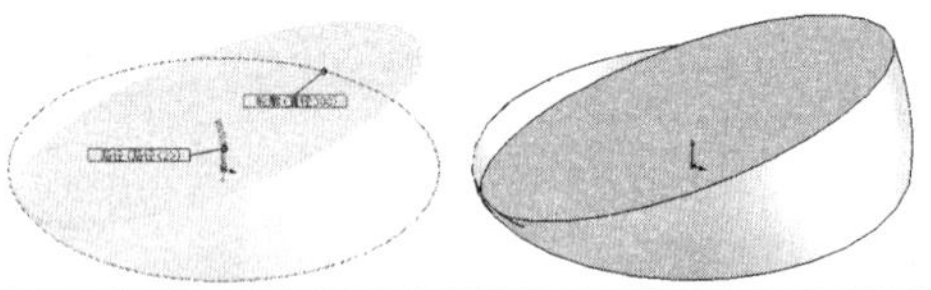	扫描成功
	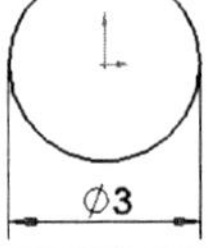 Ø3	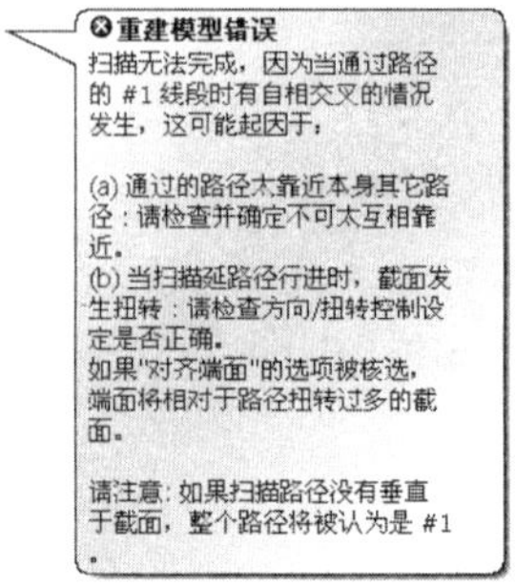 重建模型错误 扫描无法完成，因为当通过路径的 #1 线段时有自相交叉的情况发生，这可能起因于： (a) 通过的路径太靠近本身其它路径：请检查并确定不可太互相靠近。 (b) 当扫描延路径行进时，截面发生扭转：请检查方向/扭转控制设定是否正确。 如果"对齐端面"的选项被核选，端面将相对于路径扭转过多的截面。 请注意：如果扫描路径没有垂直于截面，整个路径将被认为是 #1 。	扫描失败
	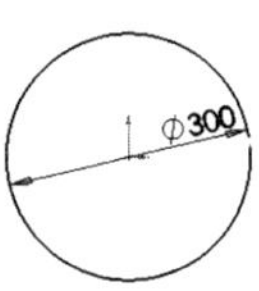 Ø300		扫描失败

3.2.4　放样

1. 成形原理

放样是航空工业中出现的制造方式，在建立机翼、机身壳体等复杂表面的产品时，一般采用在平行的截面上放置模板，然后利用蒙皮覆盖模板的方式形成产品外形，这是放样的由来。在放样操作中，模板称为轮廓，控制生成机翼外形的导条称为引导线。

与扫描相比，放样主要应用于截面形式变化较大的场合，例如图 3.34 所示，截面从圆形逐渐演化为矩形，这种情况下只能采用放样方式生成特征。

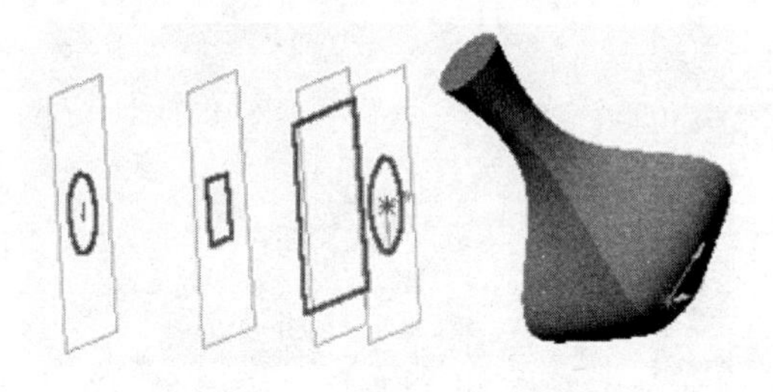

图 3.34　放样成形原理示例

2. 成形要素(注意适当与属性管理器连线对应)

轮廓：一般要求轮廓闭合且分别位于不同的平面上，仅第一个或最后一个轮廓可以是点。

轮廓间关系：如果两个轮廓在放样时的对应点不同，产生的放样效果也不同。用户可以在放样过程中选择放样的对应点。

放样特征与扫描特征的区别如图 3.35 所示。

扫描：轮廓、路径、引导线生成扫描。

放样：多个轮廓过渡生成放样。

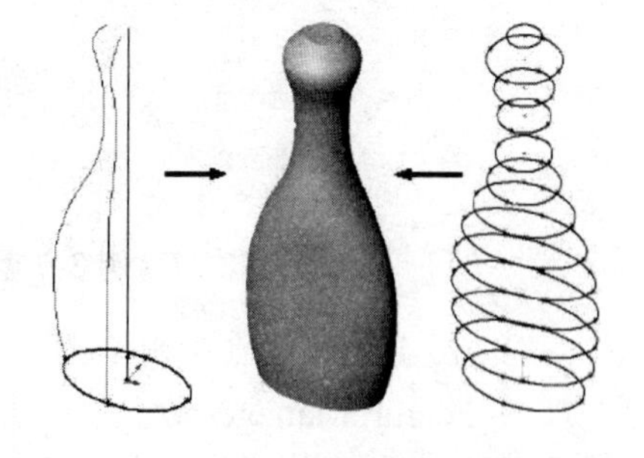

图 3.35　扫描特征与放样特征的区别

特别提示

在选择放样草图时，直接在设计树中选取是快捷的选取草图的方式。

在图形区域中，在每个轮廓的同一位置附近(如右上侧)单击，这样放样路径以直线行驶而不会弯曲。按照所希望连接草图的次序来选择草图。

应用案例 3-5

请使用放样特征形成图 3.36 所示零件。

图 3.36　例 3.5 零件

(1) 在本例中将学习放样特征的含义、使用方法及技巧。

(2) 建模思路：首先建立 4 个平行平面，在 4 个平面上绘制草图，使用放样特征命令依次选择上述 4 张草图进行放样生成模型。

(3) 详细绘制步骤：

① 生成 4 个平行平面。

显示前视基准面。在 FeatureManager 设计树中单击【前视基准面】，在激活的联动工具栏 4 中单击【显示】按钮，前视基准面显示在图形区域中。

② 生成与前视基准面平行的 3 个平面。

方法：单击选择所要平行的前视基准面，按下 Ctrl 键后拖动，出现【基准面】PropertyManager。将【等距距离】设置为 15mm。与前视面等距 15mm 的基准面 1 建立。同样方法建立基准面 2 和基准面 3。它们之间的等距距离分别为 25 mm 和 30mm，如图 3.37 所示。

在 FeatureManager 设计树中，选中新生成的这 3 个基准面，右键单击【显示】按钮，使它们显示在图形区域中。

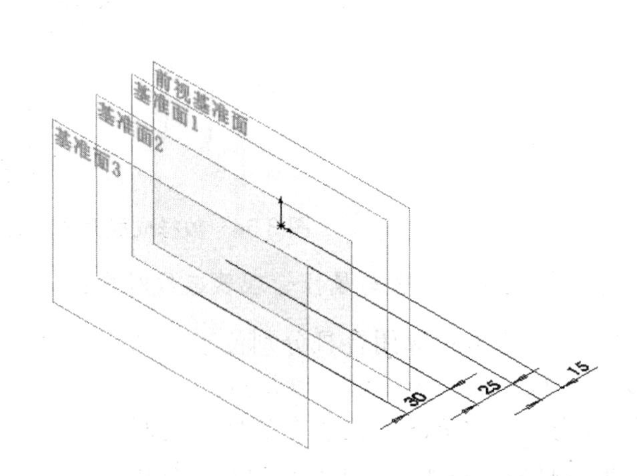

图 3.37　例 3-5 零件【基准面】PropertyManager 及成形预览

③ 在 4 个平面上绘制草图。

在 FeatureManager 设计树中或者图形区域选择各基准面后，右键单击，在出现的快捷工具栏中单击【草图绘制】，分别绘制如表 3-11 所示草图。

表 3-11　例 3.5 放样所需草图及其基准面列表

基准面名称	前视基准面	基准面 1	基准面 2	基准面 3
草图形状	Ø20	44, 22, 22, 44	10, 5, 5, 10	Ø16
重新命名的草图名称	圆 20	正方形 44	正方形 10	圆 16

④ 调用放样特征。

单击【特征】工具栏上的【放样凸台／基体】按钮，或使用菜单中命令【插入】|【凸台／基体】|【放样】。在激活的 PropertyManager 参数后，单击【确定】按钮，如图 3.38 所示。

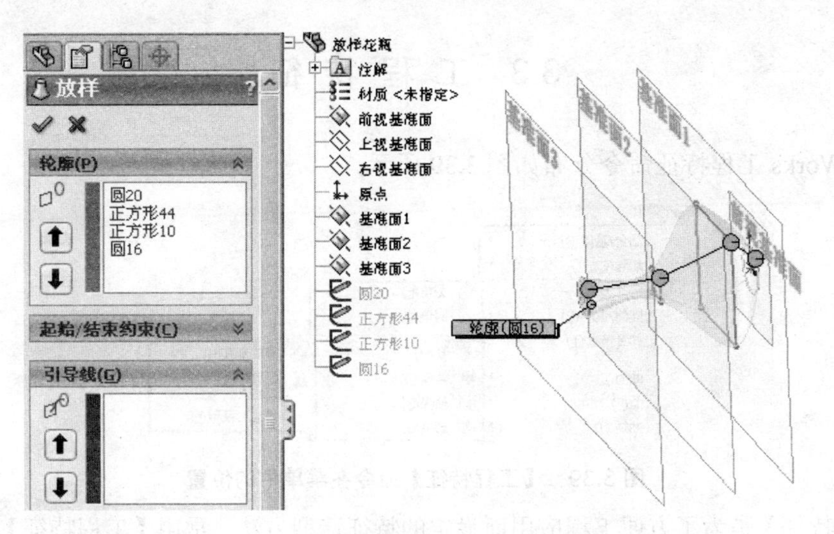

图 3.38　例 3.5 零件【放样】PropertyManager 及成形预览

使用技巧

建立放样特征时，如果两个轮廓在放样时的对应点不同，产生的放样效果也不同。一般来讲，放样特征默认的对应点是选择轮廓时鼠标单击点的最近位置，用户可以在放样过程中选择放样的对应点。

对应点也就是连接接头的调整方法。想要调整对应点，首先需要激活放样的属性管理器，接着在图形区域任意一点右击，调出右键快捷菜单，使用【显示所有接头】命令使所有接头显示。然后就可以通过拖动接头定点设定接头位置，从而得到自己需要的放样形状。表 3-12 中分别是接头在不同位置时同样的草图放样得到的不同形状。

表 3-12　放样接头调整示例

放样接头预览	放样结果	放样接头预览	放样结果
轮廓(草图2)		轮廓(草图2)	
轮廓(草图2)		轮廓(草图2)	

3.3 工 程 特 征

SolidWorks 工程特征命令分布如图 3.39 所示。

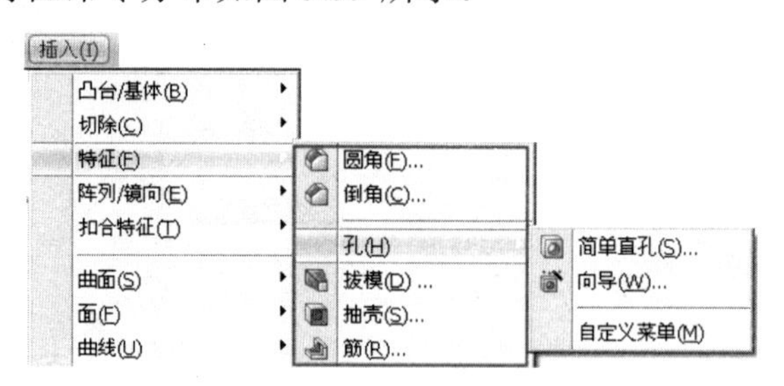

图 3.39 【工程特征】命令在菜单中的位置

【工程特征】是为了方便工程应用而设定的特征造型方法。常用【工程特征】见表 3-13。

表 3-13 常用工程特征及其功能说明

名称	示例	功能
抽壳		将实体转化为薄壁结构
筋		筋的特征使用非常灵活
异型孔		在 SolidWorks 中设置了异型孔向导，方便用户生成一些工程上常用的阶梯孔、锥孔等
倒圆		将实体的棱边转化为光滑的圆角。值得注意的是变半径圆角可以生成较为复杂的曲面过渡
倒角		对实体上的棱边倒角

3.3.1 圆角

图 3.40 圆角类型

圆角是将锐利的几何形体边界替代为圆滑过渡的特征造型方法，倒角、圆角在工程领域应用广泛，既符合人类的美学共鸣，也具有安全的考虑。

圆角操作对象有边、面(该面的所有边将会被同时选定)、特征(该特征的所有边界将会被选定)。

圆角类型有等半径、变半径、面圆角和完整圆角四种，如图 3.40 和表 3-14 所示。

表 3-14　四类圆角的含义及成形示例

等半径	变半径	面圆角	完整圆角
指对所选边线以相同的圆角半径进行倒圆角	通过对进行圆角处理的边线上的多个点(变半径控制点)指定不同的圆角半径来生成圆角，因而可以制造出另类的效果	用来将不相邻的面混合起来	生成相切于三个相邻面组的圆角

特别提示

在添加小圆角之前添加较大圆角。当有多个圆角会聚于一个顶点时，先生成较大的圆角。

在生成圆角前先添加拔模。如果要生成具有多个圆角边线及拔模面的铸模零件，在大多数的情况下，应在添加圆角之前添加拔模特征。

最后添加装饰用的圆角。在大多数其他几何体定位后尝试添加装饰圆角。如果添加圆角越早，则系统重建零件需要花费的时间越长。

应用案例 3-6

表 3-14 所示零件是基体圆角后的结果，请用圆角特征完成该零件的建模。

1) 在本例中将学习

(1) 应用基本特征建立基体零件;

(2) 四类圆角特征建立方法。

2) 建模思路

(1) 应用基本特征建立基体零件;

(2) 生成圆角，完成模型。

3) 操作步骤

(1) 形成圆角所需基体零件。

表 3-15　生成例 3-6 零件基体步骤

步骤	主要内容	结果示意图
1	绘制形状	
2	草图镜向	

续表

步骤	主要内容	结果示意图
3	向外等距 8mm	
4	添加尺寸完全定义草图	
5	拉伸 50mm	

(2) 生成各种圆角。

单击【特征】工具栏上的按钮或【插入】|【特征】|【圆角】。设定 PropertyManager 参数后单击。

①【等半径】圆角。所选边线以相同的圆角半径进行倒圆角，如图 3.41 所示。

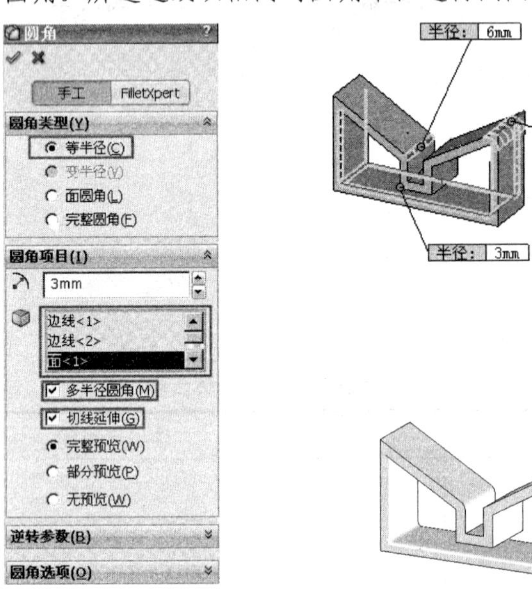

图 3.41　【等半径】圆角 PropertyManager 及生成的实体

②【变半径】圆角。通过对进行圆角处理的边线上的多个点(变半径控制点)指定不同的圆角，如图 3.42 所示。

③【面圆角】，如图 3.43 所示。

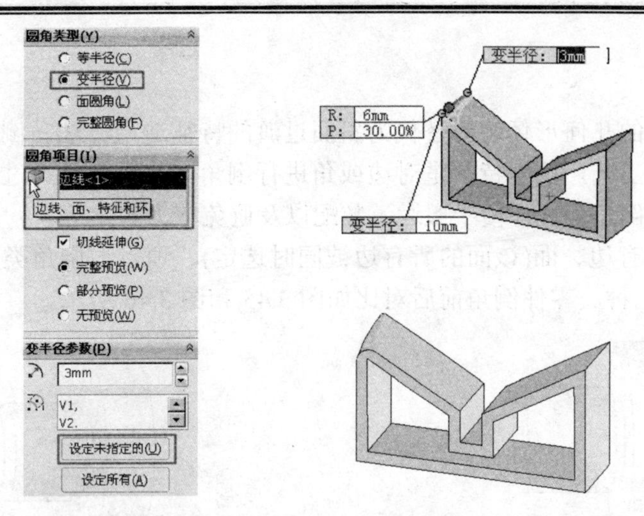

图 3.42　【变半径】圆角 PropertyManager 及生成的实体

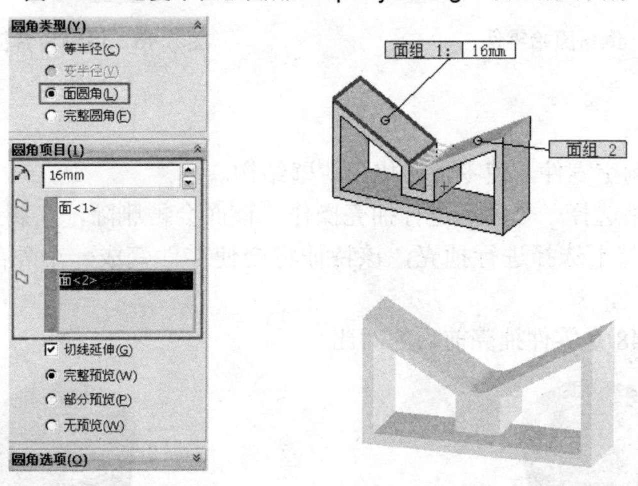

图 3.43　【面圆角】PropertyManager 及生成的实体

④【完整圆角】。生成相切于三个相邻面组的圆角，如图 3.44 所示。

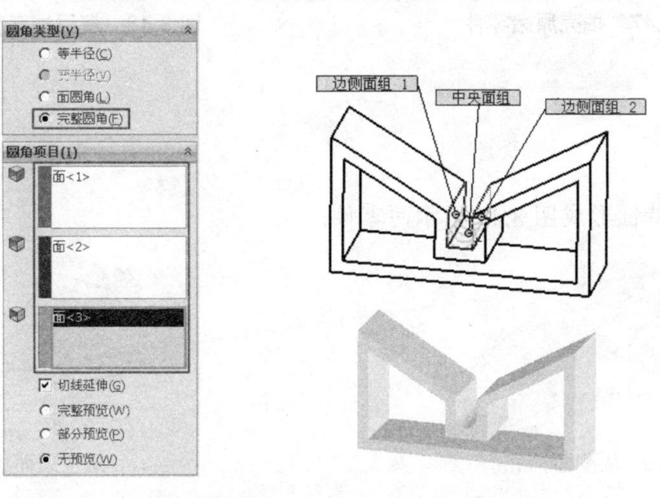

图 3.44　【完整圆角】PropertyManager 及生成的实体

3.3.2 倒角

倒角是将锐利的几何形体边界替代为斜面过渡的特征造型方法。倒角特征是机械加工过程中不可缺少的工艺，倒角特征是对边或角进行倒角。在零件设计过程中，通常在锐利的零件边角处进行倒角处理，便于搬运、装配以及避免应力集中等。

倒角操作对象有边、面(该面的所有边被同时选定)、顶点。倒角类型有等角度距离、距离-距离和顶点三种。零件倒角前后对比如图 3.45 和图 3.46 所示。

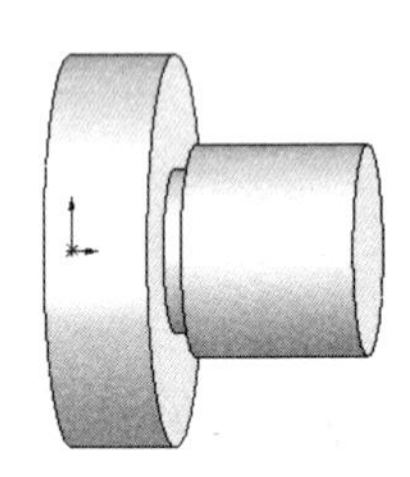

图 3.45　倒角原始零件

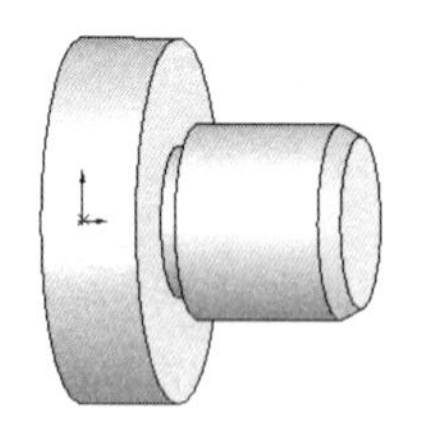

图 3.46　用倒角特征倒角

3.3.3 抽壳

抽壳工具用于掏空零件，使零件转化为薄壁结构。

操作要领：如果选择一个面后进行抽壳操作，该面会被删除，在剩余的面上生成薄壁特征。如果任何面都不选择进行抽壳，该特征将会使零件变成一个外部封闭内部中空的壳体。

图 3.47 和图 3.48 是零件抽壳前后的对比。

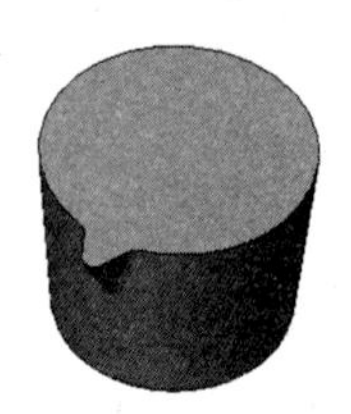

图 3.47　抽壳原始零件

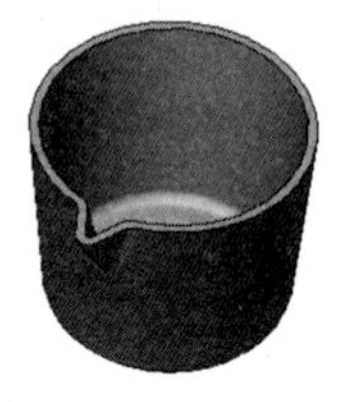

图 3.48　使用抽壳特征抽壳

应用案例 3-7

请使用抽壳特征形成图 3.49 所示两零件。

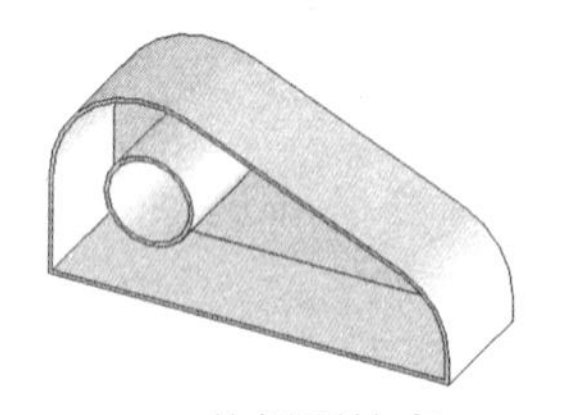

(a) 从侧面抽壳

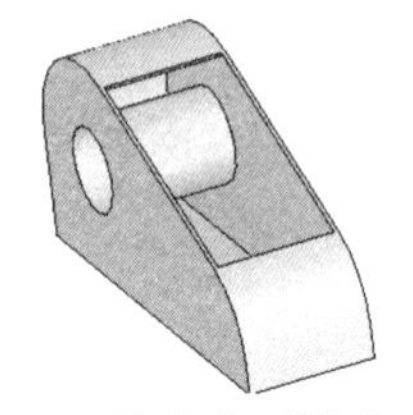

(b) 从上表面抽壳

图 3.49　例 3-7 零件

1) 在本例中学习的内容

(1) 应用基本特征建立基体零件;

(2) 抽壳特征使用方法。

2) 建模思路

(1) 应用基本特征建立基体零件;

(2) 使用抽壳特征完成零件建模。

3) 操作步骤

(1) 生成基体零件。

步骤	图形	说明
1	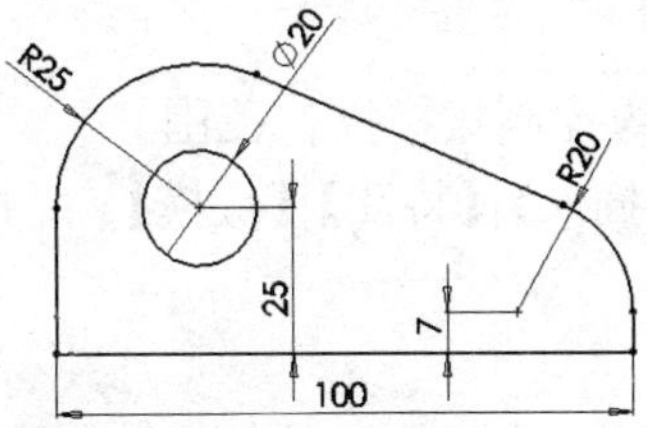 R25 ⌀20 R20 25 7 100	在前视基准面绘制完全定义草图
2	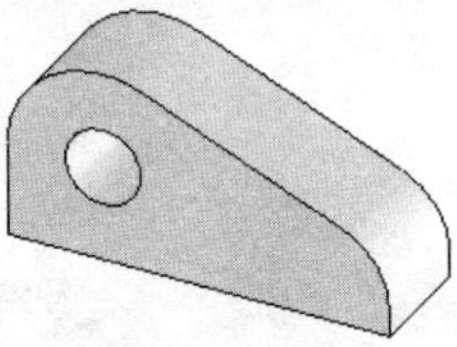	拉伸30mm

(2) 抽壳。

单击【特征】工具栏上的按钮或【插入】|【特征】|【抽壳】。在激活的【抽壳】PropertyManager 中设设定参数后单击按钮，见表 3-16。其中，用来设定要保留的面的厚度。用于设定要移除的面选择。选择壳厚朝外来增加零件的外部尺寸。

表 3-16 例零件【抽壳】PropertyManager 参数设置及成形预览

在【抽壳】PropertyManage 中设定参数	选择移除面为侧面所形成零件	选择移除面为顶面时所形成零件
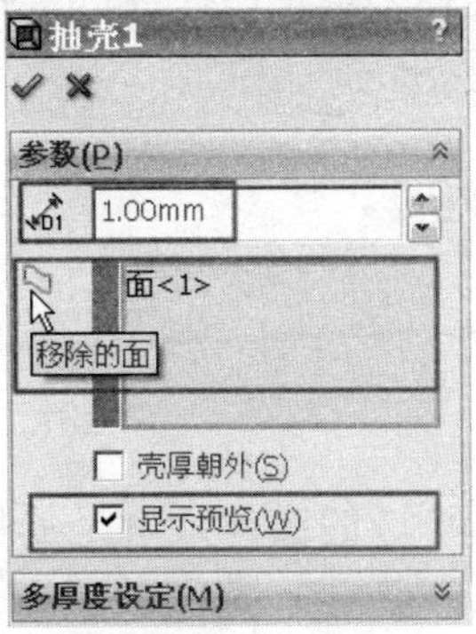 抽壳1 参数(P) D1 1.00mm 面<1> 移除的面 壳厚朝外(S) 显示预览(W) 多厚度设定(M)	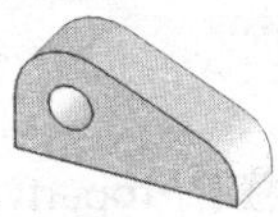	
	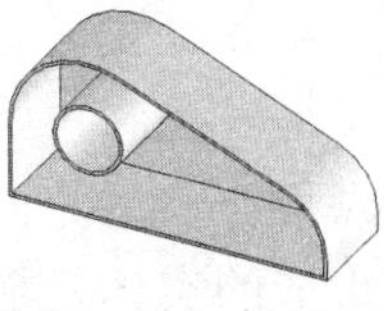	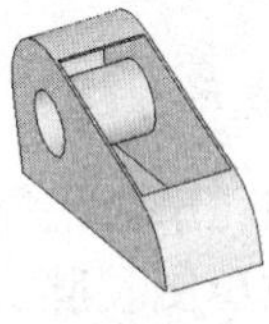

3.3.4　拔模斜度

为了方便零件采用模具方式制造，一般采用将零件的竖直面改为一个倾斜面，从而方便零件从模腔中抽出，因此将竖直面转换为倾斜面是工程零件设计中的常用手段，这种绘制方式就成为拔模。竖直面与倾斜面之间的夹角称为拔模角。

拔模操作的对象称为拔模面它是实体中的某一个面。中性面是拔模操作中的参考面，在拔模操作中中性面不发生变化。

操作要领：选择中性面指定拔模方向和参考特征，然后选择拔模类型，指定拔模面。

操作类型：

中性面：以中性面为拔模参考

分型线：以分型线为拔模参考

阶梯拔模：以中性面为拔模参考，使用分型线控制拔模操作范围。

调用方法：单击【特征】工具栏上的按钮或【插入】|【特征】|【拔模】。在 PropertyManager 中设定参数后单击按钮，如图 3.50 所示。

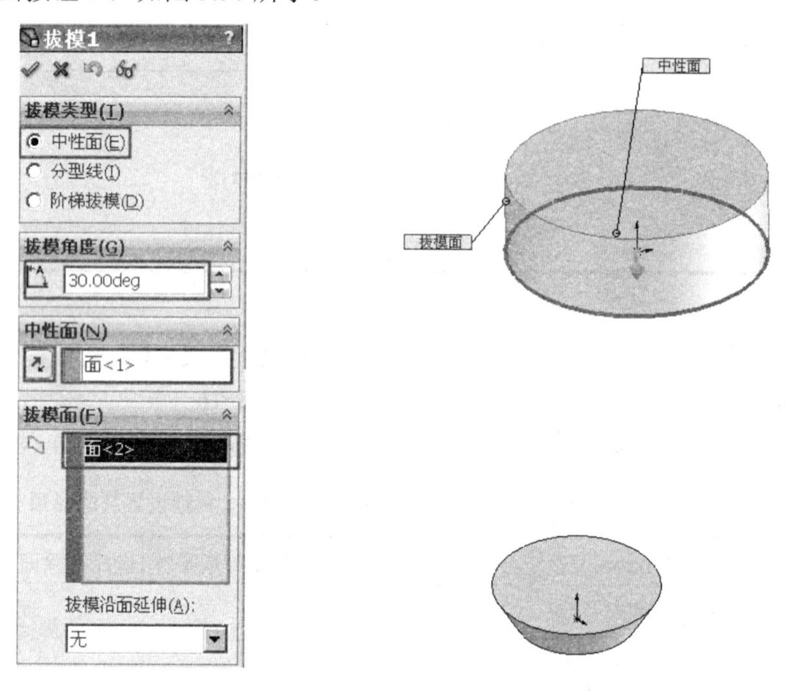

图 3.50　【拔模】PropertyManager 及实体生成

3.3.5　筋

1. 成形原理

草图轮廓，沿垂直或者垂直于草图平面的方向生长延伸所形成的实体，就是筋特征。通俗的说草图长胖、长高、碰壁后形成的实体就是筋，如图 3.51 所示。草图长胖、长高、碰壁是筋成形的三个要素。这和拉伸不同，拉伸是草图在一个方向上的延伸，而筋是两个方向上的延伸。因此，筋特征使用非常灵活。筋在工程中通常用于加强零件的刚度。

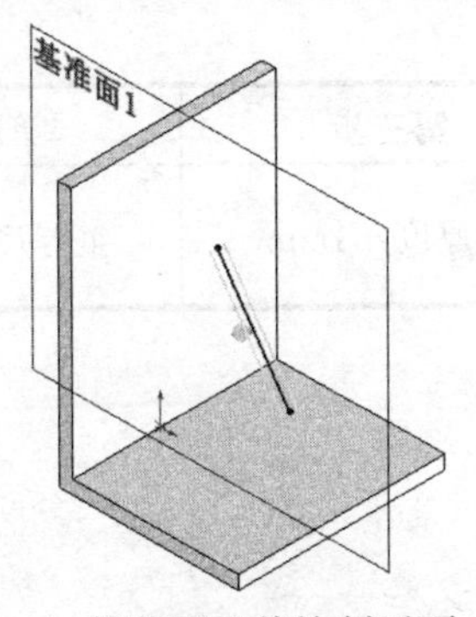

(a) 筋草图及其绘制平面

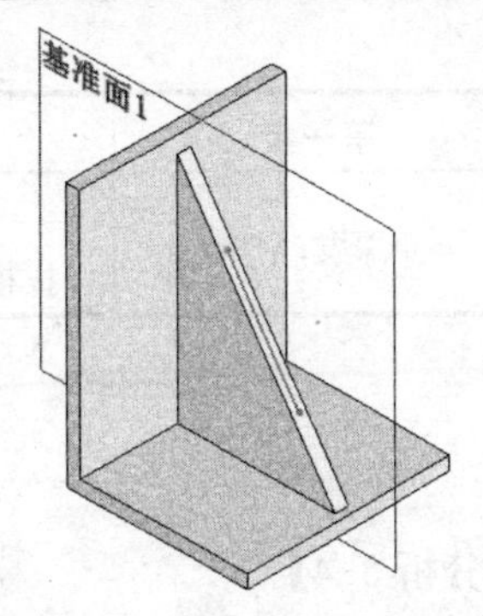

(b) 草图向两个互相垂直的方向延伸形成筋

图 3.51　【筋】特征成形原理

2. 成形要素

草图：开环或者闭环。

筋草图延伸方向必须能够与已有实体相交。

应用案例 3-8

请使用灵活的筋特征，快捷地建立如图 3.52 所示零件。

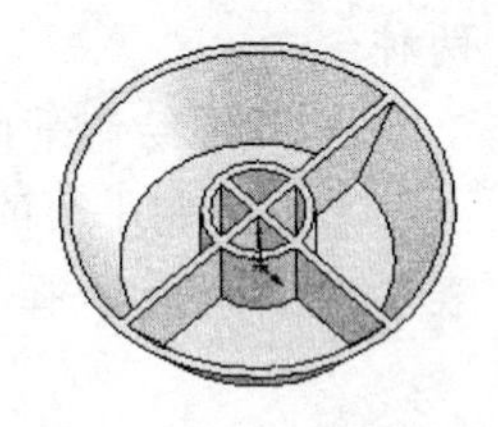

图 3.52　例 3-8 零件

1) 在本例中学习的内容

(1) 应用基本特征建立基体零件；

(2) 筋特征应用方法。

2) 建模思路

(1) 应用基本特征建立基体零件；

(2) 抽壳；

(3) 使用筋特征建立零件内部结构。

3) 操作步骤见表 3-17

表 3-17　筋特征形成操作步骤

步骤	第一步	第二步	第三步	第四步
特征类型	拉伸	拔模	抽壳	筋
实体形状				
草图	Ø30	无	无	Ø11

续表

步骤	第一步	第二步	第三步	第四步
关键特征尺寸	拉伸深度：10mm	中性面拔模 拔模角度：30deg	壳厚度：1mm	筋厚度：1mm

【反例分析 3-4】

某同学在应用筋特征完成应用案例 3-8 时，出现如图 3.53 所示错误提示。请帮助他分析错误原因，并且进行修正。

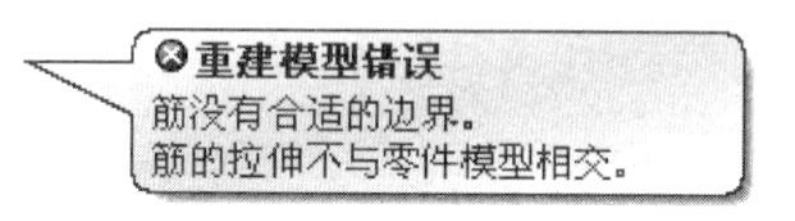

图 3.53　SolidWorks 筋特征错误提示

分析：筋是两个方向上的延伸，延伸一定会有边界。边界就是已经存在的实体。如果筋延伸的过程中找不到边界就会出现图 3.53 所示的错误提示。导致筋无边界的原因有以下两种：

1) 草图绘制平面选择错误

草图绘制平面的选择也必须要遵循筋草图延伸方向必须能够与已有实体相交的原则。表 3-18 中显示选择不同的草图绘制平面结果是不同的。

表 3-18　筋特征草图绘制平面选择分析

错误	正确
草图绘制平面为内侧底面	草图绘制平面为顶面

2) 筋拉伸方向设置错误

在【筋】PropertyManager 中指定筋的厚度为 1mm，厚度方向为草图线条两侧，也就是向所选轮廓两侧各延伸 0.5mm。拉伸方向设置时指定筋的拉伸方向为垂直于草图平面，且方向向下。

如果指定拉伸方向向上，则筋无法和已有实体相交。将会出现如图 3.53 所示错误提示，见表 3-19。

表 3-19　筋特征拉伸方向选择分析

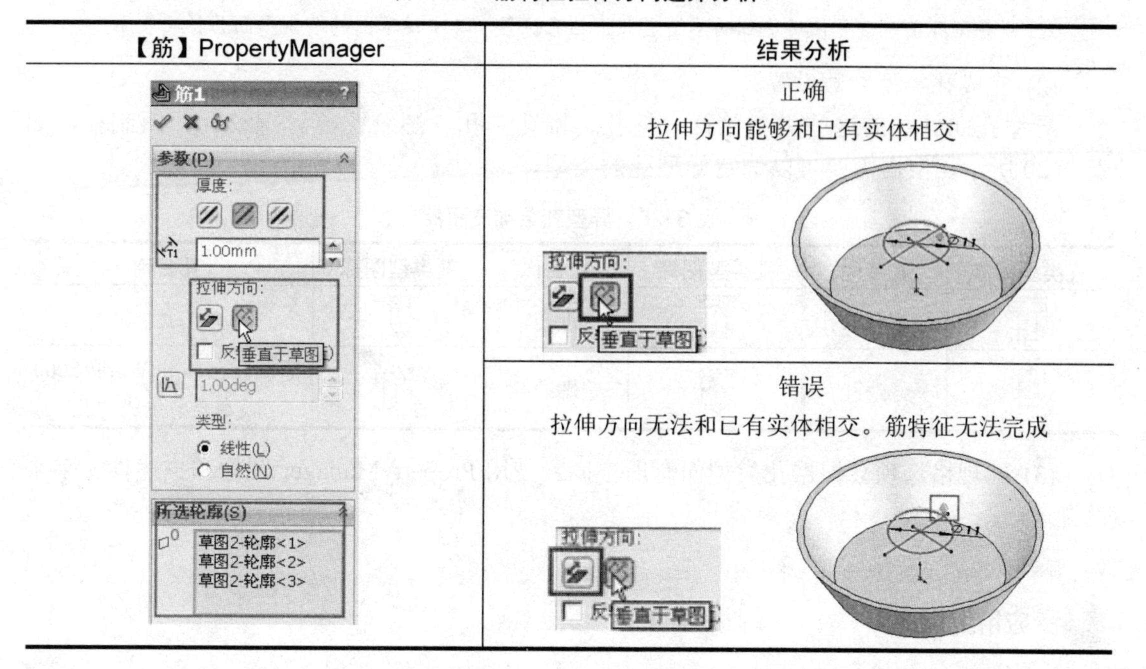

【筋】PropertyManager	结果分析
	正确 拉伸方向能够和已有实体相交
	错误 拉伸方向无法和已有实体相交。筋特征无法完成

3.3.6　孔向导

用于在模型上生成各种复杂的工程孔，如各种螺纹孔、锥孔等。

【异形孔向导】PropertyManager 有两个标签，分别用于设定孔的类型和位置。操作时可在这些标签之间转换，如图 3.54 所示。

【类型】(默认)：设定孔类型参数。

【位置】：在平面或非平面上找出异型孔向导孔。使用尺寸和其他草图工具来定位孔中心。

图 3.54　孔的类型及位置标签

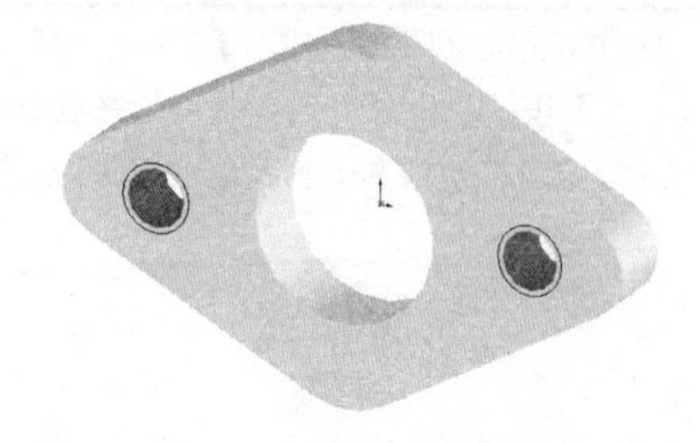

图 3.55　例 3-9 零件

操作要素：异型孔的生成需要绘制孔位置草图、设定孔类型参数、孔的定位 3 个过程。

(1) 首先在钻孔表面上选择钻孔点。注意必须定义孔的精确位置，以消除在前面选择上表面时的随意性。在草图中完成孔位置的精确定义。

特别提示

在生成异型孔前，首先使用单独的草图定义出钻孔位置，其中该草图的绘制平面为钻孔表面。

(2) 完成孔类型参数设置。

异型孔向导孔的这些类型包括：柱孔、锥孔、孔、螺纹孔、管螺纹孔、旧制孔，如表 3-20 所示，根据需要可以选定异型孔的类型。

表 3-20　异型孔名称及图标

孔类型图标	孔名称	孔类型图标	孔名称	孔类型图标	孔名称
	柱形沉头孔		锥孔		孔
	螺纹孔		管螺纹孔		旧制孔在 SolidWorks 2000 版本之前生成的孔

(3) 孔规格选项会根据孔类型而有所不同。使用 PropertyManager 图像和描述性文字来设置选项。

应用案例 3-9

请生成图 3.55 所示法兰零件。

1) 在本例中学习的内容

(1) 应用基本特征建立基体零件;

(2) 异型孔向导特征操作方法。

2) 建模思路

(1) 首先拉伸生成钻孔基础模型;

(2) 其次绘制精确定义螺纹孔位置的草图;

(3) 使用异型孔向导特征完成零件建模。

3) 详细绘制步骤

(1) 拉伸生成图 3.56 所示钻孔基体。分步骤见表 3-21。

表 3-21　例 3-9 钻孔基体模型生成步骤

1. 在前视基准面绘制草图。使用【草图绘制】工具栏上的【直线】按钮，【圆心 / 起点 / 终点画弧】按钮绘制形状。为直线和圆弧添加"相切"几何关系 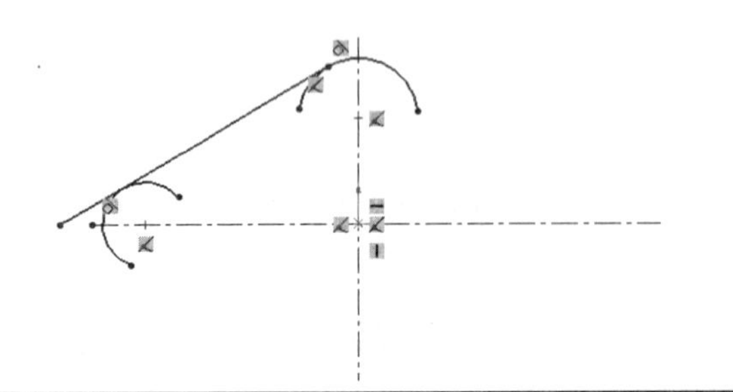	2. 单击【草图绘制】工具栏上的【剪裁实体】按钮。在 PropertyManager 中选择【剪裁到最近端】按钮 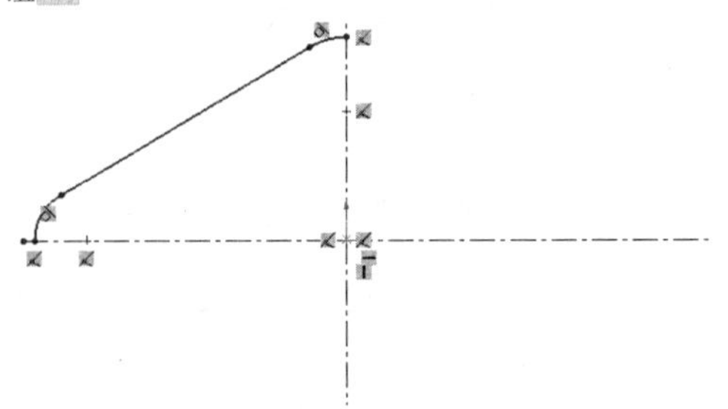

续表

3．单击【草图绘制】工具栏上的【镜向实体】按钮 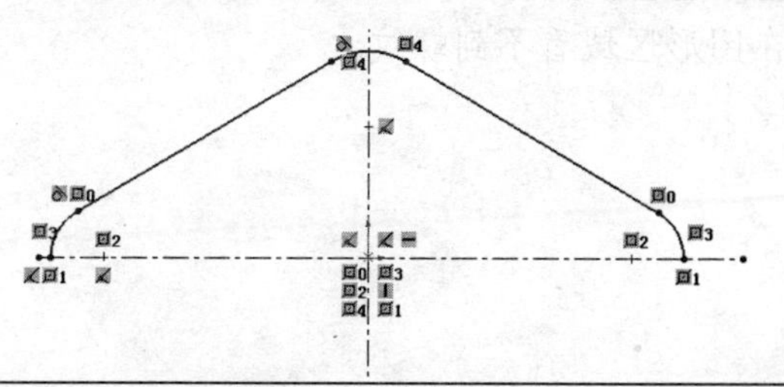	4．单击【草图绘制】工具栏上的【镜向实体】按钮 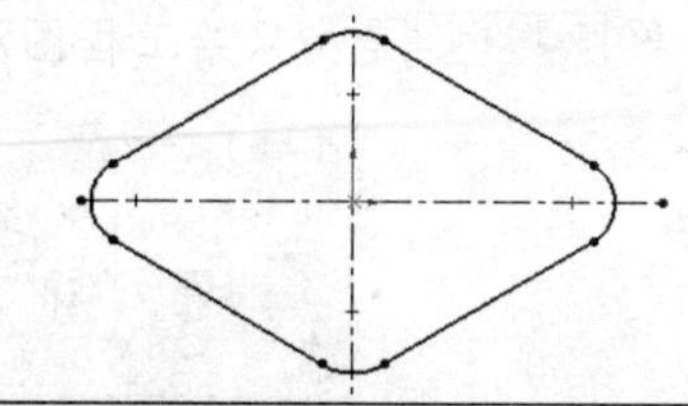
5．单击【草图绘制】工具栏上的【智能尺寸】按钮 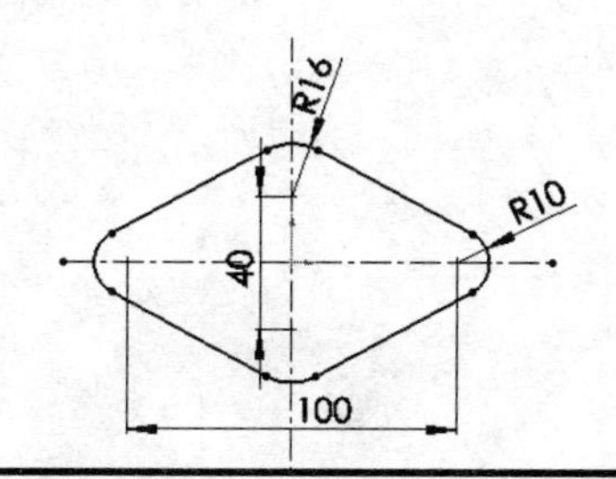	6．单击【草图绘制】工具栏上的【圆心／起点／终点画弧】按钮，绘制 38mm 圆并且标注尺寸 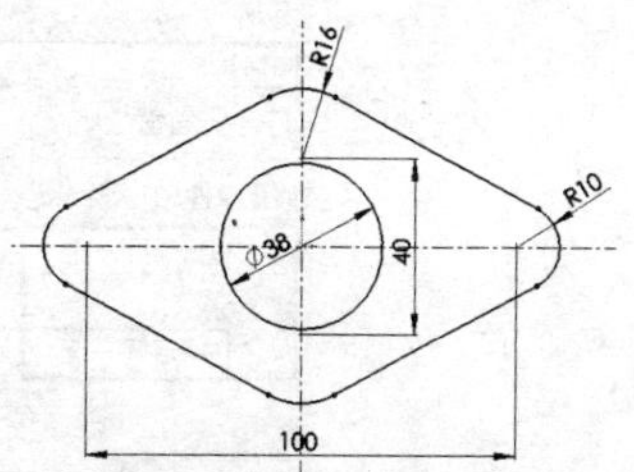

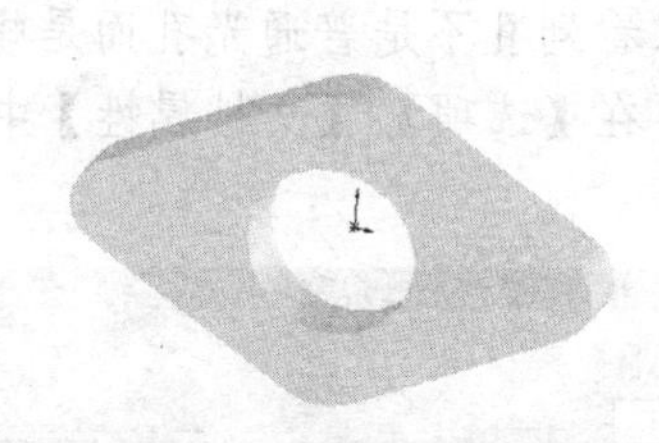

图 3.56　拉伸 15mm 生成基体

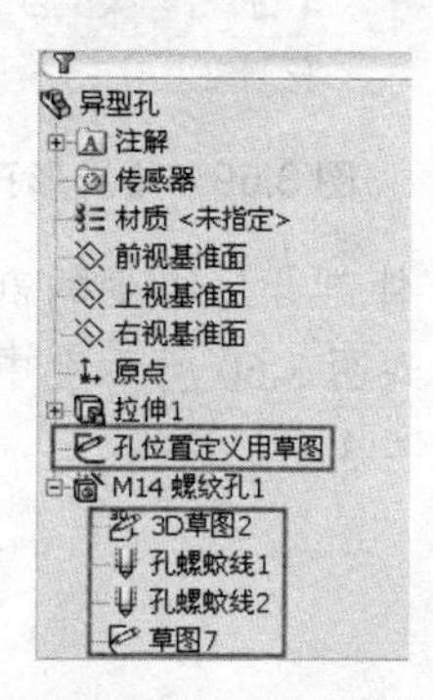

图 3.57　草图重新命名为“孔位置定义用草图”

(2) 绘制精确定义螺纹孔位置的草图。

需要注意绘制精确定义螺纹孔位置的草图在使用异型孔向导命令生成螺纹孔之前，而不是在调用异型孔特征时再在位置【标签】中设置。为使用方便，请重新命名此草图为“孔位置定义用草图”，如图 3.57 所示。该草图绘制步骤如图 3.58 所示。

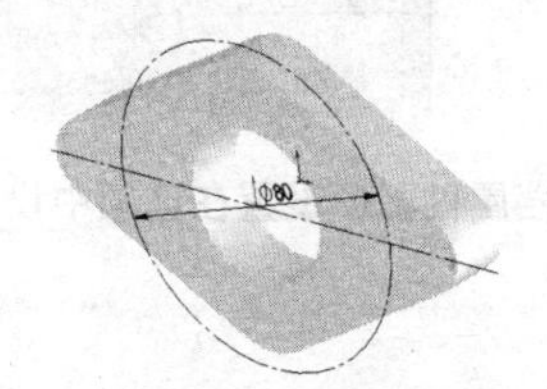

(a) 选择模型上表面为草图绘制平面

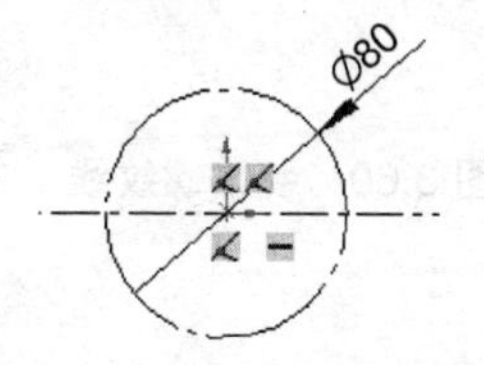

(b) 草图尺寸与几何关系

图 3.58　螺纹孔位置草图绘制步骤

(3) 单击【特征】工具栏上的按钮或【插入】|【特征】|【孔】|【向导】。具体参数设定如图 3.59 所示。设定参数后单击。

孔规格会根据孔类型而有所不同：

① 按钮 是以装饰螺纹线在螺纹钻孔直径处理切割孔；

② 选择按钮 和按钮 生成的螺纹孔在图形区域看不到螺纹；

③ ☑带螺纹标注 是指只给工程图添加注解。

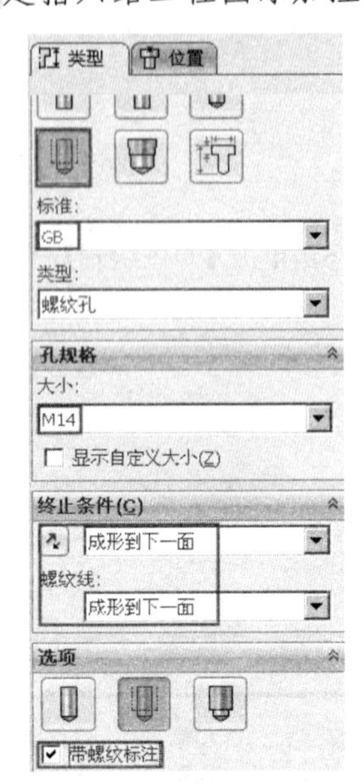

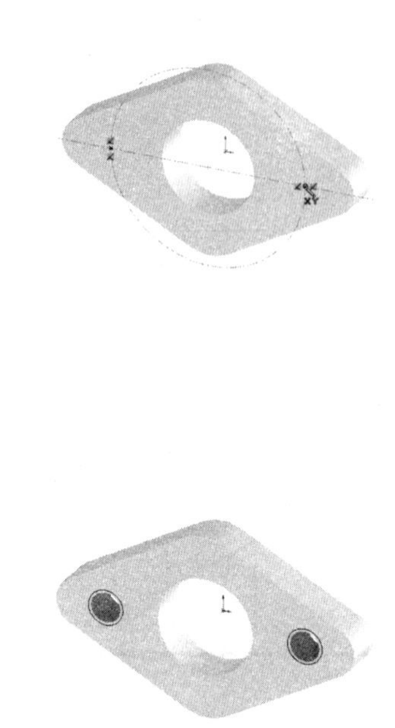

图 3.59　【异形孔】PropertyManager 设置及所形成的实体

图 3.60 是零件剖开后得到的剖面视图。从图中可以看到孔不是普通光孔而是螺纹孔。要在图形区域看到图 3.60 所示孔中的装饰螺纹线还需要在【选项】|【文档属性】中进行设置。具体设置见图 3.61。

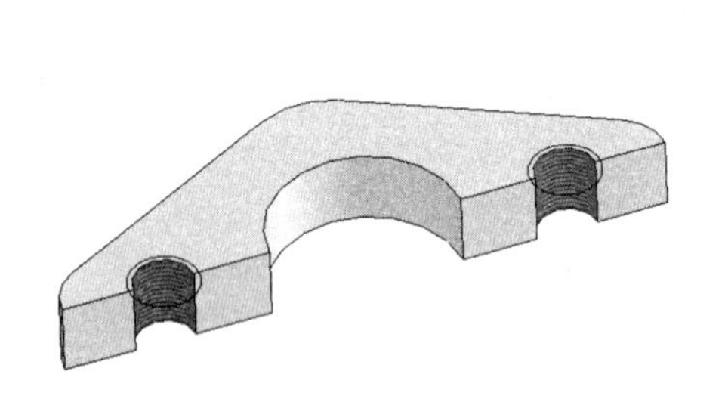

图 3.60　装饰螺纹线

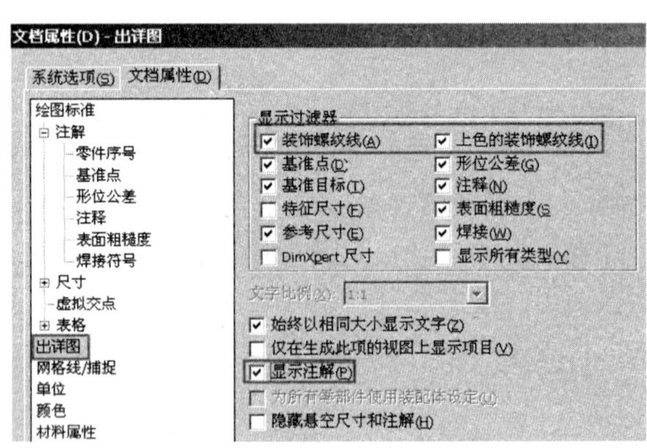

图 3.61　在【文档属性】中设置在选项中设置显示装饰螺纹线

3.3.7　包覆

此特征将草图包覆到平面或非平面上，如图 3.62 所示。

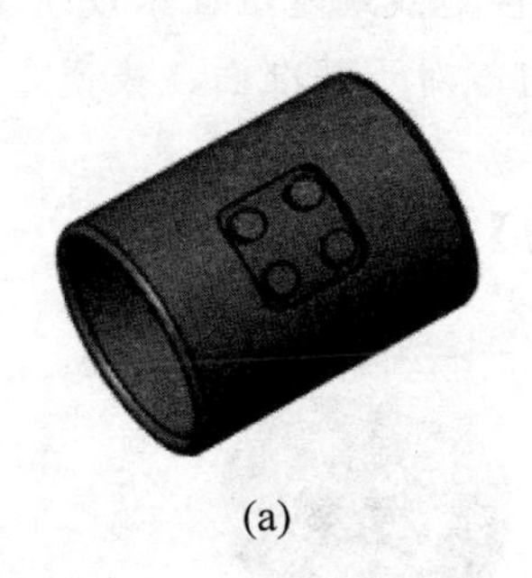

(a)

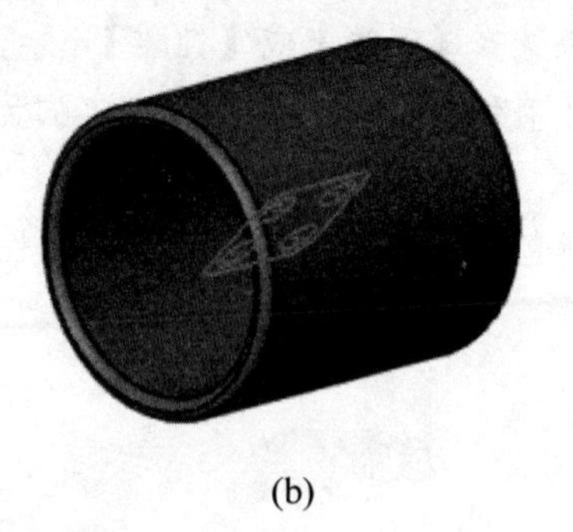

(b)

图 3.62　包覆特征成形原理

成形要素：

(1) 草图基准面必须与所要包覆的面相切；

(2) 要包覆的草图只可包含多个闭合轮廓。不允许从包含任何开环轮廓的草图生成包覆特征。

应用案例 3-10

请使用拉伸和包覆特征完成图 3.62(a)所示零件。

1) 在本例中将学习

(1) 应用基本特征建立基体零件；

(2) 建立包覆特征。

2) 建模思路

(1) 应用基本特征建立基体零件；

(2) 绘制包覆草图；

(3) 使用包覆特征完成零件建模。

3) 操作步骤

(1) 生成基体零件。在上视基准面绘制圆，拉伸生成薄壁圆筒；

(2) 在前视基准面绘制包覆草图；

(3) 生成包覆特征：

① 在 FeatureManager 设计树中选取想包覆的草图。

② 单击【特征】工具栏上的【包覆】按钮，或单击【插入】|【特征】|【包覆】。在激活的 PropertyManager 中，进行包覆参数设定后，单击【确定】按钮✔。具体包覆参数设定如图 3.63 所示。

【浮雕】：在面上生成一突起特征。

【蚀雕】：在面上生成一缩进特征，将会去除材料。

【刻划】：在面上生成一草图轮廓印记。

③ 在图形区域为包覆草图的【面】选择一非平面的面。

④ 为【厚度】设定一数值。如果必要选择反向。

如果选择【浮雕】或【蚀雕】，可选择一直线、线性边线或基准面来设定【拔模方向】↗。对于直线或线性边线，拔模方向为所选实体的方向。对于基准面，拔模方向则垂直于基准面。

若想包覆垂直于草图基准面的草图，将【拔模方向】↗保留为空白。

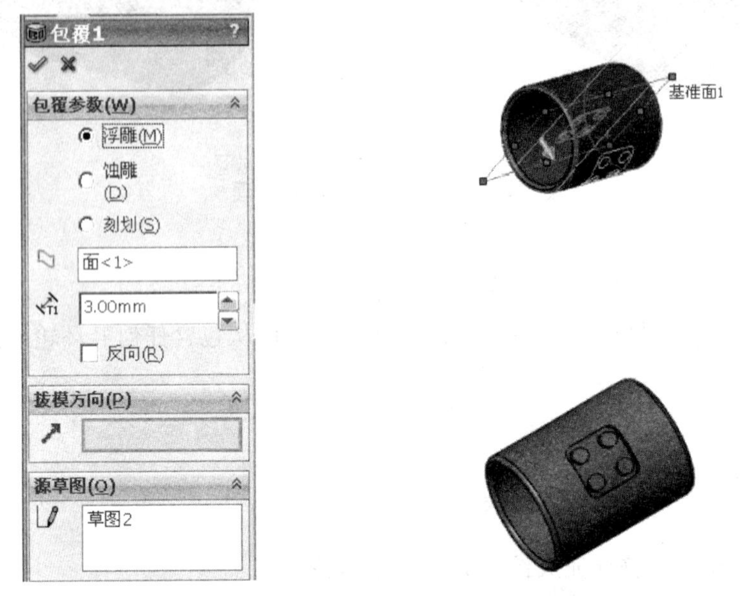

图 3.63　【包覆】PropertyManager 及形成的零件

3.4　变 形 特 征

SolidWorks 变形特征命令分布如图 3.64：

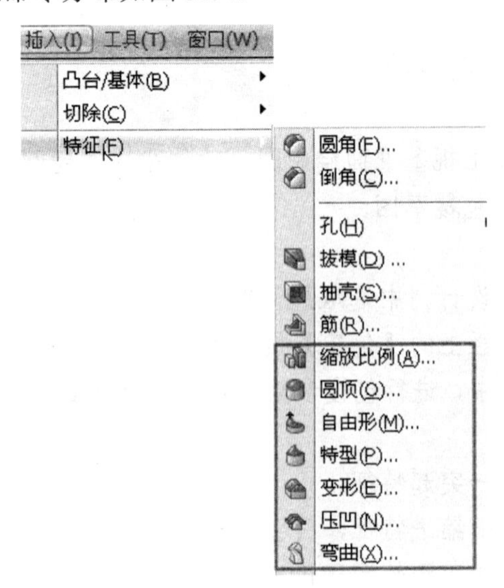

图 3.64　变形特征命令在菜单中的位置

3.4.1　缩放

缩放是对特征或者实体进行缩放操作。如图 3.65(b)所示，三个实体均是由圆形拉伸形成的薄壁零件。选择中间的圆环进行不等比例缩放，【缩放】PropertyManager 的设置如图 3.65(a)所示。缩放结果如图 3.65(c)所示。

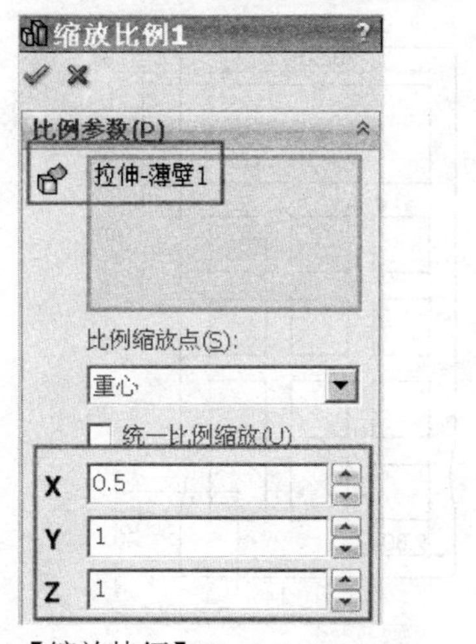

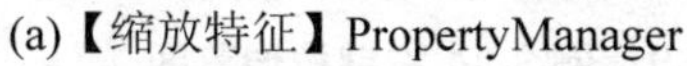
(a)【缩放特征】PropertyManager

(b) 统一比例缩放

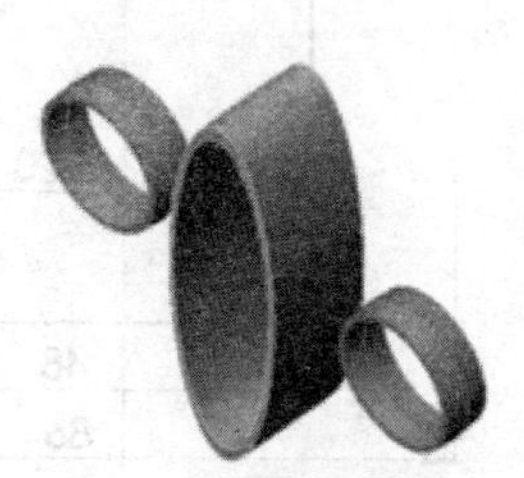
(c) 不均匀缩放

图 3.65　【缩放特征】成形原理及示例零件

3.4.2　圆顶

圆顶是针对实体面进行变形操作生成圆顶凸起或者凹陷。

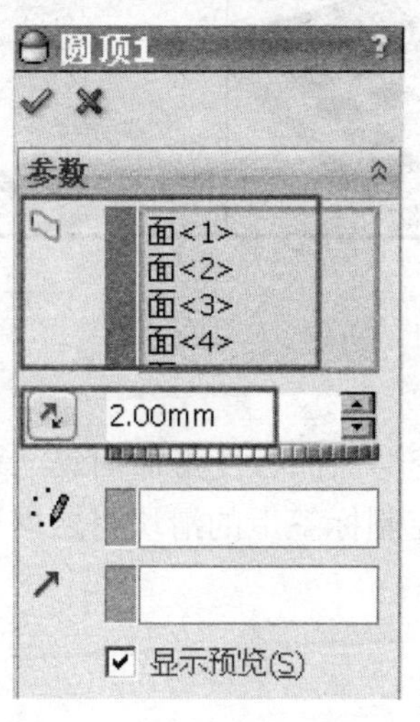

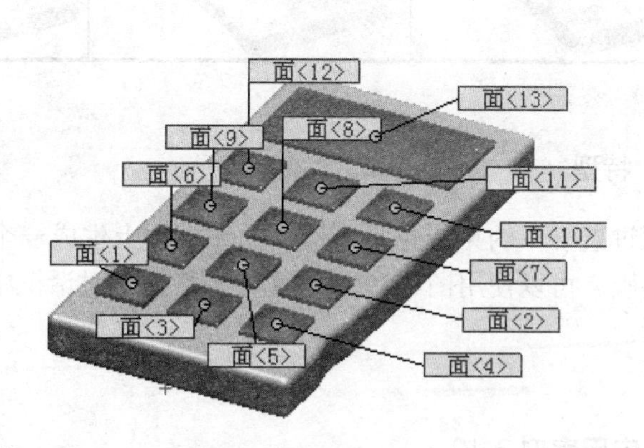

图 3.66　【圆顶特征】PropertyManager 及示例零件

应用案例 3-11

请使用【圆顶特征】完成图 3.66 所示零件。该零件形成基体的草图及过程如图 3.67、图 3.68 和表 3-22 所示。

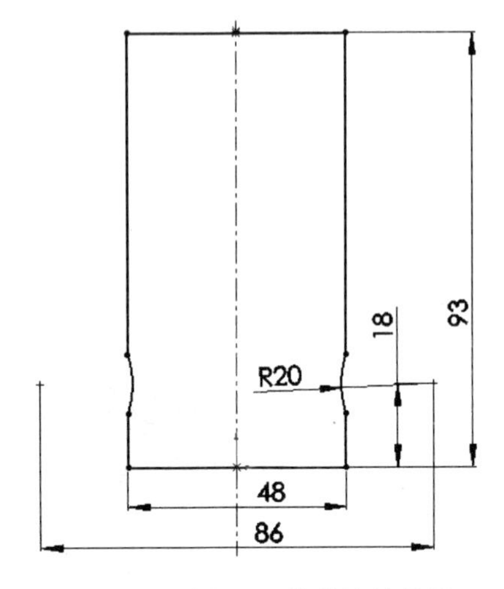

图 3.67　例 3-11 基体拉伸草图

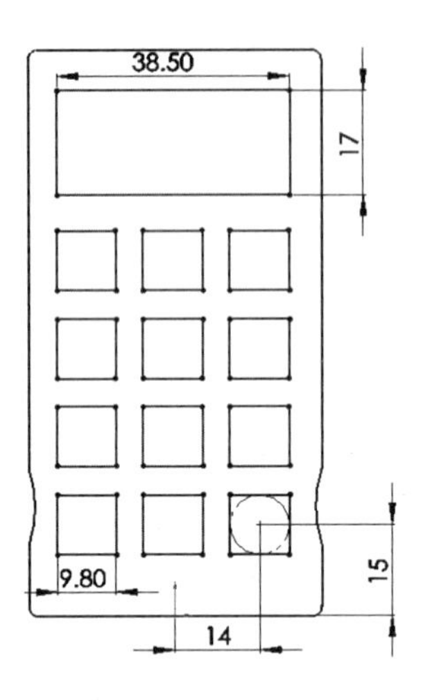

图 3.68　例 3-11 按键拉伸草图

表 3-22　例 3-11 建模主要步骤

基体拉伸 8mm	侧面圆角半径 1.5mm	按键拉伸 1mm	圆顶 2mm
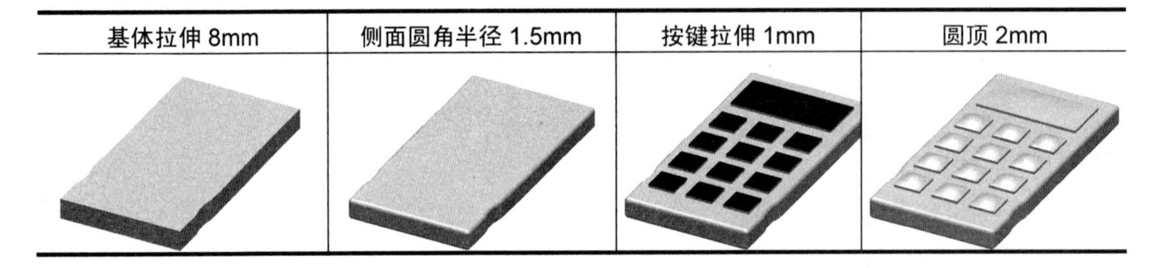			

3.4.3　特型

通过展开、约束或拉紧所选曲面在模型上生成一个变形曲面。变形曲面灵活可变，很像一层膜。可以使用图 3.69 所示【特型特征】对话框中控制标签上的滑块将之展开、约束或拉紧。

应用案例 3-12

请应用【特型特征】，在案例 3-11 零件中任选一面使之变形。面特型前后结果如图 3.70 和图 3.71 所示。

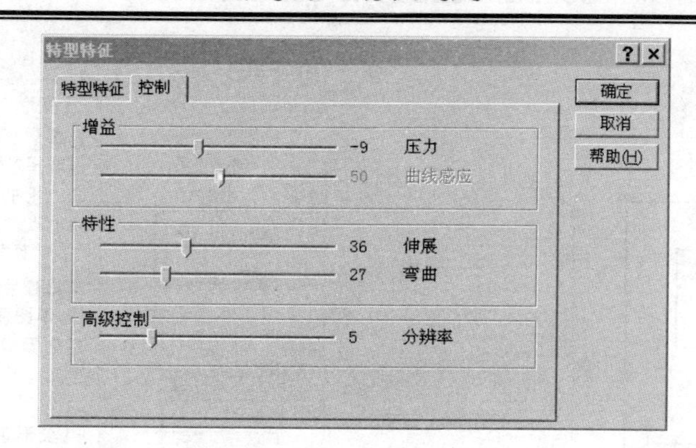

图 3.69　特型控制标签

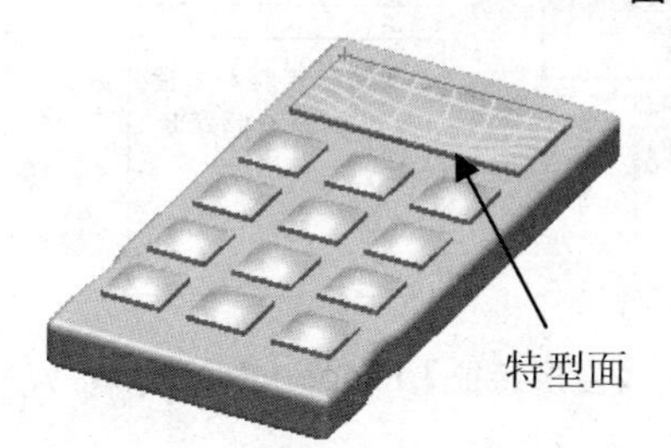

图 3.70　面特型过程

图 3.71　面特型后效果

3.4.4　变形

变形提供一种简单方法虚拟改变模型，这在创建设计概念或对复杂模型进行几何修改时很有用。使用变形特征可以改变复杂曲面或实体模型的局部或整体形状，无须考虑用于生成模型的草图或特征约束。

**应用案例 3-13**

生成图 3.72 所示原始零件，并且使之变形为图 3.73 所示形状。

图 3.72　例 3-13 原始零件

图 3.73　例 3-13 变形后零件

示例零件具体操作过程及要素见操作步骤：

(1) 绘制图所示草图并且拉伸 10mm 生成基体零件；

(2) 单击【特征】工具栏上按钮的或【插入】|【特征】|【变形】。在变形激活的属性管理器中设定参数后单击【确定】按钮。

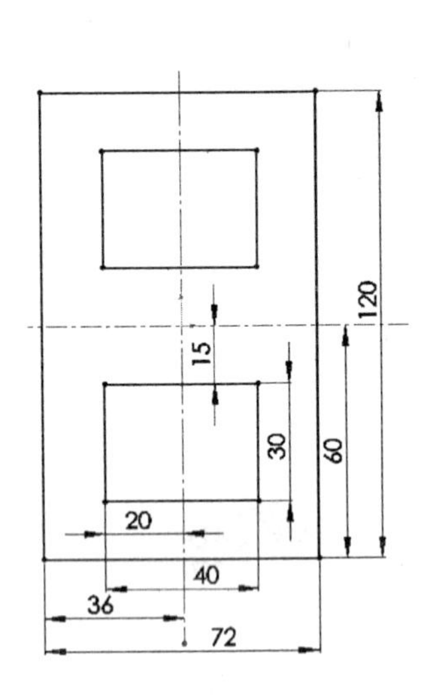

图 3.74　例 3-13 草图

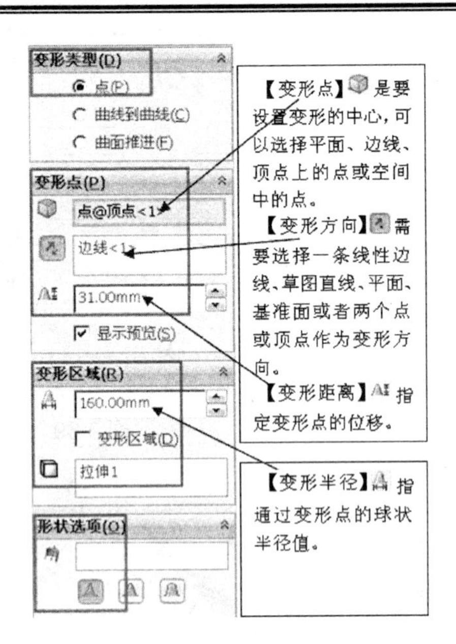

图 3.75　【变形特征】PropertyManager

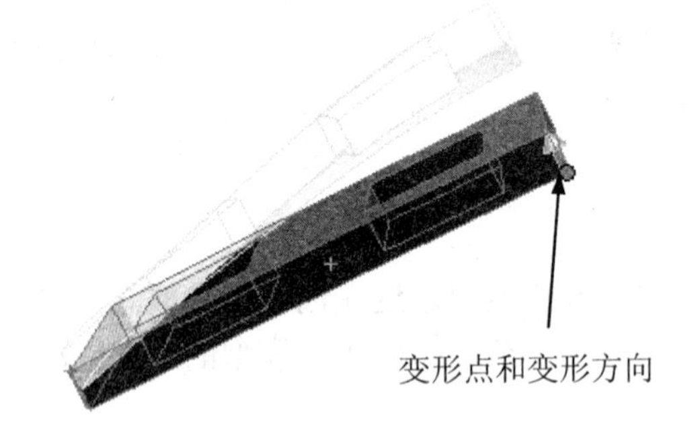

图 3.76　例 3-13 变形特征变形点和变形方向设定

3.4.5　弯曲

弯曲特征通过可预测的、直观的工具修改复杂的应用模型，这些应用包括概念、机械设计、工业设计、冲模以及铸模等。弯曲特征只能够应用于实体。

弯曲特征有：折弯、扭曲、锥削、伸展四种类型。

(1) 折弯：绕一折弯线弯曲实体。可用于多种应用，包括工业设计、机械设计、解决金属冲压中的回弹条件以及从复杂的曲面形状中删除底切等，如图 3.78 所示。

图 3.77　折弯原始零件

图 3.78　使用弯曲特征折弯后零件

(2) 扭曲：绕三重轴的 Z 轴扭曲几何体。

(3) 锥削：沿三重轴的 Z 轴锥削模型，如图 3.79、图 3.80、图 3.81 所示。

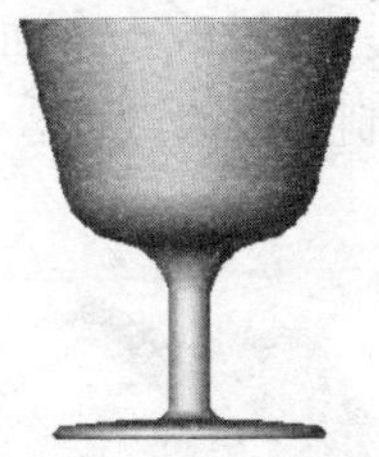

图 3.79　锥削原始零件　　图 3.80　使用弯曲特征锥削后零件

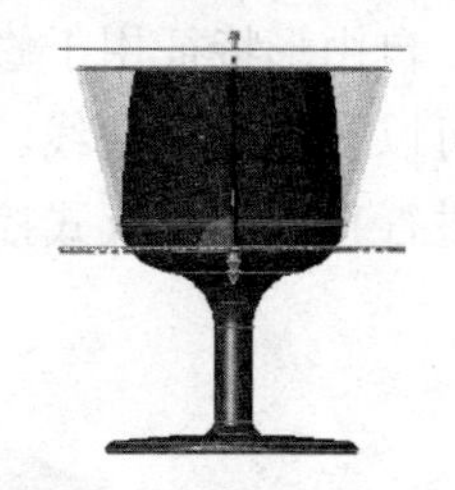

图 3.81　锥削过程预览

(4) 伸展：沿三重轴的 Z 轴伸展模型。

应用案例 3-14

生成图 3.78 所示零件。

操作步骤：

(1) 拉伸形成图所示原始零件；

(2) 单击【特征】工具栏上按钮 的或【插入】|【特征】|【弯曲】。在变形激活的 PropertyManager 中设定参数后单击按钮 。

两个剪裁基准面的位置来用于决定弯曲区域。

将指针移到剪裁基准面或三重轴的操纵杆上，拖动操纵杆来定位剪裁基准面和三重轴。也可以在 PropertyManager 中输入各类参数具体数值如图 3.82 所示。

操作过程预览：

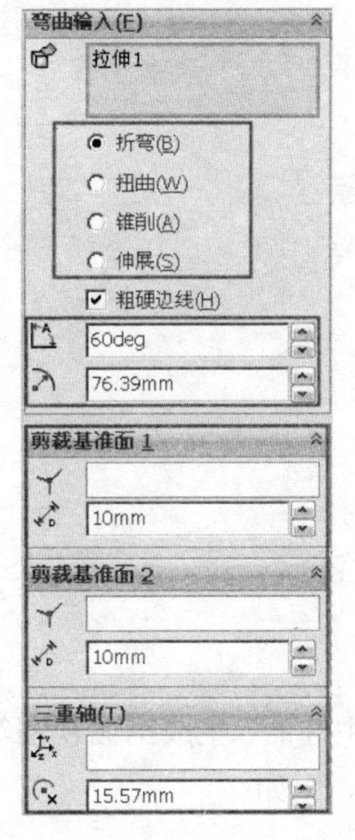

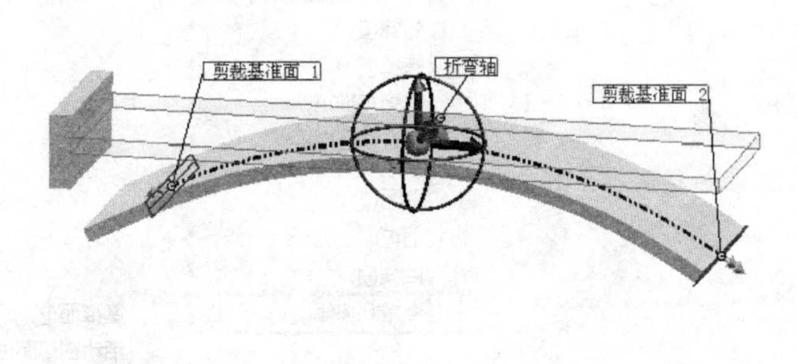

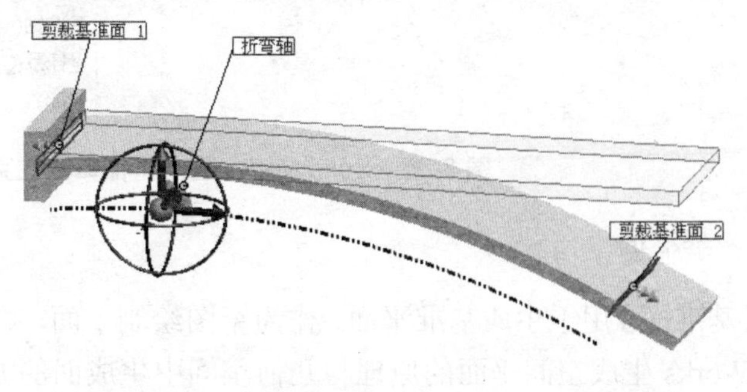

图 3.82　【弯曲特征】PropertyManager 及成形预览

3.4.6　自由形

自由形特征用于修改曲面或实体的面，如图 3.83 和图 3.84。每次只能修改一个面，该面可以有任意条边线。可以通过生成控制曲线和控制点，然后推拉控制点来修改面，对变形进行直接的交互式控制。可以使用三重轴约束推拉方向。

图 3.83　钓鱼竿——没有把手　　　　图 3.84　使用自由多边形特征生成把手

3.5　基准面、基准轴、坐标系的生成

基准面、基准轴、坐标系是在三维造型中的辅助体，是建立特征的参考，如进行拉伸、放样等特征操作的草图平面，镜向操作的中心面等。参考特征包括基准面、基准轴、坐标系等。参考特征辅助而不参与三维实体的生成。

SolidWorks 基准特征命令分布如图 3.85 所示。

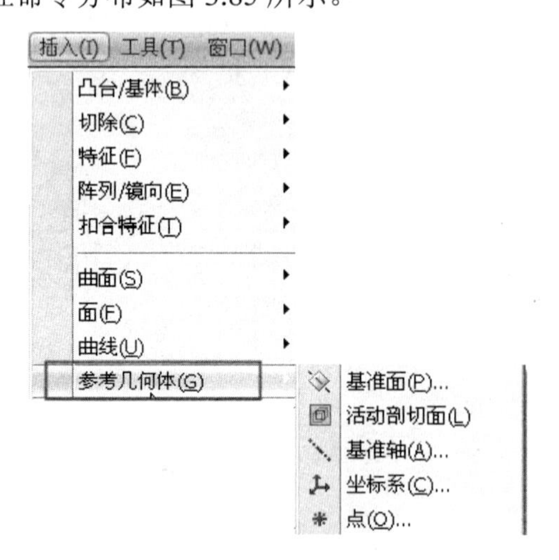

图 3.85　SolidWorks 基准特征命令在菜单中的位置

3.5.1　基准面

【基准面】用于生成基准平面，作为草图绘制平面，拔模操作中性面、生成剖面视图等。SolidWorks 生成空间平面的原理与几何空间中生成面的方式相同。例如：

(1) 三个不共线的空间点；

(2) 一条直线和一个不在其上的空间点；

(3) 两条平行直线；

(4) 通过一个空间点并且平行于一个空间平面；

(5) 一个空间面偏移指定的距离；

(6) 通过一条直线并与一个空间平面成指定的角度。

【基准面】生成的 PropertyManager 如图 3.86 所示。确定生成方式后，用户完成相关要素设定便可以生成基准面。

SolidWorks 提供了一种快速建立与已有基准面等距的基准面的方法，即按住 Ctrl 键选择已有平面，鼠标指针变为↖✥，拖动鼠标的同时，控制区出现基准面管理器，直接通过键盘输入精确的偏移距离，即可完成等距基准面的生成。

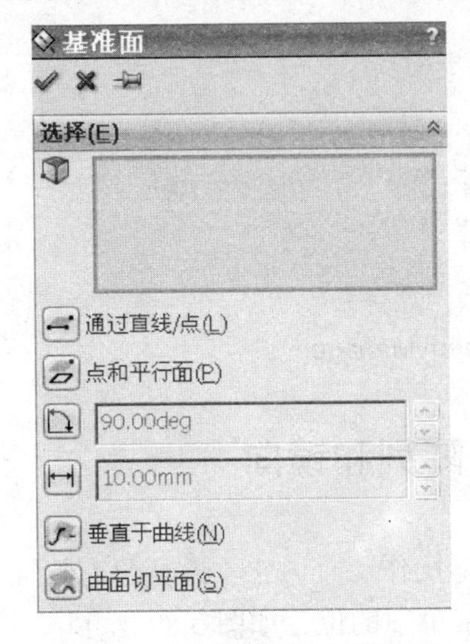

图 3.86 【基准面】生成方式

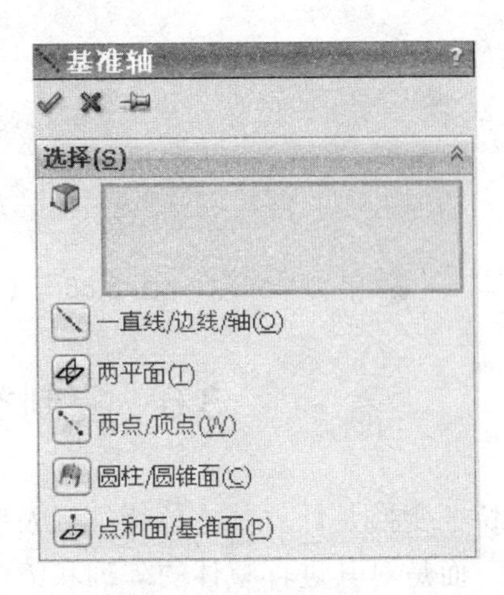

图 3.87 【基准轴】生成方式

3.5.2 基准轴

【基准轴】相当于草图绘制中的中心线(构造线)。辅助圆周阵列等操作。

SolidWorks 中有基准轴和临时轴两个概念。临时轴是模型中的回转体自动产生的，不需要另外生成。显示临时轴的方法是【视图】|【临时轴】。图 3.87 是【基准轴】的 PropertyManager。

基准轴是需要生成的，生成基准轴的原理和几何中生成直线相同。可以采用下面几类线作为基准轴：

(1) 已有几何体边线；

(2) 两个平面的交线；

(3) 通过两个空间点；

(4) 圆柱或者圆锥的轴线。如选择一个圆柱面抓取其临时轴生成基准轴；

(5) 通过一点，并且垂直于某一曲面或者基准面生成基准轴。

3.5.3 坐标系

坐标系是整个零件建模的空间参考，是缩放等操作的参照。当零件进入装配环境以及在与其他软件进行信息共享和转换的过程中，坐标系是最为重要的参考基准。

坐标系由原点和三个相互垂直的轴构成，而三个轴之间的空间关系遵守右手原则。因此定义原点和任意两个轴就可以确定一个坐标系。图 3.88 是【坐标系】的 PropertyManager。其中原点可以用顶点或者空间点。X 轴和 Y 轴可以选择边线或者草图直线。

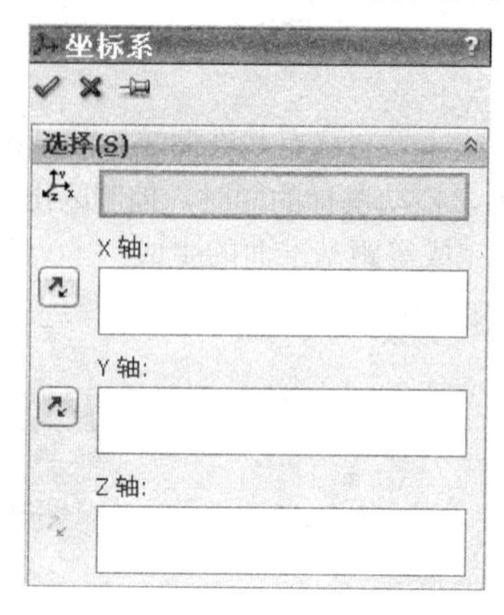

图 3.88 【坐标系】的 PropertyManager

3.6 复制类特征——阵列和镜向

特征变换是针对基本体特征以及附加特征的整体操作工具。它不改变已有特征的基本形态，而是对其进行整体的阵列和镜向。其命令在菜单中的位置如图 3.89 所示。

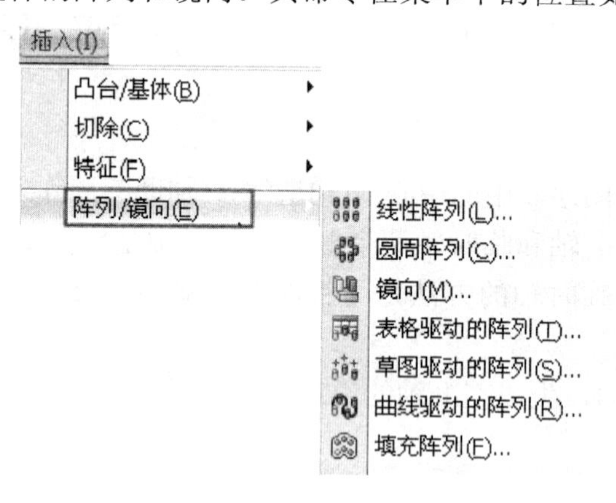

图 3.89 复制类特征命令在菜单中的位置

3.6.1 线性 / 圆周 / 草图 / 曲线 / 填充阵列

1. 阵列类型及功能。

阵列是指源特征按一定的规律复制。阵列的类型、示例、功能、操作要素见表 3-23。

表 3-23 各类阵列的类型、示例、功能、操作要素

名称	示 例	功 能	操作要素／技巧
线性阵列	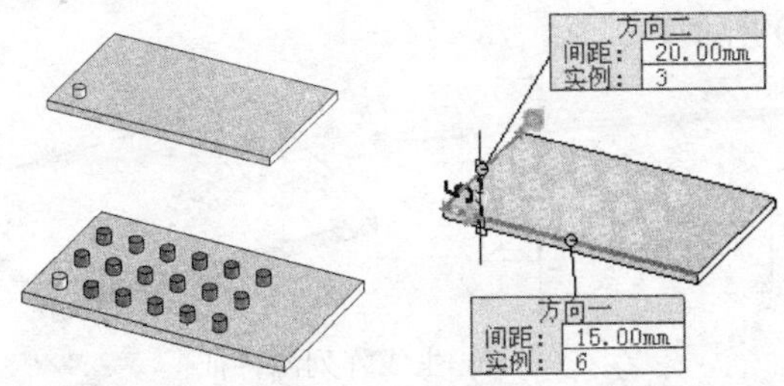 方向二 间距: 20.00mm 实例: 3 方向一 间距: 15.00mm 实例: 6	沿两个方向进行源特征复制	单击已有实体的边线完成以指定阵列方向
圆周阵列	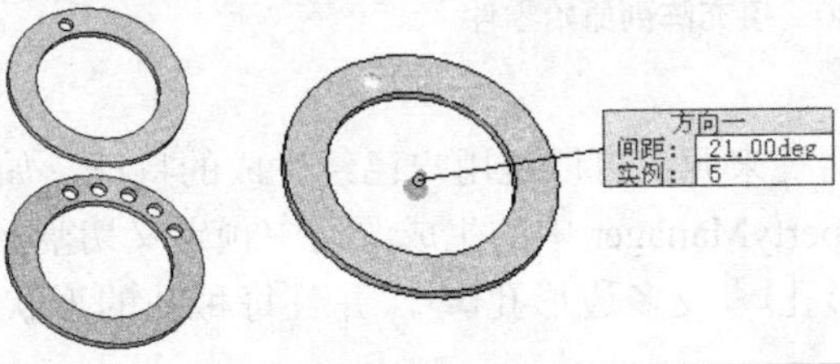 方向一 间距: 21.00deg 实例: 5	沿圆周方向进行源特征复制	选择一中心轴做旋转轴 使用【视图】|【临时轴】命令显示临时轴在图形区域作为旋转中心
草图阵列	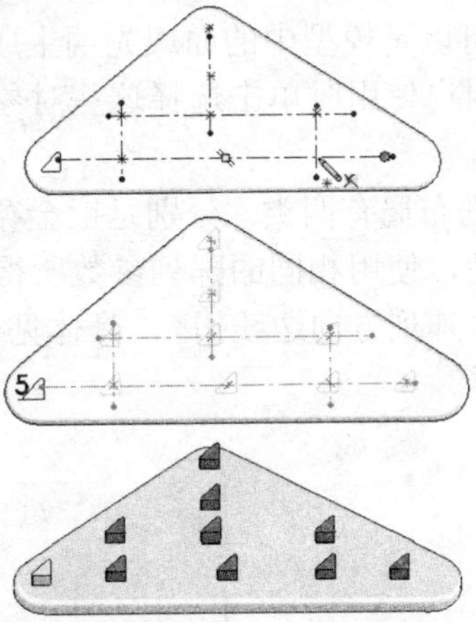	使用草图中的草图点进行源特征复制	首先生成指出阵列位置的草图，在草图中添加多个草图点 单击按钮 * 或【工具】|【草图绘制实体】|【点】，然后添加多个草图点来代表要生成的阵列
曲线驱动的阵列	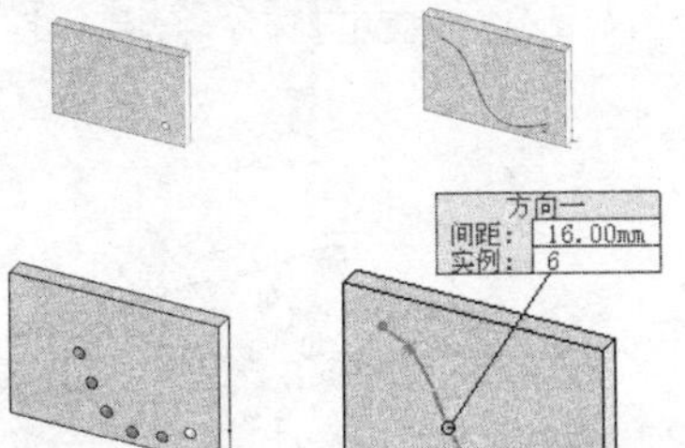 方向一 间距: 16.00mm 实例: 6	沿曲线生成特征复制	首先生成指出阵列位置的曲线 曲线可以是特征边线、草图线段或整个草图
填充阵列	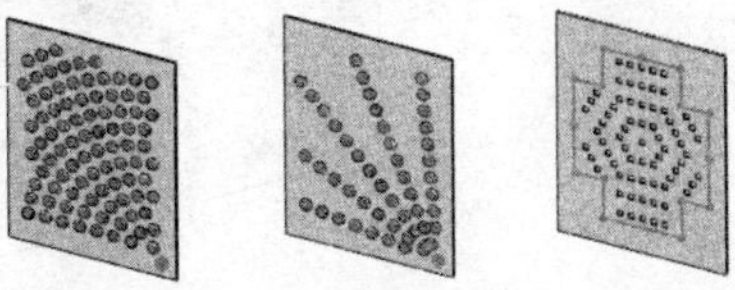	使用特征阵列或预定义的切割形状来填充所定义的区域	

2. 填充阵列分析

填充阵列可以将源特征按照更加复杂规律排列，参数设置同样是在属性管理器中完成，但是非常灵活。下面结合【填充阵列】的属性管理器对影响填充阵列的关键因素进行分析。以下阵列中所使用的原始零件如图 3.90 所示。

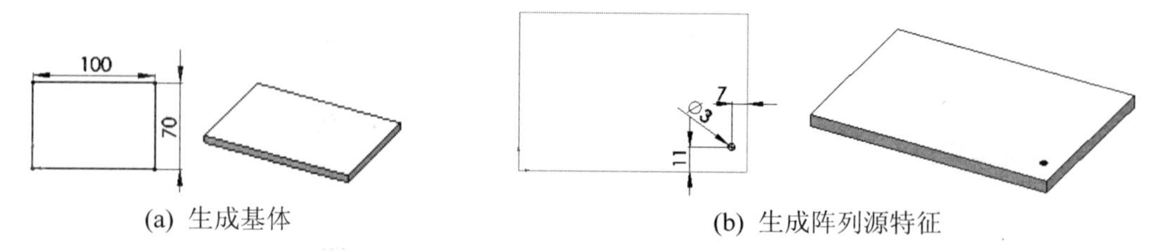

(a) 生成基体　　(b) 生成阵列源特征

图 3.90　填充阵列原始零件

1) 源特征——要阵列的特征

在填充阵列模式下源特征可以有两种来源：可以是用户已经生成的特征，如果不想先期生成源特征，那么也可以是采用 PropertyManager 中的生成源切中预定义切割形状。这些形状可以为圆孔、方形孔、菱形孔及多边形孔，并且每种孔的形状参数均在 PropertyManager 中定义。

2) 填充边界：用于定义填充区域。边界可以是模型中的面或先期生成的独立草图。如果使用草图作为边界，需要选择阵列方向。用户使用时单击选择这些对象便可以指定填充边界。

3) 阵列布局：指源特征阵列的方向。阵列布局有四类，分别是钣金穿孔阵列、圆周阵列、方形阵列和多边形阵列。选用不同的类型，使用相同的阵列参数所得到的模型差别很大。如实例间距均为 22mm，边距均为 1mm，阵列方向边线<1>，具体见表 3-24 所示。该表原始零件如图 3.91 所示。

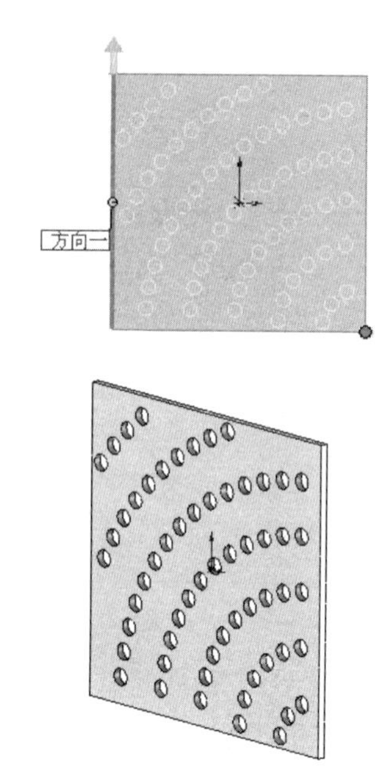

图 3.91　【填充阵列】PropertyManager 及零件成形预览

表 3-24　阵列布局分析

钣金穿孔阵列	圆周阵列	方形阵列	多边形阵列
22.00mm 91.00deg 1.00mm 边线<1>	22.00mm 目标间距(T) 每环的实例(R) 10.86125185mm 1.00mm 边线<1>	22.00mm 目标间距(T) 每边的实例(D) 10.86125185mm 1.00mm 边线<1>	22.00mm 10 目标间距(T) 每边的实例(D) 10.86125185mm 1.00mm 边线<1>

4) 目标间距模式 / 每环的实例模式

在同样的阵列布局下又可以细分为目标间距模式 / 每环的实例模式两种模式。分析见表 3-25。

表 3-25　目标间距模式 / 每环的实例模式

目标间距模式	每环的实例模式
阵列布局(O) 22.00mm 目标间距(T) 每环的实例(R) 10.86125185mm 1.00mm 边线<1>	阵列布局(O) 22.00mm 目标间距(T) 每环的实例(R) 19 1.00mm 边线<1>

5) 阵列顶点的不同含义

未选择顶点阵列在面上处于居中位置，如图 3.92 所示。选择了顶点，保持其他阵列参数不变，阵列始于顶点，如图 3.93 所示。

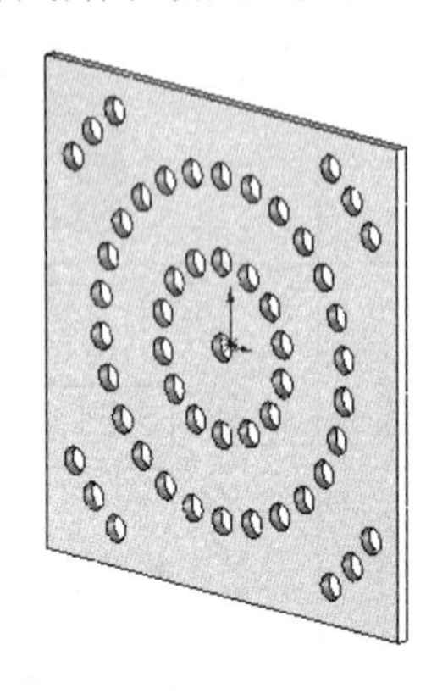

图 3.92　未选择阵列顶点

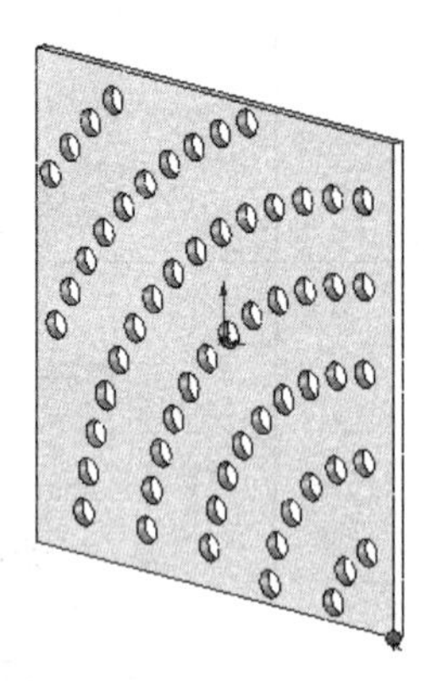

图 3.93　选择了阵列顶点

3.6.2　镜向

在模型中许多特征都有对称性。镜向特征就是利用对称性对特征或者实体进行复制，也就是，将选中的一个或者多个特征相对于一个参考平面生成镜向拷贝。

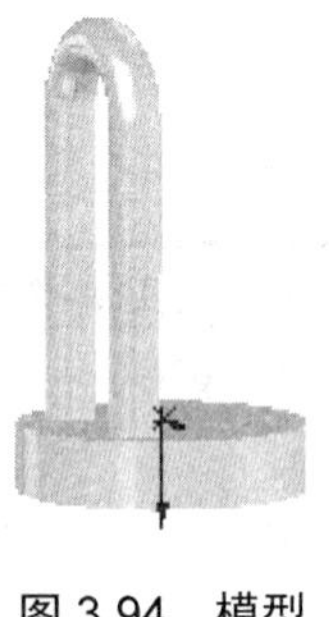

图 3.94　模型

图 3.95　镜向所选择特征的结果

3.7　特 征 管 理

3.7.1　父子关系

如果一个特征的建立参照了其他特征的元素，则被参照特征成为该特征的父特征，而该特征称为父特征的子特征。父特征与子特征之间形成父子关系，在 SolidWorks 的帮助文件中这样解释父子关系：

(1) 父特征是其他特征所依赖的现有特征。例如，拉伸是圆滑其边线圆角特征的父特征。

(2) 当某些特征生成于其他特征之上时，则以前生成特征的存在决定了它们的存在，因此新的特征称为子特征。例如，一个实体上有一个孔，孔便是这个实体的子特征。

在 FeatureManager 设计树中，子特征肯定位于父特征之后，如果试图将子特征移动到父特征之前，SolidWorks 会弹出如图 3.96 所示的警告对话框。

删除父特征会同时删除子特征，而删除子特征不会影响父特征。

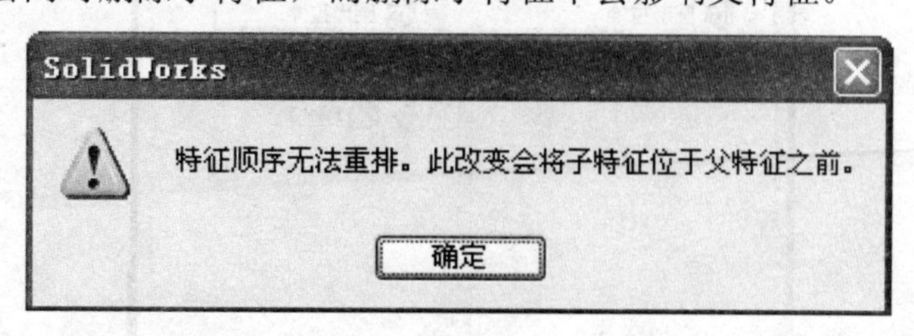

图 3.96　特征顺序无法重排提示

3.7.2　显示父子关系的方法

查看父子关系的方法是：在模型或 FeatureManager 设计树中，用右键单击相应特征，然后选择快捷菜单下【父子关系】。下面以图 3.97 所示零件为例，来查看【圆形拉伸】特征中所存在的父子关系。在 FeatureManager 设计树中，单击选择【圆形拉伸】特征，如图 3.98 所示，用右键单击【父子关系】图标，在【父子关系】对话框中显示了该特征的父特征和子特征。

图 3.97　父子关系示例零件

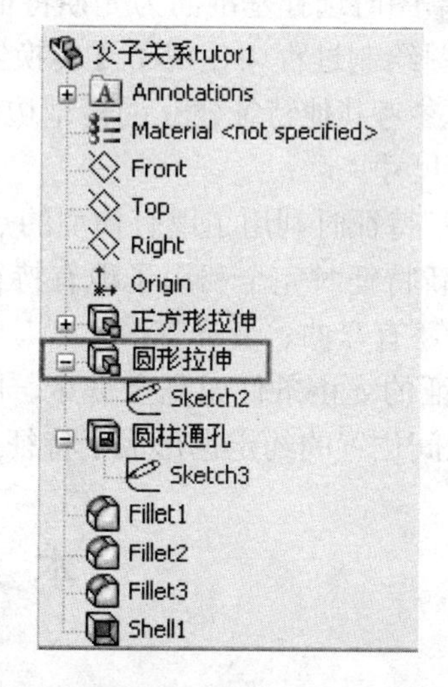

图 3.98　【父子关系】示例零件 FeatureManager 设计树

从图 3.99 中可以看出，【圆形拉伸】特征的父特征包括：

(1)【Sketch2】：利用该草图建立了【圆形拉伸】特征。

(2)【正方形拉伸 1】：【圆形拉伸】特征的草图绘制在此特征形成的模型平面上。

【圆形拉伸】特征的子特征包括：

(1)【Sketch3】：利用了【圆形拉伸】特征形成的模型表面作为【Sketch3】草图绘制平面。

(2)【圆柱通孔】：因为【圆柱通孔】特征定义的终止条件是完全贯穿。【圆形拉伸】特征形成的实体被【圆柱通孔】部分切除。

(3)【Fillet3】：利用了【圆形拉伸】特征形成的模型表面作为面圆角的对象。

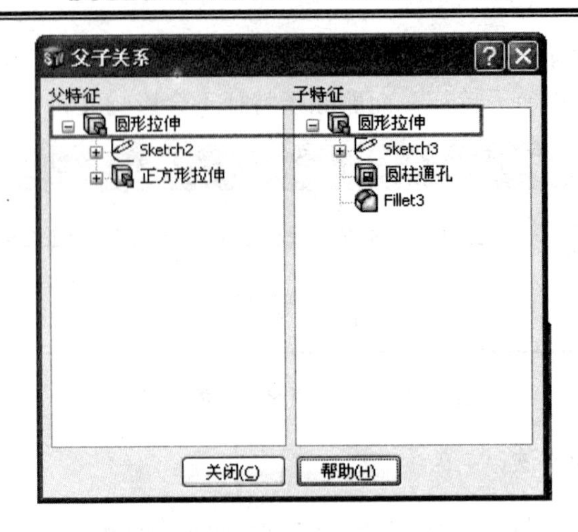

图 3.99 查看特征【圆柱通孔】的父子关系

3.7.3 父子关系的形成分析

一般来讲，在下列情况下会形成父子关系：

(1) 绘制草图时选择基准面为先期特征形成表面；

(2) 在草图绘制过程中使用了【转换实体引用】或者【等距实体】。标注草图尺寸和几何关系时，参考其他特征建立的模型边线标注了尺寸和几何关系，从而在两个特征之间建立了几何与尺寸关联；

(3) 定义新特征时利用了现有模型的点、线、面，如倒角，圆角、抽壳等；

(4) 定义新特征时完全利用了现有特征。例如镜向特征，阵列特征，源特征是派生特征的父特征。还有弯曲、变形等；

(5) 新特征的终止条件如完全贯穿、成形到一面、到离指定面指定的距离等方式，这种特征之间空间位置的约定也形成了特征之间的父子关系。

本 章 小 结

特征是三维建模最基本的单元，也是三维建模的核心内容之一。本章首先介绍了零件的组成方式，特征的分类从宏观上展现三维建模的全貌。之后对各类特征进行详细介绍，其中重点介绍了基本体特征的成形原理、操作要素、常见错误。最后在以上内容的基础上讨论了特征之间的关系以及进行特征管理的方法。

习 题

3.1 设计制作图 3.100 所示移动柜。

3.2 设计制作奥运五环。

3.3 设计制作图 3.101 所示盘类零件。

3.4 设计制作图 3.102 所示排气管零件。

3.5 设计制作图 3.103 所示的零件。

图 3.100　习题 3.1 零件

图 3.101　习题 3.3 零件

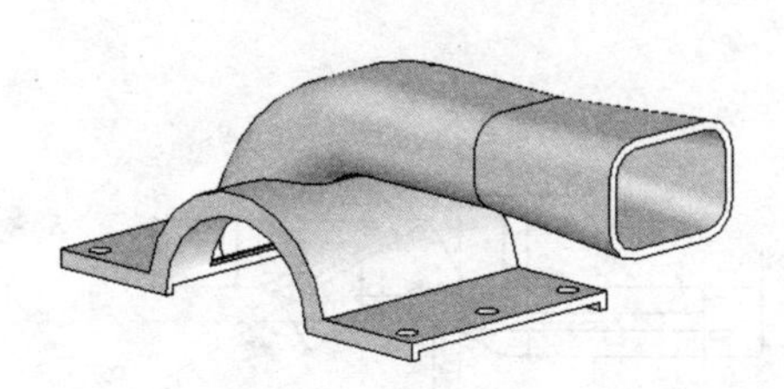

图 3.102　习题 3.4 零件

图 3.103　习题 3.5 零件

【习题参考思路】

读者在练习过程中，最好先不要参考建模提示，要试着独立完成零件建模。

(a) 拉伸

(b) 拉伸切除

图 3.104　习题 3.1 思路分析

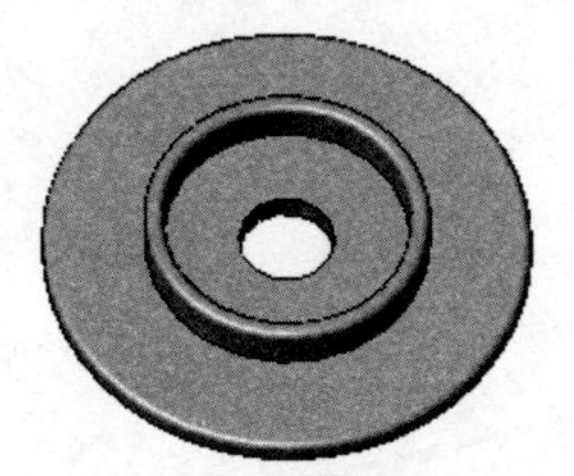

(a) 旋转或拉伸

(b) 拉伸

图 3.105　习题 3.3 思路分析

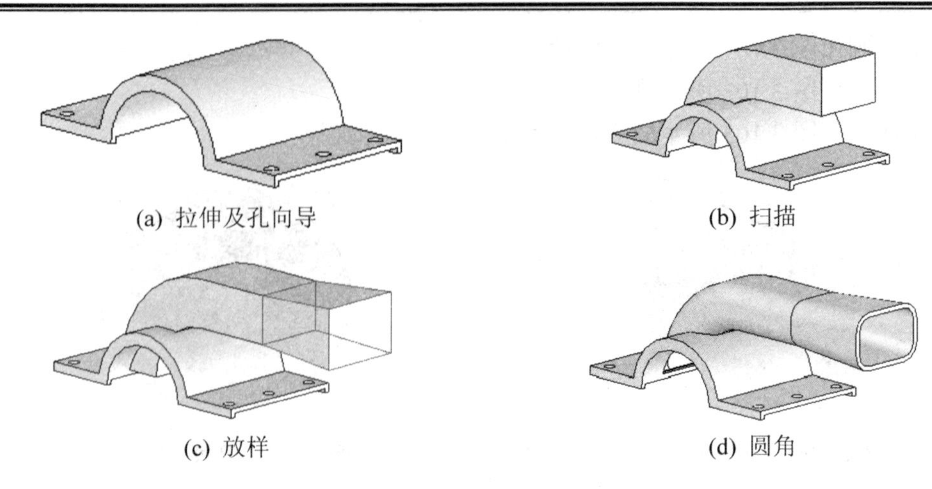

(a) 拉伸及孔向导　　(b) 扫描

(c) 放样　　(d) 圆角

图 3.106　习题 3.4 思路分析

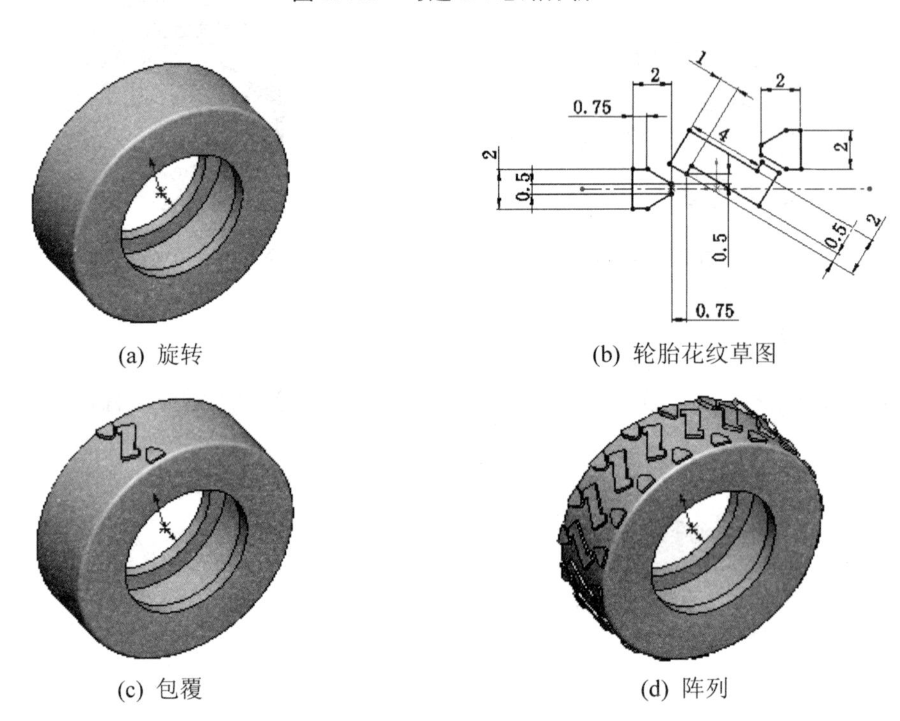

(a) 旋转　　(b) 轮胎花纹草图

(c) 包覆　　(d) 阵列

图 3.107　习题 3.5 思路分析

综 合 实 训

综合应用案例 3-1

设计制作图 3.108 所示零件。

综合应用案例 3-2

设计制作图 3.109 所示箱体类零件-减速器上箱盖。

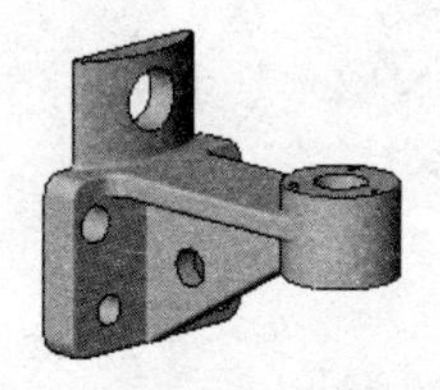

图 3.108　综合应用案例 3-1 零件

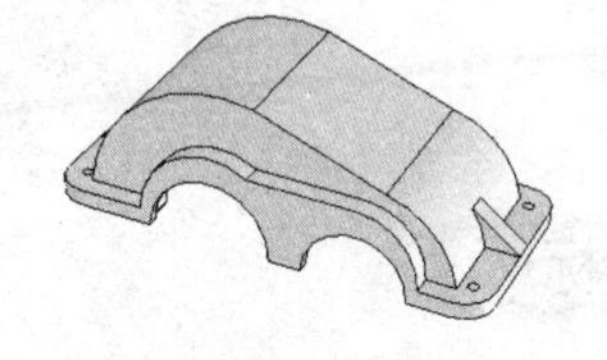

图 3.109　综合应用案例 3-2 零件

两综合实例的建模步骤及思路分析如表 3-26。

表 3-26　综合应用案例建模步骤及思路

步骤及方法	结果示意图	步骤及方法	结果示意图
使用多个基准面绘制草图分别拉伸形成基体		拉伸形成底座	
筋生成		拉伸形成基体	
圆角		筋生成	
使用多个基准面绘制草图分别拉伸切除生成多个圆柱通孔		拉伸生成轴承孔台阶	
“孔向导”特征生成螺纹孔		拉伸切除生成轴承通孔	
螺纹孔圆周阵列		镜向生成另一侧轴承孔台阶	

第 4 章　零 件 设 计

教学目标

通过本章的学习，了解零件的外观和材质属性的添加步骤，掌握零件的编辑方法，会利用配置、方程式、设计表等技术实现零件设计的系列化，提高设计的复用性。在实践中总结零件设计方法，提高设计效率。

教学要求

能力目标	知识要点	权重	自测分数
了解零件外观视觉属性和材质属性的设定方法	设定外观和材质的基本步骤	15%	
掌握零件编辑和修改方法	更改草图绘制平面、编辑草图和特征、动态特征编辑	30%	
了解多实体零件绘制方法	多实体零件建立方法和组合方式	15%	
掌握零件的配置管理	配置项目生成方法、系列零件设计表	25%	
掌握零件的绘制构思	从零件多种不同的绘制方法入手，总结适合自己的高效设计方法	15%	

引例

随着市场的细化及个性化市场的发展，现代企业的生产不再是以往的大规模生产，而是逐步转向小批量、多品种的生产模式。然而，并非每一个新产品都需要进行重新设计，有相当多的产品为系列化零件、系列化标准件和通用件。如果重复设计将极大地浪费人力、物力和财力，大大延长了产品开发周期。

图 4.1 为一机械类产品——马达，其由支承部分、传动部分和功能部分等零部件组成。这些零部件在结构方面存在一定的相似性，其基本结构相似，只是在某些细节和尺寸规格上有所差异。在零件或装配体中通过隐藏或压缩某些特征，或用 Excel 表控制零件的系列尺寸和参数，生成一系列零件配置，每个配置可以在特征构成和尺寸规格方面有所差异，这样完成相似零件的系列化设计。如果能实现零件、产品的多样化和系列化，帮助设计人员利用现有设计参数和特征建立其他新的设计方案；建立产品的系列零件库；指定同一零

件的不同的自定义属性，以便应用于不同的装配等，将极大地提高设计人员的工作效率。

SolidWorks 为设计人员提供了产品系列化设计功能。

图 4.1　产品模型

4.1　零件外观和材质

外观是指零件的视觉属性，如颜色、纹理、透明度等，材质指的是物理属性，如密度等。SolidWorks【外观】和【材质】命令分布如图 4.2 所示。

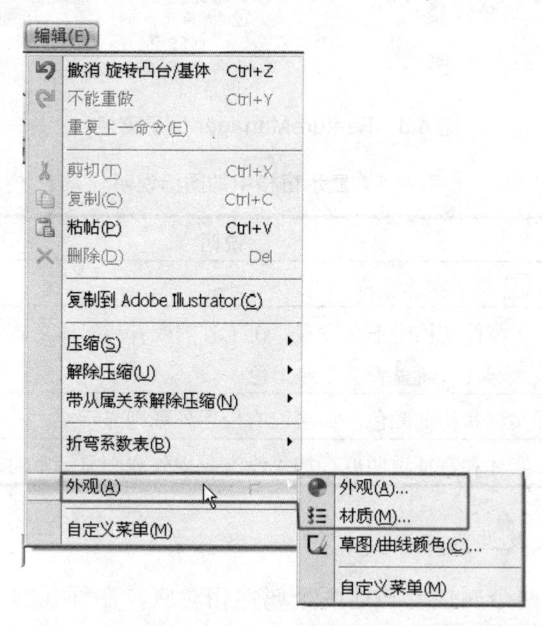

图 4.2　SolidWorks【外观】和【材质】在菜单中的位置

4.1.1　零件外观设定

外观定义物体的表面显示属性，如颜色、透明度、照明度及反射。外观设定是给模型添加材质效果，但不添加材质的物理属性。例如，零件实际的加工材质是塑料，但可以将零件外观设置成鹅卵石的效果，当 SolidWorks 软件计算该零件的质量、应力或者变形等力学属性时，它是根据塑料材料的属性来进行计算的。总之，更改外观仅影响视觉显示效果，而不会影响零件的物理属性。

特别提示

可以给零件外观添加材质效果，但是并没有添加材质的物理属性。零件材质的物理属性是在为零件设定材质时添加。

1. 零件外观的查看方法

单击FeatureManager窗格(位于标签右边)顶部的 » 图标可展开显示窗格，如图4.3所示。显示窗格出现在FeatureManager窗格的右边。显示窗格中的图标说明如表4-1所示。

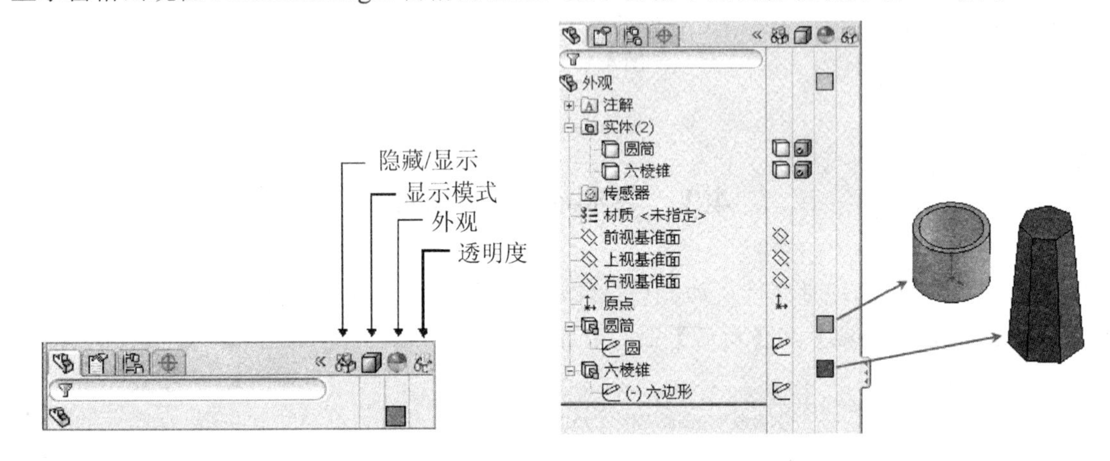

图 4.3 FeatureManager 显示窗格

表 4-1 显示窗格中的图标说明

图标	说明
	表示实体可见。 表示实体隐藏
	表示显示模式。在零件文档中不必设置。在工程图或者装配体文档中不同的标志显示不同的含义。如 表示线架图， 表示带边上色
	用于显示零件、实体和特征颜色，如果没有应用外观则显示空白
	用于显示零件、实体和特征透明度，如果没有应用外观则显示空白

2. 零件外观的含义及设置方法

外观有颜色和映射两个属性。与这两个属性相对应，在外观的属性管理器中可以看到【外观】有【颜色／图像】 和【映射】 两个标签，如图 4.4 所示。其中【映射】标签在无纹理的外观情况下是不存在的。下面对这两方面分别进行介绍。

1)【颜色／图像】

控制模型颜色和图像。它需要设置【所选几何体】、【外观】、【颜色】、【配置】四个方面。

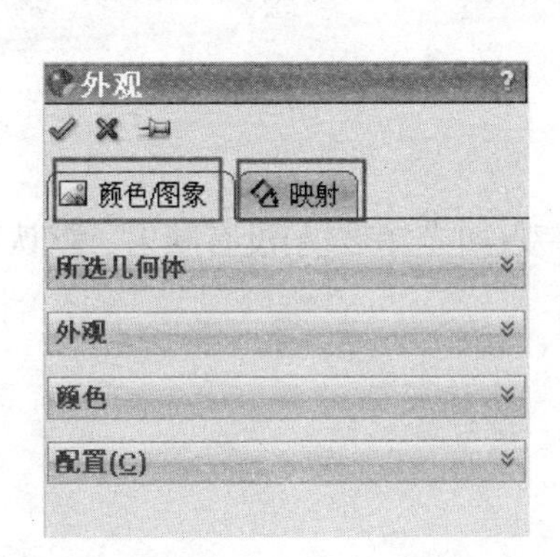

图 4.4 【外观】PropertyManager

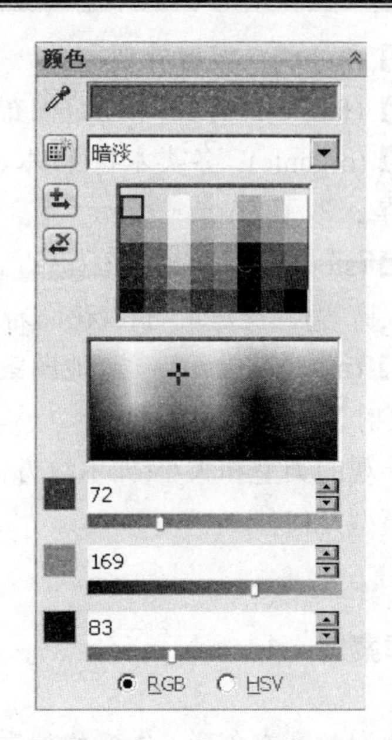

图 4.5 【外观】PropertyManager 中的【颜色】选项

(1)【所选几何体】：指外观应用的对象。它可以是面、特征、零件。需要注意的是对面、特征、零件的设定出现冲突时，为面指定的外观优先于为特征、零件指定的外观。如果没有为面指定外观，则使用特征外观。如果没有为特征指定外观，则使用零件外观。也就是说，当给模型添加外观时，以下层次关系起作用：

① 面外观覆盖特征外观；

② 特征外观覆盖实体外观；

③ 实体外观覆盖零件外观。

(2)【外观】。使用 SolidWorks 外观库中的材质颜色为零件添加外观。通过单击 浏览(B)... 按钮在外观文件库中选择合适的外观添加到零件。

(3)【颜色】。展开的 PropertyManager 如图 4.5 所示。使用者自己选择所需要的颜色。如单击选定一个色块的颜色应用到某个面上，也可移动 RGB 的“红”、“绿”、“蓝”滑杆或输入一个介于 0 和 255 之间的数值。

上述第(2)【外观】和第(3)【颜色】功能基本相同，均是为选定的对象上色。不同之处在于前者是从库中选择，后者是自行设置。SolidWorks 2009 外观库的主文件夹和子文件夹包括：

【塑料】(plastic)：各种高光泽、纹理、透明塑料、锻料抛光、EDM、图案、组合、及网格；

【金属】(metal)：各类钢、铬、铝、青铜、黄铜、红铜、镍、锌、镁、铁、钛、钨、金、银、白金、铅及电镀；

【油漆】(painted)：汽车、喷漆、粉层漆；

【橡胶】(rubber)：无光泽、高光泽、纹理；

【玻璃】(glass)：高光泽及带纹理；

【光源】(lights)：发射外观；

【织物】(fabric)：各类棉织品(棉布、帆布、粗麻布)和地毯；

【有机】(organic)：各类木材(桉木、樱桃木等)、水(静水及波纹水)、天空(晴朗及多云)、及其他(皮革、沙子等)；

【石材】(stone)：各类铺路石(沥青、混凝土等)、粗陶瓷(含骨灰瓷器、陶瓷等)、砖块(风化砖、耐火砖等)、及建筑石材(花岗岩、大理石等)；

【其他】(miscellaneous)：其他图案。

2)【映射】

控制外观的类型和大小(如木纹方向)。无纹理的外观(如光泽玻璃)没有映射。默认映射样式基于模型几何体。

应用案例 4-1

为零件增加富有色彩、质感的外观、更加有利于产品的推广宣传。请为图 4.6(a)所示零件增加外观设置，其中将圆筒外观设置为鹅卵石，六棱锥外观设置为绿色玻璃，设置后外观能够如图 4.6(b)所示具有纹理、色彩和透明度。

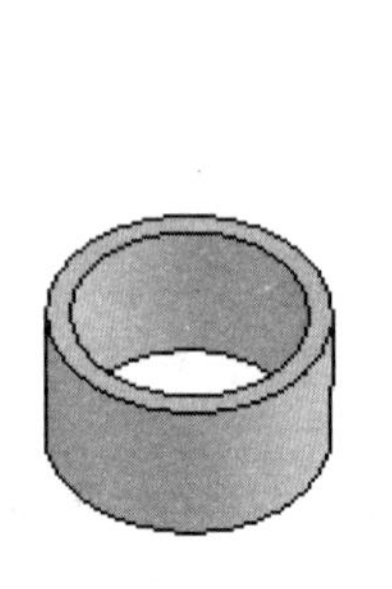
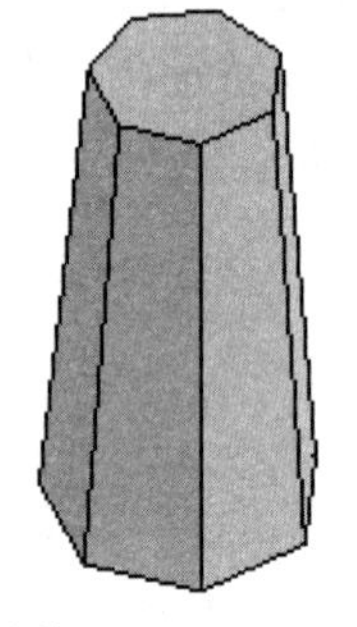

(a) 原始零件

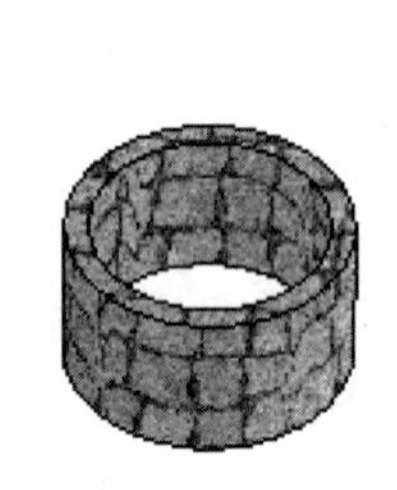
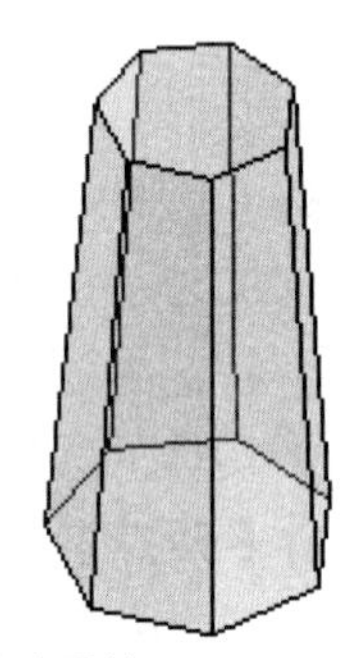

(b) 更改外观后零件

图 4.6 为应用案例 4-1 零件增加外观设置

操作步骤：

(1) 使用拉伸特征建立圆筒；再次使用拉伸特征建立六棱锥；建模完成后，分别将两个特征的名称更改为“圆筒”和“六棱锥”。建模效果如图 4.6(a)所示。

(2) 在 FeatureManager 设计树中选择圆筒特征。单击【编辑外观】(【标准】工具栏)，或单击【编辑】|【外观】|【外观】。在【外观】PropertyManager 中进行选择。单击按钮✔。具体设置为：

①【颜色／图像】标签的设置如图 4.7 所示。在外观库中选择外观为【鹅卵石】，即外观文件名称为“cobblestone 2d”。透明度不做更改仍为 0.0。

②【映射】标签设置如图 4.8 所示。选择【映射样式】为自动，【映射大小】为大映射大小。

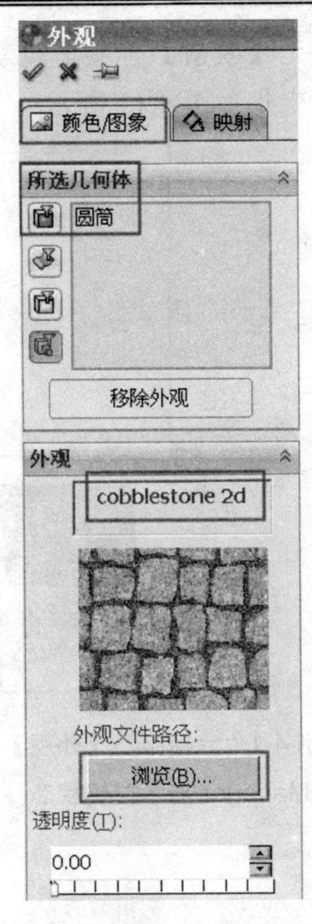

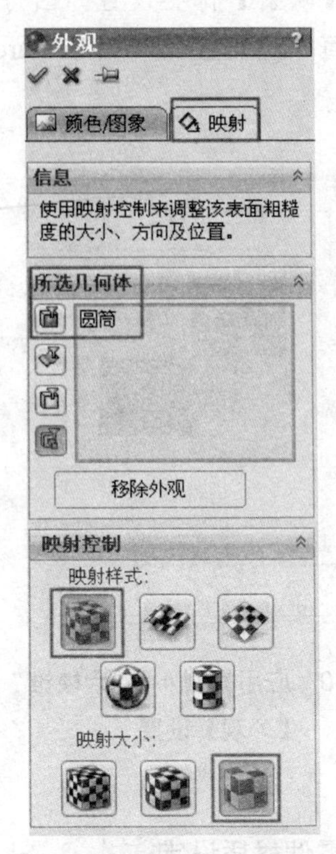

图 4.7　应用案例 4-1“圆筒”外观【颜色／图像】标签设置

图 4.8　应用案例 4-1“圆筒”外观【映射】标签设置

圆筒外观设置完成后 FeatureManager 显示窗格发生了如图 4.9 所示的变化。

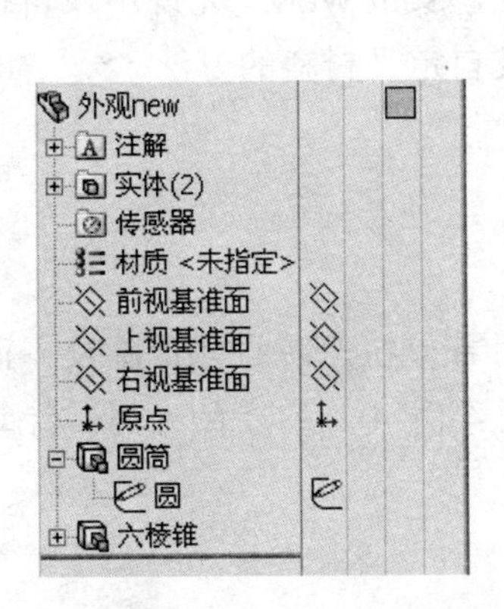

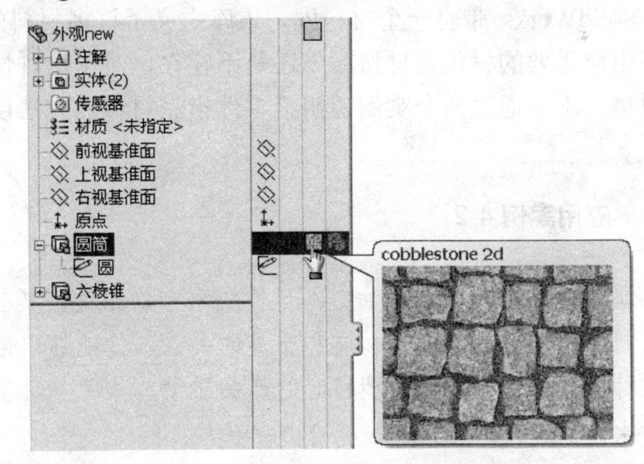

图 4.9　例 4-1“圆筒”【外观】设置完成后 FeatureManager 显示窗格状态变化

(3) 在 FeatureManager 设计树中选择六棱锥特征。单击【编辑外观】(【标准】工具栏)，或单击【编辑】|【外观】|【外观】。在【外观】PropertyManager 中进行选择。单击按钮✔。具体设置为:

①【颜色／图像】标签的设置如图 4.10 所示。在外观库中选择外观为“绿色玻璃”，即外观文件名称为“green class”。透明度为 0.7。

②【映射】标签设置。因为绿色玻璃没有纹理，故无【映射】标签，也就不必进行设置。圆筒外观设置完成后 FeatureManager 显示窗格发生变化如图 4.11 所示。

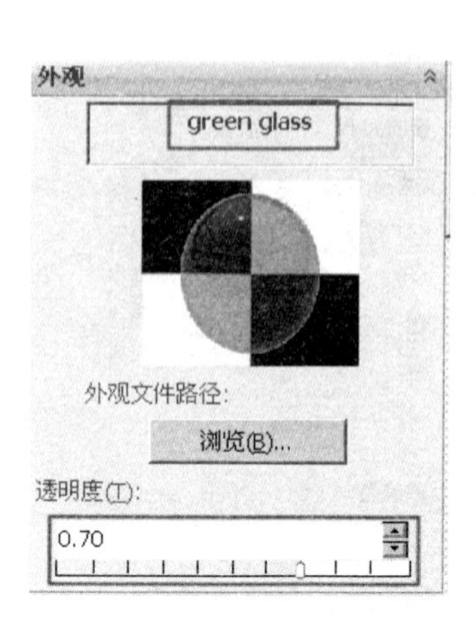

图 4.10　应用案例 4-1“六棱锥”【外观】设置

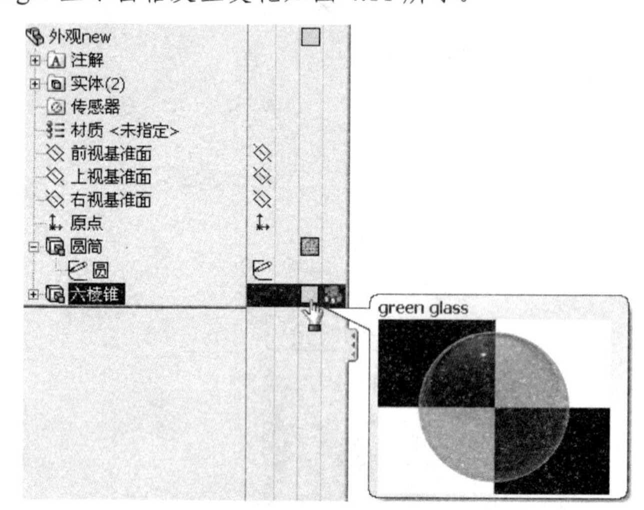

图 4.11　应用案例 4-1“六棱锥”【外观】设置完成后 FeatureManager 显示窗格状态

4.1.2　零件材质设定

零件在工程环境中的反应取决于其所构成的材料。材质指的是物理属性，如密度。材质属性与添加到模型的外观不同，4.1.1 节所介绍的外观是视觉属性。

SolidWorks 带有一个材料库，该库定义了许多材料的材质属性。尽管如此，在某些情况下用户需要的材料在材料库中还是不存在，对于这种情况，SolidWorks 允许用户自行定义材料。下面通过两个实例说明给零件指派材料的方法以及自定义材料的方法。

应用案例 4-2

零件的材料和质量与加工、运输成本密切相关，某公司希望在产品的设计阶段、而不是在制造出样机后才得到材质和质量的关系。你能够以应用案例 4-1 的产品为例，计算它们的材质分别为合金钢和塑料时的产品质量。

操作步骤为：

(1) 将合金钢材质指派给零件。

在 FeatureManager 设计树中选择材质 材质 <未指定>。右击【编辑材料】图标，或单击【编辑】|【外观】|【材质】。在打开的【材料】对话框中【钢】类别下选择【合金钢】。单击 应用(A) 按钮。具体设置如图 4.12 所示。设置完毕后在 FeatureManager 设计树中材质显示为 合金钢 。

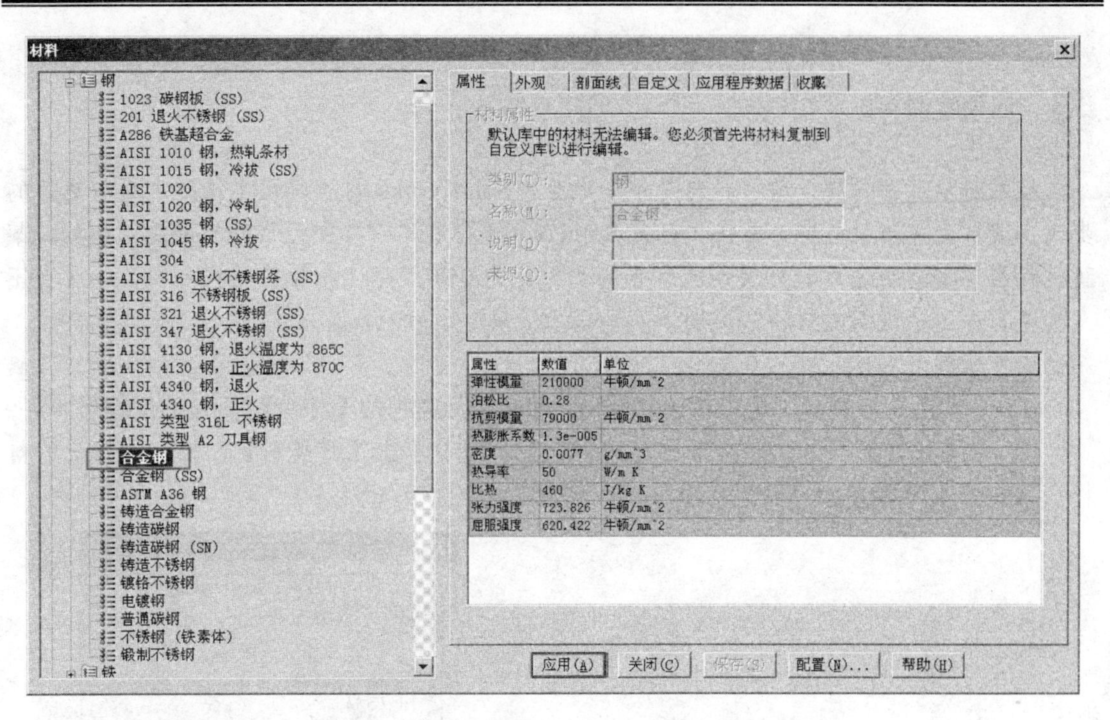

图 4.12 设置应用案例 4-2 零件材料为合金钢

(2) 计算质量。

单击【工具】|【质量特性】。计算得到零件质量为 396.96 克，如图 4.13(a)所示。

(3) 删除零件合金钢材质。

在 FeatureManager 设计树中选择 合金钢 。右击删除材质。在 FeatureManager 设计树中选择重新显示为 材质 <未指定> 。

(4) 将 ABS 材质指派给零件。

在 FeatureManager 设计树中选择材质 材质 <未指定> 。右击编辑材料，或单击【编辑】|【外观】|【材质】。在打开的【材料】对话框中选择【塑料】类别下【ABS】。单击 应用(A) 按钮。设置完毕后在 FeatureManager 设计树中材质显示为 ABS 。

(5) 计算质量。

单击【工具】|【质量特性】。计算得到零件质量为 52.58 克，如图 4.13(b)所示。

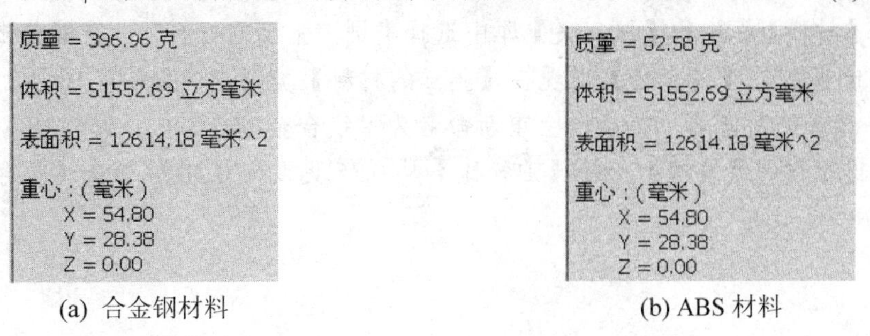

(a) 合金钢材料 (b) ABS 材料

图 4.13 应用案例 4-2 质量计算结果

应用案例 4-3

技术进步日新月异，新材料总是不断产生，SolidWorks 材质库已无法跟上材料更新的步伐。请自定义一新材料，并将之存入 SolidWorks 材质库以方便经常性的调用。比如，某新材料属性和镁合金只有一处不同：它的泊松比为 0.30。建立此材料并将之归类于【自定义材料】库中“张三的材料”类别下。

操作步骤:

(1) 在零件文档中，右键单击 FeatureManager 设计树中的【材料】并选择编辑材料;

(2) 在【材料】库中，选择【自定义材料】。右键单击【新类别】，输入“张三的材料”，如图 4.14 所示;

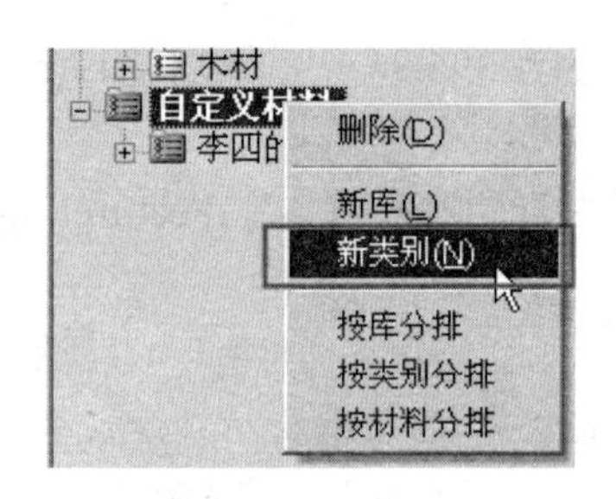

图 4.14　应用案例 4-3 在自定义库中建立新类别

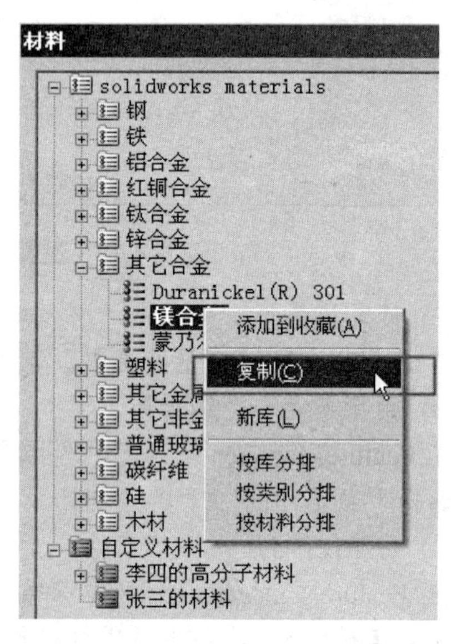

图 4.15　应用案例 4-3 复制材料

(3) 在【材料】库中，选择要作为自定义材料基础的材料【镁合金】。右键单击并选择【复制】或按 Ctrl + C 将材料复制到剪贴板中，如图 4.15 所示;

(4) 在【材料】库中的【自定义】库中选择类别“张三的材料”。右键单击并选择【粘贴】或按 Ctrl + V。【镁合金】出现在【张三的材料】类别中，如图 4.16 所示。右键单击【材料】并选择重新命名，将镁合金重新命名为“镁合金-张三”;

(5) 编辑材料的【属性】，将【泊松比】从 0.35 更改为 0.30 后单击【保存】按钮，如图 4.17 所示。

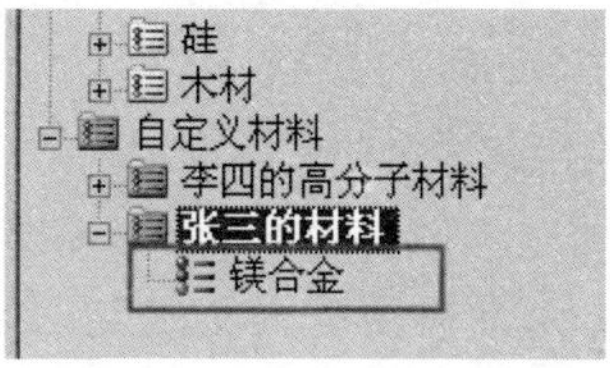

硅
木材
自定义材料
李四的高分子材料
张三的材料
镁合金

图 4.16 应用案例 4-3 粘贴镁合金

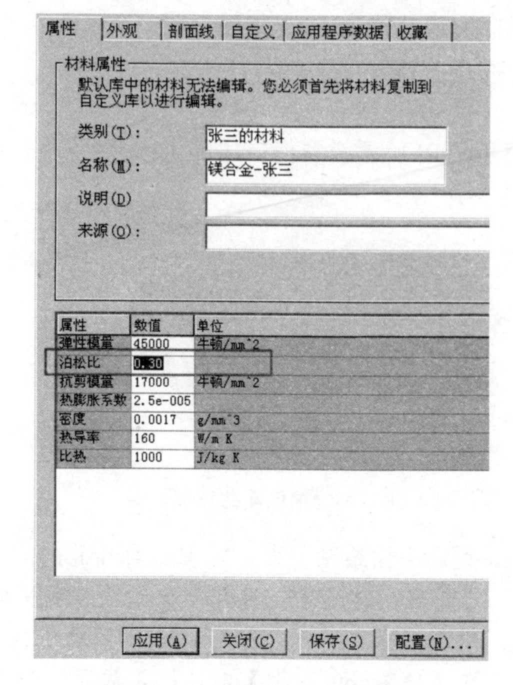

图 4.17 应用案例 4-3 更改泊松比

4.2 编 辑 零 件

由于设计过程是一个反复的过程，所以在设计阶段或者初步完成零件设计之后，往往也需要对设计的模型进行必要的调整和修改，因此编辑和修改零件模型也是非常重要的。下面主要介绍 SolidWorks 软件的编辑功能。

4.2.1 编辑草图和特征

草图提供生成特征的基本信息，如拉伸特征的截面、扫描特征中的轮廓与路径、曲线阵列的路径等，在零件的设计过程中，若认为模型的某个特征草图不合适，就需要对其进行编辑和修改，对草图的编辑主要有以下两个方面：

(1) 更改草图绘制平面。

(2) 编辑草图中的元素，如重新编辑直线、弧形等几何形状，修改尺寸数值和几何约束等。

零件模型是由一系列特征所构成，对特征的编辑操作主要包括：

(1) 通过编辑特征的定义来修改特征数据。

(2) 编辑特征之间的关系，即更改特征之间的父子关系和特征建立时序关系。

(3) 通过复制特征来建立多个相同的特征，提高特征建模的效率。

(4) 删除或者压缩特征。

应用案例 4-4

将图 4.18 所示模型编辑成图 4.19 所示的结果。

图 4.18　编辑前的实体模型

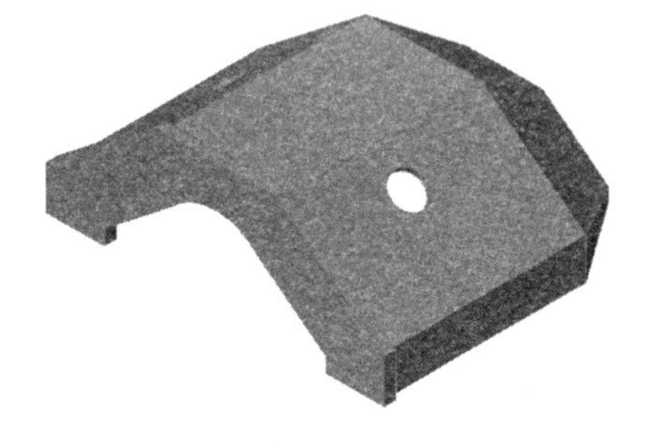

图 4.19　编辑后的实体模型

(1) 更改草图绘制平面，将中心面开孔移到侧面。基本操作过程如下:

① 在特征设计树中，选择需要更改绘制平面的草图。

② 单击鼠标右键，出现图 4.20 所示的快捷菜单，选中【编辑草图平面】按钮。

③ 在【草图绘制平面】对话框中显示了该草图的绘制平面，如图 4.21 所示，同时在图形区域内该平面会高亮显示。如需要更改草图绘制平面，只需要在图形区域单击选择新的模型表面或在特征设计树中选择相应的基准面。本例选择模型的侧面作为新的草图绘制平面。

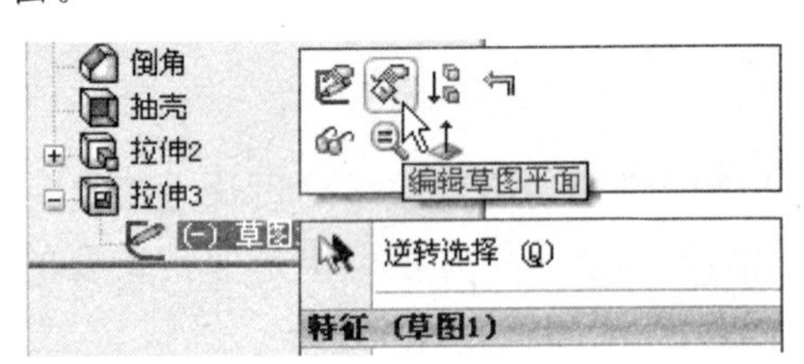

图 4.20　编辑草图绘制平面的方法

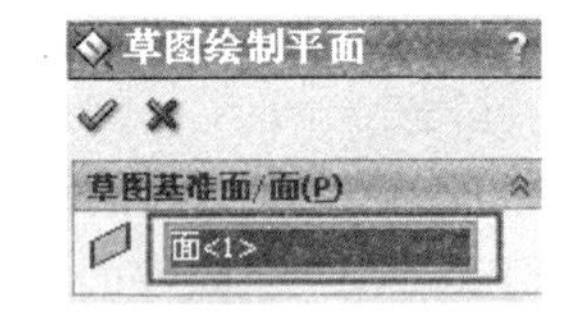

图 4.21　更改【草图绘制平面】PropertyManager

④ 单击【确定】按钮，出现错误提示如图 4.22 所示，重新编辑草图、特征、特征之间关系时经常可能会出现很多意外的情况。此时不必惊慌，按照错误提示找到问题所在，如草图错误，草图相对位置错误，特征方向等参数错误，等等。

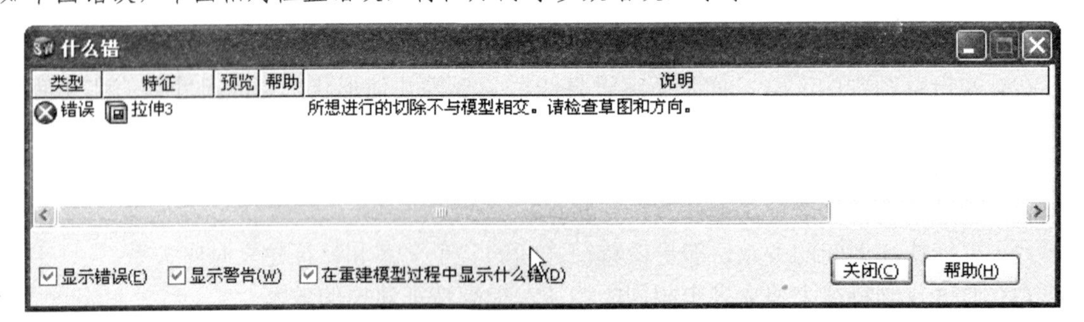

图 4.22　错误提示对话框

⑤ 根据该提示初步判断是切除方向有误，在特征设计树上用鼠标右键单击出现错误的特征，如图 4.23 所示选择【编辑特征】按钮，在该特征属性对话框中更改切除方向，单击【确定】按钮✔即可修复错误。

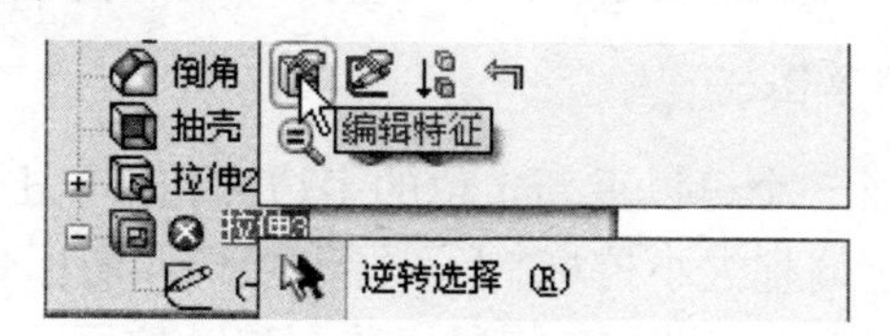

图 4.23　编辑特征

(2) 复制特征，将该拉伸切除特征复制到另一个侧面上，基本操作过程如下：

① 在特征设计树上选中该特征。

② 按 Ctrl 键拖动鼠标到另一个侧面相应位置释放，即可完成特征复制。

特别提示

1. 若被复制的特征具有定位尺寸或与其他对象存在几何关系，则需要采用删除定位尺寸或几何关系的方法进行复制。

2. 不同模型间特征复制像一般文本复制一样进行“复制”和“粘贴”即可。

(3) 编辑草图中的元素，在图形区将鼠标移到需要修改草图的特征上，单击鼠标右键，出现图 4.24 所示的快捷菜单，选中【编辑草图】按钮后自动进入该草图编辑状态，编辑修改后退出草图编辑状态，就得到图 4.25 所示的结果。

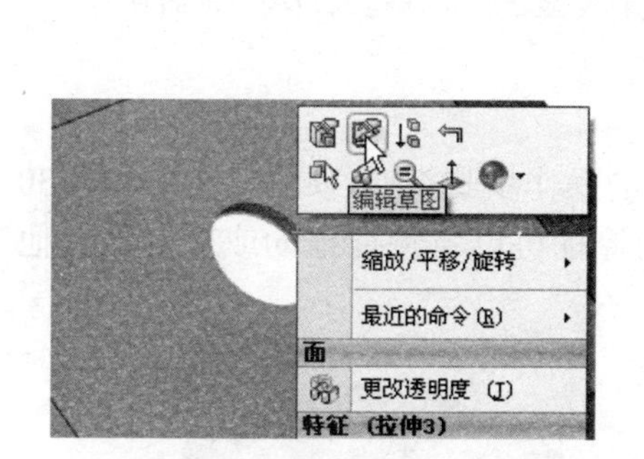

图 4.24　编辑草图快捷菜单

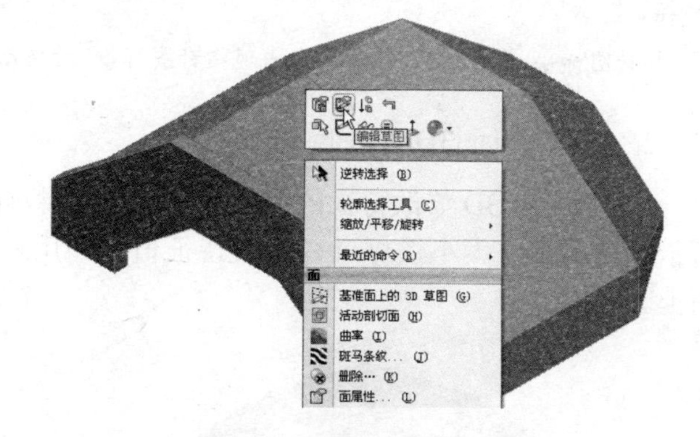

图 4.25　编辑后的实体模型

特别提示

在特征设计树对应的特征上单击鼠标左键或右键也可进入草图编辑修改状态。

4.2.2　动态特征编辑

在早期的版本中，SolidWorks 软件提供了动态特征修改命令来实现某些特征的编辑和修改，到 2008 版本继续增加创新性的 SWIFT (SolidWorks Intelligent Feature Technology)技术，极大地增强了用户创建和修改特征的功能，允许用户在设计过程的任一阶段进行动态编辑，并实时显示相应的变化。

单击工具栏上 Instant3D 按钮，启用拖动控标、尺寸及草图来动态修改特征，它既可以生成和修改特征，也可以对草图进行编辑。

1. 使用 Instant3D 编辑草图

图 4.26 所示的模型包含一个可以重新定位的多边形孔。单击多边形孔任意一面，随即出现拖动控标，将鼠标移至调整大小控标上，待出现指针图标后，按下左键拖动鼠标一定距离即可实现多边形孔大小的调整。将鼠标移至移动控标上，待出现指针图标或后，按下左键拖动鼠标一定距离即可实现多边形孔位置的调整。当草图被尺寸或几何关系约束时可能会出现不可移动或不可调整大小的现象。

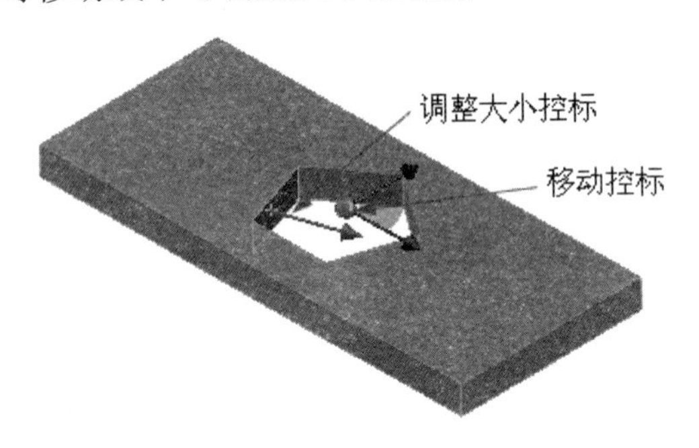

图 4.26　使用 Instant3D 编辑草图模型

特别提示

指针图标或区别在于，在出现指针图标后拖动鼠标会显示标尺，达到精确移动的目的。

2. 使用 Instant3D 生成和修改特征

使用 Instant3D 修改特征的操作步骤与其编辑草图的操作步骤类似，如图 4.27～图 4.30 所示，使用调整大小控标可以修改特征值，使用移动控标可以将特征拖动或复制到其他面上。

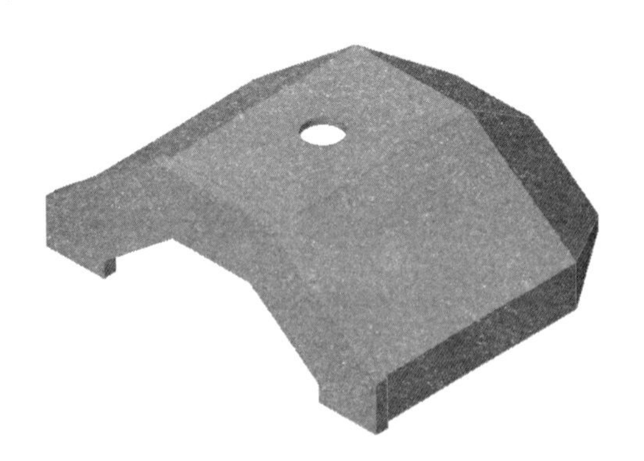

图 4.27　编辑前的实体模型

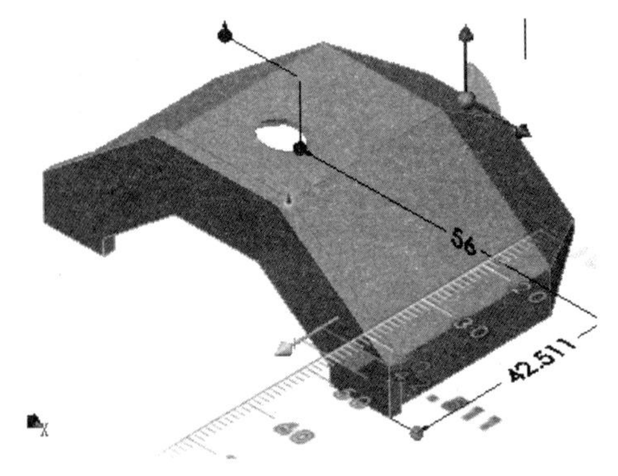

图 4.28　使用调整大小控标修改特征值

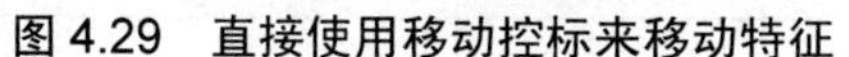

图 4.29　直接使用移动控标来移动特征

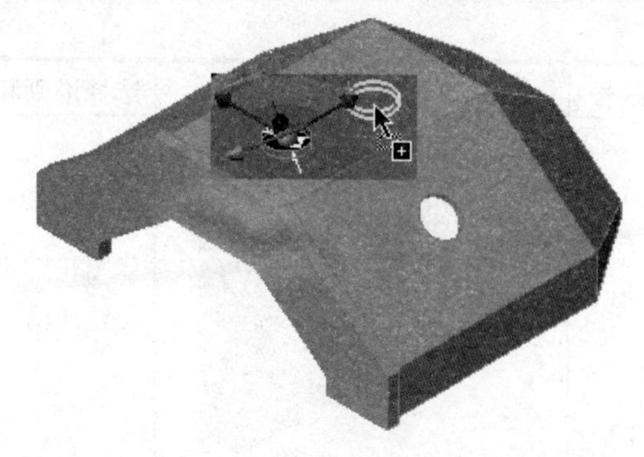

图 4.30　按 Ctrl 键使用移动控标来复制特征

特别提示

拖动时，出现⊘图标，表示该特征受到限制或不受支持，不可拖动。

SWIFT Instant3D 技术允许用户在屏幕上实时编辑其设计内容，提供更高级别的设计直观性，减少了完成设计任务所需的步骤，使任何用户都可以像专家那样进行创新设计。下面简单介绍一下使用 Instant3D 生成特征的基本操作过程。

(1) 切换 Instant3D 模式，使其处于激活状态。

(2) 生成草图，并从该草图生成凸台切除或凸台拉伸，然后退出草图模式。

(3) 在图形区域中鼠标左键选择一个草图轮廓，出现拖动控标↑，再移动鼠标，待出现指针图标✥后，按下鼠标左键来拖动草图轮廓，待模型符合要求后，释放鼠标左键即可生成相应的特征。

在拖动草图轮廓生成几何体时，草图轮廓拓扑和选择轮廓的位置将决定所生成特征的默认类型，如表 4-2 所示。

表 4-2　Instant3D 生成的特征类型

序号	选择图示	选择准则和拖动方向	生成的特征	生成的模型图
1		草图轮廓位于面上，向外拖动	凸台拉伸	
2		草图轮廓位于面上，向内拖动	切除拉伸	

续表

序号	选择图示	选择准则和拖动方向	生成的特征	生成的模型图
3	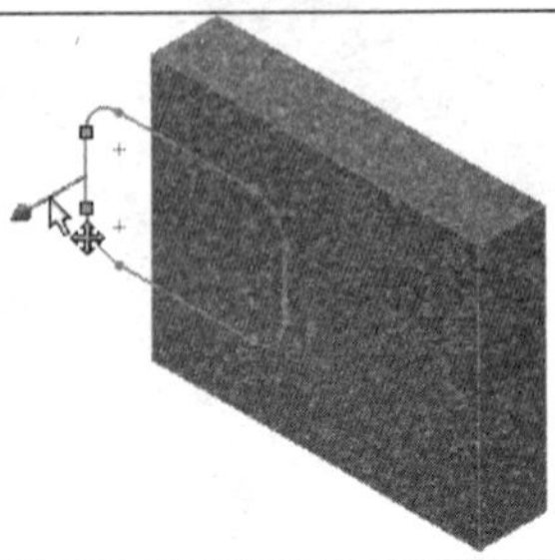	草图轮廓不接触面，向外拖动	凸台拉伸	
4	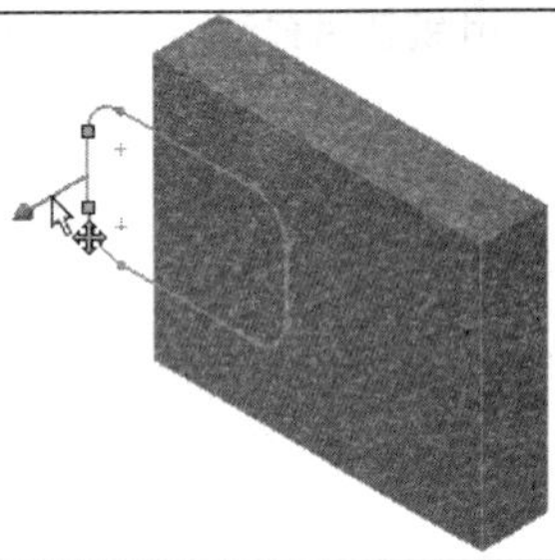	草图轮廓不接触面，向内拖动	凸台拉伸	
5	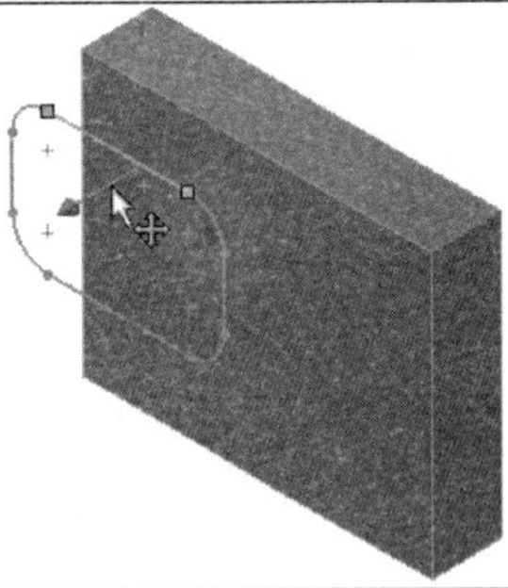	草图轮廓从面悬伸出去，选择与面接触的区域上的轮廓，向外拖动	凸台拉伸	
6	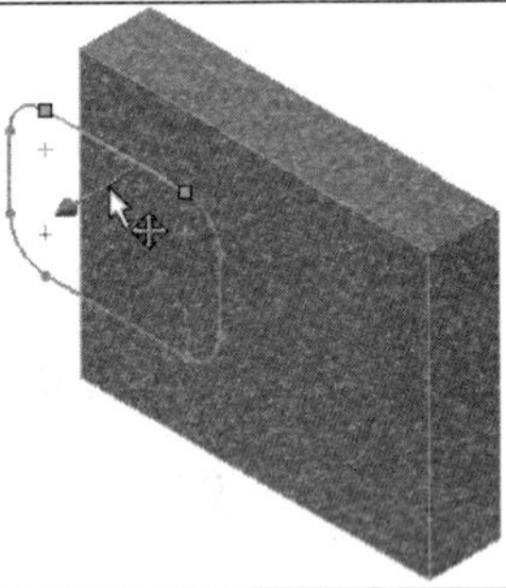	草图轮廓从面悬伸出去，选择与面接触的区域上的轮廓，向内拖动	切除拉伸	
7	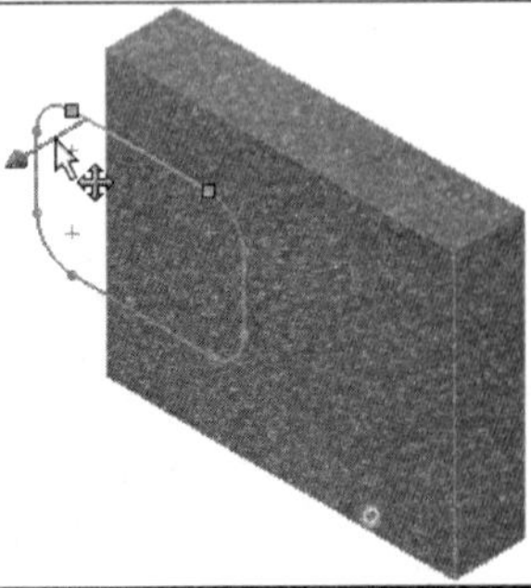	草图轮廓从面悬伸出去，选择与面不接触的区域上的轮廓，向外拖动	凸台拉伸	

续表

序号	选择图示	选择准则和拖动方向	生成的特征	生成的模型图
8		草图轮廓从面悬伸出去，选择与面不接触的区域上的轮廓，向内拖动	凸台拉伸	

拖动控标时，按住 Alt 键，可以捕捉面或顶点以设置和修改特征的大小；按住 M 键，可以通过两侧对称来生成特征。在生成特征时，也可通过选择的关联工具栏添加拔模，或选择切除拉伸代替凸台拉伸以改变默认生成的特征。

4.3 多实体零件

一般每一个零件应该只包含一个单独的实体；只有装配体才是多个零件通过一定的配合关系装配而成。多实体设计方法的思想可以使设计者在零件的设计环境中，将一个单独零件分割成为多个部分，相互之间可以移动、组合，这多个部分就是多个实体。多实体就是多个实体存在于一个文件之中，它们共同组成一个零件。如果一个零件不是多实体零件，那它一定是一个单一的实体，那么，形成这个零件的各个部分之间是不允许独立移动、分割和组合的。多实体技术极大地提高了零件建立模型的灵活性。

4.3.1 多实体零件的三种建立方法

(1) 在建立新特征时不选择 PropertyManager 中的【合并结果】复选框，就可以建立一个多实体零件，如图 4.31 所示。SolidWorks 默认情况下会合并结果，也就是系统自动将新建立的特征与前面的特征进行合并，这样整个零件就只能是一个实体。

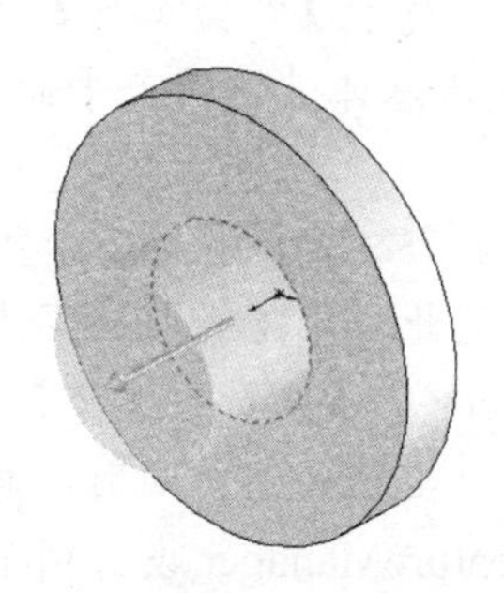

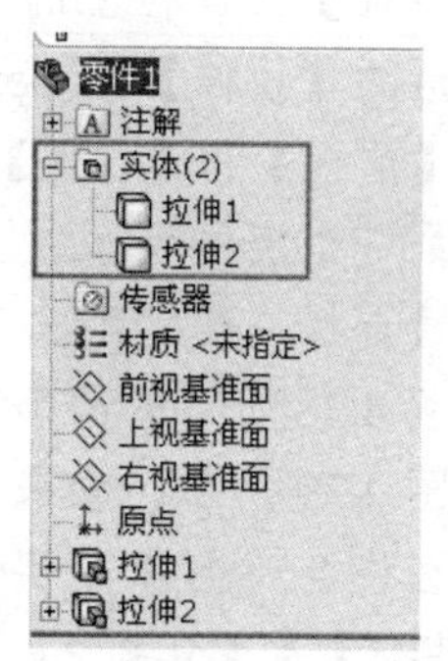

图 4.31 在 PropertyManager 去掉【合并结果】复选框 图 4.32 零件 FeatureManager 设计树中的实体

在多零件的PropertyManager设计树中有一个文件夹⊟ 实体，如图4.32所示，这个文件夹显示了零件包含的所有实体名称。在【实体】后面的括号中显示了该零件包括的实体数量。实体的名称是系统自动给定的，用户可以修改实体的名称。

(2) 两个空间分离的草图各自形成特征，这两个特征形成的实体是多实体。

如图4.33所示，两个闭环草图轮廓共处一个草图中，它们绕同一个旋转轴旋转之后形成图4.34所示零件。观察此零件的FeatureManager设计树，在实体文件夹下有两个实体，选择它们单击后重新命名为“毂”和“轮”，如图4.35所示。

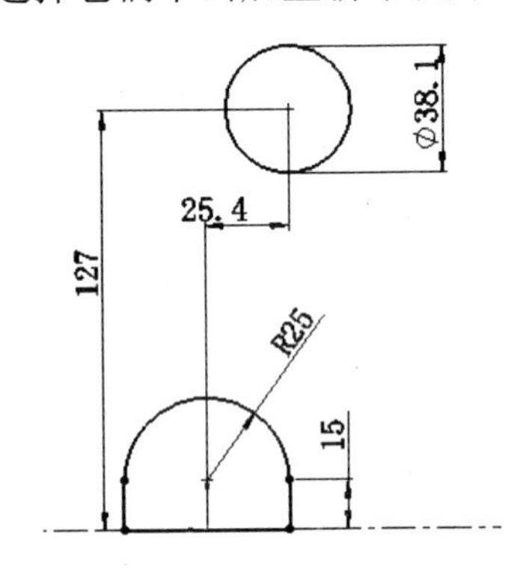

图4.33　空间分离的草图

图4.34　两个多实体

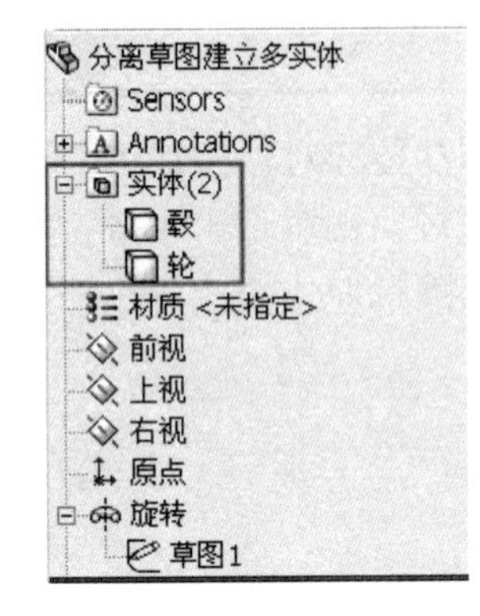

图4.35　FeatureManager设计树中的重新命名实体

(3) 通过【插入】|【特征】|【分割】来形成实体，其具体形成方法可以通过应用案例4-5来说明。

应用案例4-5

图4.36所示零件是一个拉伸特征形成的基体被切分后自由移动的结果，请实现这样的分割，并将基体零件分成两个或者更多个独立的实体。

操作步骤:

(1) 拉伸生成图4.37所示基体，步骤略;

(2) 分割实体生成图4.38所示多实体零件。

单击【特征】工具栏上的【分割】按钮，或使用菜单命令【插入】|【特征】|【分割】。在激活的【拉伸】PropertyManager中，对于【裁剪工具】选项，在FeatureManager中单击选择【前视】和【右视】基准面，显然该基体被这两个平面切割后将分成四个部分，每一部分都是一个实体。

可以通过选择，确定到底让此零件分成4个、3个还是2个实体。按照案例的要求只需要切分成图4.38所示的两个实体就够了，因此对于【所形成实体】选项，单击实体1旁边的☑，如图4.39所示。如果PropertyManager中【所产生实体】选项下的1、2、3、4均被选择，那么将会产生4个实体。设置完成单击✔按钮。同时，新特征【分割1】和两个新实体【分割1】及【分割2】同时出现在FeatureManager设计树中和图形区域，如图4.40所示。

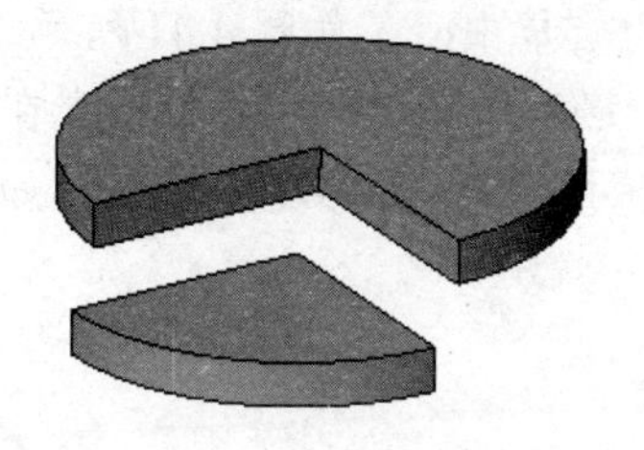

图 4.36 应用案例 4-5 零件

图 4.37 应用案例 4-5 基体零件

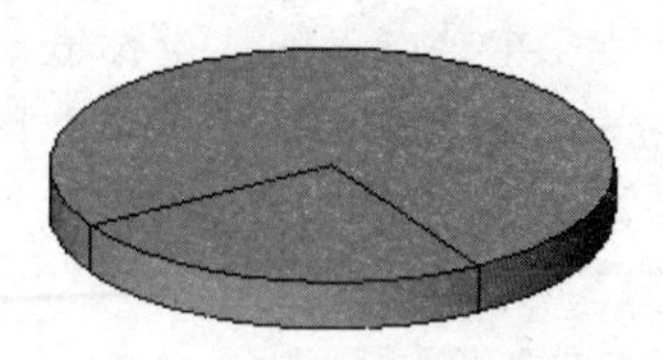

图 4.38 应用案例 4-5 多实体零件

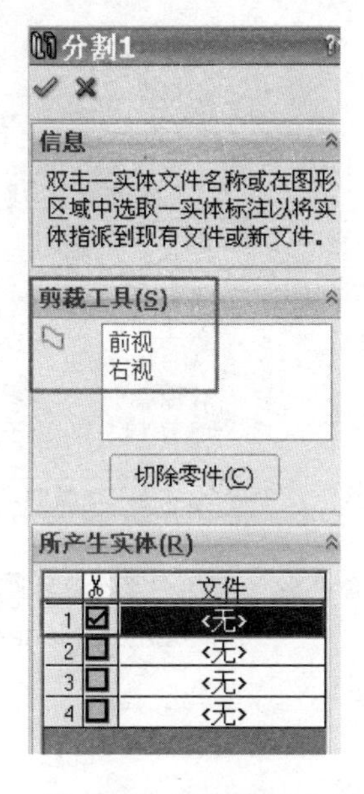

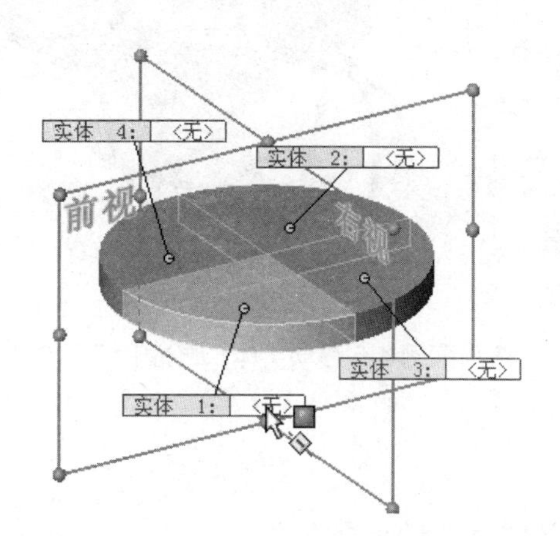

图 4.39 应用案例 4-5【分割】特征 PropertyManager 及形成实体预览

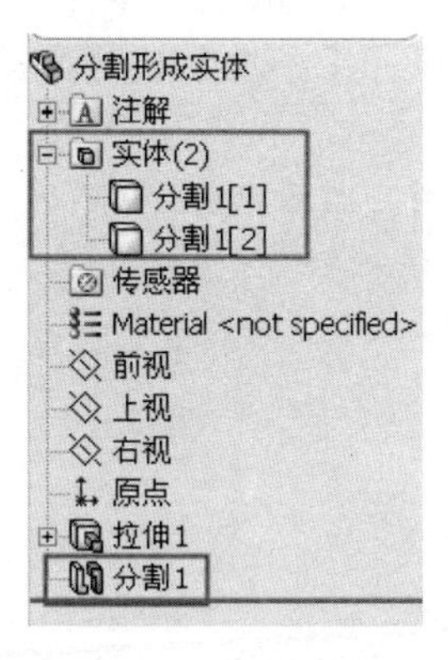

图 4.40 应用案例 4-5 分割完成后的 FeatureManager 设计树

(3) 移动实体。

单击【特征】工具栏上的【移动/复制】按钮，或使用菜单命令【插入】|【特征】|【移动/复制】。

在激活的【拉伸】PropertyManager 中，对于要移动/复制的实体和曲面或图形实体，在 FeatureManager 设计树中和图形区域中单击选择要移动的实体“分割 1”。未选定的实体【分割 2】将被视为固定实体。一个三重轴出现在所选实体的质量中心，如图 4.41 所示。拖动三重轴或者输入坐标值，设置完成单击按钮✔。新特征【实体-移动／复制 1】出现在 FeatureManager 设计树中和图形区域。同时，实体文件夹中的两个实体名称发生变化，如图 4.42 所示。

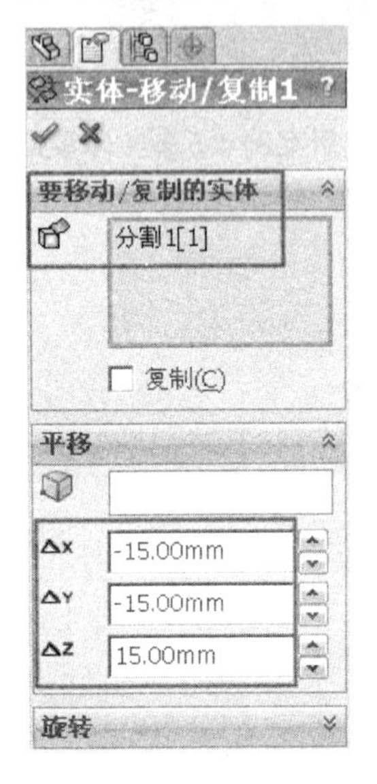

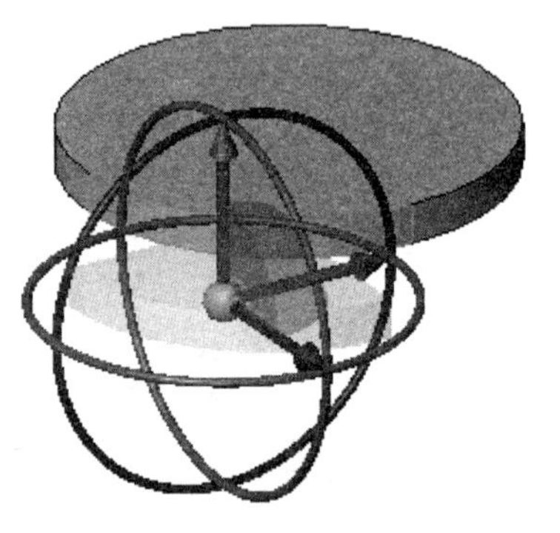

图 4.41　应用案例 4-5 移动实体 “分割 1”

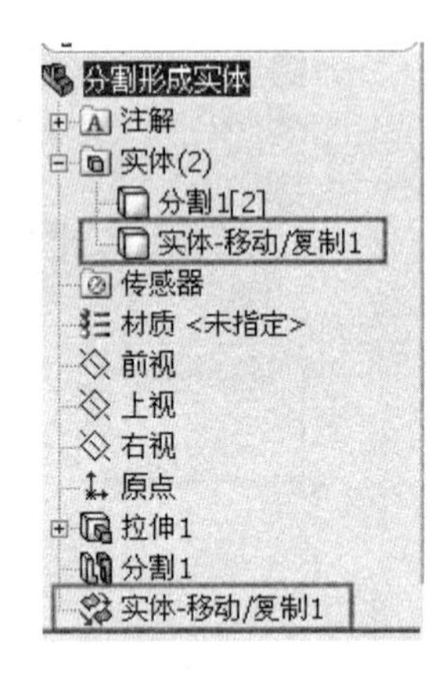

图 4.42　应用案例 4-5 实体移动完成后的 FeatureManager 设计树

4.3.2　多实体零件三种组合方式

和分割相反，多个实体同样可以结合成一个零件，并且结合方式可以有多种形式，并不是简单的叠加合成。多实体零件有【添加】、【删减】、【共同】三类组合方式，如图 4.43 所示。

【添加】：将所有所选实体相结合以生成单一实体，对应于布尔运算中的“和”操作，如图 4.44 所示。

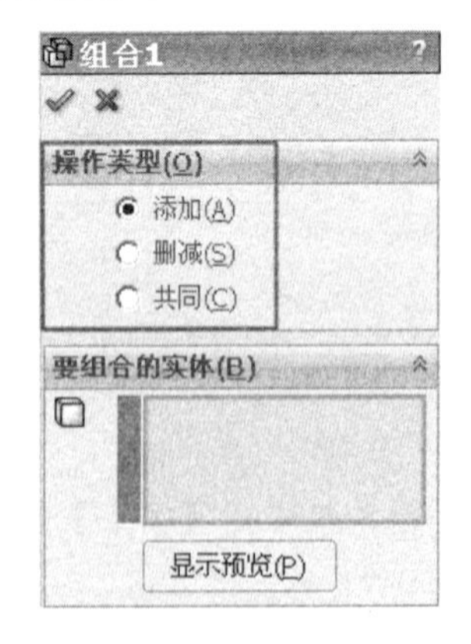

图 4.43　多实体零件三类组合方式

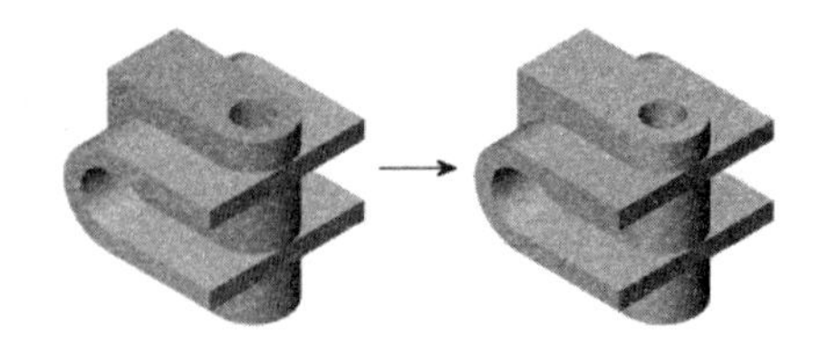

图 4.44　多实体组合方式——添加

【删减】：将重叠的材料从所选主实体中移除，对应于布尔运算中的“减”操作，以一个实体作为基础实体(目标实体)，从其中减去另一个实体(工具实体)，如图4.45所示。

【共同】：移除除了重叠以外的所有材料，对应于布尔运算中的“交”操作，如图4.46所示。

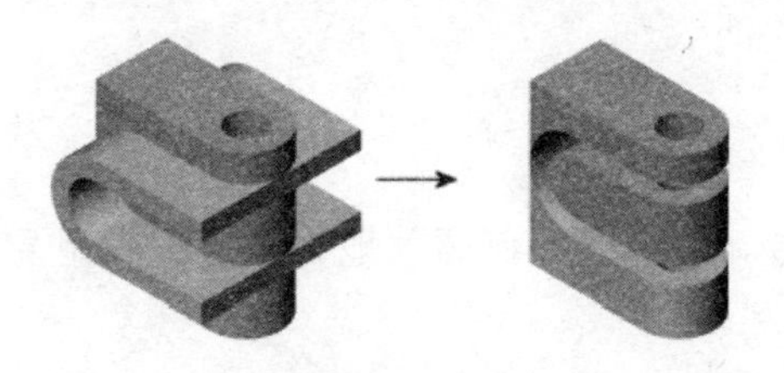

图4.45 多实体组合方式——删减

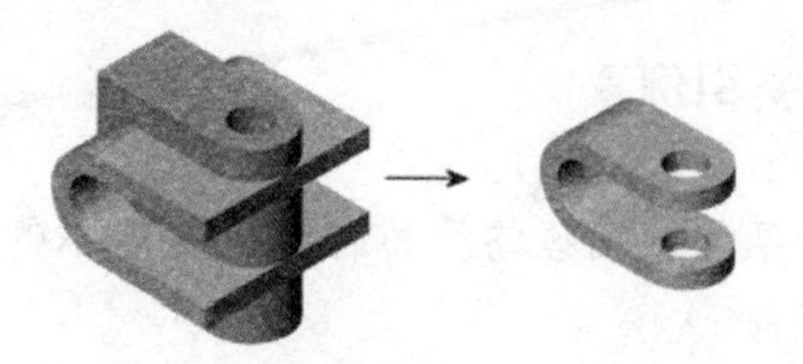

图4.46 多实体组合方式——共同

特别提示

添加、删减、共同只适用于多实体零件，特征之间不能够进行这三种操作。

应用案例4-6

图4.47 应用案例4-6零件图

用最简单的方式建立图4.47所示零件。

建模步骤

(1) 拉伸生成图4.48所示基体1。详细步骤略。

(2) 拉伸生成图4.49所示基体2。在建立新的特征时不选择PropertyManager其中的【合并结果】复选框。基体1和基体2是同一文件中的两个实体。两特征生成的两个实体之间的相对位置如图4.50所示。

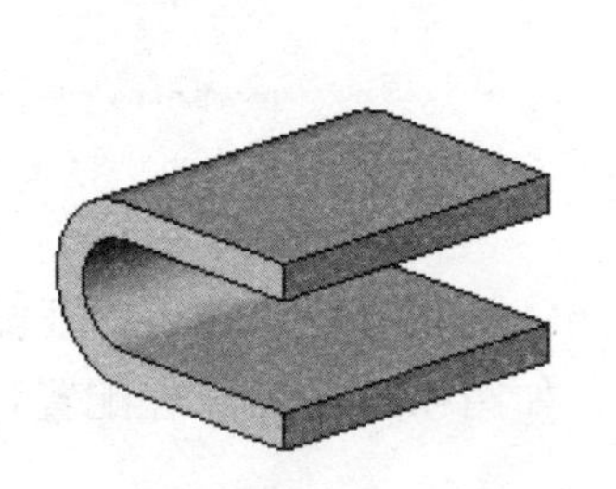

图4.48 应用案例4-6基体1

图4.49 应用案例4-6基体2

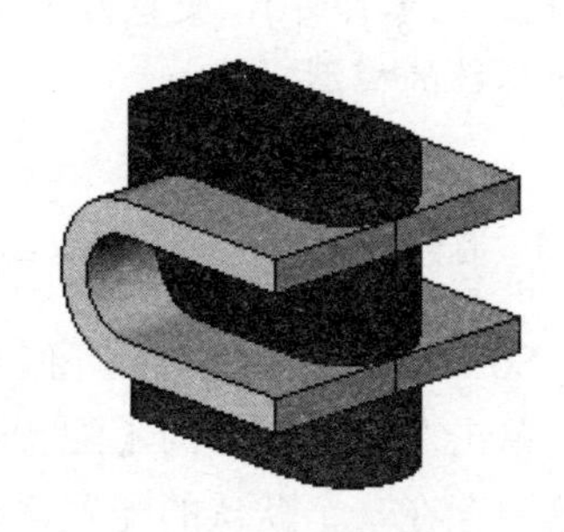

图4.50 应用案例4-6基体1和基体2的相对位置

(3) 使用共同操作类型组合两个实体。

单击【特征】工具栏上的【组合】按钮，或单击【插入】|【特征】|【组合】。

【组合】PropertyManager出现。在操作类型下，单击【共同】。在要组合的实体下，在FeatureManager设计树的实体文件夹中选择两个实体，或从图形区域中选择实体。单击【显示预览】以预观特征。设置完成单击按钮。

4.4 零件配置

引例

某公司销售的产品有图 4.51 所示的三种型号，请思考如何高效地管理这三种型号的模型文件。

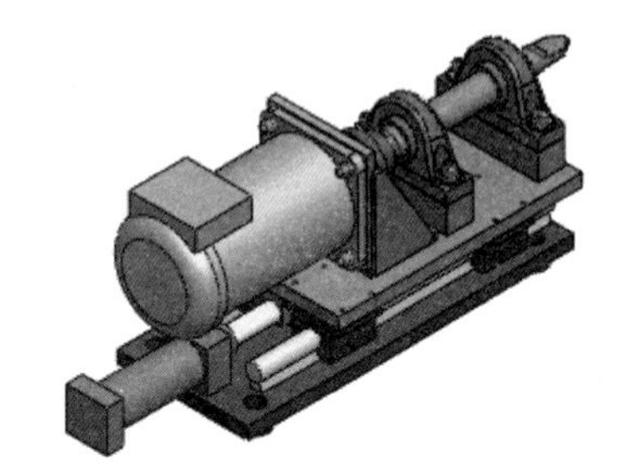

(a) 配置：大马达

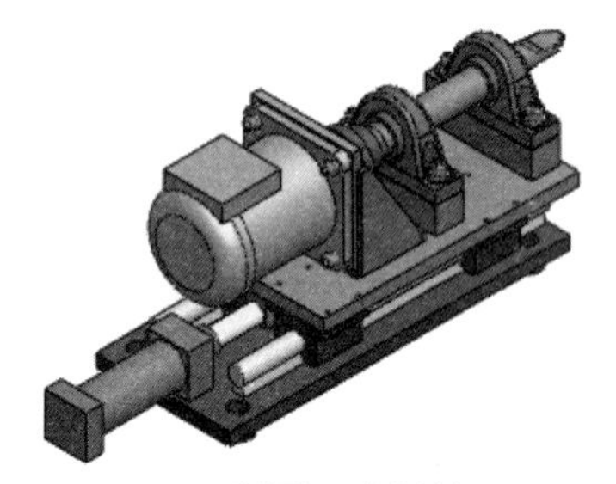

(b) 配置：小马达

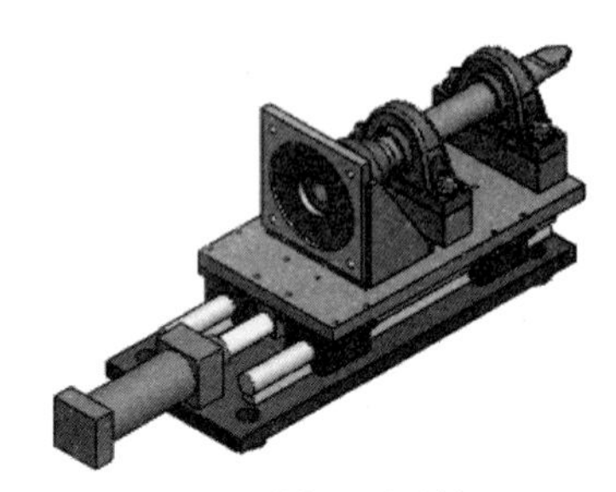

(c) 配置：无马达

图 4.51 产品模型图

对于相似零件和产品来说，SolidWorks 软件提供了一种非常独特的管理方法——配置管理，它通过对零件或装配体模型进行不同参数的变换和组合，派生出不同的零件或装配体，实现一个模型文件同时反映产品的多种特征构成和尺寸规格，有利于产品的多样化和系列化设计。配置既可用于零件设计和装配设计，也可用于工程图设计，它通过隐藏或压缩特征(或零部件)、更改尺寸参数等简便方法来开发和管理一组有着不同尺寸、零部件或其他参数的模型。

4.4.1 配置项目

SolidWorks 软件通过窗口左边的配置管理器(ConfigurationManager)来生成和管理配置，单击左窗格顶部的【配置管理器】标签，激活配置管理器，如图 4.52 所示，在配置管理器中存在一个默认的配置，对应于当前的模型。

零件配置主要有如下几个方面的应用：

(1) 在两个特征相同的零件中，某些尺寸不一样；

(2) 同一零件的不同状态：如需要开模的零件，模具是一个或多个配置，加工后零件是一个配置；

(3) 相同产品的不同系列需要：如系列化套筒、法兰盘等零件；

(4) 特定的应用需要，如进行有限元分析，对零件模型进行简化，可生成简化模型配置；

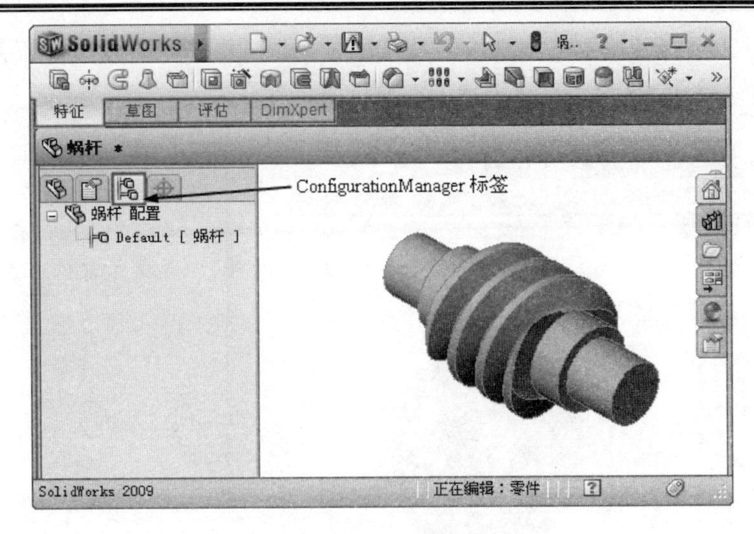

图 4.52　配置管理器

(5) 改善系统性能：对于很复杂的零件，可以考虑压缩一些特征，以便于其他特征的建立；

(6) 分别指定同一零件不同的自定义属性，以便应用于不同的装配。如零件名称、材料、颜色、成本等。

配置的生成方法主要有两种，第一种是手工生成配置，第二种是采用系列零件设计表生成配置。手工生成配置主要是应用配置管理器来添加、编辑和管理配置，实现同一零件内不同配置之间的切换。而零件设计表生成配置则是在 Microsoft Excel 工作表中指定参数，在单个零件中构造出零件的不同系列。

1. 手工生成配置方法

本节以一个简单的例子来说明手工配置的使用方法。首先是和设计零件一样，建立零件模型，如图 4.53 所示。

(1) 打开法兰盘零件模型文件，单击【配置管理器】标签，进入配置管理状态，在【配置管理器】中显示一个默认的配置，这个配置就是没有进行任何修改的原始零件模型。

(2) 右键单击【配置管理器】中最顶端【法兰盘 配置】图标，从快捷菜单中选择【添加配置】图标，出现【添加配置】对话框。分别输入配置名称“法兰盘 40-100-5”和备注内容“法兰盘内径 40-外径 100-5 个孔－不带凸台”，如图 4.54 所示，单击【确定】按钮即生成了一个新的配置。

(3) 此时在【配置管理器】中显示出新添加的配置“法兰盘 40-100-5”，并处于激活状态。单击 FeatureManager 设计树标签，回到 FeatureManager 设计树状态，在注解上鼠标右键选择【显示特征尺寸】，模型的所有特征尺寸显示出来。双击内径尺寸“30”，将尺寸 30mm 修改为 40mm，由于零件包含多个配置，需要在【修改】对话框中指定所修改的配置。从下拉列表框中选择【此配置】，这样对该尺寸的修改将应用到激活的配置，如图 4.55 所示。采用同样的方法将外径尺寸由 80mm 修改为 100mm，螺栓孔圆周阵列实例数由 4 个修改为 5 个，单击【重建模型】按钮可观测到法兰盘尺寸和螺栓孔数量的变化。

(4) 在 FeatureManager 设计树“凸台”特征上鼠标右键选择【特征属性】，激活【特征属性】对话框，选择【压缩】复选框，在【配置】选项框中选择【此配置】，如图 4.56 所示，单击【确定】按钮 确定 就生成了没有凸台的法兰盘。

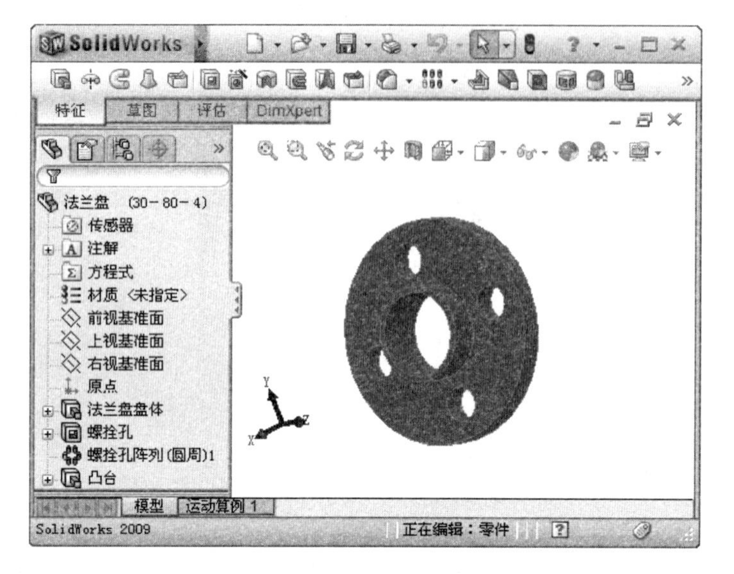

图 4.53　法兰盘原始模型图

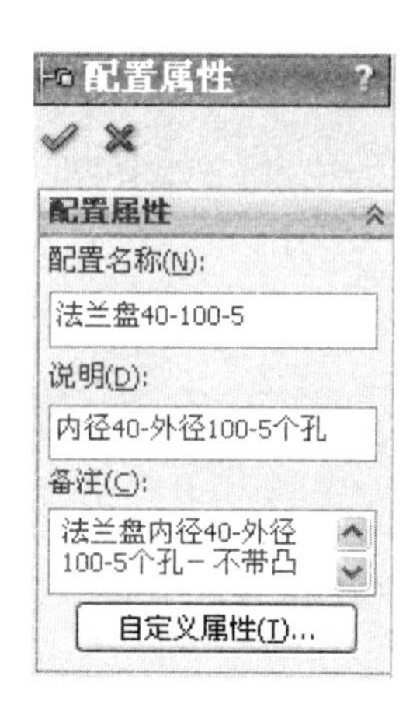

图 4.54　配置属性对话框

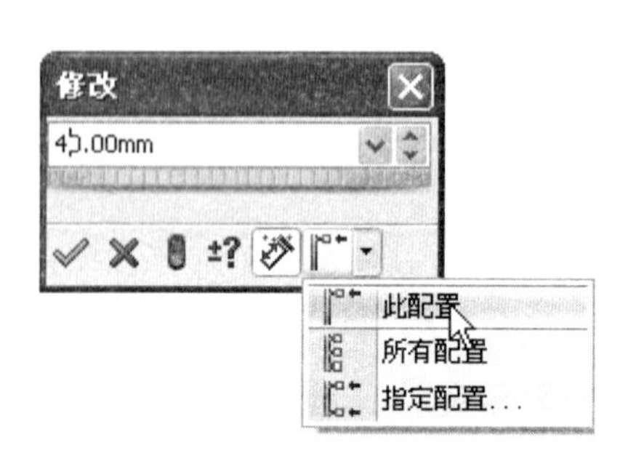

图 4.55　修改指定配置尺寸

图 4.56　针对配置的特征压缩

特别提示

压缩特征是暂时移去零件的相关特征，通过解除压缩后该特征可以重新显示，它的操作既可以针对所有配置，也可以指定配置；而删除特征则针对所有的零件配置。因此除非在所有的零件配置中都去除某个特征，否则不要使用删除该特征的方法，而是选用压缩特征。

(5) 对配置添加材质，在 FeatureManager 设计树【材质<未指定>】项上鼠标右键选择【编辑材料】，激活【材料】对话框，在【红铜合金】材料中选择【磷青铜】，在【外观】页面中选择【使用材质颜色】，【配置】选项选择【此配置】，单击【应用】按钮 应用(A)，关闭【材料】对话框，可观察到模型颜色和设计树材质的变化，如图 4.57 所示。

(6) 以上尺寸修改、特征的压缩和材质的添加都是针对“法兰盘 40-100-5”配置进行的，因此，分别激活不同的配置，在图形区显示的模型是不同的，如图 4.58 所示。

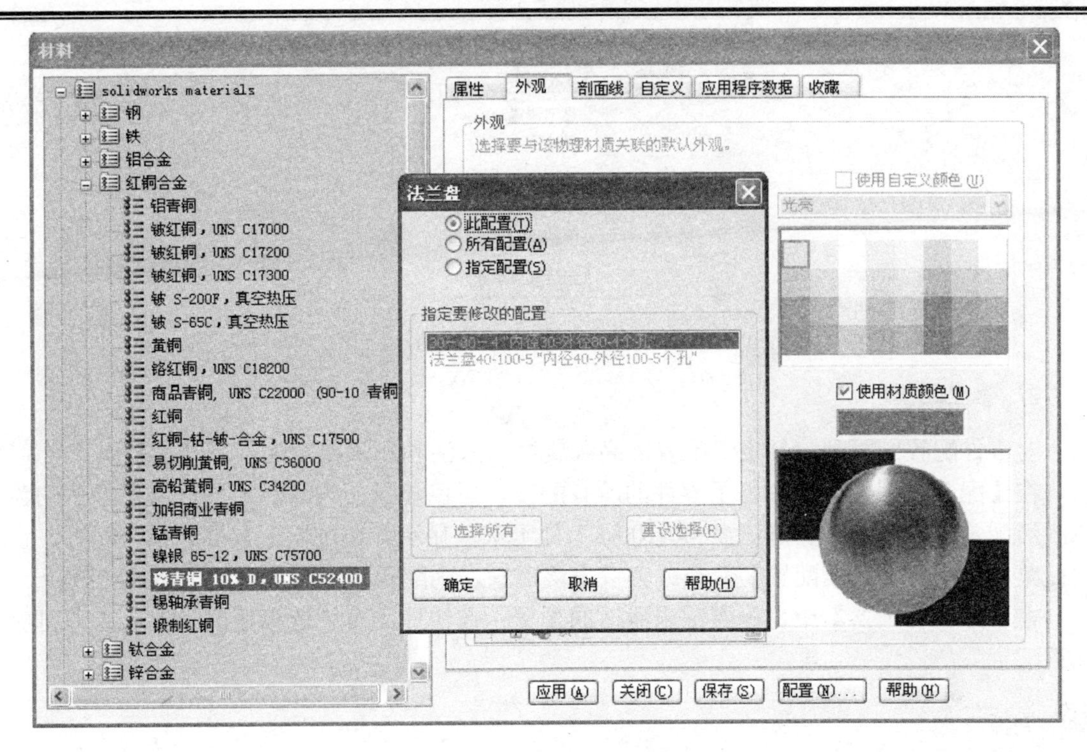

图 4.57　对配置添加材质

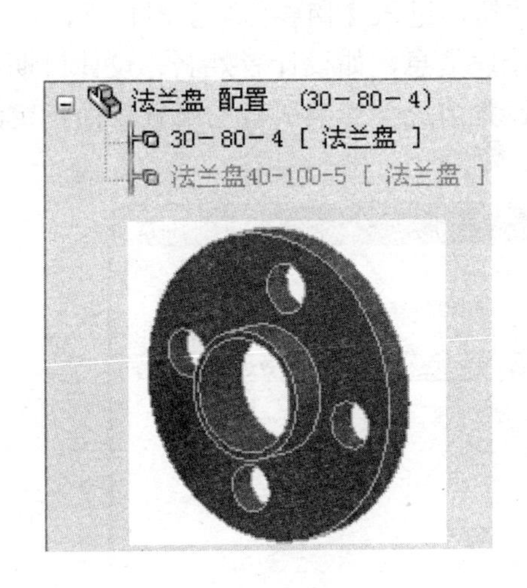

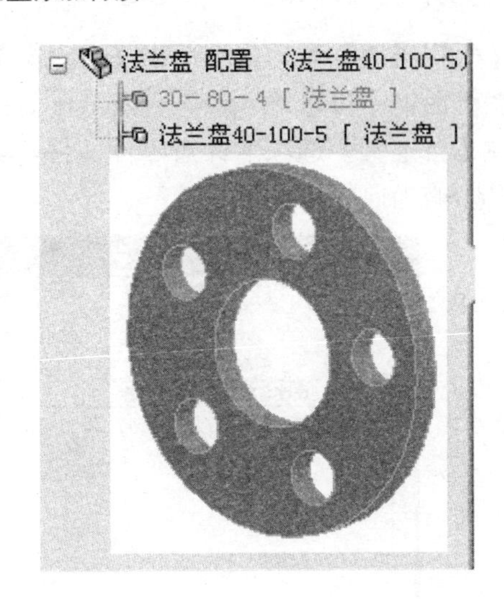

图 4.58　不同配置的法兰盘

特别提示

以上操作都是针对当前配置来进行的，如果所有配置都需要进行修改，则从下拉列表框中选择【所有配置】；如果需要修改其他未显示的配置，则从下拉列表框中选择【指定配置】，指定需要修改的配置。

(7) 在【配置管理器】中相应的配置图标上鼠标右键，在快捷菜单中会出现【添加派生的配置】，如图 4.59 所示。利用该命令可在配置中生成父子关系。默认情况下，子配置中的所有参数链接到父配置上。如果更改了父配置重点参数，更改将自动延伸到子配置。

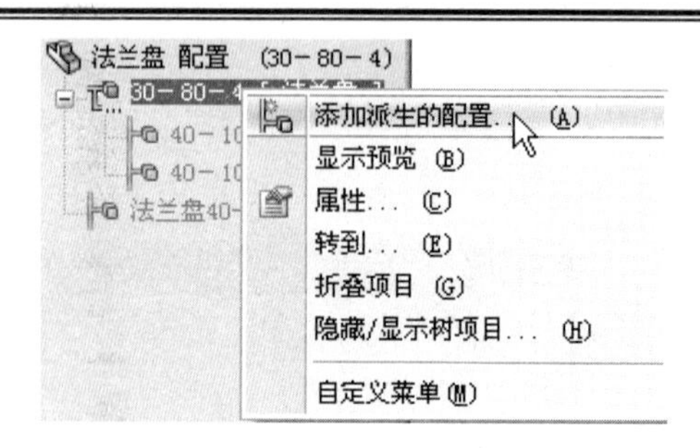

图 4.59　添加派生的配置

2. 管理配置

对零件配置的管理包括定义配置的高级属性、激活和删除指定配置等一系列操作。

在【配置管理器】中列出了零件的所有配置，黑色显示的为激活配置，灰色显示的为未激活配置，如果配置“法兰盘 40-100-5”处于灰色显示，通过鼠标右键选择该配置，在快捷菜单中选择【显示配置】命令或者双击该配置，则配置“法兰盘 40-100-5”被激活。

在【配置管理器】中鼠标右键未激活的配置，在快捷菜单中选择【删除】命令即可删除该配置。

特别提示

当一个配置处于激活状态，不能被删除。

在【配置属性】对话框中单击【自定义】按钮，进入【摘要信息】对话框，如图 4.60 所示。在对话框中可以输入该零件及其配置的管理信息，如设计者姓名、设计日期和部门等。其中【自定义】选项卡针对零件文件，其设置情况会影响所有的配置，而指定配置中的设定只影响当前的零件配置。

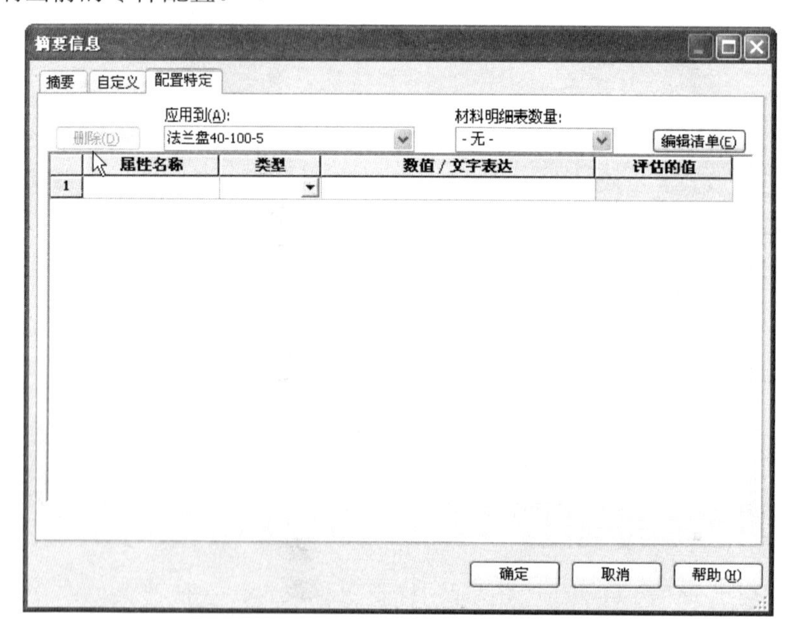

图 4.60　【摘要信息】对话框

3. 以打开配置的方式打开零件文件

当打开包含各种配置的零件文件时，用户可以根据需要打开具体的配置。单击【打开】按钮，选择“法兰盘.SLDPRT”文件，在【配置】下拉菜单中选择“30-80-4”配置，如图 4.61 所示，再单击按钮 打开(O) 就可以直接打开该零件配置。如果在【打开】对话框中没有对配置选择，SolidWorks 将打开上次保存文档的当前配置。

图 4.61　打开具体配置文件

【课内实验】在法兰盘文件中添加一个新配置，具体参数为内径 35mm，外径 100mm，螺栓孔 4 个，在内孔周围有 3 个密封槽，材料为铸铁。

特别提示

(1) 对新配置进行尺寸修改和材质的添加；

(2) 对新配置添加拉伸切除特征生成密封槽，在该特征属性中选择此配置或者指定当前配置。

4.4.2　零件设计表

零件配置的生成和管理还可以采用一种更加方便和高效的方法——系列零件设计表，它通过 Excel 表来控制系列零件的尺寸值或定义特征的显示状态(压缩 / 不压缩)，实现多个配置零件的生成和管理。这就要求在使用系列零件设计表之前，必须在计算机中安装 Microsoft Excel 软件。

单击菜单中的【表格】，选择【系列零件设计表】，或者单击【工具】工具栏中【系列零件设计表】按钮，激活了【系列零件设计表】属性管理器，如图 4.62 所示。在属性管理器中有【源】、【编辑控制】和【选项】3 个标签，【源】标签主要用来定义设计表的生成方法，常见生成系列零件设计表的方法有三种：

(1) SolidWorks 软件自动生成系列零件设计表，零件的配置参数及其相关数值自动装载到设计表中。

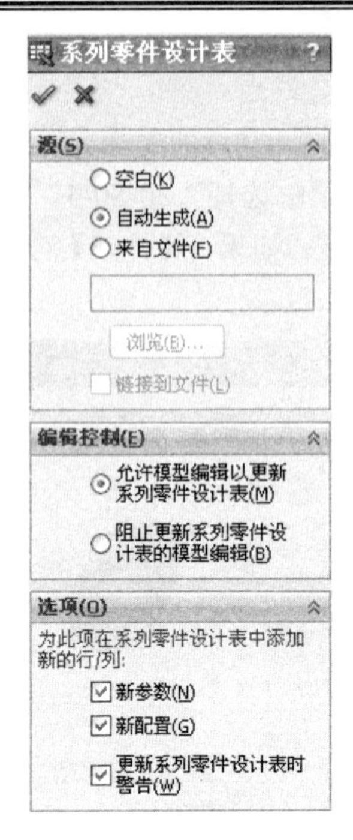

图 4.62　【系列零件设计表】PropertyManager

(2) 在模型中插入一个新的、空白的系列零件设计表，然后直接在工作表中输入系列零件设计表资料。完成系列零件设计表资料输入后，模型会自动生成新的配置。

(3) 在 Microsoft Excel 软件中单独操作生成系列零件设计表，然后将其插入模型文件来生成配置。

【编辑控制】标签主要用来定义是否允许设计表和模型配置之间进行双向控制；【选项】标签主要用来定义为模型添加新参数或者新配置时，是否为系列零件设计表添加新参数(设计表的列)或者新配置(设计表的行)。

1. 自动生成系列零件设计表

以上节"法兰盘"零件为例，在该零件中生成一个系列零件设计表。

单击菜单中的【表格】，选择【系列零件设计表】，在图 4.62 所示的【系列零件设计表】属性管理器中使用默认设置，单击【确定】按钮✔即生成了一个系列零件设计表。如图 4.63 所示，在【配置】属性管理器中出现【系列零件设计表】项，在图形区的上部出现 Excel 表格，同时 SolidWorks 的菜单和工具栏被 Excel 的菜单和工具栏替换。Excel 表的第一行是标题，提示现在操作编辑的零件对象。第二行是配置项目行，显示的是要进行配置的零件尺寸和零件特征。第三行及以下各行是系列零件的实例，A 列表示具体配置的名称，B、C、D 列为备注、说明和颜色项，其他列为尺寸的数值、特征的压缩状态等。删除表中不需要的尺寸或者特征项(注意必须整列删除)，如"$公差@外径@草图 1"等。在 Excel 表格以外的图形区任意位置单击鼠标，就完成了设计表的编辑。如果一个零件只有默认配置，在自动生成系列零件设计表时将出现如图 4.64 所示对话框，这时要根据零件系列的需要选择相应的尺寸添加到设计表中。

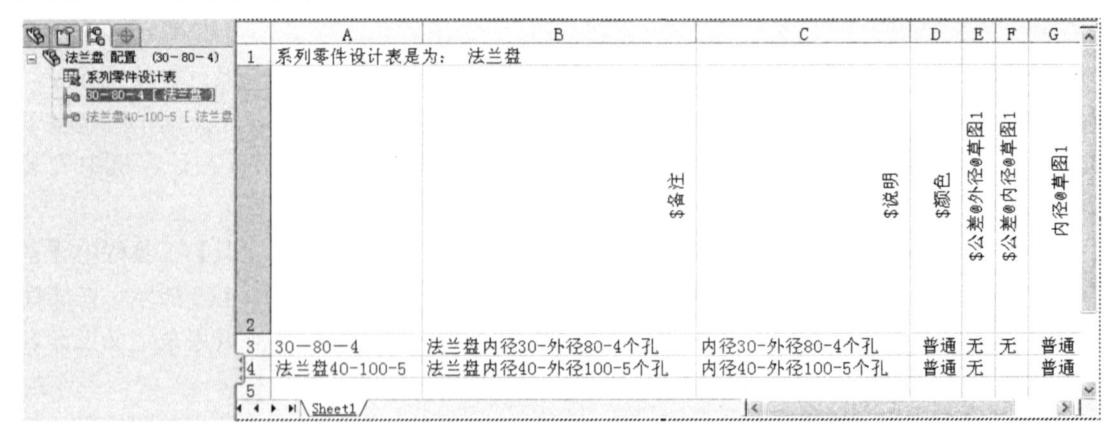

	A	B	C	D	E	F	G
1	系列零件设计表是为：　法兰盘						
2		$备注	$说明	$颜色	$公差@外径@草图1	$公差@内径@草图1	内径@草图1
3	30—80—4	法兰盘内径30-外径80-4个孔	内径30-外径80-4个孔	普通	无	无	普通
4	法兰盘40-100-5	法兰盘内径40-外径100-5个孔	内径40-外径100-5个孔	普通	无		普通
5							

图 4.63　自动生成的系列零件设计表

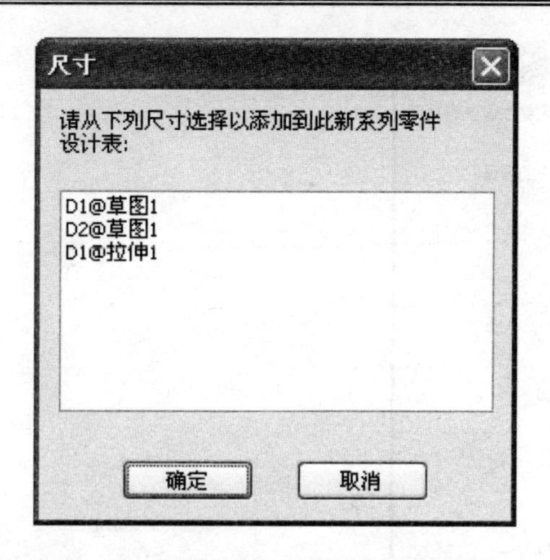

图 4.64　添加设计表配置参数对话框

特别提示

按 Ctrl 键或 Shift 键的同时单击鼠标左键来实现多个尺寸的选择。

添加完系列零件设计表后，鼠标右键单击【配置】属性管理器【系列零件设计表】项，用户可以编辑设计表定义、编辑表格内容、删除设计表或者将设计表保存为独立的 Excel 文件，如图 4.65 所示。

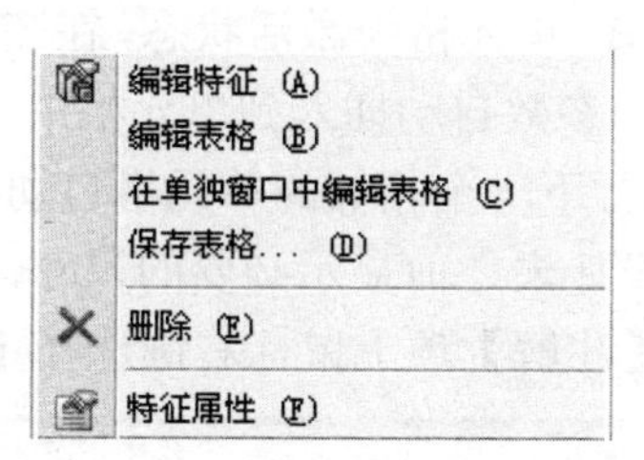

图 4.65　系列零件设计表快捷菜单

特别提示

设计表参数很多，包括有尺寸、特征状态、备注、零件编号、零件的自定义属性、颜色、用户自定义注释等，具体格式和应用可查阅 Solidworks 软件的帮助。

特别需要注意的是：系列零件设计表保存在模型文件中，打开模型文件的同时自动装入了系列零件设计表的信息；特征状态只有两个值可供选择，压缩(可缩写为 S)和解除压缩(可缩写为 U)；零件配置的自定义属性不同，自动生成系列零件设计表时自定义参数也会略有不同。

2. 插入空白的系列零件设计表

仍然以“法兰盘”零件为例，单击菜单中的【表格】，选择【系列零件设计表】，在其属性管理器【源】标签中选择“空白”，单击【确定】按钮✔出现图 4.66 所示的激活窗口，若选择具体配置项和相应参数可得到与自动生成一样的系列零件设计表，本例选择取消，得到图 4.67 所示空白零件设计表。

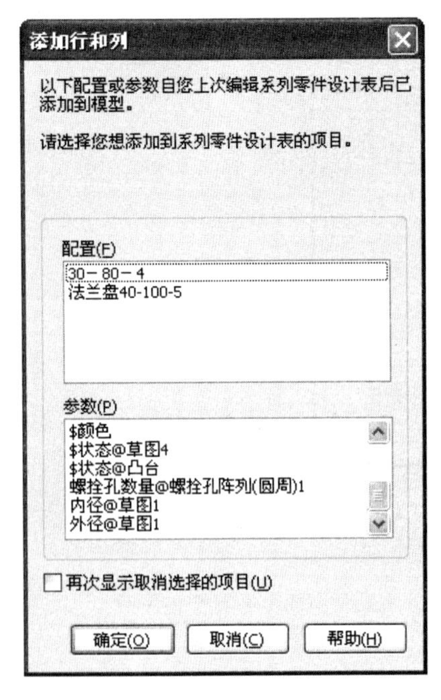

图 4.66　选择添加到设计表中的配置

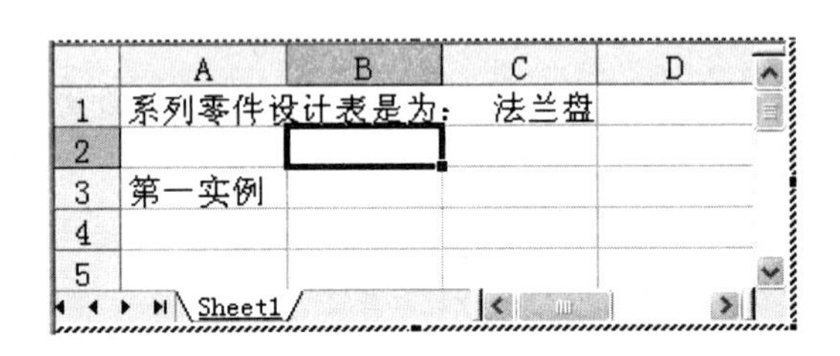

图 4.67　空白零件设计表

1) 尺寸配置参数添加

在新生成的空白设计表中，B2 单元格为激活状态，在图形区域中单击或双击某个尺寸，“尺寸@特征”或“尺寸@草图”参数自动插入到单元格中，且该参数的当前数值自动显示在第 3 行当中(第一实例)，第 2 行下一个相邻的单元格自动处于激活状态，如图 4.68 所示。这就要求在插入新的系列零件设计表之前显示必要的尺寸，若模型图没有显示尺寸，需要切换到特征管理器设计树，在【注解】项上鼠标右键选择【显示特征尺寸】。

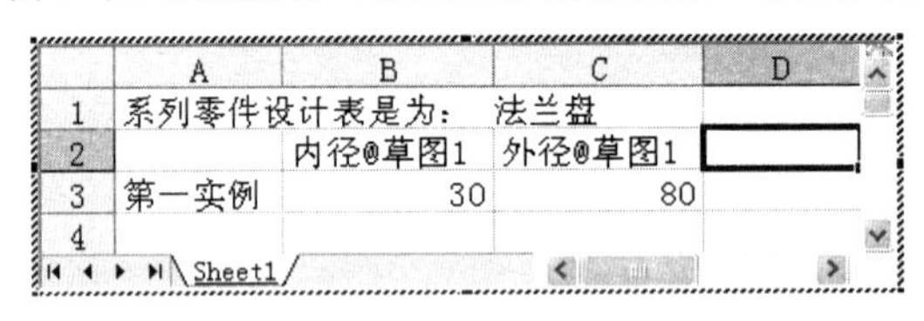

图 4.68　添加尺寸配置参数

2) 特征状态配置参数添加

切换到特征管理器设计树状态，在设计树上双击要添加的配置特征，或者在特征的一个面上双击，此时“$状态@特征”参数自动插入到单元格中，且该参数的当前状态显示在第 3 行当中(第一实例)，如图 4.69 所示。

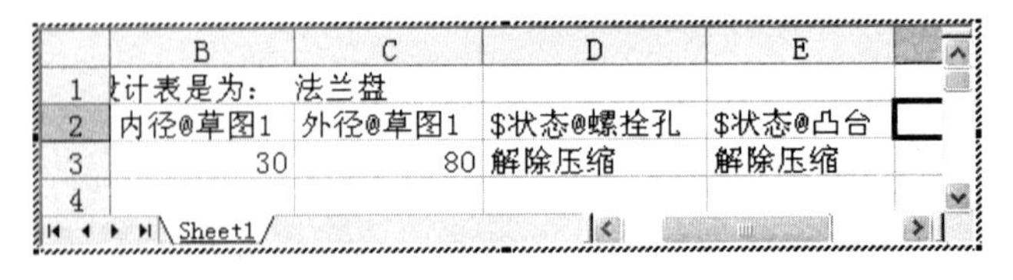

图 4.69　添加特征状态配置参数

3) 新配置的添加

在新生成的空白设计表中，有一个默认的新添加配置“第一实例”，用户可以对其名称和具体参数值进行修改，也可以再添加新的配置。如图 4.70 所示完成所有的数据编辑，在 Excel 表格以外的图形区任意位置单击鼠标关闭表格，此时会显示一条信息，其中列出了所生成的配置。

	A	B	C	D	E
1	系列零件设计表是为：	法兰盘			
2		内径@草图1	外径@草图1	$状态@凸台	螺栓孔数量@螺栓孔阵列(圆周)1
3	32-80-4	32	80	U	4
4	20-60-4	20	60	S	4
5	50-110-5	50	110	S	5

Sheet1

图 4.70　编辑完成的零件设计表

如要显示由系列零件设计表添加的配置，双击该配置的名称，或者用右键单击该名称并选择显示配置。

特别提示

系列零件设计表中两个配置之间不能出现空行，否则空行以下的所有行都不能用来生成配置。

3. 在 Microsoft Excel 软件中生成系列零件设计表

用户虽然可在 Microsoft Excel 软件中生成单独的 Excel 文件，再使用【系列零件设计表】属性管理器将文件插入到模型当中，但由于人为地添加设计表参数比较麻烦，而且容易出错，所以常用下述方法和步骤建立设计表：

(1) 自动生成一个设计表；

(2) 根据零件系列的需要删除或增加设计表配置参数；

(3) 将设计表另存为 Excel 文件；

(4) 在 Microsoft Excel 软件中修改该 Excel 文件，添加新的配置，得到图 4.72 所示的 Excel 文件；

法兰盘

	A	B	C	D	E	F	G	H	I
1	系列零件设计表是为： 法兰盘								
2		$备注	$说明	$颜色	内径@草图1	外径@草图1	螺栓孔数量@螺栓孔阵列(圆	$状态@草图4	$状态@凸台
3	30—80—4	法兰盘内径30-外径80-4个孔	内径30-外径80-4个孔	普通	普通	普通	普通	U	U
4	法兰盘32-80-4	法兰盘内径32-外径80-4个孔	内径32-外径80-4个孔	普通	普通	普通	普通	U	S
5	法兰盘40-100-4	法兰盘内径40-外径100-4个孔	内径40-外径100-4个孔	普通	普通	普通	普通	S	S
6	法兰盘40-100-5	法兰盘内径40-外径100-5个孔	内径40-外径100-5个孔	普通	普通	普通	普通	u	u
7	法兰盘50-120-5	法兰盘内径50-外径120-5个孔	内径50-外径120-5个孔	普通	普通	普通	普通	S	S

Sheet1

图 4.71　法兰盘 Excel 表格

(5) 修改设计表定义，链接保存修改过的 Excel 文件，如图 4.72 所示。

图 4.72 链接系列零件设计表

零件链接了设计表之后，零件和 Excel 文件之间就建立了双向控制关系。如果不选中【链接到文件】复选框，系统只复制当前 Excel 文件中的内容到 SolidWorks 文件，以后 Excel 文件内容的更改将不影响零件模型，零件配置的更改也不会带来 Excel 文件内容的任何变化。

4.5 零件的高效设计

SolidWorks 软件提供了很多高效设计工具，如设计库、库特征、配置、方程式、系列零件设计表等，它们为设计重用和快速设计提供了方便。通过正确使用这些工具，设计工程师和企业可以减少不必要的重复性劳动，节约设计时间，提高设计的效率，并能促进企业设计的规范化和标准化。要熟练掌握上述高效设计工具，需要读者在使用的过程中不断地总结和积累。同样，对于一个结构和尺寸都已经确定的零件模型来说，要使用 SolidWorks 软件将其完整地绘制出来，可能会有多种不同的方法，而这些不同的方法中，肯定会有优劣之分，所以我们在掌握了 SolidWorks 的各种绘图技巧和规律之后，首先要总结一种简单而又高效的绘图方法，更快更好地用 SolidWorks 软件绘制三维模型。下面将以图 4.73 所示的法兰盘为例，介绍两种不同的绘制方法，比较这两种方法的优劣。

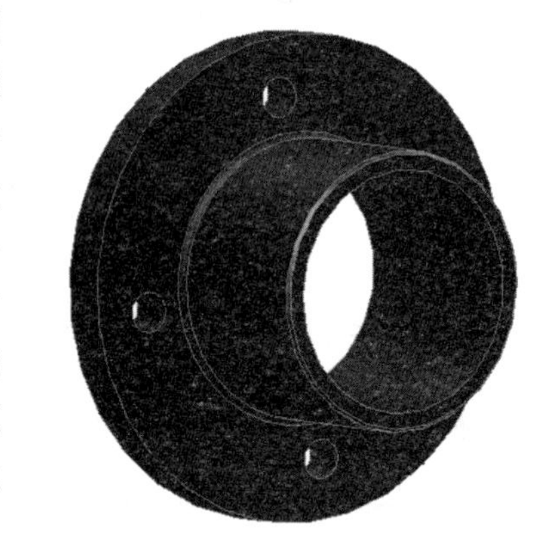

图 4.73 法兰盘三维模型

在建立任何一个模型之前，设计者要利用一段时间来分析模型结构，并对如何建模进行一下规划，使自己建立的模型正确地表达零件的设计意图。具体包括零件的形状特征、选择哪些建模特征、选择第一个特征的最佳轮廓、选择草图基准面、如何利用几何关系减少草图尺寸、用不用数值连接和方程式、用不用配置和系列零件设计表等。如果设计者对零件的加工也比较熟悉，还可考虑零件的加工和成型方式。

该法兰盘由法兰盘盘体、法兰盘凸台、螺栓孔组成，并有倒角和圆角两种辅助工程特征。因为法兰盘螺栓孔的直径、位置与法兰盘盘体内外径的大小有关，所以考虑利用方程式来确定螺栓孔的直径和位置，另外，法兰盘为多规格系列零件，可根据需要使用配置或者方程式来实现系列化设计。根据以上分析确定如下两种不同的绘图方法。

1. 第一种方法绘制法兰盘的基本流程

步骤	内容	结果示意图	主要方法和技巧
1	绘制法兰盘盘体		选择【前视】基准面，单击【草图绘制】 单击【草绘圆】，圆心捕捉原点 单击【标注尺寸】 退出草图 单击【拉伸凸台 / 基体】完成法兰盘盘体绘制
2	绘制法兰盘凸台		选择法兰盘盘体一面作为草图绘制平面，单击【草图绘制】 选择盘体内径边，单击【转换实体引用】 选择盘体内径边，单击【等距实体】 退出草图，单击【拉伸凸台 / 基体】
3	绘制一个螺栓孔		仍选择该面作为草图绘制平面，单击【草图绘制】 单击【草绘圆】 单击【标注尺寸】 退出草图 单击【拉伸切除】
4	阵列螺栓孔		使用【临时轴】命令 单击【进行圆周阵列】
5	倒圆角		单击【倒圆角】 选中要倒圆角的边后设置参数

续表

步骤	内容	结果示意图	主要方法和技巧
6	倒角		单击【倒角】 选中要倒角的边后设置参数 单击【保存模型】

2. 第二种方法绘制法兰盘的基本流程

步骤	内容	结果示意图	主要方法和技巧
1	草绘选择截面	30 17 R1 8 20 20	选择【前视】基准面，单击【草图绘制】 使用绘制命令绘制草图，注意使用合适的几何约束 单击【标注尺寸】 退出草图
2	绘制法兰盘盘体和凸台		单击【旋转凸台 / 基体】
3	绘制一个螺栓孔		选择法兰盘盘体一面作为草图绘制平面，单击【草图绘制】 单击【草绘圆】 单击【标注尺寸】 退出草图 单击【拉伸切除】
4	阵列螺栓孔		使用【临时轴】命令 单击【进行圆周阵列】 单击【保存模型】

由以上所述的两种方法比较可以看出：第一种方法绘图步骤稍多，但每一步都很简单，更有利于不同规格系列化设计(如压缩法兰盘凸台特征就可得到没有凸台的法兰盘)；第二

种方法步骤较少，但步骤 1 草绘过程比较复杂。另外，两种方法绘制的模型所占的磁盘空间也不相同，两种方法各有优劣之处。

3. 使用特征顺序来记录设计思想

特征管理器的设计树记录着零件设计的全过程，因此，重要的特征需要被重新命名，这样零件模型就更加容易理解和修改。下面两个特征设计树表达的是同一个零件，图 4.74 使用默认的特征名，图 4.75 使用重新命名的特征名。对比可知，使用命名的零件的可读性要更好，用户看一眼文件就能知道每一个特征的用处和功能，设计意图也可以从特征设计树中读取出来。

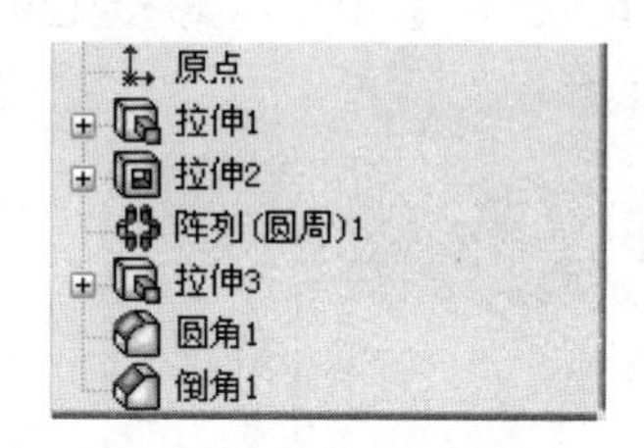

图 4.74　默认的特征名设计树

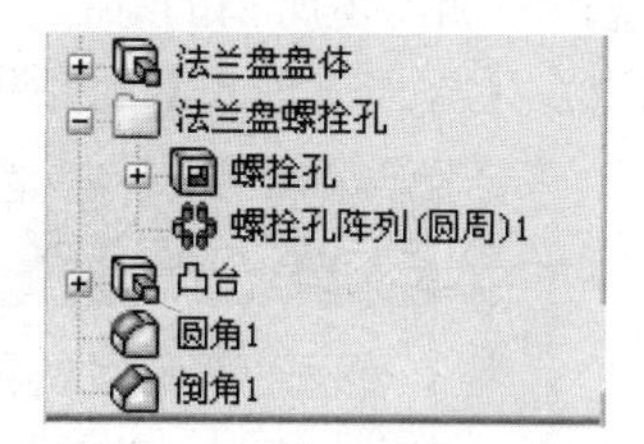

图 4.75　重命名的特征名设计树

在图 4.75 所示的设计树中，对【螺栓孔】特征和【螺栓孔阵列】特征进行了功能分组，将这两个特征单独放在一个文件夹中，这样可以使功能组的功能更加明确。具体添加方法如下：

在特征管理器的设计树【螺栓孔】特征上单击鼠标右键，如图 4.76 所示，选择【添加到新文件夹】，则在设计树上出现一个新的文件夹，【螺栓孔】特征自动添加到该文件夹中，如图 4.77 所示。

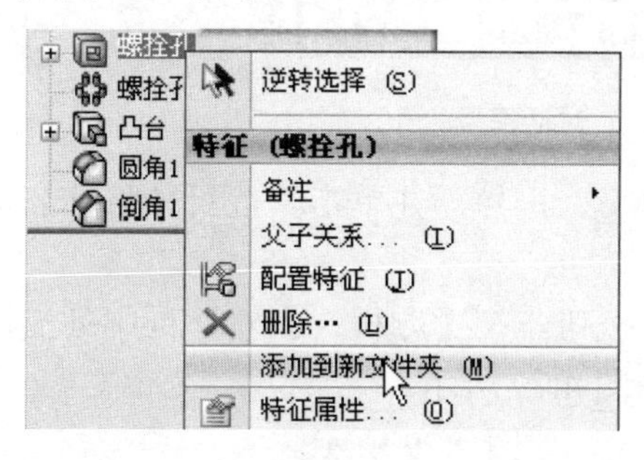

图 4.76　在设计树上添加文件夹

图 4.77　添加的新文件夹

将“文件夹 1”改名为“法兰盘螺栓孔”。

鼠标左键将【螺栓孔阵列(圆周 1)】拖到“法兰盘螺栓孔”文件夹中即可得到图 4.75 所示的设计树，实现了特征的功能分组。

在特征设计树中按照功能进行分组后，设计树上显示的特征也就更少，使用回退控制棒就可以更清晰地显示零件的创建方法和表述创建零件的设计思想。

4. 使用方程式

方程式是 SolidWorks 软件提供的一种重要的尺寸约束关系，它是将尺寸或属性名称用作变量来创建模型尺寸或其他模型属性之间的数学关系。完成的方程式格式如下：

“螺栓孔位置@螺栓孔草图”=(“外径@盘体草图”-“内径@盘体草图”)/ 4 +“内径@盘体草图” / 2

等式左边的尺寸将随右边的尺寸变化而变化，因此，在模型设计过程中，正确地使用方程式将极大提高设计效率。

为了提高方程式的可读性，使尺寸更容易查找，方程式中使用的尺寸也应该重新命名。下面以法兰盘零件为例来说明如何添加方程式。

(1) 单击【工具】菜单【方程式】，系统弹出【方程式】对话框。

(2) 单击【添加】按钮，系统弹出【添加方程式】对话框。

(3) 现在添加前述所列的螺栓孔位置驱动方程式，在图形区域中单击螺栓孔位置尺寸，其名称出现在【添加方程式】对话框中，如图 4.78 所示。

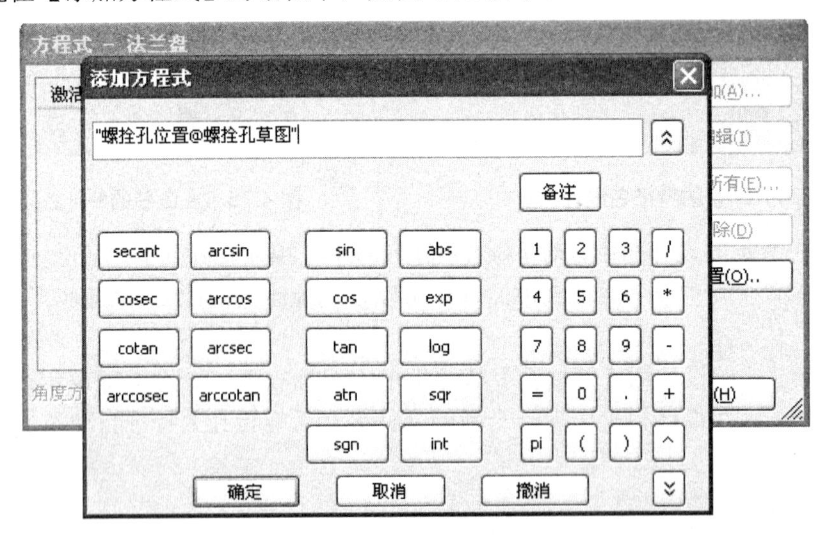

图 4.78　【添加方程式】对话框

(4) 根据前面介绍的计算公式，输入相应的数字、符号，并单击其他尺寸将其名称自动输入进来，完成螺栓孔位置驱动方程的添加。

(5) 单击【添加方程式】对话框中的【确定】按钮，在【方程式】对话框中列出该方程式，解出的数值在“估计到”单元格内出现，如图 4.79 所示。

(6) 按照同样的方法添加螺栓孔直径驱动方程式，如图 4.79 所示。

激活		方程式		估计到	备注
☑	1	"螺栓孔位置@螺栓孔草图" = ("外径@法兰盘盘体草图" - "内径@法兰盘盘体草图") / 4 + "内径@法兰盘盘体草图" / 2	✔	35mm	
☑	2	"螺栓孔直径@螺栓孔草图" = ("外径@法兰盘盘体草图" - "内径@法兰盘盘体草图") / 4	✔	15mm	

图 4.79　添加完成的方程式

完成方程式添加以后，图形区的螺栓孔位置和直径尺寸前面出现了“Σ”符号，表示该尺寸数值是由方程式所驱动。在整个几何模型重建之前，系统将先全部求解出所有方程式。“方程式”文件夹也出现在特征设计树中，使用右键快捷菜单，可以删除、压缩和编辑已有的方程式或者添加新的方程式。

特别提示

1. 方程式也可使用函数，支持方程式的函数可查阅帮助文件。

2. 在方程式尾部输入“'”单引号后可输入备注信息，该信息用来对方程式做进一步的说明和解释，不参与方程式的运算。

本章小结

本章首先以实例的形式介绍了零件外观视觉属性和材质物理属性的设定方法，零件的编辑和修改方法，多实体零件建立和组合方式，零件配置的实现方法等基本内容。最后以法兰盘零件为例介绍了两种不同的绘制方法，并对两种方法进行比较，为读者掌握正确的零件绘制思路指明了方向。

习　题

4.1 对如图 4.80 所示的变速箱体模型进行编辑修改，并添加外观和铸铁材质，观测模型的变化。

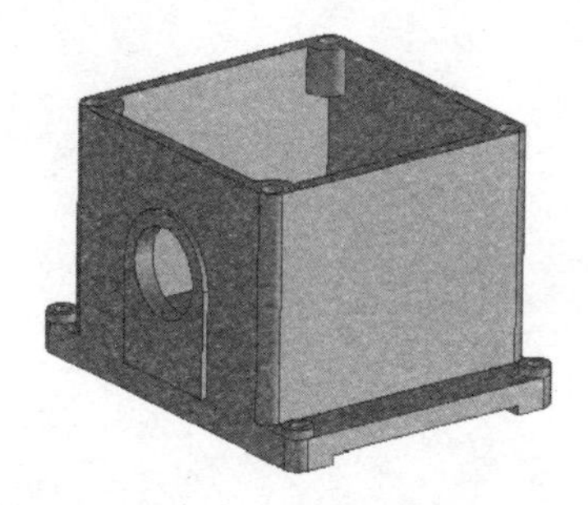

图 4.80　习题 4.1 编辑前的实体模型

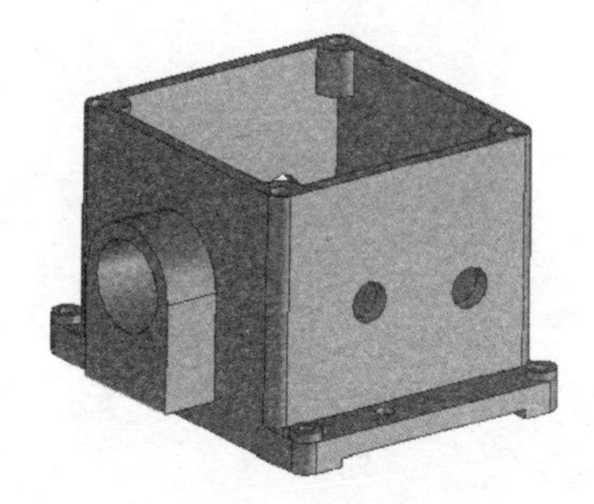

图 4.81　习题 4.1 编辑后的实体模型

【思路提示】 推荐使用动态特征编辑，也可对原模型进行修改或添加新的切除等特征。

4.2 按照 4.3.2 节内容的讲述，完成如图 4.44～图 4.46 所示三种多实体零件的组合。

4.3 按照 4.4 节内容的讲述，完成法兰盘零件的配置练习。

4.4 采用三种方法绘制如图 4.82 所示的轴类零件，使用方程式，并添加多个配置。

图 4.82　习题 4.4 轴类零件模型

【思路提示】

序号	制作方法名称	绘制流程图
1	叠加法	
2	旋转法	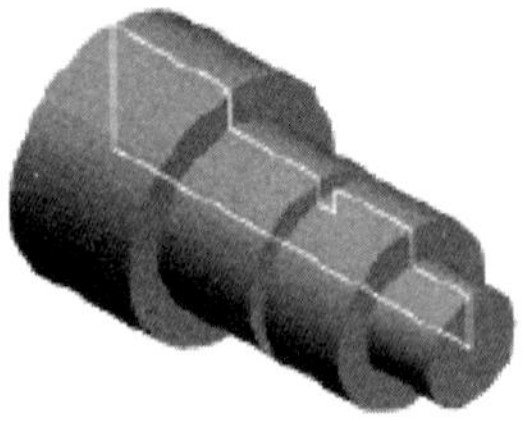
3	加工制造法	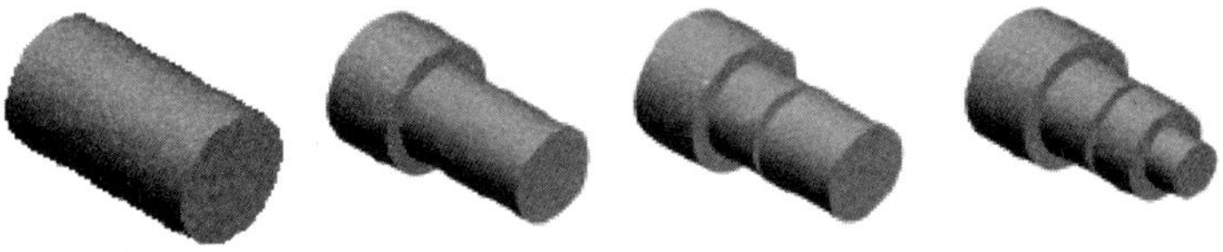

第 5 章 装配体设计

教学目标

通过本章的学习，了解有关装配的基本概念，熟悉各种装配工具的使用方法，掌握装配图生成、添加配合等基本方法，能够进行干涉检查，掌握爆炸视图的生成。

教学要求

能力目标	知识要点	权重	自测分数
了解装配设计的步骤	自下而上设计方法，自上而下设计方法；新建装配体文件	5%	
掌握添加和操作零部件的方法	向装配体中添加零部件，操作及编辑零部件的方法	10%	
掌握常用配合关系的添加	一般配合和 SmartMates 配合方式	40%	
掌握爆炸视图的生成方法	生成爆炸视图的方法	30%	
了解对装配体进行检查的方法	碰撞测试、动态间隙、体积干涉	15%	

引例

一个产品通常都是由多个零件组成，各个零件之间需要正确装配在一起才能正常使用。在设计完成之后通过在计算机的环境中将各个零件装配起来。将两个或多个零件模型(或部件)按照一定约束关系进行安装，形成产品的装配。

虚拟装配可以帮助工程师完成以下的工作：

(1) 产品结构验证，分析设计的不足以及查找设计中的错误；

(2) 产品进行运动分析和动态仿真，描绘运动部件特定点的运动轨迹；

(3) 生成产品的真实效果图，提供“概念产品”；

(4) 生成产品的模拟动画，演示产品的装配工艺工程。

如图 5.1(a)所示为一套模具的装配体及其爆炸视图。整套模具由很多零部件装配而成，如固定板、模架、凸模、凹模、螺钉等，如图 5.1(b)所示。只有把这些零件按照孔与孔的同轴心、面与面的重合以及设定的距离等各种配合方式装配起来，这些零部件才能成为一套模具。

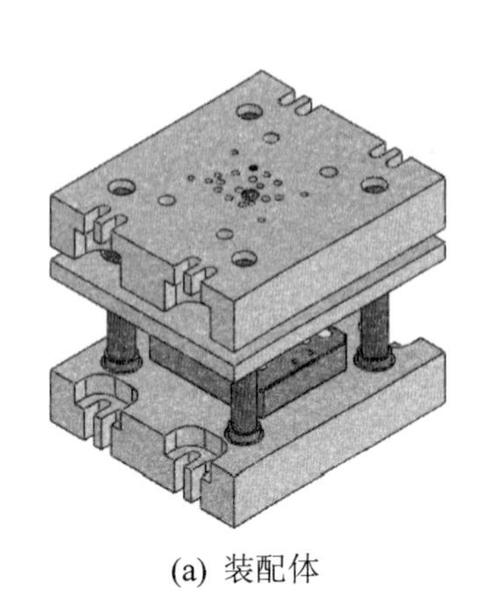

(a) 装配体

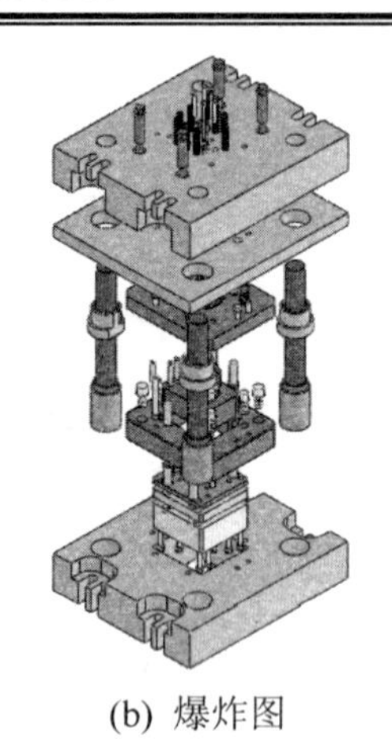

(b) 爆炸图

图 5.1　模具装配体

5.1　装配设计简介

5.1.1　装配设计方法

在 SolidWorks 中，可以创建由许多零部件所组成的复杂装配体，这些零部件可以是零件或其他装配体，称为子装配体。对于大多数的操作，两种零部件的行为方式是相同的。添加零部件到装配体在装配体和零部件之间生成一连接。当 SolidWorks 打开装配体时，将查找零部件文件以在装配体中显示。零部件中的更改自动反映在装配体中。将已经设计完成的各个独立的零件，根据实际需要装配成一个完整的实体。在此基础上，对装配体进行运动测试，检查是否完成整机的设计功能，才是整个设计的关键，这也是 SolidWorks 的优点之一。

装配体设计有两种设计方法：自下而上设计方法和自上而下设计方法。

自下而上设计方法是比较传统的方法。在自下而上设计方法中，先生成零件并将之插入装配体，然后根据设计要求配合零件。当使用以前生成的不在线的零件时，自下而上设计方法是首选的方法。

自下而上设计方法的另一个优点是因为零部件是独立设计的，与自上而下设计方法相比，它们的相互关系及重建行为更为简单。使用自下而上设计方法可以专注于单个零件的设计工作。当不需要建立控制零件大小和尺寸的参考关系时，此方法较为适用。

通常使用的装配方法是自下而上的装配方法，即将已绘制完成的零件插入到装配体文件中，形成装配体。

自上而下设计方法从装配体开始设计工作，这是两种设计方法的不同之处。可以使用一个零件的几何体来帮助定义另一个零件，或者生成组装零件后才添加加工特征。可以将布局草图作为设计的开端，定义固定的零件位置、基准面等，然后参考这些定义来设计零件。

装配体的零部件可以包括独立的零件和其他装配体，装配体文件中的装配体称为子装配体。装配体文件的扩展名为“.sldasm”。

5.1.2　装配设计工具介绍

要实现对零件进行装配，必须首先创建一个装配体文件。新建装配文件的过程与新建零件的过程相似，区别只在于新建 SolidWorks 文件时选择【装配体】即可，方法可以在前述创建零件的章节中参考。

装配体文件的工作界面如图 5.2 所示，包括装配体工具栏，FeatureManager 中包括当前装配体包含的零部件及零部件之间的配合关系，界面右侧的任务窗格中的设计库可帮助用户利用标准件库方便快捷地实现装配工作。

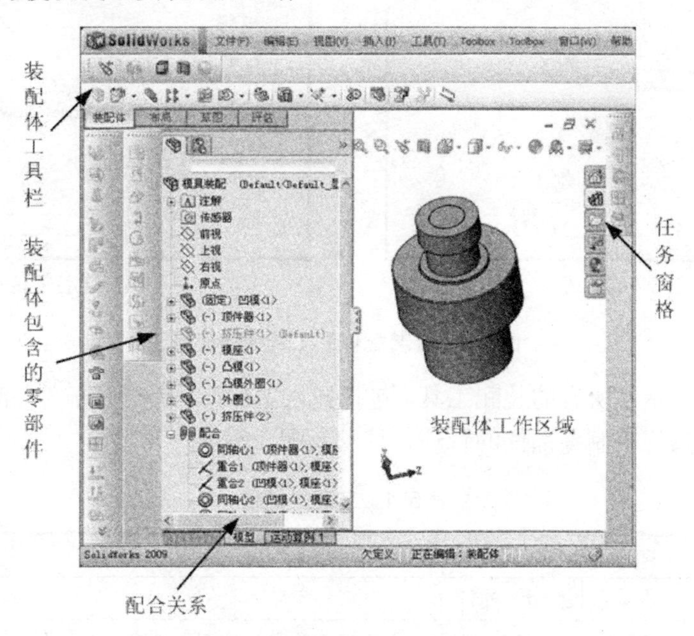

图 5.2　装配体文件的工作界面

在装配体文件的操作界面中有一个专用工具栏，这就是图 5.3 所示的【装配体】工具栏。【装配体】工具栏控制零部件的管理，移动，及配合等操作。

图 5.3　【装配体】工具栏

装配工具常用的调用方式有两种：

(1) 菜单方式。

选择【插入】菜单，可以在下拉菜单中选择对零部件的操作、进行零件之间的配合编辑等装配体工具。

(2) 装配工具栏方式。

在 SolidWorks 界面中添加装配工具栏的方法是：选择【工具】|【自定义】，在【工具栏】选项中选择【装配体】，如图 5.4(a)所示。或者在【命令】中打开【装配体】选项，拖动表示装配体中的装配工具到 SolidWorks 界面中，如图 5.4(b)所示。

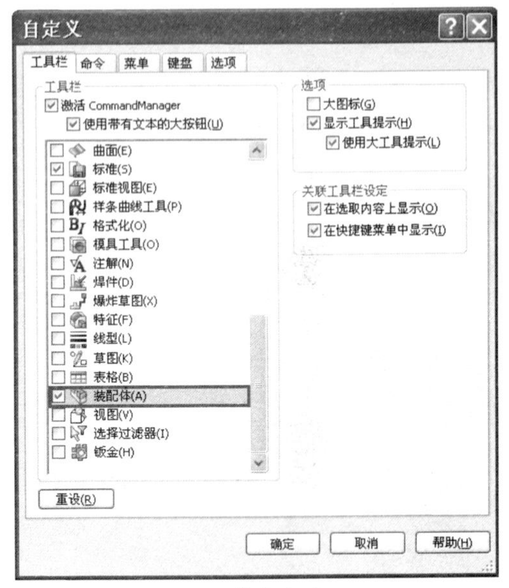

(a) 菜单方式

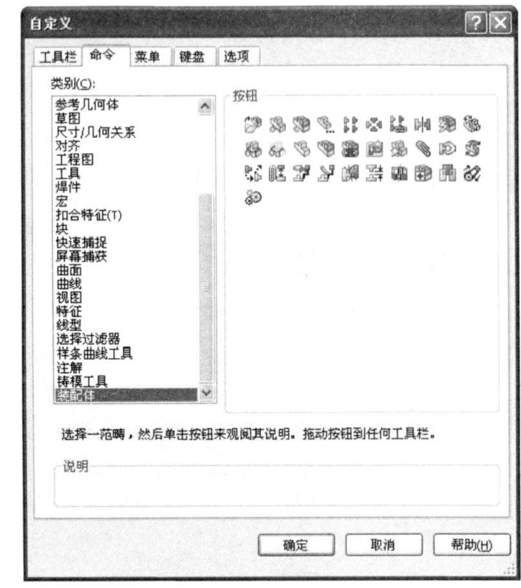

(b) 自定义显示

图 5.4　【装配体】工具栏的调用

装配工具栏显示了所有的装配工具，包括插入零部件、编辑零部件、配合等，如表 5-1 所示。装配体工具栏控制零部件的管理、移动及配合等操作。

表 5-1　装配工具栏

功能	图标	作用
插入零件		添加零部件
显示/隐藏零件		在装配中选中一个零件，单击此按钮，会隐藏该零件。如果要显示该零件，在设计树中选中该零件，再次单击该按钮即可
压缩/解压缩零件		与显/隐零部件操作方式类似。压缩零部件可以减少工作时装入和计算的数据量。装配体的显示和重建会更快，也可以更有效地使用系统资源
旋转未配合零件		在装配体窗口中旋转未配合的零部件。当该按钮被按下时，处于零件自由旋转状态
旋转欠定义零件		在装配体中绕轴、边线或草图直线旋转欠定义的零部件。按下此按钮时，必须首先选择一个零件和一条轴线、边或草绘的一条边
移动零部件		利用移动零件功能，可以任意移动处于浮动状态的零件。利用此功能，在装配中可以检查哪些零件是被完全约束了
智能装配		一种更为方便的装配方法。当两个零件的装配关系比较明显时，比如同心、重合等，可以考虑采用此功能
编辑零件		选中一个零件，并且单击【编辑零件】按钮后，可以重新编辑选中的零部件。再次单击此按钮，退出零件编辑状态
配合		给零部件添加配合关系，定位两个零件使相互相对

特别提示

当选中一个零件，并且单击了【编辑零件】按钮后，系统界面出现了以下变化：

1. 【编辑零件】按钮处于被按下状态；
2. 被选中的零件处于编辑状态，这种状态和单独编辑零件是基本相同的；
3. 被编辑零件的颜色发生变化，设计树中该零件的所有特征均变成了红色；
4. 在此编辑零件，只能编辑零件实体，对其他内容(配置)无法编辑。这时最常犯的错误是混淆了草图、特征和装配体等不同的状态。比如在某零部件的草图状态，想编辑装配体中别的零部件，只有再次单击此按钮，退出零件编辑状态。

1. 插入零部件

要组合一个装配体文件，必须插入需要的零部件。单击【标准】工具栏中的【插入零部件】按钮。系统弹出如图 5.5(a)所示的【插入零部件】属性管理器，单击【保持可见】按钮，用来添加一个或多个零部件，属性管理器不被关闭。如果没有选中该按钮，则每添加一个零部件需要重新启动该管理器。

单击【浏览】按钮，此时系统弹出【打开】对话框，在其中选择需要插入的文件，如图 5.5(b)所示。单击【打开】对话框的【打开】按钮，然后左键单击视图中一点，在合适的位置插入所选择的零部件。

继续插入需要的零部件。零部件插入完毕后，单击属性管理器的【确定】按钮。插入的零部件在设计树中列出，如图 5.5(c)所示。

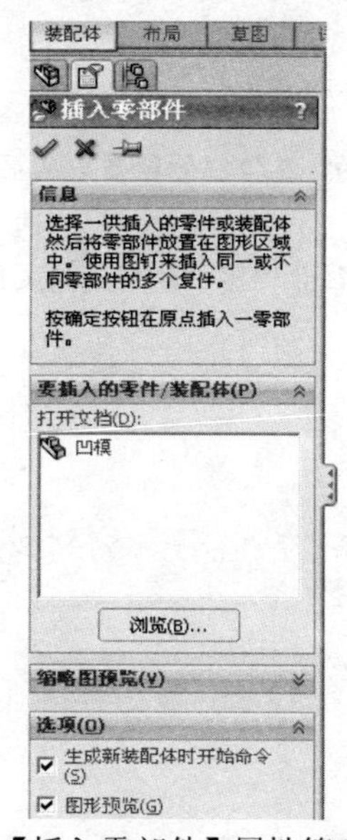

(a)【插入零部件】属性管理器

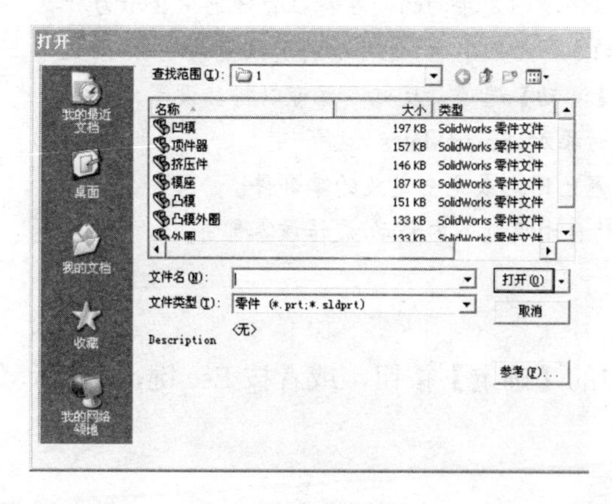

(b) 选择零部件

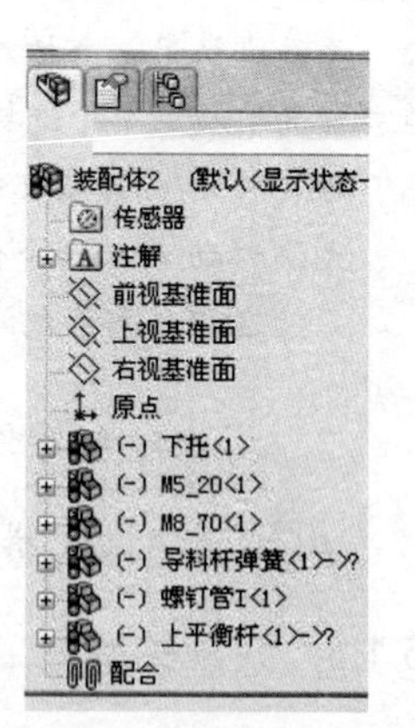

(c) FeatureManager 设计树

图 5.5　插入零部件

2. 移动或旋转零部件

在特征树中，只要前面有“(-)”号，该零件即可被移动或旋转。移动或旋转零部件的操作步骤如下：

执行移动命令，选择【工具】|【零部件】|【移动】/【旋转】菜单命令，或者单击【装配体】工具栏中的【移动零部件】按钮/【旋转零部件】按钮。系统弹出如图 5.6(a)和(b)所示的【移动/旋转零部件】属性管理器。在属性管理器中，选择需要移动或旋转的类型，然后拖动到需要的位置。

在【移动/旋转零部件】属性管理器中，移动/旋转零部件的类型有 5 种类型，分别是：【自由拖动】、【沿装配体 XYZ】、【沿实体】、【由三角形 XYZ】和【到 XYZ 位置】，如图 5.6(c)所示。

(a) 移动零部件

(b) 旋转零部件

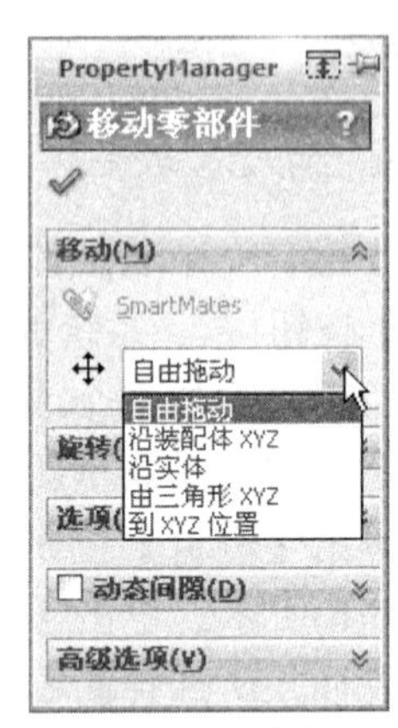

(c) 移动/旋转类型

图 5.6　【移动/旋转零部件】属性管理器

特别提示

第一个插入的零件在装配图中，默认的状态是固定的，即不能旋转和移动的，在特征管理器中的显示为固定。如果不是第一个零件，则是浮动的，在特征管理器中显示为“-”。

系统默认第一个插入的零件是固定的，也可以将其设置为浮动，右键单击特征管理器中的固定的文件，在弹出的快捷菜单中选择【浮动】选项。反之，也可以将其设置为固定状态。

可在移动/旋转零部件时添加 SmartMates。

无法移动/旋转一个位置已固定或完全定义的零部件。

只能在配合关系允许的自由度范围内移动/旋转该零部件。

3. 退出命令操作

单击属性管理器中的【确定】按钮，或者按 Esc 键，取消命令操作。

5.1.3　装配关系

简单的说，装配体是在一个 SolidWorks 文件中两个或多个零件(也称为零部件)的组合，是通过零部件之间几何关系的配合来确定零部件的位置和方向，如重合配合迫使两个平面变成共平面，面可沿彼此移动，但不能分离开；同轴心配合迫使两个圆柱面变成同心，面可沿共同轴移动，但不能从此轴脱开。常用的配合关系如表 5-2 所示。

表5-2　配合关系

类别	名称	示例	说明
基础配合关系	重合		将所选择的面、边线及基准面(它们之间相互组合或与单一顶点组合)定位以使之共享同一无限长的直线
	平行		定位所选的项目使之保持相同的方向，并且彼此间保持相同的距离
	垂直		将所选项目以90度相互垂直定位
	相切		将所选的项目放置到相切配合中(至少有一选择项目必须为圆柱面、圆锥面或球面)
	同轴心		将所选的项目定位于共享同一中心点
	距离		将所选的项目以彼此间指定的距离定位
	角度		将所选项目以彼此间指定的角度定位

5.2　装配体配合

5.2.1　一般配合方式

配合是建立零件间配合关系的方法，配合前应该将配合对象插入到装配体文件中，然后选择配合零件的实体，最后添加合适的配合关系和配合方式。配合的操作步骤如下。

(1) 选择【工具】|【配合】菜单命令，或者单击【装配体】工具栏中的【配合】按钮。

(2) 设置配合类型。

系统弹出如图5.7所示的【配合】属性管理器。在属性管理器的【配合选择】列表框中选择要配合的实体，然后单击【标准配合】中的【配合选择】按钮，此时配合的类型出现在属性管理器的【配合】一栏中。

(3) 确认配合

单击属性管理器中的【确定】按钮✔，配合添加完毕。从【配合】属性管理器中可以看出，一般配合方式主要包括：重合、平行、垂直、相切、同轴心、距离与角度等配合方式。下面分别介绍不同类型的配合方式。

图5.7　【配合】属性管理器

1. 重合

重合配合关系比较常用，是将所选择两个零件的平面、边线、顶点重合，或者平面与边线、点与平面重合。

图5.8(a)所示为配合前的两个零部件。利用前面介绍的配合操作步骤，打开【配合】属性管理器。选择如图5.8(a)所示的平面1和平面2，这时在属性管理器的【配合选择】列表框中会出现选择的面，即“面<1>@link3slide-1”与“面<2>@link1-1”。然后在【标准配合】选项栏中单击【重合】按钮，注意重合的方向，最后单击属性管理器中的【确定】按钮✔，将平面1和平面2添加为【重合】配合关系。同时装配体特征树出现新的配合关系“重合2”，如图5.8(e)所示，配合后的结果如图5.8(f)所示，定义为重合的两个面现在紧密地贴在了一起。这时的两个实体只受到两个面重合的约束，属于欠约束，所以可以保证两重合面保持在同一平面的情况下自由转动。

在装配前，最好将零件对象设置在视图中合适的位置，这样可以达到最佳配合效果，可以节省配合时间。

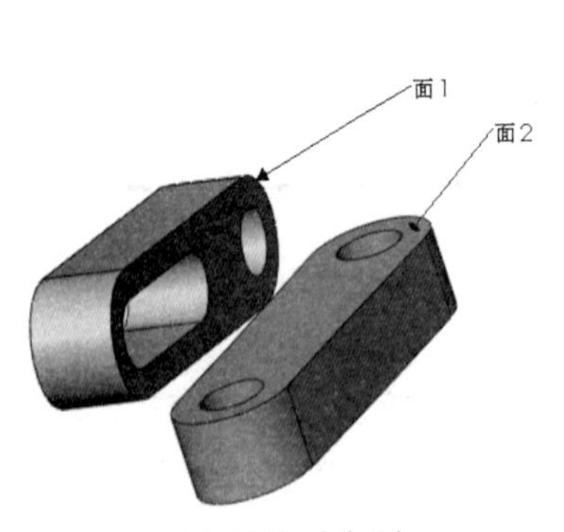

(a) 选择重合面

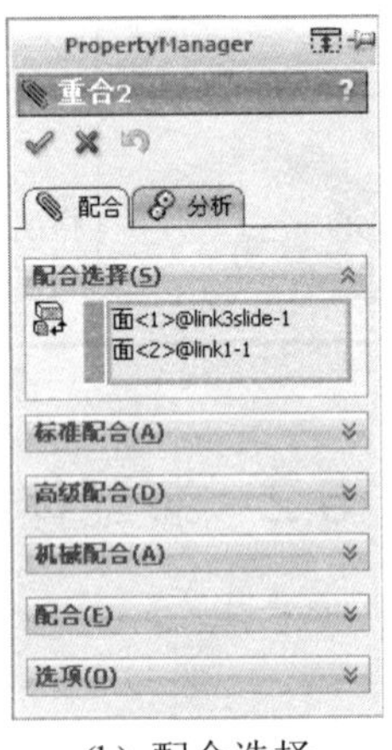

(b) 配合选择

(c) 标准配合选择

图5.8　重合配合

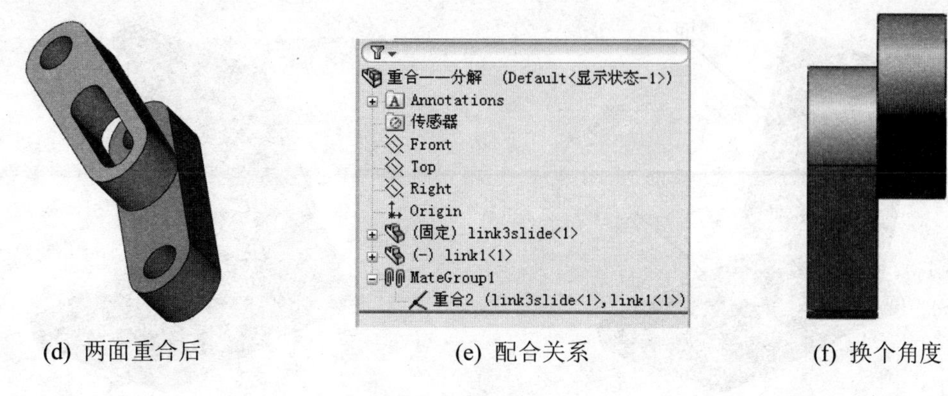

(d) 两面重合后　(e) 配合关系　(f) 换个角度

图 5.8　重合配合(续)

2. 平行

平行也是常用的配合关系，用来定位所选零件的平面或者基准面，使之保持相同的方向，且彼此间保持相同的距离。

图 5.9(a)所示为配合前的两个零部件。利用前面介绍配合操作步骤，在属性管理器的【配合选择】列表框中，选择平面 1 和平面 2，然后单击【标准配合】中的【平行】按钮，单击属性管理器中的【确定】按钮，将平面 1 和平面 2 添加为【平行】配合关系。结果如图 5.9(b)所示。

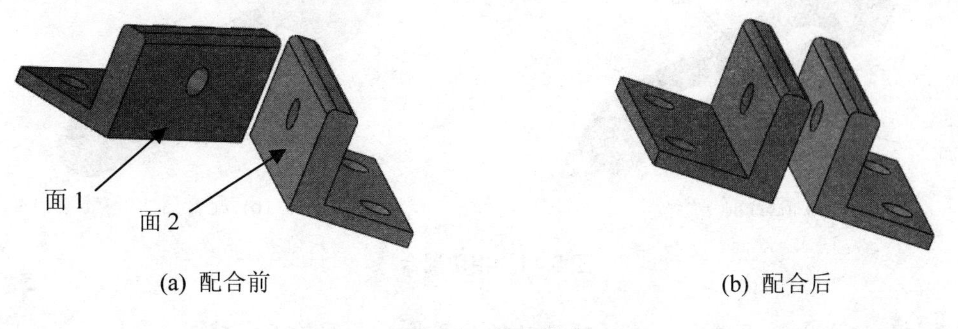

(a) 配合前　(b) 配合后

图 5.9　平行配合

3. 垂直

相互垂直的配合方式用于两零件的基准面与基准面、基准面与轴线、平面与平面、平面轴线和线与轴线的配合。面与面之间的垂直配合，是指空间法向量的垂直配合，并不是平面的垂直配合。

图 5.10(a)所示为配合前的两个零部件。利用前面介绍的配合操作步骤，在属性管理器的【配合选择】列表框中，选择平面 1 和平面 2，然后单击【标准配合】中的【垂直】按钮，单击属性管理器中的【确定】按钮，将平面 1 和平面 2 添加为【垂直】配合关系。结果如图 5.10(b)所示。

4. 相切

相切配合方式用于两零件的圆弧面与圆弧面、圆弧面与平面、圆弧面与圆柱面、圆柱面与圆柱面、圆柱面与平面之间的配合。

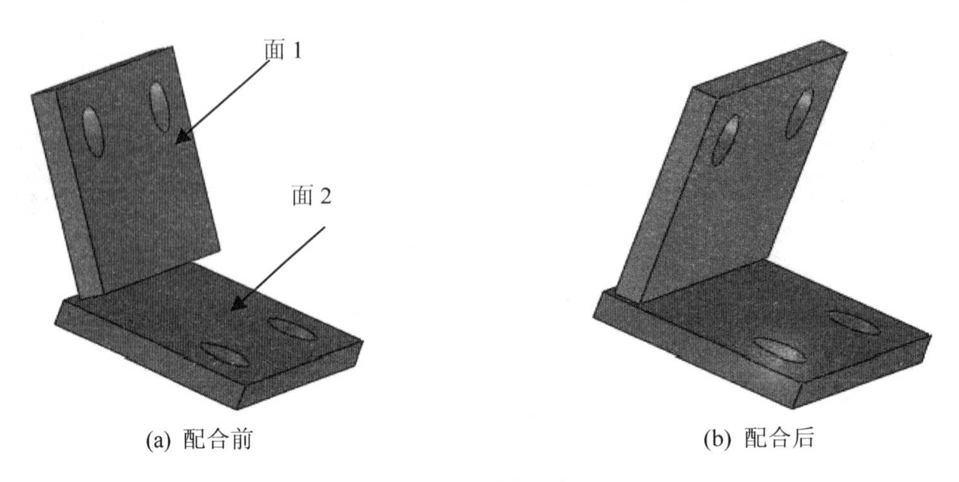

(a) 配合前　　(b) 配合后

图 5.10　垂直配合

图 5.11(a)所示为配合前的两个零部件，连接杆里侧平面 1 和销钉圆柱面 2 为配合的实体面。在【配合】属性管理器的【配合选择】列表框中，选择平面 1 和圆柱面 2，然后单击【标准配合】中的【相切】按钮，单击属性管理器中的【确定】按钮，将圆弧面 1 和圆柱面 2 添加为【相切】配合关系。最后结果如图 5.11(b)所示。

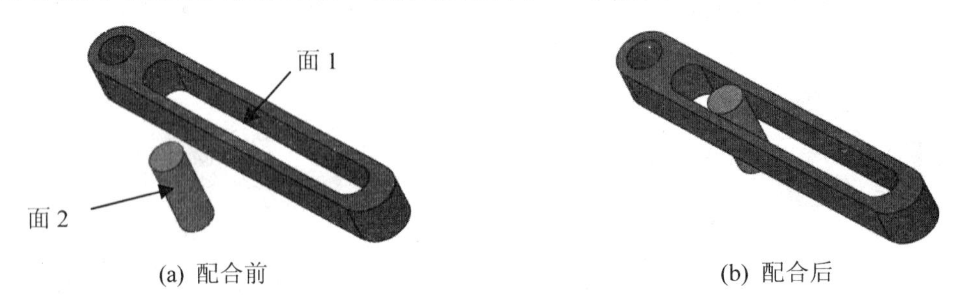

(a) 配合前　　(b) 配合后

图 5.11　相切配合

注意：在相切配合中，至少有一选择项目必须为圆柱面、圆锥面或球面。

5. 同轴心

同轴心配合方式用于两零件的圆柱面与圆柱面、圆孔面与圆孔面、圆锥面与圆锥面之间的配合。

图 5.12(a)为配合前的两个零部件，圆柱面 1 和圆柱面 2 为配合的实体面。在【配合】属性管理器的【配合选择】列表框中，选择圆弧面 1 和圆柱面 2，然后单击【标准配合】中的【相切】按钮，单击属性管理器中的【确定】按钮，将圆弧面 1 和圆柱面 2 添加为【同轴心】配合关系。最后结果如图 5.13(a)所示。

需要注意的是，同轴心配合对齐方式有两种：一是反向对齐，在属性管理器中的按钮是，另一种是同向对齐，图标为。在该配合中系统默认的配合是反向对齐，如图 5.12(b)所示。单击属性管理器中的【同向对齐】按钮，则生成如图 5.13(b)所示的配合图形。

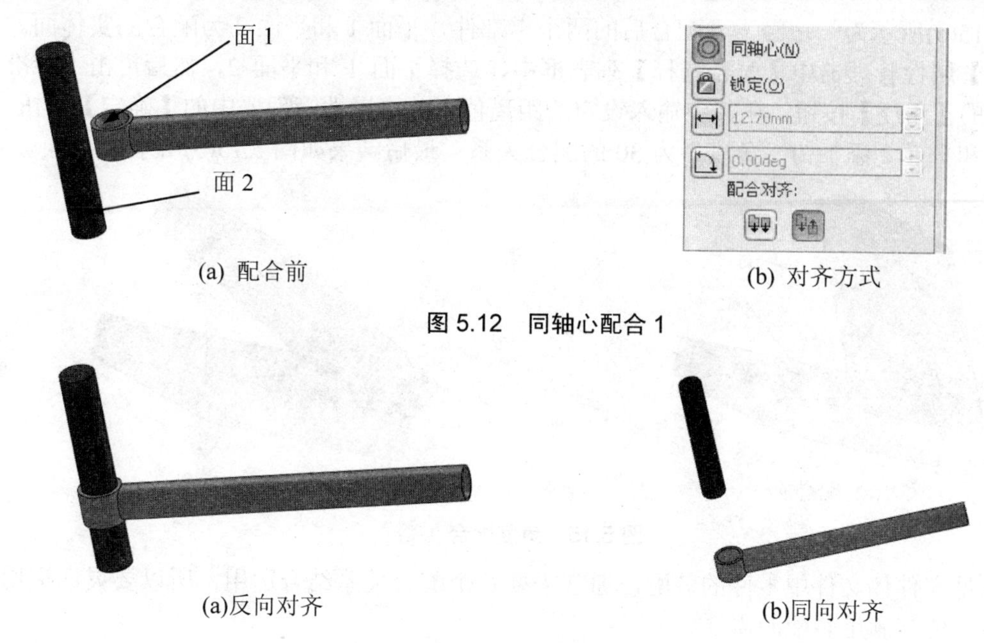

(a) 配合前　　　　(b) 对齐方式

图 5.12　同轴心配合 1

(a)反向对齐　　　　(b)同向对齐

图 5.13　同轴心配合 2

6. 距离

距离配合方式用于两零件的平面与平面、基准面与基准面、圆柱面与圆柱面、圆锥面与圆锥面之间的配合，可以形成平行距离的配合关系。

图 5.14(a)所示为配合前的两个零部件，平面 1 和平面 2 为配合的实体面。在【配合】属性管理器的【配合选择】列表框中，选择平面 1 和平面 2，然后单击【标准配合】中的【距离】按钮，在其中输入设定的距离值，单击属性管理器中的【确定】按钮，将平面 1 和平面 2 添加为“距离”为 60 的配合关系。最后结果如图 5.14(b)所示。

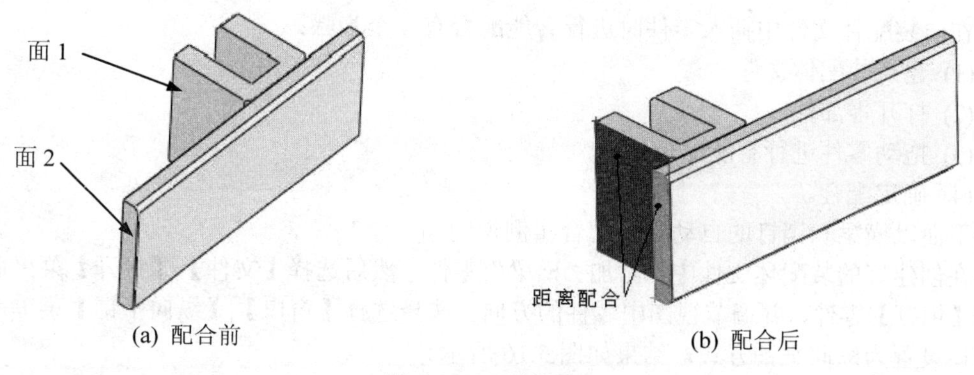

(a) 配合前　　　　(b) 配合后

图 5.14　距离配合

需要注意的是，距离配合对齐方式有两种：反向对齐和同向对齐，要根据实际需要进行设置。

7. 角度

角度配合方式用于两零件的平面与平面、基准面与基准面及可以形成角度值的两实体之间的配合关系。

图 5.15(a)所示为一边经重合配合后的两个零部件，平面 1 和平面 2 为配合的实体面。在【配合】属性管理器中【配合选择】列表框中，选择平面 1 和平面 2，然后单击【标准配合】中的【角度】按钮，在其中输入设定的距离值，单击属性管理器中的【确定】按钮，将平面 1 和平面 2 添加为“角度”为 30 的配合关系。最后结果如图 5.15(b)所示。

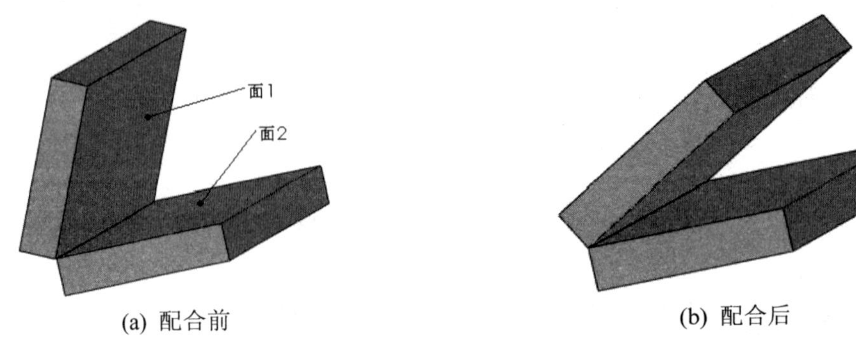

(a) 配合前　　(b) 配合后

图 5.15　角度配合

要满足零件体文件中零件的装配，通常需要几个配合关系结合运用，所以要灵活运用装配关系，使其满足装配的需要。

5.2.2　SmartMates 配合方式

SmartMates 是 SolidWorks 提供的一种智能装配，这是一种快速的装配方式。利用该装配方式，不需要配合属性管理器创建配合，而只要选择需配合的两个对象，系统会分析需要配合的对象，自动进行配合定位。SolidWorks 提供了三种智能的装配方式：插入零件至装配环境时进行智能装配、在装配环境中进行智能装配和智能扣件装配。下面分别介绍不同的智能装配方式。

1. 插入零件至装配环境时进行智能装配

在向装配体文件中插入零件时进行智能配合有 4 个步骤：

(1) 建立装配体文件；

(2) 打开零部件；

(3) 拖动零件进行智能配合；

(4) 确定配合。

下面以横梁和销钉的自动同心配合实例说明。

在创建好的装配体文件中，添加“横梁”零件。然后选择【文件】|【打开】菜单命令，打开【销钉】零件，并调节视图中零件的方向。选择选择【窗口】|【纵向平铺】菜单命令，将窗口设置为纵向平铺方式，结果如图 5.16 所示。

在“销钉”零件窗口中，左键单击销钉的圆柱面，然后拖动零件到装配体文件中。拖动过程中，销钉旁的图标显示为【零部件】。移动鼠标，系统智能判断横梁和销钉之间的配合关系，因为销钉和横梁上的销钉孔可能有同心配合关系。所以移动销钉到销钉孔上时，图标变成【同轴心】配合图标。此时放开鼠标左键，弹出配合关系选择菜单，销钉呈透明状态，配合关系的缺省选项为【同心】，鼠标单击【确定】按钮✔即可完成智能装配，如图 5.17(a)和(b)所示。此时打开装配体文件的配合关系，可以看到横梁与销钉之间已经建立【同心】的配合，如图 5.17(c)所示。

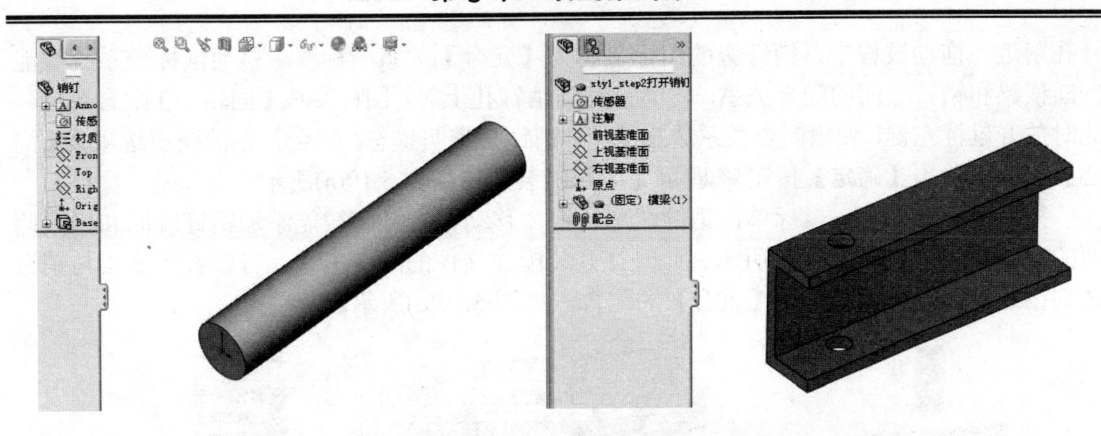

图 5.16　纵向平铺显示装配体和销钉零件

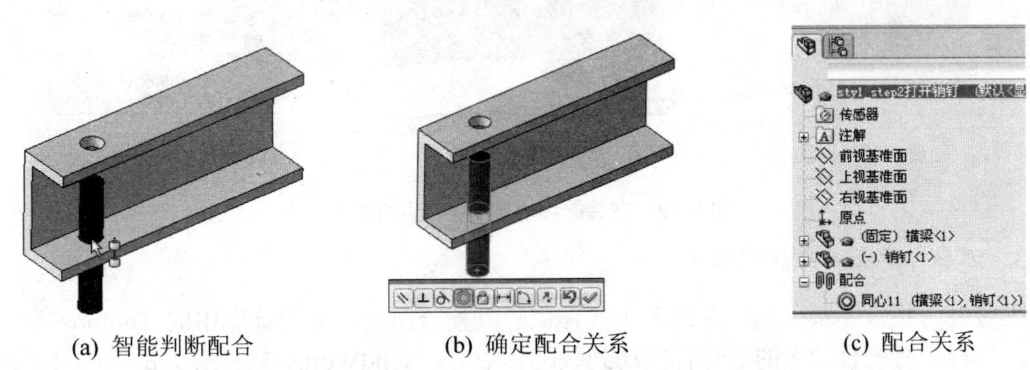

(a) 智能判断配合　　(b) 确定配合关系　　(c) 配合关系

图 5.17　插入零件时智能装配销钉

2. 在装配环境中进行智能装配

在该装配方式中，参与装配的文件已插入到装配体文件中，然后利用智能装配功能，添加配合关系。同样用横梁和销钉的配合关系作为实例，不过增加了平面重合的配合关系。本例的操作过程包括 3 个步骤：

(1) 建立装配体文件并插入销钉零部件；

(2) 智能装配同心配合；

(3) 智能装配重合配合。

在创建好的装配体文件中，添加【横梁】零件和【销钉】零件，如图 5.18 所示。

图 5.18　插入横梁和销钉的配体

按住键盘上的 Alt 键，同时鼠标左键单击销钉的圆柱面，然后拖动销钉到横梁上的销钉孔附近。拖动过程中，销钉旁的图标显示为【配合】关系图标。移动鼠标，系统智能判断横梁和销钉之间的配合关系。移动销钉到销钉孔上时，图标变成【同轴心】配合图标。此时放开鼠标左键，弹出配合关系选择菜单，销钉呈透明状态，配合关系的缺省选项为【同心】，鼠标单击【确定】按钮即可完成智能装配，如图 5.19(a)所示。

采用同样的方法，鼠标单击销钉端部边线，移动销钉可以智能添加销钉端面和横梁侧面的重合关系，如图 5.19(a)所示。此时打开装配体文件的配合关系，可以看到横梁与销钉之间已经建立【同轴心】和【重合】的配合，如图 5.19(c)所示。

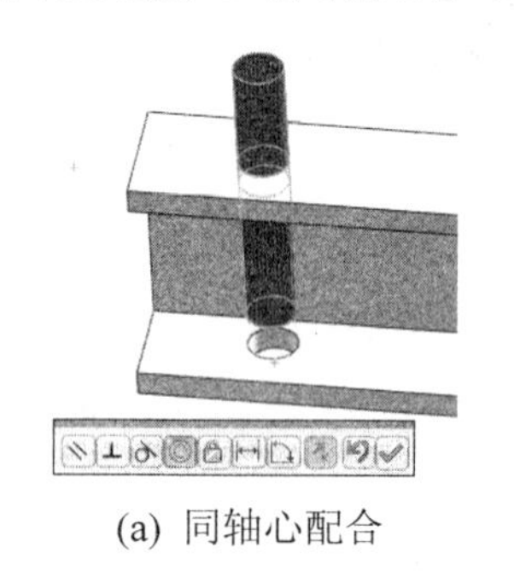

(a) 同轴心配合

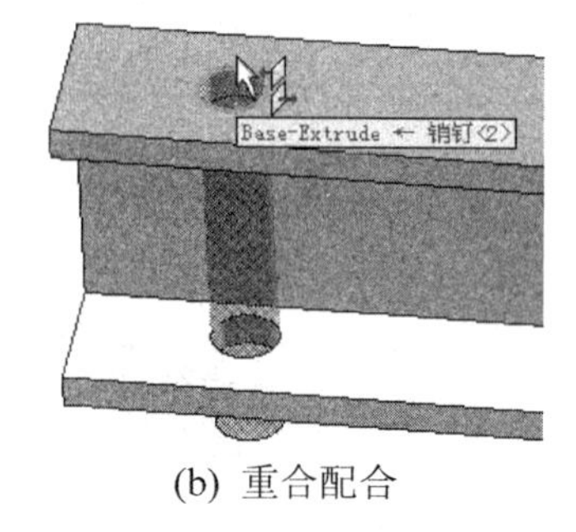

(b) 重合配合

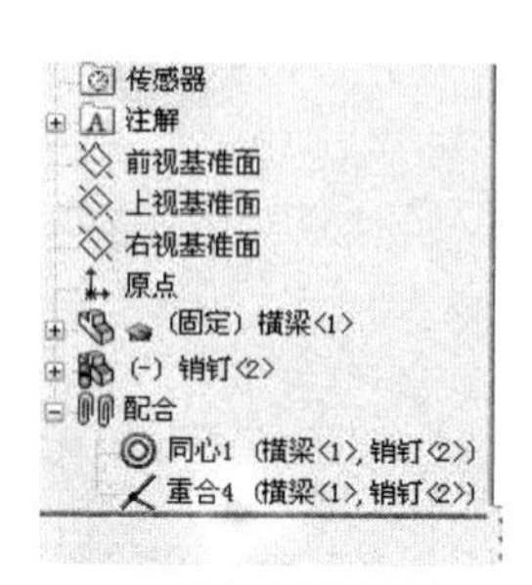

(c) 智能配合结果

图 5.19　在装配环境中智能装配销钉

3. 添加有配合参考的零部件

配合参考指定零部件的一个或多个实体供自动配合所用，如设计库中的 Toolbox 智能扣件。当将带有配合参考的零部件拖动到装配体中时，SolidWorks 软件会尝试查找具有同一配合参考名称与配合类型的其他组合。如果名称相同，但类型不匹配，软件将不会添加配合。

本实例中用到的技术：设计库、Toolbox、SmartMates。

激活 SolidWorks Toolbox 的步骤是：单击【工具】|【插件】，从已安装的兼容软件产品清单内选择 SolidWorks Toolbox 和 SolidWorks Toolbox Browser。系统菜单中增加了 Toolbox 的两个下拉菜单：附带硬件菜单和配置菜单，如图 5.20(a)所示。

Toolbox 工具箱包括标准零件库，与 SolidWorks 合为一体。Toolbox 数据包含所支持标准的主零件文件和有关扣件大小及配置信息的数据库。可以根据用户的需要配置 Toolbox，如图 5.20(b)为配置了 GB 和 ISO 标准件库的 Toolbox。此处的设计库可以通过选择菜单【视图】|【任务窗格】激活。

(a) 菜单

(b) Toolbox 使用

图 5.20　Toolbox 菜单及在设计库中的位置

在 Toolbox 中，可以选择要添加的零件类型，然后将零部件拖动到装配体中。可以自定义 SolidWorks Toolbox 零件库，使之包括用户常用的标准或零件。

下面用实例说明采用 Toolbox 工具箱进行智能支配的步骤。

在新建的装配体文件中，添加一带销孔的横梁。打开任务窗格中的设计库。打开 Toolbox 中的国际标准件库【ISO】ISO |【销钉】|【叉杆类销钉】。拖动带头叉杆销至装配体界面，如图 5.21(a)所示。在横梁的销孔附近拖动此带头叉杆销，系统自动分析判断销和销孔之间的配合关系。完全配合后，放开鼠标，即完成智能配合，如图 5.21(b)和(c)所示。打开装配体的配合关系，可以看到横梁与销钉之间的配合关系为销钉体圆柱面和销钉孔面之间的同轴心配合、横梁侧面与销钉头下表面之间的重合关系，如图 5.21(d)所示。

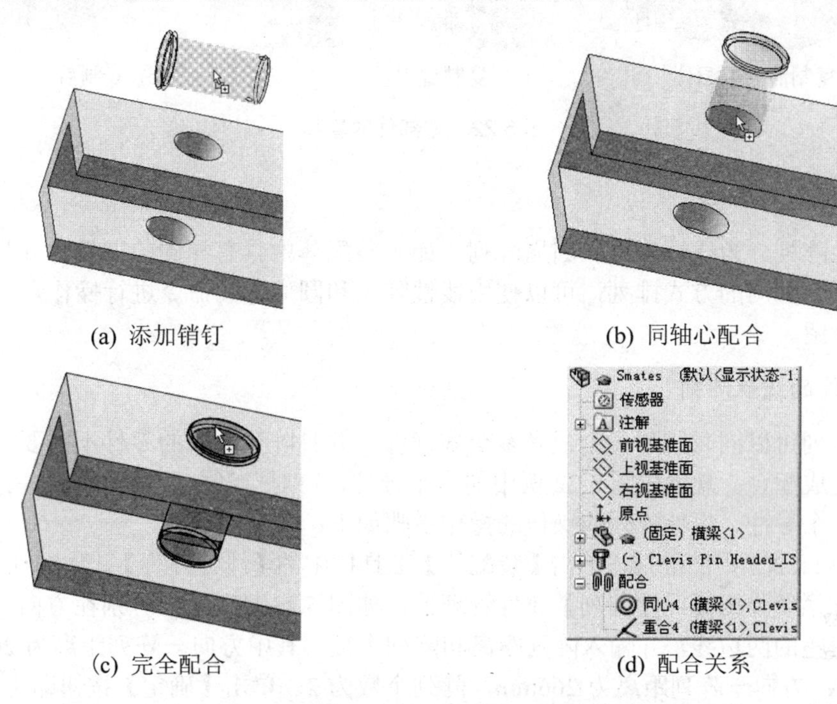

(a) 添加销钉　(b) 同轴心配合

(c) 完全配合　(d) 配合关系

图 5.21　Toolbox 结合 SmartMates 添加零件

5.3　零件的复制、阵列与镜向

在同一个装配体中可能存在多个相同的零件，在装配时可以不必重复地插入零件，而是用复制、阵列或者镜向的方法，快速完成具有规律性的零件的插入和装配。

5.3.1　零件的复制

SolidWorks 可以复制已经在装配体文件中存在的零部件，下面将介绍复制零部件的操作步骤。图 5.22(a)为一套模具的上模座与导柱的装配体，上模座上还有三个导柱孔，需要添加三个导柱。而需要添加的导柱与已经添加配合好的导柱是同一个零件，这时，不需要重新打开此零件文件进行添加，只需要在当前的装配体界面中进行复制即可。复制的过程如下：

按住 Ctrl 键，在特征管理器中选择需要复制的零部件即导柱，然后拖动到图中需要的位置，如图 5.22(b)所示。先后放开鼠标和 Ctrl 键，即完成导柱的复制。此时的特征管理器如图 5.22(c)，对照复制前后两个特征管理器发现：复制后的零部件列表里多了一个导柱。其他两个导柱可以采用同样的复制方法添加。

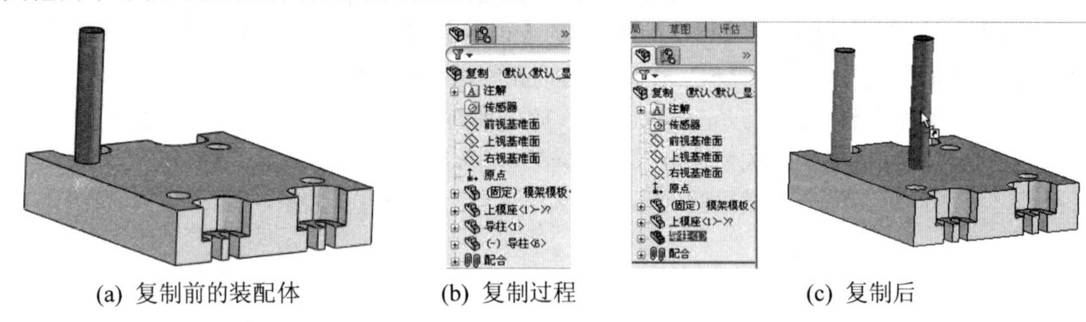

(a) 复制前的装配体　(b) 复制过程　(c) 复制后

图 5.22　零部件的复制

5.3.2　零件的阵列

零件的阵列分为线性阵列和圆周阵列。如果装配体中具有相同的零件，并且这些零件按照线性或者圆周的方式排列，可以使用线性阵列和圆周阵列命令进行操作。下面将结合实例进行介绍。

1. 零件的线性阵列

线性阵列可以同时阵列一个或者多个零部件，并且阵列出来的零件不需要再添加配合关系即可完成配合。欲生成图 5.22 例中的多个导柱，可对已经装配好的导柱进行线性阵列即可添加多个导柱。线性阵列的操作的操作步骤如下：

选择图 5.22(b)中的导柱，单击【装配体】工具栏中的【线性阵列】，如图 5.23(a)所示。SolidWorks 系统弹出【线性阵列】属性管理器，如图 5.23(b)所示。分别在方向一和方向二中选择上模座的两边线，并输入阵列距离和阵列个数。其中方向一阵列距离为 260mm，阵列个数为 2；方向一阵列距离为 266mm，阵列个数为 2。单击【确定】按钮即可完成阵列。阵列后的装配体和特征管理器如图 5.23(c)所示。

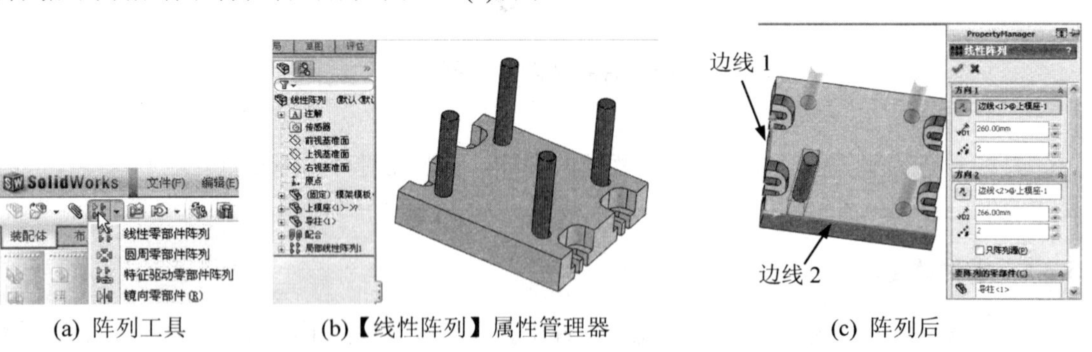

(a) 阵列工具　(b)【线性阵列】属性管理器　(c) 阵列后

图 5.23　线性阵列

注意：在【线性阵列】属性管理器中的“阵列方向”【方向 1】一栏中，单击【方向】按钮可以对方向 1 取反方向。在【要阵列的零部件】列表框中，显示为“导柱<1>”。

2. 零件的圆周阵列

零件的圆周阵列与线性阵列类似，只是需要一个进行圆周阵列的轴线。圆周阵列零件操作步骤如下。

图 5.24(a)中所示的小端盖上需要添加多个 M20 螺栓，可由 Toolbox 中添加一个螺栓，其他几个螺栓在端盖上成均匀的圆周排列，这时可以采用【圆周阵列】工具实现其余三个螺栓的添加。选择【插入】|【零部件阵列】|【圆周阵列】菜单命令，系统弹出如图 5.24(b)所示的【圆周阵列】属性管理器。在【参数】一栏中，选择端盖外轮廓为圆周阵列方向；在【要阵列的零部件】一栏中，选择 M20 螺栓，阵列个数输入“4”，选【中等间距】阵列。单击【确定】按钮，即可完成螺栓的圆周阵列，最后结果如图 5.24(c)所示。此时装配体文件的特征管理器中出现局部圆周阵列 1，包括三个 M20 螺栓。

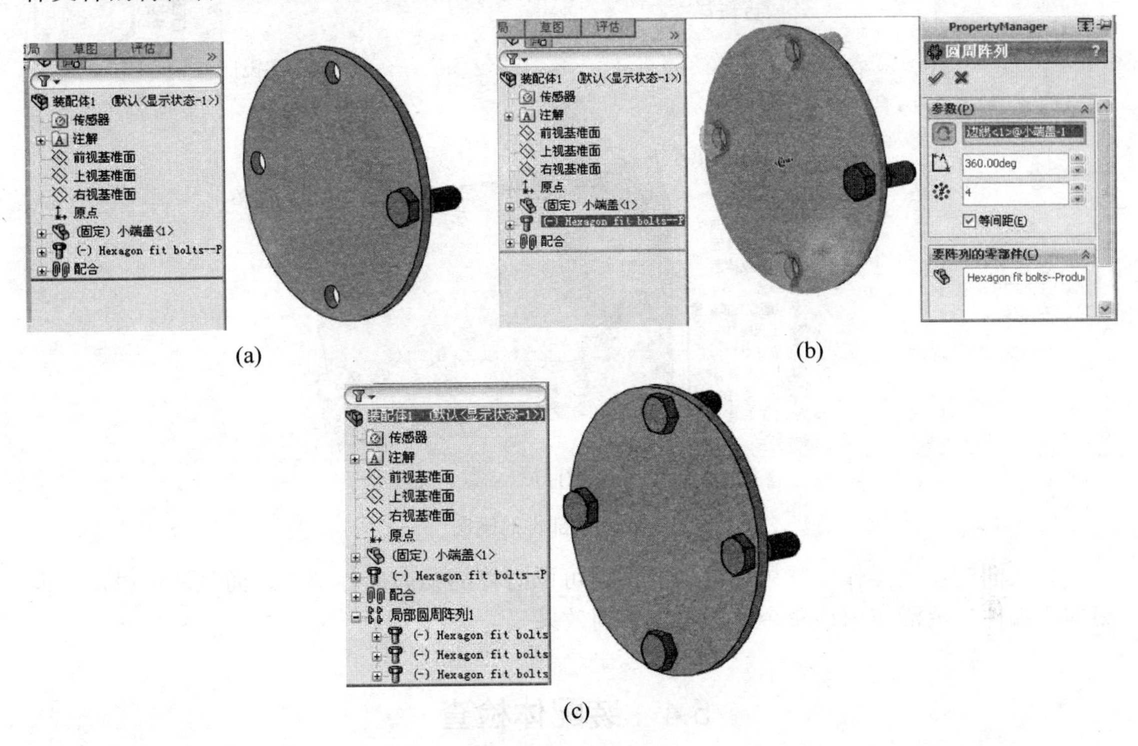

(a)　　　　(b)

(c)

图 5.24　圆周阵列

5.3.3　零件的镜向

装配体环境下的镜向操作与零件设计环境下的镜向操作类似。在装配体环境下，有相同或对称的零部件时，可以使用镜向零部件操作来完成。镜向零件的操作步骤如下。

第一次镜向圆柱零件。

打开【镜向零部件】属性管理器，如图 5.25(a)所示，在【镜向基准面】中选择【前视】基准面作为第一次镜向的基准面；在【要镜向的零部件】中选择导柱。单击【确定】按钮，零件镜向完毕，图 5.25(b)中的第二个导柱就是进行第一次镜向后添加的导柱零部件。

对第一次镜向后的两根导柱进行同样的镜向可以添加另外两根导柱，如图 5.25(b)所示。打开【镜向零部件】属性管理器，在【镜向基准面】中选择【右视】基准面；在【要镜向的零部件】中选择两个导柱。单击属性管理器中的【确定】按钮，零件镜向完毕，结果如图 5.25(c)所示，此时装配体文件的特征管理器中增加了三个导柱零部件。

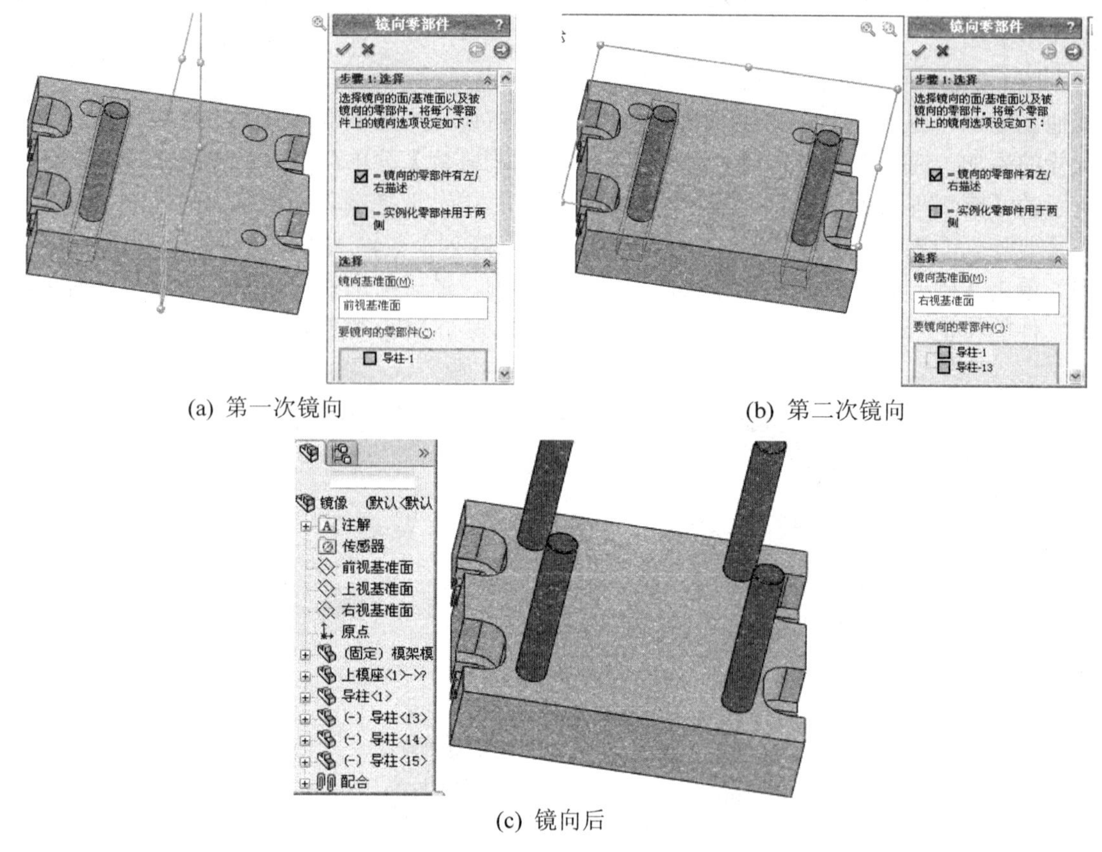

(a) 第一次镜向　　(b) 第二次镜向

(c) 镜向后

图 5.25　零部件的镜向

从上面的实例操作步骤可以看出，不但可以对称的镜向原零部件，而且还可以反方向镜向零部件，灵活应用该命令才可实现不同效果。

5.4　装配体检查

装配体检查主要包括碰撞测试、动态间隙、体积干涉检查及装配体统计等，用来检查装配体各个零部件装配后装配的正确性、装配信息等。

5.4.1　碰撞测试

在装配体环境下，移动或者旋转零部件时，SolidWorks 提供了其与其他零部件的碰撞检查。在进行碰撞测试时，零件必须做适当的配合，但是不能完全限制配合，否则零件无法移动。

【物资动力】是碰撞检查中的一个选项，使用【物资动力】复选框时，等同于向被撞零部件施加一个碰撞力。碰撞测试的具体操作步骤如下。

1. 碰撞检查设置

图 5.26(a)中所示为碰撞测试用的挤压模装配体，凹模、凸模和顶件器之间已经设定为【同轴心】配合方式。现要检查此装配体，为了让读者更清晰地观察装配情况及碰撞测试结果，采用剖面视图工具把装配体沿对称面剖开。如图 5.26(b)所示选择凸模的对称面作为剖视面把装配体剖开显示，可以清楚地看到装配体中各零部件之间的配合关系。

使用技巧

激活剖面视图工具的方法是【视图】菜单 |【工具栏】|【视图】 |【剖面视图】。

进行凸模和顶件器之间的碰撞测试，首先单击【装配体】工具栏中的【移动零部件】按钮，或者【旋转零部件】按钮，系统弹出【移动零部件】或者【旋转零部件】属性管理器，在【选项】中选中【碰撞检查】及【碰撞时停止】复选框，则碰撞时零件会停止运动；在【高级选项】中选中【高亮显示面】及【声音】复选框，则碰撞时零件会亮显并且计算机会发出碰撞的声音。碰撞检查时的设置如图 5.26(c)所示。

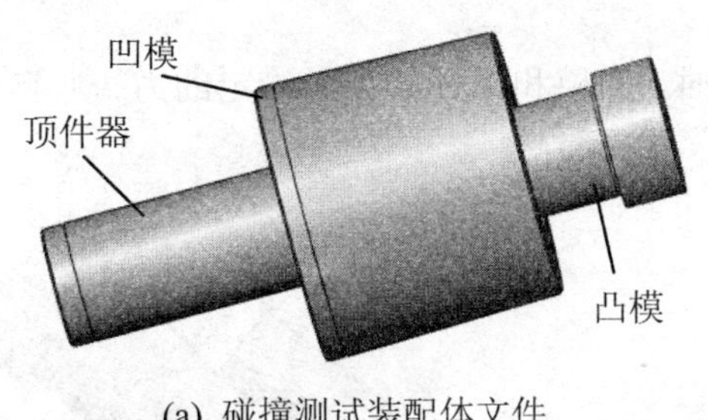

(a) 碰撞测试装配体文件

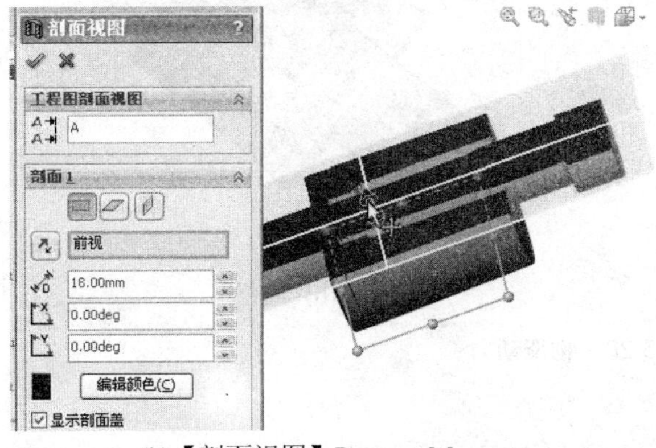

(b)【剖面视图】PropertyManager

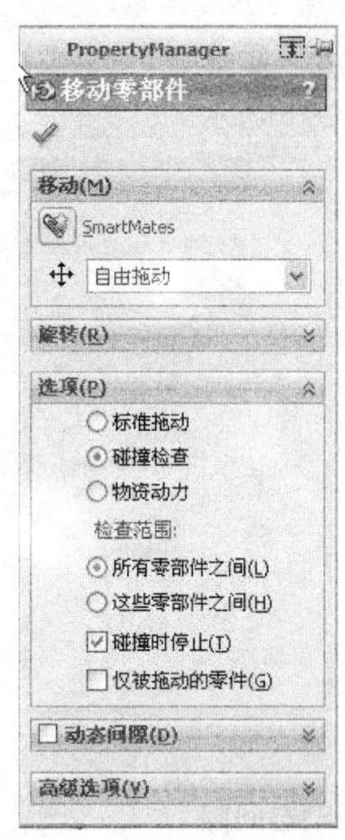

(c) 碰撞检查时的设置

图 5.26　装配体的碰撞测试

2. 碰撞检查

拖动凸模向顶件器移动，在碰撞到顶件器时，顶件器会停止运动，同时顶件器会亮显，如图 5.27 所示。

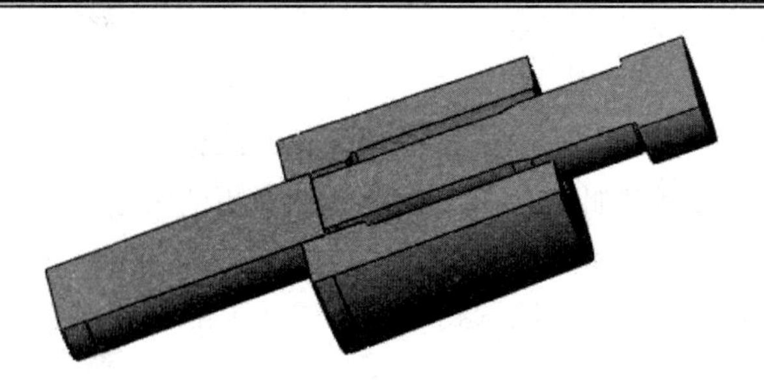

图 5.27 装配体的检查

3. 物资动力设置

在【移动零部件】或者【旋转零部件】属性管理器中，在其【选项】中选中【物资动力】复选框，下面的【敏感度】工具条可以调节施加的力，如图 5.28(a)所示。在【高级选项】中选中【高亮显示面】及【声音】复选框，则碰撞时零件会高亮显示并且计算机会发出碰撞的声音。

4. 物资动力检查

拖动凸模向顶件器移动，在碰撞顶件器时，凸模和顶件器会以给定的力一起向前运动，如图 5.28(b)所示。

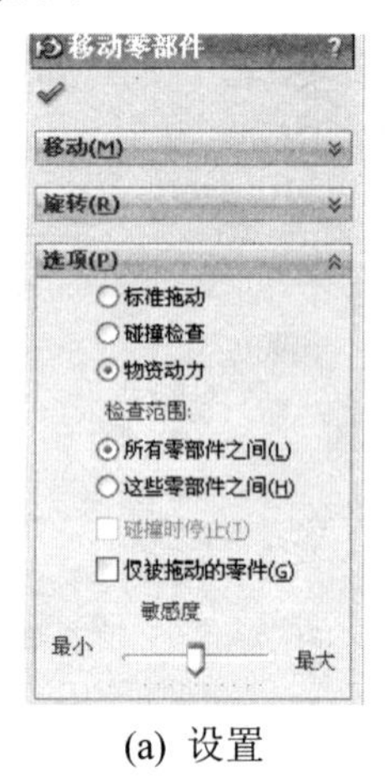

(a) 设置

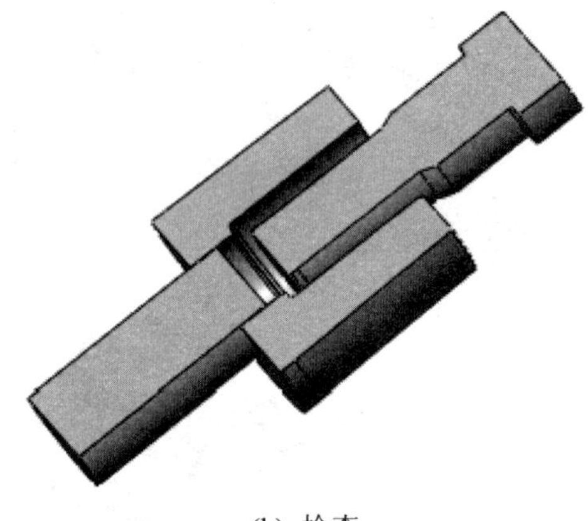

(b) 检查

图 5.28 物资动力

5.4.2 动态间隙

【动态间隙】用于在零部件移动过程中，动态显示两个设置零部件间的距离。

使用上一节的挤压模装配体作为检查对象。单击【装配体】工具栏中的【移动零部件】按钮。系统弹出【移动零部件】属性管理器，选中【动态间隙】复选框。在【检查间隙范围】一栏中选择【凸模】和【顶件器】，被选中的【凸模】和【顶件器】亮显。然后单击【恢复拖动】按钮，并拖动凸模向顶件器移动，这时凸模和顶件器之间的距离会实时的改变，如图 5.29 所示。

动态间隙设置时，在【指定间隙停止】一栏中输入的值，用于确定两零件之间停止的距离，当两零件之间的距离为该值时，零件就会停止运动。

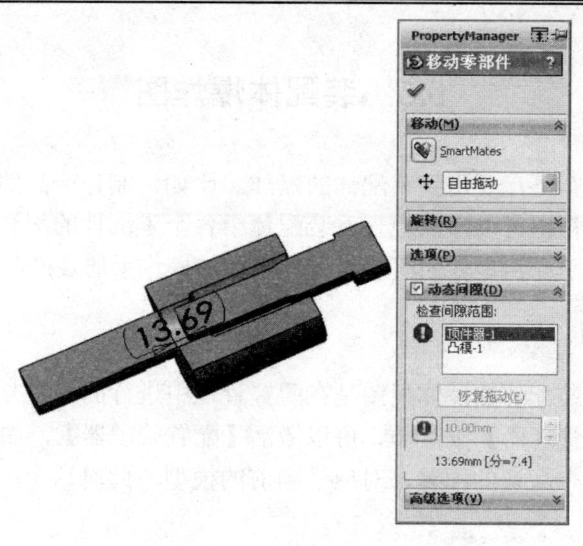

图 5.29　动态间隙检查

5.4.3　体积干涉检查

在一个复杂的装配体文件中，直接判断零部件是否发生干涉是比较困难的。SolidWorks 提供了体积干涉检查工具，利用该工具可以方便地在零部件之间进行干涉检查，查看发生干涉的体积。

在挤压模装配体中，凸模和顶件器之间的装配是否发生体积重合，可以进行体积干涉的检查。

选择【工具】|【干涉检查】菜单命令，此时系统弹出【干涉检查】属性管理器。系统自动选择当前要检查的装配体作为检查对象，单击属性管理器中的【计算】按钮，挤压模装配体中发生干涉的部分被高亮显示，如图 5.30 所示。如选中【零部件视图】，可以查看发生干涉的部分及干涉体积。

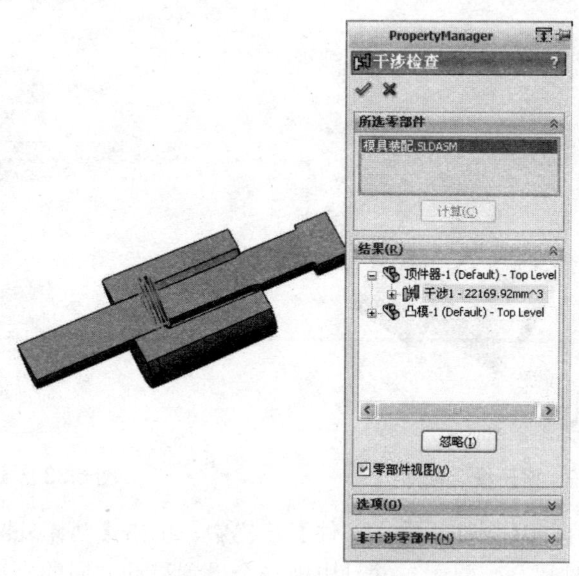

图 5.30　体积干涉检查

5.5　装配体爆炸图

在一些特定的场合下，要用到装配体的爆炸。比如，制作产品的装配工艺，制作产品的维修手册等。爆炸视图可以形象地查看装配体中各个零部件的配合关系，常被称为系统立体图。爆炸通常用于介绍零件的组装流程、仪器的操作手册及产品使用说明书中。

5.5.1　生成爆炸视图

SolidWorks 管理装配体的爆炸视图是在配置管理中进行的。单击打开 SolidWorks 装配体窗口左边的【配置管理器】按钮，可以激活【配置管理器】，如图 5.31 所示。在【配置管理器】中存在一个默认的配置，对应于当前的模型，此时这个配置还没有添加任何装配体配置的原始模型。

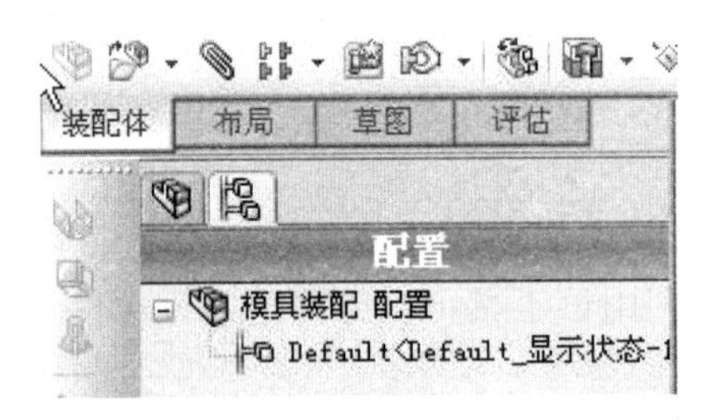

图 5.31　装配体【配置管理器】

爆炸视图可以在【配置管理器】中手工添加。打开挤压模的【模具装配】装配体文件，特征管理器如图 5.32 所示。选择【插入】→【爆炸视图】菜单命令，或单击【装配体】工具栏中的【爆炸视图】按钮，此时系统弹出如图 5.33 所示的【爆炸】属性管理器。单击属性管理器的【爆炸步骤】|【设定】及【选项】各复选框右上角的箭头，可以进行更多的设置。

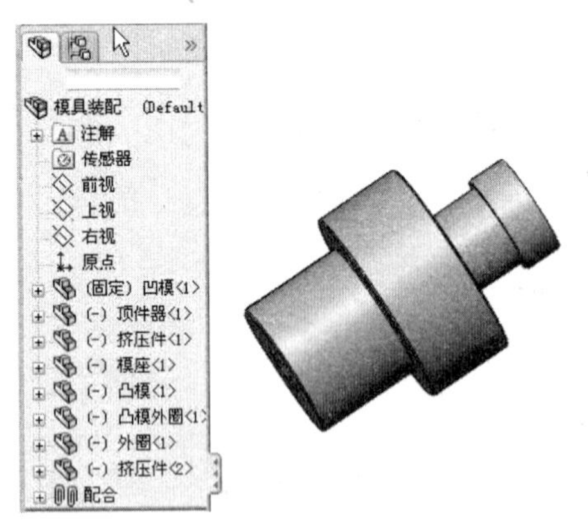

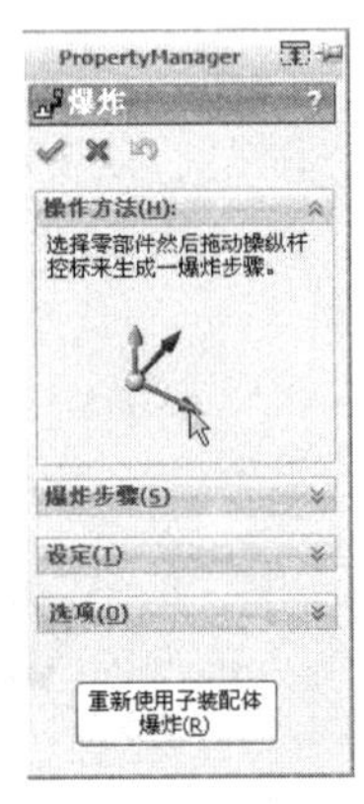

图 5.32　挤压模装配体　　　　图 5.33　【爆炸】属性管理器

在【设定】面板中的【爆炸步骤零部件】一栏中，单击【凸模外圈】零件，此时模具装配体中的被选中的零件以高亮显示，并且出现一个设置移动方向的坐标，如图 5.34(a)所示。

单击坐标的某一方向，确定要爆炸的方向，然后在【设定】面板中的【爆炸距离】中输入爆炸的距离值，如图 5.34(b)所示。爆炸距离也可以采用拖动要爆炸的零部件来定义，如图 5.34(c)所示。

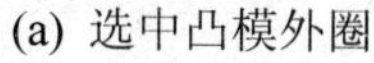

(a) 选中凸模外圈

(b) 输入爆炸距离

(c) 拖动零部件

图 5.34 凸模外圈的爆炸视图设置

单击【设定】面板中的【应用】按钮，观测视图中预览的爆炸效果，单击【反向】按钮，可以反方向调整爆炸视图。单击【完成】按钮，第一个零件凸模外圈的爆炸完成，结果如图 5.35(a)所示。在【爆炸步骤】中生成【爆炸步骤 1】及爆炸的零部件，如图 5.35(b)所示。

(a) 爆炸结果图

(b) 爆炸步骤

图 5.35 第一个零件的爆炸

重复上述步骤，将其他零部件的爆炸，生成的爆炸视图如图 5.36(a)所示。爆炸视图的爆炸步骤如图 5.36(b)所示。

(a) 爆炸结果图

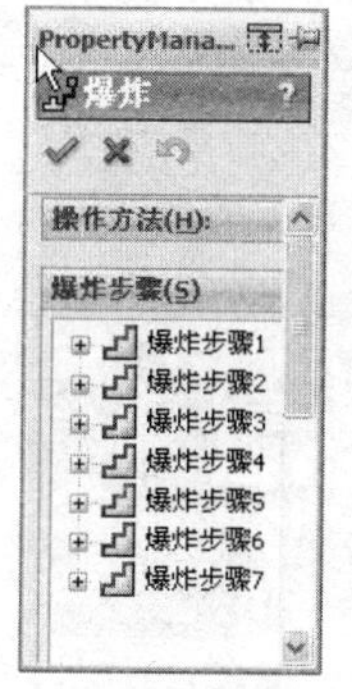

(b) 爆炸步骤

图 5.36 最终爆炸视图

特别提示

在生成爆炸视图时，建议对每一个零件在每一个方向上的爆炸设置为一个爆炸步骤。如果一个零件需要在三个方向上爆炸，建议使用三个爆炸步骤，这样可以很方便地修改爆炸视图。

5.5.2　编辑爆炸视图

装配体爆炸后，可以利用【爆炸】属性管理器进行编辑，也可以添加新的爆炸步骤。编辑爆炸视图的操作步骤如下。

对前面生成的爆炸视图，打开如图 5.37 所示的【爆炸】属性管理器。右键单击【爆炸步骤】面板中的【爆炸步骤 1】，在弹出的快捷菜单中选择【编辑步骤】选项，如图 5.37 所示。此时可以修改【爆炸步骤 1】在【设定】面板中的参数。或者拖动视图中要爆炸的零部件，然后单击【完成】按钮，即可完成对爆炸视图的修改。在【爆炸步骤 1】的右键快捷菜单中单击【删除】选项，该爆炸步骤就会被删除。

图 5.37　编辑爆炸视图

5.6　综合应用案例

图 5.38(a)为一夹钳装配体，其组成部分如图 5.38(b)所示，组成零件分别为夹钳体、活塞杆、上压条、下压条、缸盖及贴块组成。

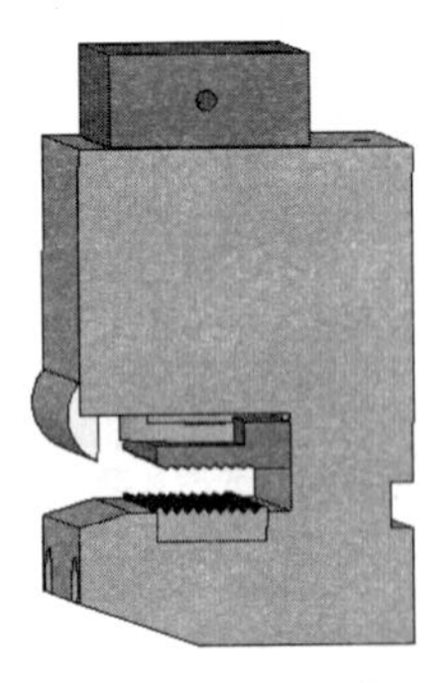

(a) 夹钳装配体

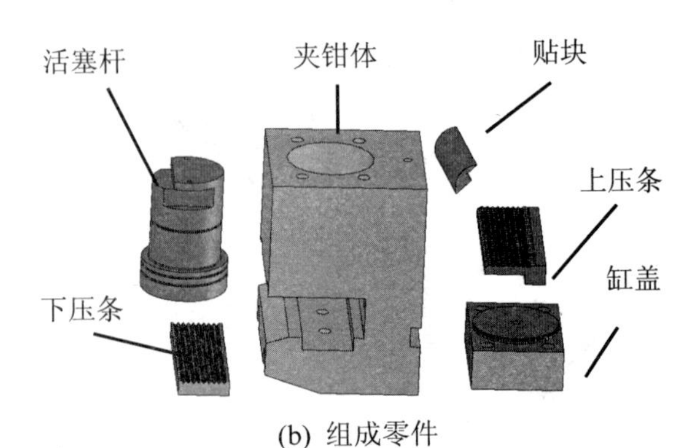

(b) 组成零件

图 5.38　综合实例用装配体

建模步骤及思路分析见表 5-3。

表 5-3　综合应用案例建模思路与步骤

步骤序号	方法	结果示意图	步骤序号	方法	结果示意图
1	导入零件		4	下压条零件装配	
2	活塞杆装配		5	油缸盖装配	
3	上压条零件装配		6	贴块零件装配	

具体装配过程详解如下：

1. 导入零件

新建装配体文件，导入以上部件，将夹钳体定义为固定零件，如图 5.39(a)所示。将上述零件全部导入后，通过对单个零件进行移动或旋转来调整各自的相对位置，便于后面进行装配。旋转零件按钮可以在【装配体】工具栏中找到。导入后的零件可通过特征树进行验证，本例中零件全部导入后特征树显示为如图 5.39(b)所示。

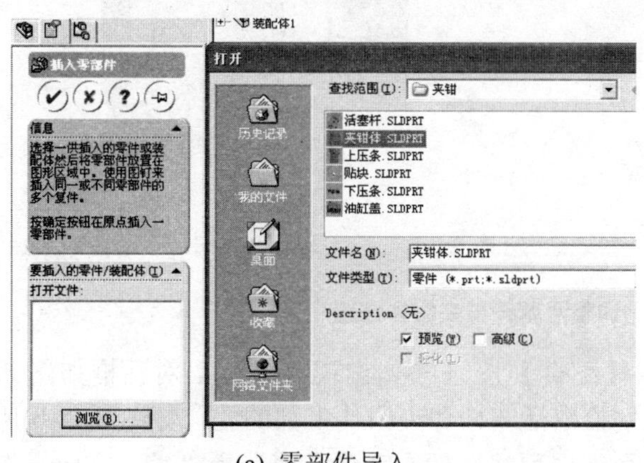

(a) 零部件导入　　　　(b) 特征树中的导入零件

图 5.39　零部件导入

特别提示

也可以不将所有零件同时导入，尤其是当装配件比较复杂时，先将需要固定的零件导入后，装配一个零件，导入一个零件。

2. 活塞杆装配

使用技巧

为使视图更加清晰，界面只显示需要配合的两个零件，将其他零件进行隐藏，如图 5.40(a)。操作方式为：选中零件，按下鼠标右键，选择【隐藏】。本例中首先进行活塞杆和夹钳体的装配，零件隐藏后如图 5.40(b)所示。

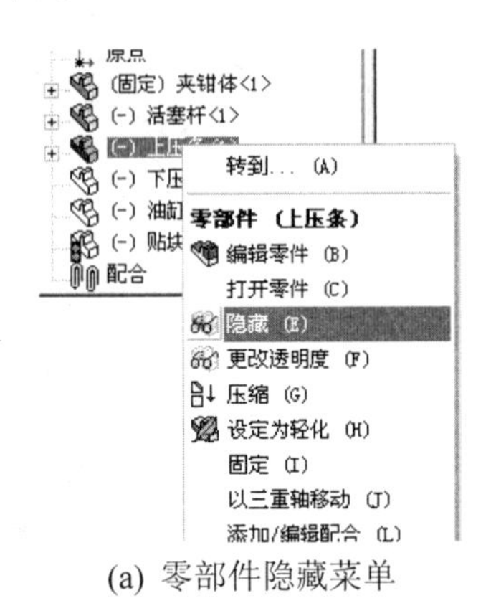

(a) 零部件隐藏菜单

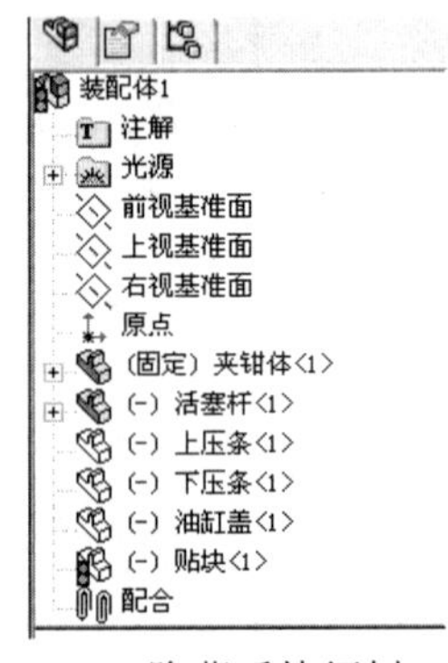

(b) 隐藏后特征树

图 5.40　零件隐藏

在进行装配前对非固定零件进行位置粗调，使其接近装配位置和方位，调整前后如图 5.41 所示。

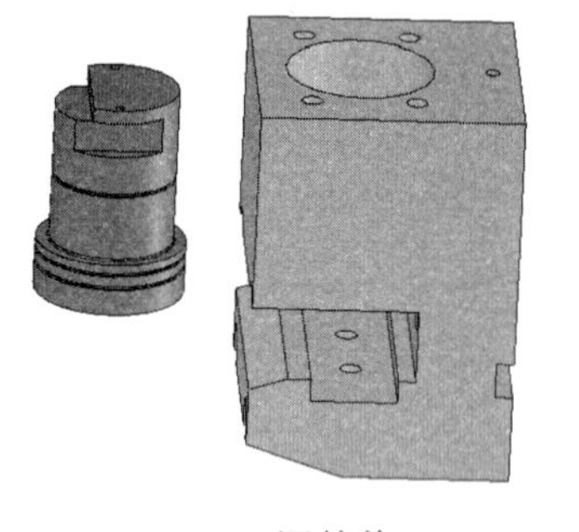
(a) 调整前

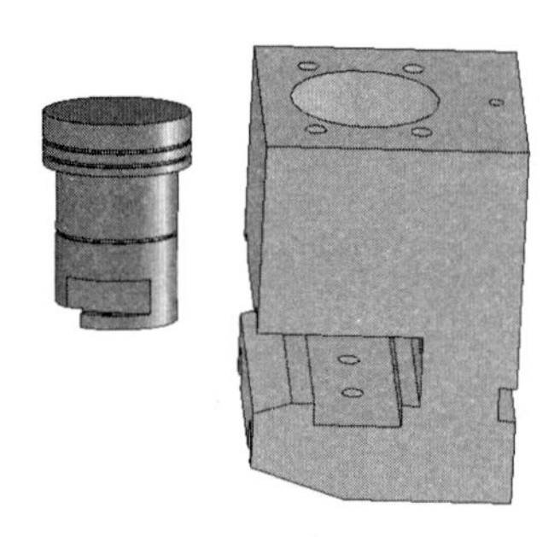
(b) 调整后

图 5.41　调整活塞杆与夹钳体位置

在【装配体】工具栏中左键选取【配合】按钮，出现【装配】对话框如图 5.42(a)所示。选取【同轴心】选项，然后分别拾取活塞杆和夹钳体上部的孔，如图 5.42(b)所示。此时出现快捷方式图标，确认装配关系无误后，鼠标右键确定或选择“☑”完成操作，同轴心装配如图 5.42(c)所示。

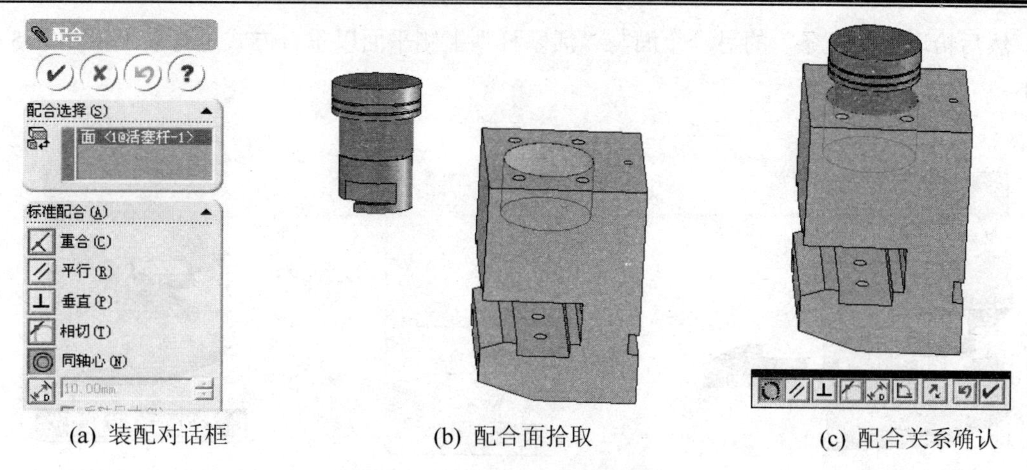

(a) 装配对话框　　(b) 配合面拾取　　(c) 配合关系确认

图 5.42　活塞杆与夹钳体的装配

装配完成后特征树中列出刚刚完成的装配类型，如图 5.43 所示。由于活塞杆需要进行上下运动，因此上下方向不再进行装配约束。

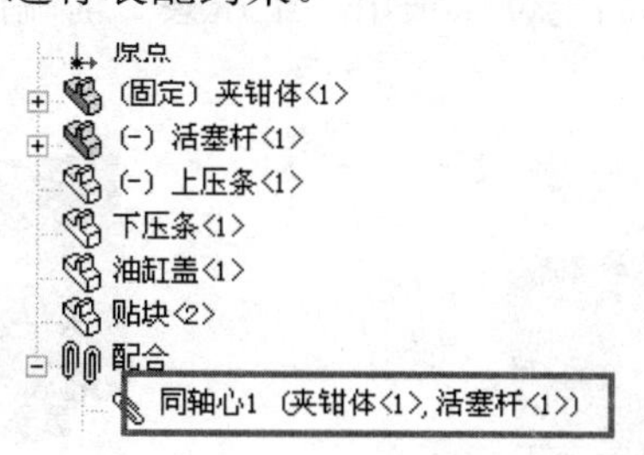

图 5.43　装配后的特征树

3. 上压条零件装配

下面进行第二个零件“上压条”的装配。首先将零件“上压条”由隐藏状态回复到显示状态。右键单击特征树中的【上压条】，因为上压条零部件在进行活塞杆装配前设置为隐藏状态，图 5.40(a)中所示的快捷菜单中的【显隐】按钮现在的状态是“显示”，单击此按钮就可以把上压条切换为显示状态。调整该零件的相对位置，如图 5.44(a)所示。单击【配合】图标，进入装配关系选择，如图 5.44(b)所示。选中【垂直】配合关系，然后分别拾取“活塞杆”和“上压条”的两个面，如图 5.44(c)所示。

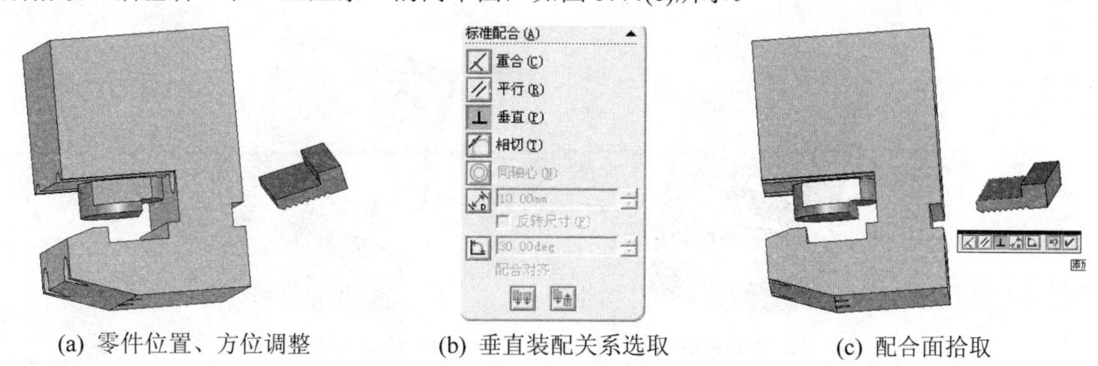

(a) 零件位置、方位调整　　(b) 垂直装配关系选取　　(c) 配合面拾取

图 5.44　上压条与夹钳体的装配 1

然后拾取“上压条”的另一个面与“活塞杆”上侧平面以重合方式进行装配，如图 5.45 所示。

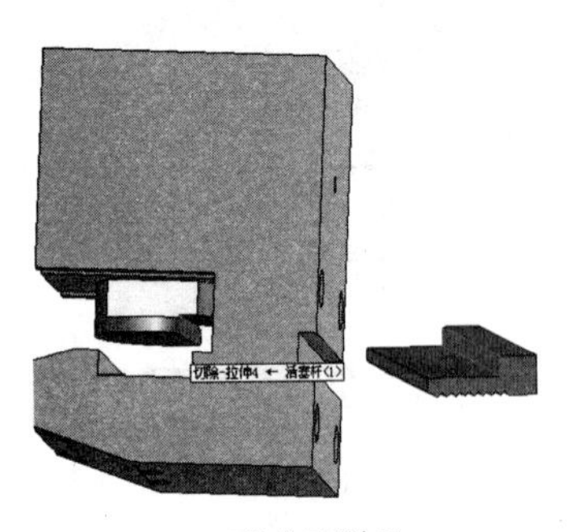

(a) 配合面拾取

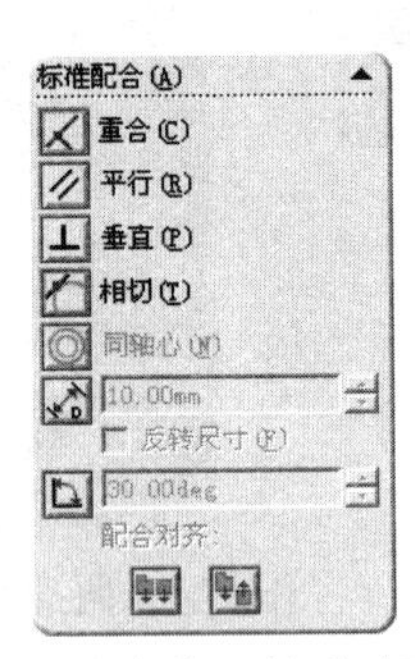

(b) 垂直装配关系选取

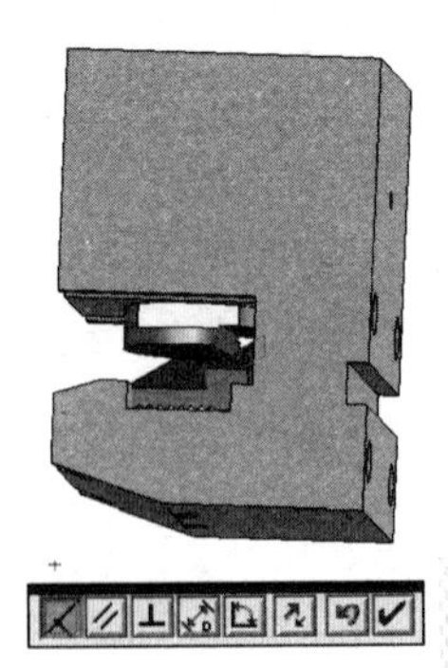

(c) 配合面重合

图 5.45　上压条与夹钳体的装配 2

完成“上压条”前后方向的定位，采用“上压条”前端面与“夹钳体”前端面重合的装配方法，如图 5.46 所示。

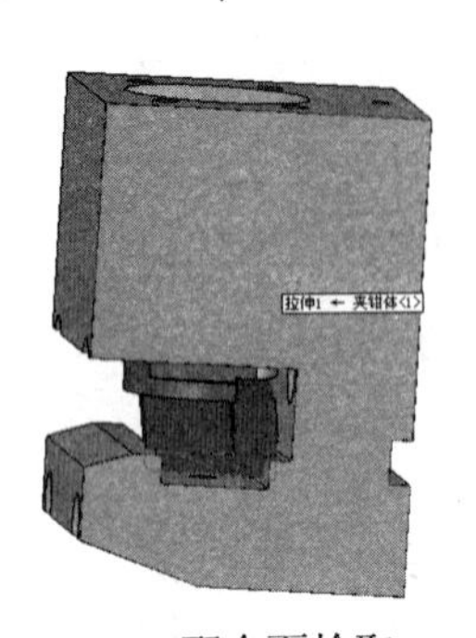

(a) 配合面拾取

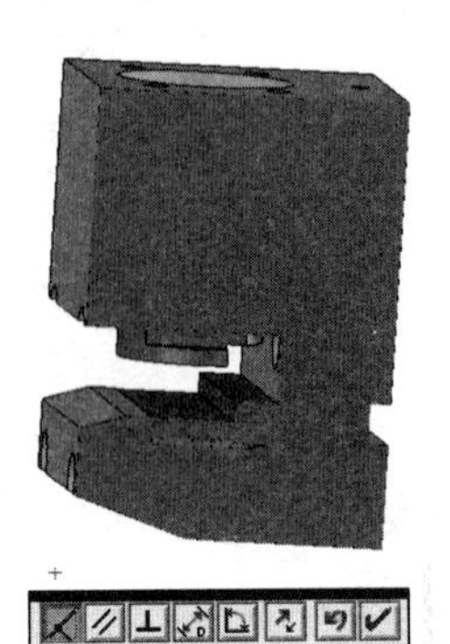

(b) 配合面重合

图 5.46　上压条与夹钳体的装配 3

“上压条”上下方向的定位同样是通过两个面的重合关系来确定，两平面的选择如图 5.47 所示。

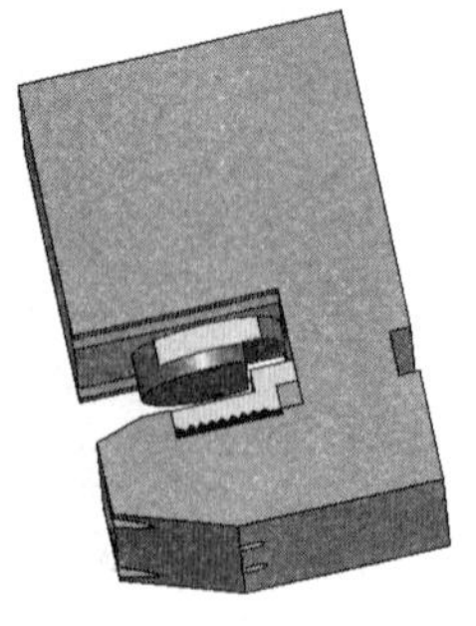

(a) 拾取活塞杆底面

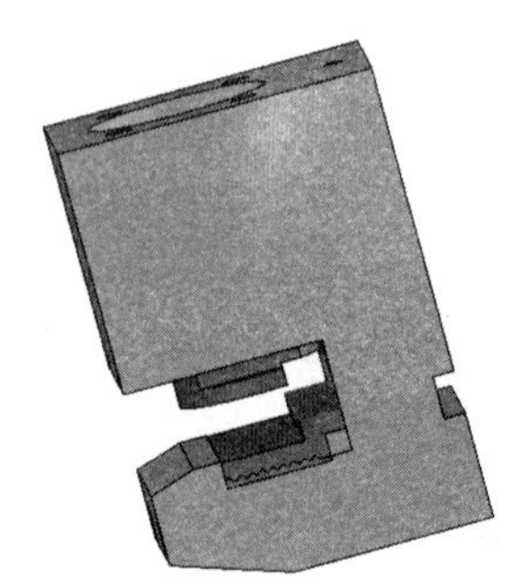

(b) 拾取上压条顶面

图 5.47　上压条与夹钳体的装配 4

上压条装配完成后图形及特征树如图 5.48 所示。

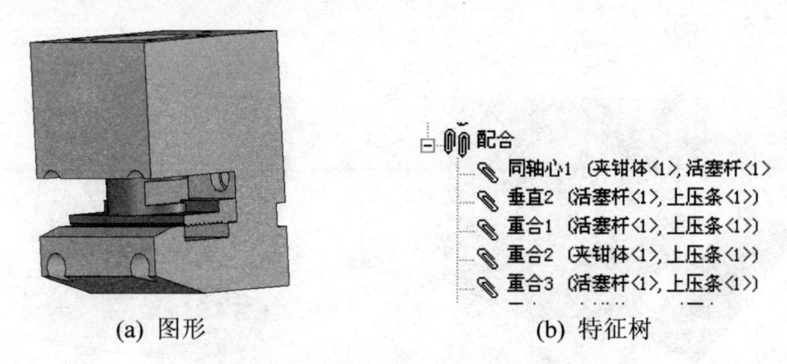

(a) 图形　(b) 特征树

图 5.48　上压条与夹钳体的装配 5

4. 下压条零件装配

将“下压条”零件由隐藏状态回复到显示状态，并调整其与装配体的相对位置。其操作方法与显示上压条的方法一样。调整后零部件之间的位置关系如图 5.49(a)所示。装配下压条与夹钳体和上压条的装配过程近似，同样需要多个配合关系才能约束住下压条。

(1) 首先进行“下压条”前端面与“夹钳体”前端面重合，如图 5.49(b)所示。

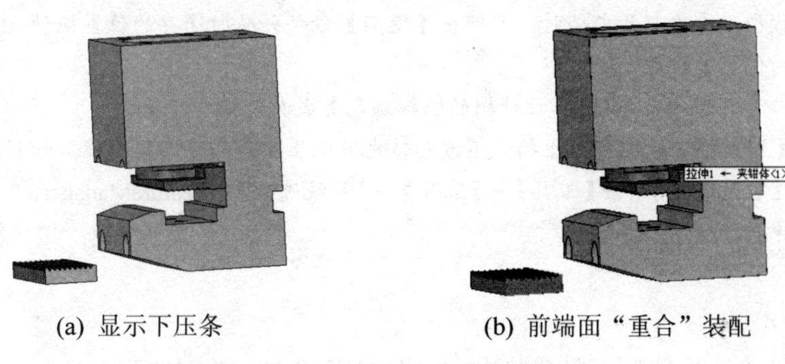

(a) 显示下压条　(b) 前端面“重合”装配

图 5.49　下压条与夹钳体的装配 1

(2) 然后对“下压条”底面与“夹钳体”凹面进行重合装配，如图 5.50 所示。下压条底面和夹钳体凹槽面的拾取如图 5.50(a)和(b)所示。

由图 5.50(c)所示重合装配后的结果可见，下压条还没有装配到夹钳体中。为实现“下压条”正确装配到夹钳体中，还需要另外一个约束条件。

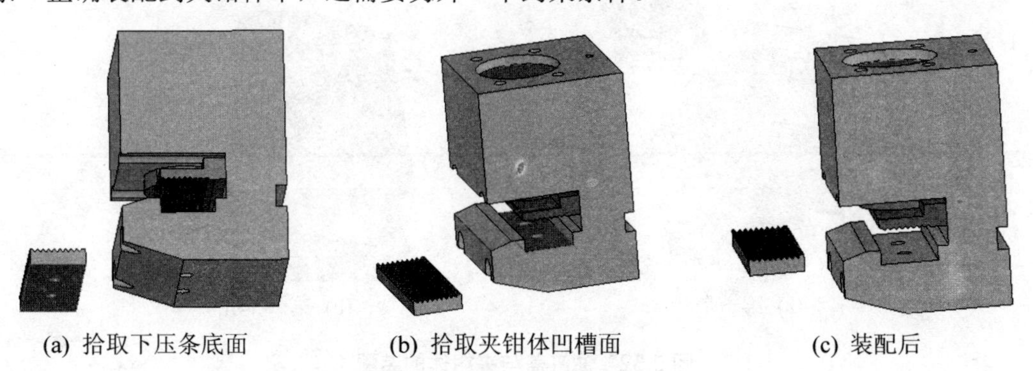

(a) 拾取下压条底面　(b) 拾取夹钳体凹槽面　(c) 装配后

图 5.50　下压条与夹钳体的装配 2

(3)“下压条”上定位孔与夹钳体上的定位孔为二者的连接孔，因此选用【同轴心】配合方式，如图 5.51 所示。

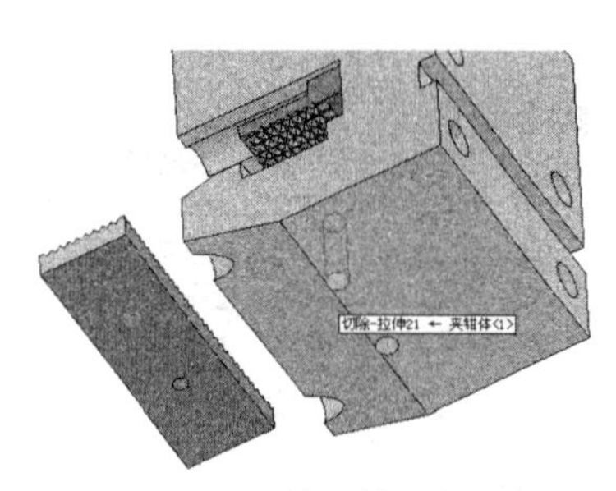

(a) 同轴心装配

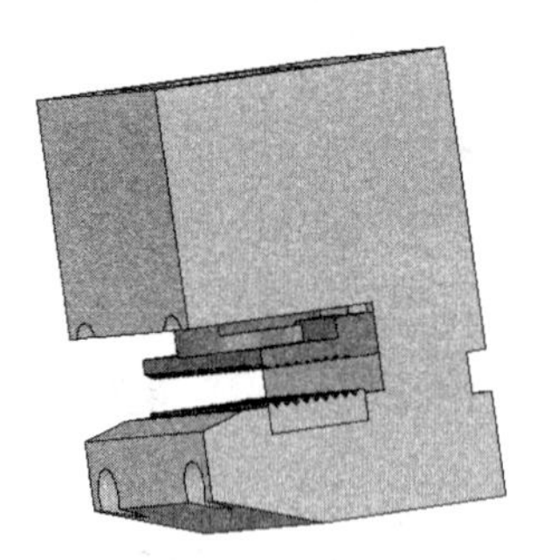

(b) 装配完成

图 5.51　下压条与夹钳体的装配 3

使用技巧

如果想查看装配的早期状态，可以使用 FeatureManager 的【退回】控制棒来临时查看。往前推进或退回到 FeatureManager 设计树的尾部。可以在【退回】控制棒位于任何地方时保存模型。再次打开文档时，可使用【退回】命令并从所保存的位置拖动控制棒。控制棒的位置如右图所示。

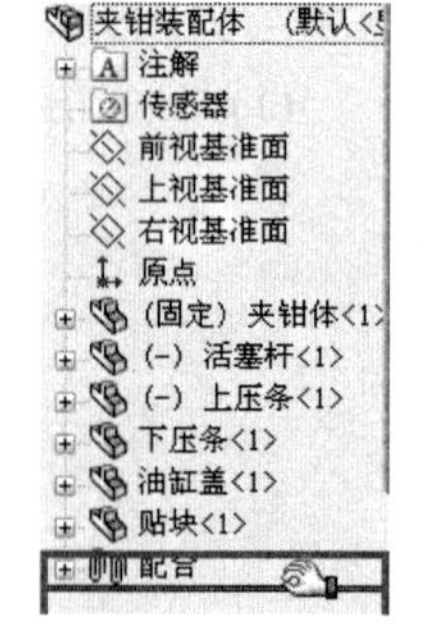

当控制棒移回时，FeatureManager 设计树的图标颜色变成灰色且不可使用。

单击【退回】控制棒并利用键盘上的上下方向键也可以上下移动退回控制棒。如要启用方向键的这项用途，请单击【工具】→【选项】→【系统选项】→FeatureManager，然后选择方向键导航。

5. 油缸盖装配

首先将零件“油缸盖”由隐藏状态回复到显示状态，并调整到合适位置。

(1) 油缸盖和夹钳体通过四个螺钉进行连接，因此，可以采用两个零件上对应孔的关系进行装配，即分别对两对孔进行【同轴心】装配便可确定油缸盖两个方向的自由度，如图 5.52 所示。

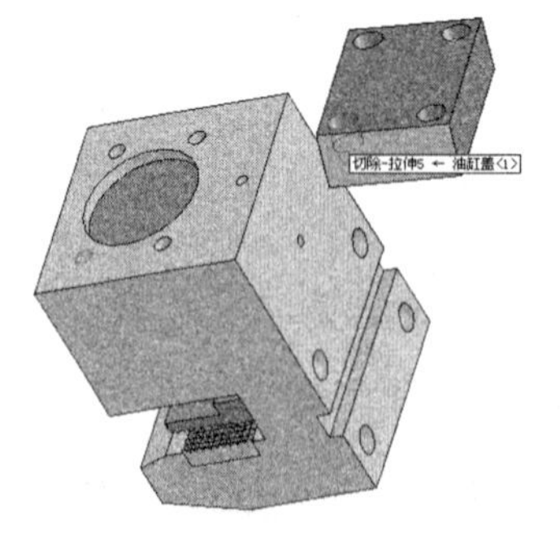

(a) 第一个孔

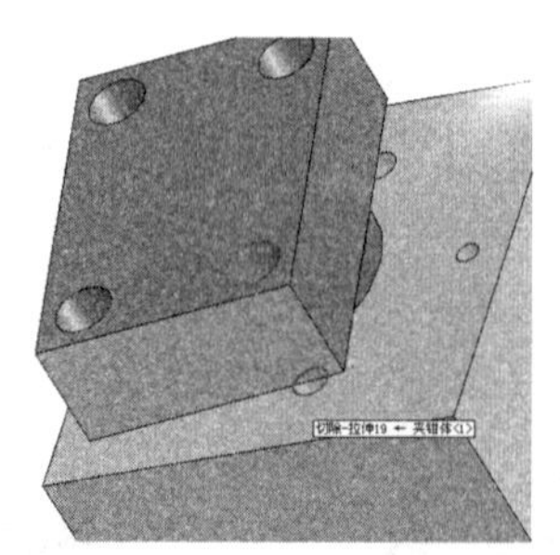

(b) 第一个孔

图 5.52　油缸盖与夹钳体的装配 1

(2) 高度方向位置确定。油缸盖和夹钳体是紧密配合在一起的，因此选择油缸盖底面和夹钳体上表面重合的装配关系，可以实现油缸盖高度方向位置确定。两个平面的选择如图 5.53(a)所示。其操作方法与前述相同。油缸盖装配完成后装配体及特征树如图 5.53(b)和(c)所示。

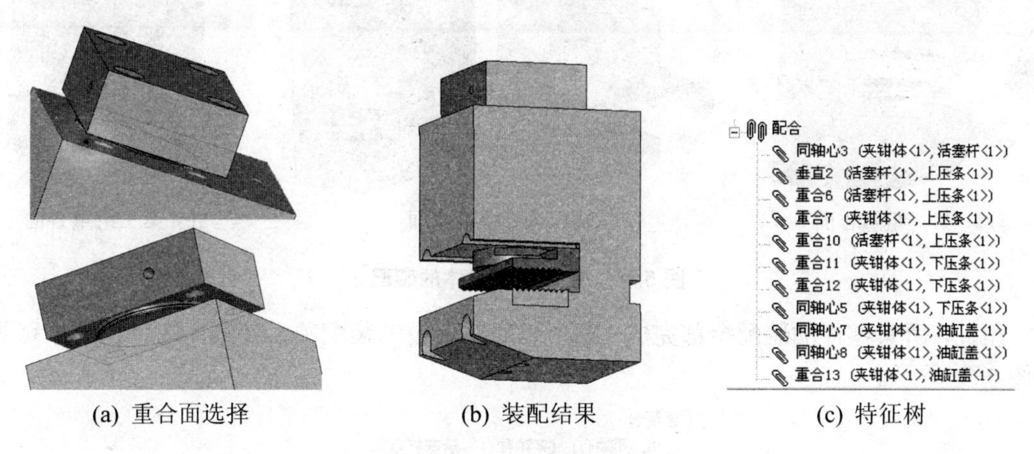

(a) 重合面选择　　　　(b) 装配结果　　　　(c) 特征树

图 5.53　油缸盖与夹钳体的装配 2

6. 贴块零件装配

与前述零件的处理相同，首先显示贴块并调整在装配体界面中的位置以利于选择配合面。

(1) 在【装配体】工具栏中单击【配合】按钮，选择装配关系中的【平行】图标，建立贴块零件侧面与夹钳体侧面的平行关系，如图 5.54 所示。

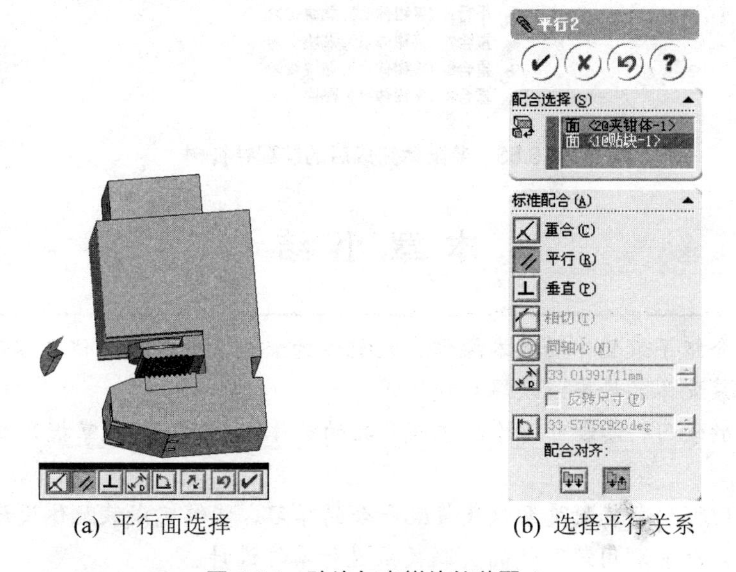

(a) 平行面选择　　　　(b) 选择平行关系

图 5.54　贴块与夹钳体的装配 1

(2) 贴块的定位分别采用三个“重合”装配关系进行操作，其具体操作步骤及所选平面方位如图 5.55 所示。

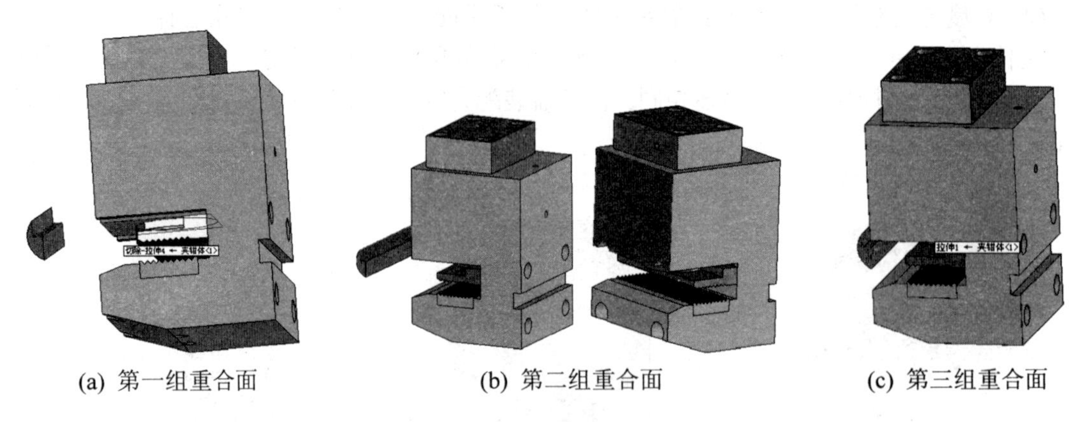

(a) 第一组重合面　　(b) 第二组重合面　　(c) 第三组重合面

图 5.55　贴块与夹钳体的装配 2

至此，所有零件的装配全部完成，整个装配过程中的装配关系及顺序在特征树中可见，如图 5.56 所示。

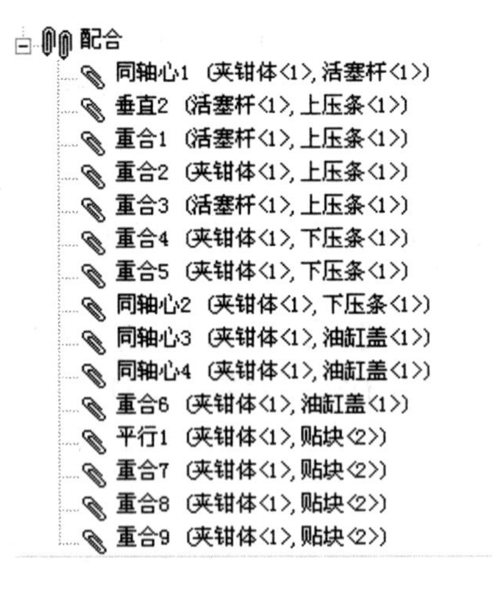

图 5.56　装配体完成后的装配特征树

本 章 小 结

本章分别介绍了装配体的基本操作、装配体的配合方式、装配体中零部件的复制、阵列与镜像、装配体的检查以及爆炸视图等。

通过本章的学习，读者可以绘制机械产品的整体组装图，熟练掌握装配体的设计和操作过程。

通过对装配概念、装配关系以及装配命令的学习，能够完成装配体设计、爆炸视图的生成与修改，并能利用装配体的关联关系进行零件设计。

习　题

5.1 装配图 5.57 中的装配体。

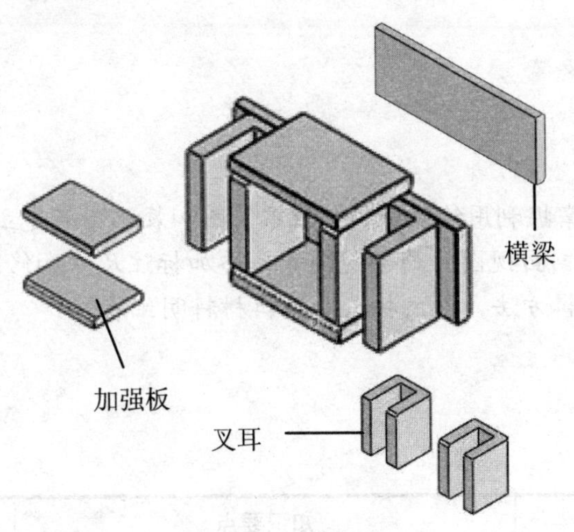

图 5.57　习题 5-1

5.2 采用智能扣件装配图 5.58 所示的零件。

5.3 为图 5.59 所示装配体生成爆炸视图。

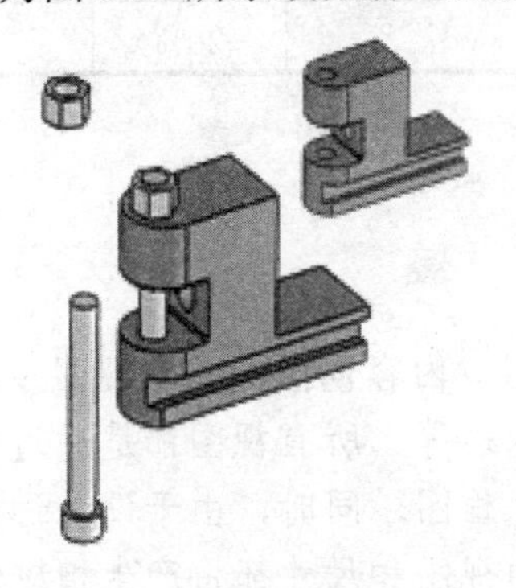

图 5.58　习题 5-2

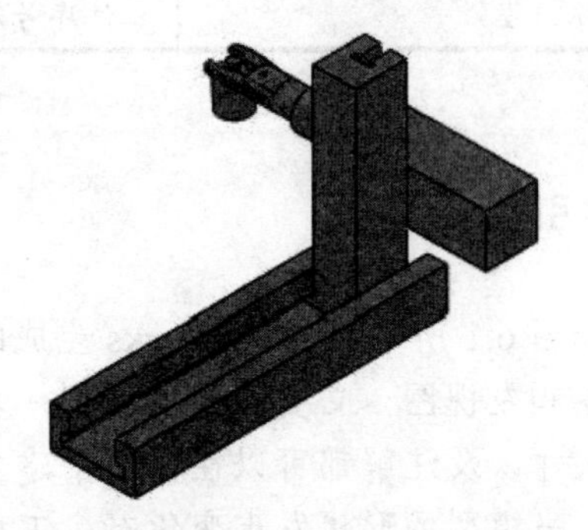

图 5.59　习题 5-3

第6章 工 程 图

教学目标

通过本章的学习，掌握利用绘制好的三维零件图和装配图来建立2D工程图，包括标准三视图、等轴测视图、剖面视图、局部视图等，添加标注尺寸和修改工程图等功能，了解工程图模板的定制和编辑方法，熟悉插入和编辑材料明细表。

教学要求

能力目标	知识要点	权重	自测分数
了解工程图的步骤	工程图文件和工程图图纸格式	15%	
掌握工程视图的创建方法	工程视图生成方法	50%	
掌握注解工具	尺寸标注和注释添加	15%	
装配体工程	零件序号和材料明细表	20%	

引例

如图6.1所示为SolidWorks生成的某零件的工程图，内容包括标准三视图：正视图、俯视图和左视图，必要的尺寸标注，表面粗糙度，标题栏等。所有视图都是通过模型建立的，尺寸以及注解都可以在模型中建立并插入到当前工程图。同时，由于设计过程的全相关性，当模型的形状发生变化时，工程图中所有相关的视图和尺寸都将产生相应的变化。装配体的工程图还包括零件的明细表及其定位等内容。SolidWorks工程图文件中包括两个独立的部分：图纸格式和工程图视图。图纸格式文件包含工程图图幅的大小、标题栏设置、零件明细表及其定位等。由于图纸格式在工程图文件中相对比较稳定，所以一般先设置或者创建需要的工程图图纸格式。零件、装配体和工程图是互相链接的文件；对零件或装配体所作的任何更改会导致工程图文件的相应变更。

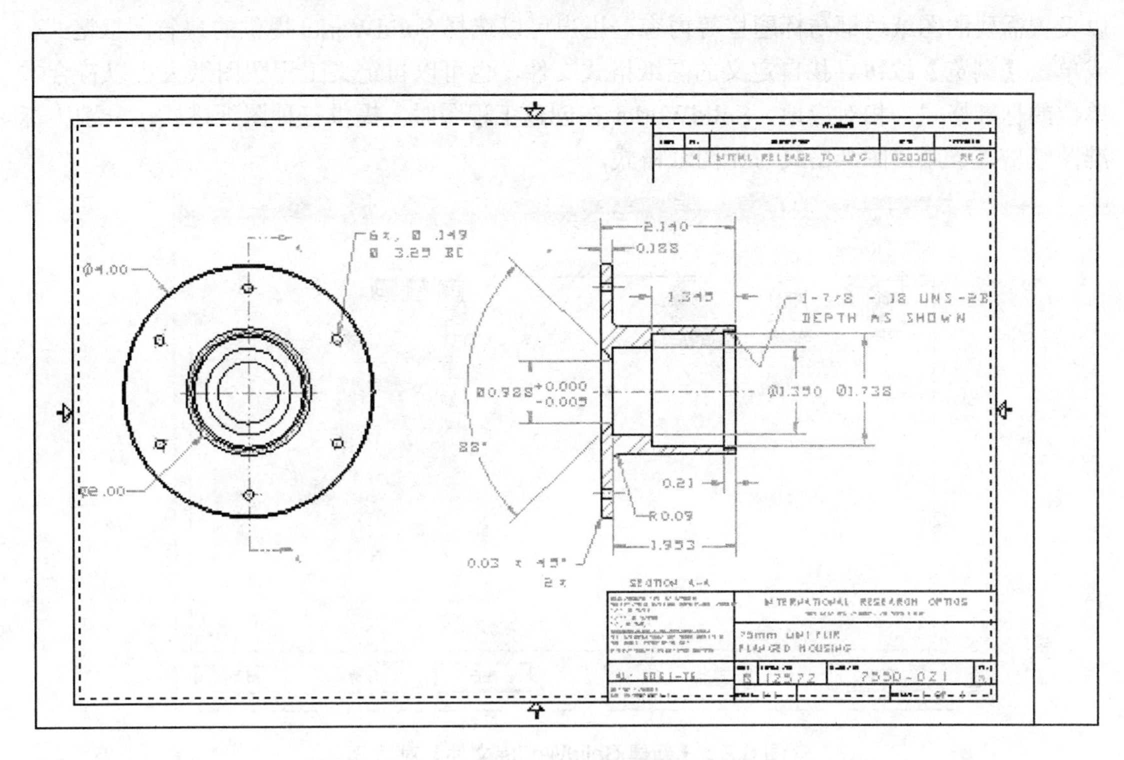

图 6.1 工程图示例

6.1 工程图基础

零件和装配统称为模型。利用模型文件，可以快速、自动生成工程图文件。和传统的计算机辅助绘图相比，利用模型文件生成工程图只需要简单地指定模型的投影方向、插入模型的尺寸或添加其他的工程图细节，就可以完成工程图的操作。

6.1.1 新建工程图

工程图包含一个或多个由零件或装配体生成的视图。在生成工程图之前，必须先保存与它有关的零件或装配体。

1. 新建并选择工程图文件

选择【文件】|【新建】菜单命令，或者直接单击【标准】工具栏中的【新建】按钮，SolidWorks 系统弹出如图 6.2 所示的【新建 SolidWorks 文件】对话框。选择【工程图】按钮，并单击【确定】按钮。

2. 确定图纸格式

系统弹出如图 6.3 所示的【图纸格式 / 大小】对话框。在此对话框中，用户确定需要的图纸格式。图纸格式包括图纸的大小、方向和图框的种类。通过设置图纸格式，用户可以设置需要的图纸边框与标题栏等内容。用户可以选择 SolidWorks 提供的缺省图纸格式，或单击【浏览】按钮寻找自定义的图纸格式文件，也可以自定义工程图图纸大小以符合本单位的标准格式。相对应地，SolidWorks 在创建工程图时，提供三种图纸格式，分别为标准图纸格式、用户图纸格式与无图纸格式。

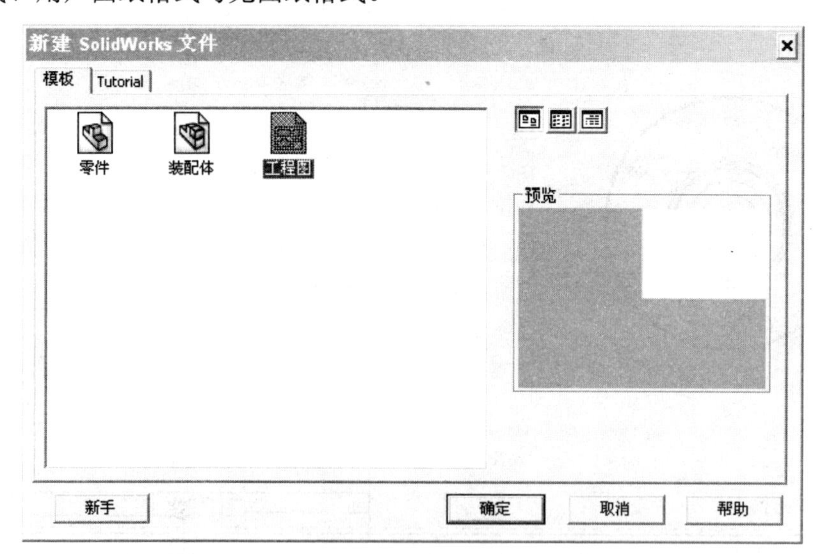

图 6.2 【新建 SolidWorks 文件】对话框

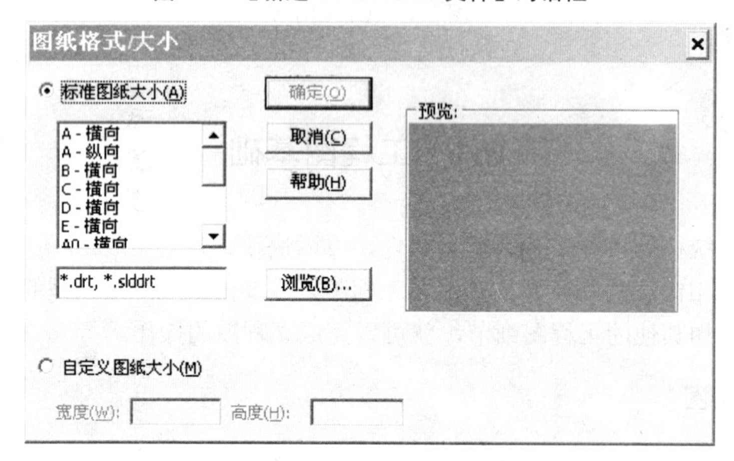

图 6.3 【图纸格式 / 大小】对话框

SolidWorks 提供了 12 种标准图纸格式，每一种图纸格式都包含了确定的图框与标题栏，用户可以根据需要选用，其中【横向】或【纵向】表示图纸的布置方向，如图 6.4 所示。在【图纸格式 / 大小】右侧的预览栏中，可以查看图纸的预览效果和高宽等。

单击【图纸格式 / 大小】对话框中的【浏览】按钮，系统弹出如图 6.5 所示的【打开】对话框，从中可以选择用户自己定义的图纸格式。

单击【图纸格式 / 大小】对话框中的【自定义图纸大小】复选框，在【宽度】和【高度】对话框中输入设置的数值，可以设置无图纸格式，如图 6.6 所示。这种方式只能定义图纸的大小，没有图框和标题栏。

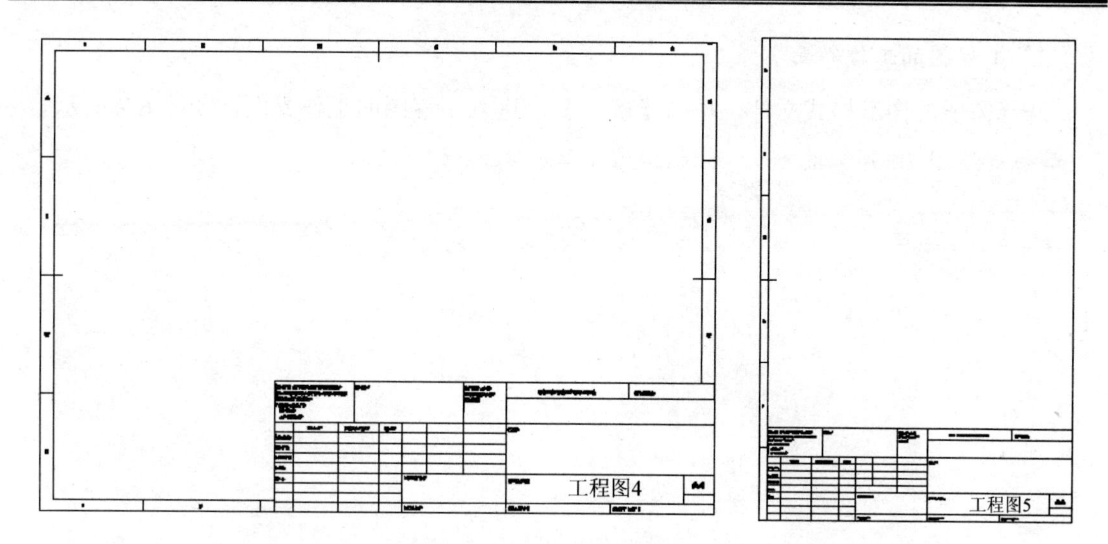

图 6.4　图纸方向设置

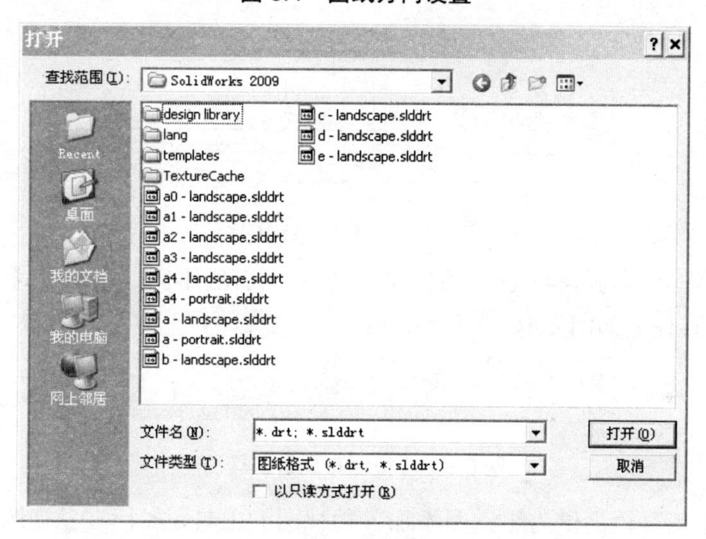

图 6.5　打开自定义图纸格式文件对话框

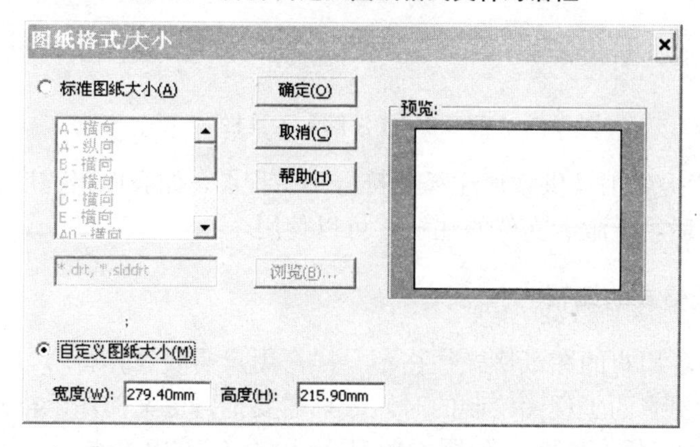

图 6.6　无图纸格式设置

3. 工程图的工作界面

选择需要的图纸格式文件，单击【确定】，进入工程图的工作界面，如图 6.7 所示。

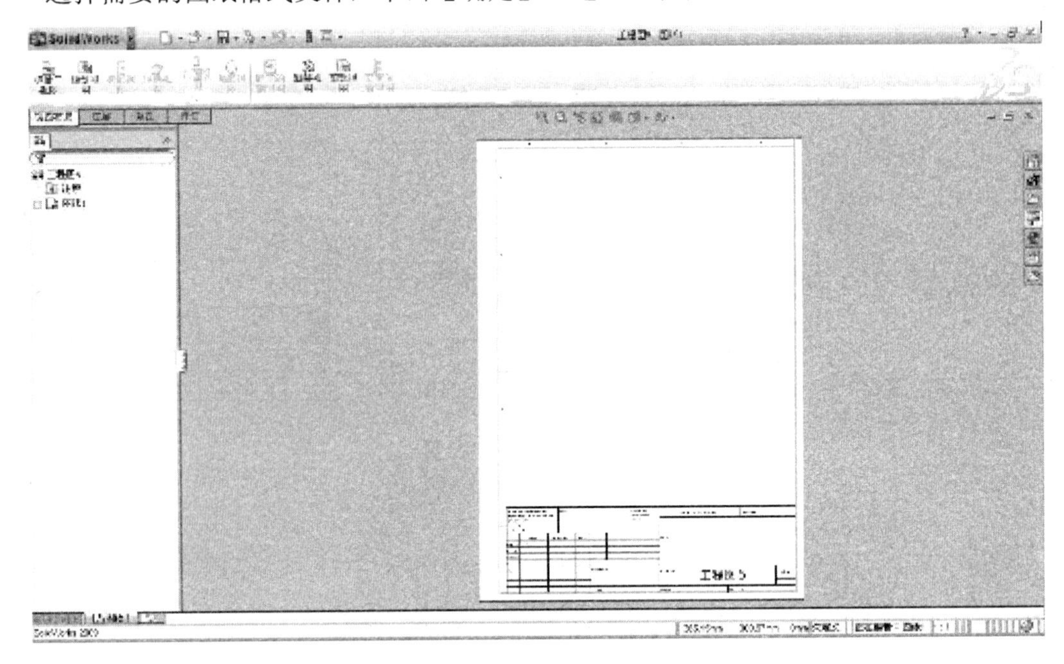

图 6.7　工程图工作界面

工程图的工作界面与零件图和装配图的工作界面有所不同，增加了【视图布局】工具栏、【注解】工具栏，如图 6.8、图 6.9 所示。

图 6.8　【视图布局】工具栏

【视图布局】工具栏提供为工程图添加各种视图的工具，如标准三视图、模型视图、投影视图和辅助视图等。

图 6.9　【注解】工具栏

【注解】工具栏提供工具供添加注释及符号到工程图，如表面粗糙度、形位公差和零件序号等。只有那些适用于激活文件的注解才可以使用。

6.1.2　工程图图纸格式的编辑

实际应用中，各用户的图纸格式往往不一样，用户需要设计符合自己要求的图纸格式并存储起来，进行更多的工程图绘制的时候，只需要把自定义的图纸格式调用近来，方便快捷，这样可以节省大量的时间。如图 6.10 所示为自定义的图纸格式，图 6.11 为自定义的标题栏。

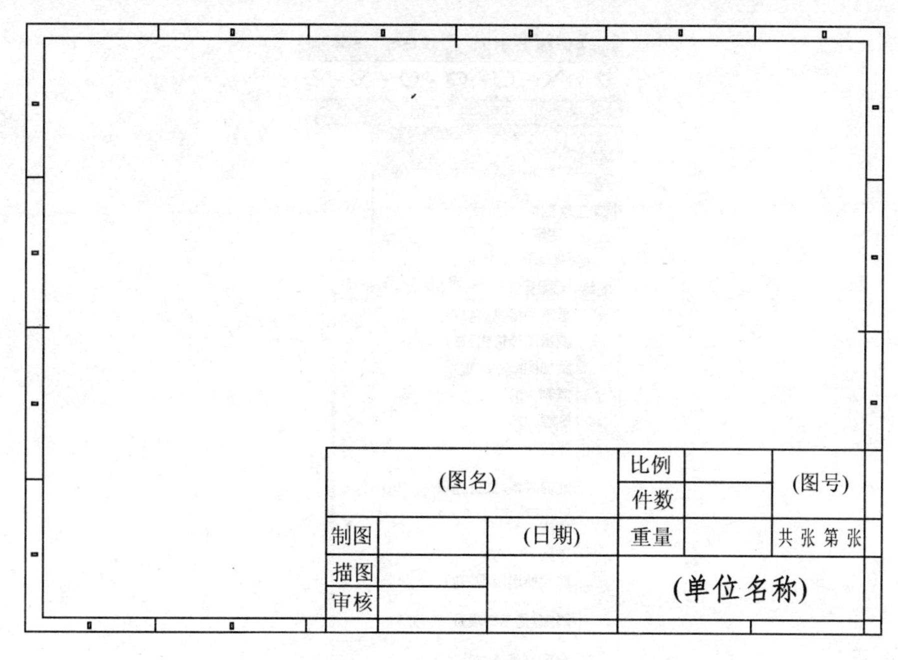

图 6.10　自定义的图纸格式

<table>
<tr><td colspan="3" rowspan="2">(图名)</td><td>比例</td><td></td><td rowspan="2">(图号)</td></tr>
<tr><td>件数</td><td></td></tr>
<tr><td>制图</td><td></td><td>(日期)</td><td>重量</td><td></td><td>共 张 第 张</td></tr>
<tr><td>描图</td><td></td><td rowspan="2"></td><td colspan="3" rowspan="2">(单位名称)</td></tr>
<tr><td>审核</td><td></td></tr>
</table>

图 6.11　自定义的标题栏

下面以实际图 6.10 所示的用户自定义图纸格式为例，说明自定义图纸格式的操作步骤。

自定义图纸格式包括如下内容：

1. 创建工程图文件

选择【文件】|【新建】菜单命令，或者单击【标准】工具栏中的【新建】按钮，弹出【新建 SolidWorks 文件】对话框。在对话框中选择【工程图】按钮，然后单击【确定】按钮。

2. 设置自定义图纸大小

系统弹出【图纸格式 / 大小】对话框，单击【自定义图纸大小】复选框，在【宽度】文本框中输入值“297”，在【高度】文本框中输入值“210”，然后单击【确定】按钮。

3. 编辑图纸格式

进入工程图工作界面，右键单击特征管理器设计树中“图纸 1”，在系统弹出的快捷菜单中选择【编辑图纸格式】选项，如图 6.12 所示。进入编辑图纸格式模式。

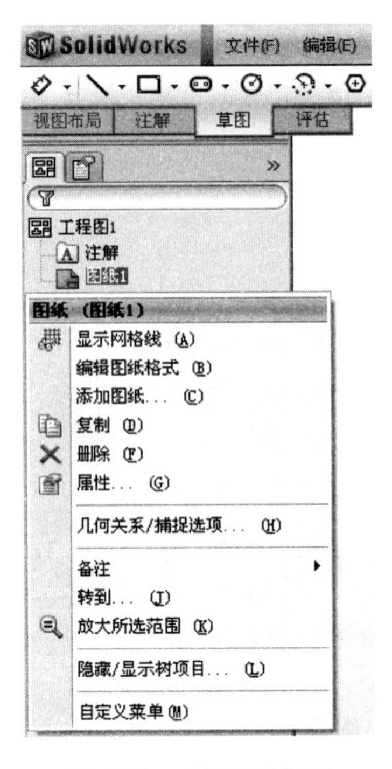

图 6.12　编辑图纸格式

4. 设置线型和颜色

单击【视图】|【工具栏】|【线型】工具栏中的【线粗】按钮，在出现的快捷菜单中选择【标准线】，如图 6.13 所示。

单击【视图】|【工具栏】|【线型】工具栏中的【线色】按钮，弹出如图 6.14 所示的【设定下一直线颜色】对话框，在其中选择需要的颜色，本例选择黑色。

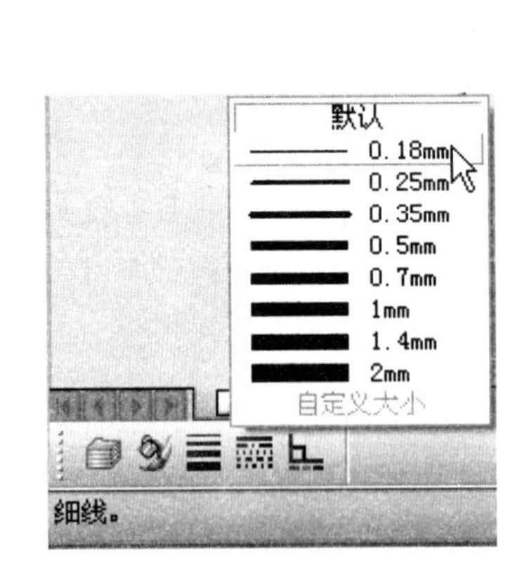

图 6.13　工程图模式中选择线型

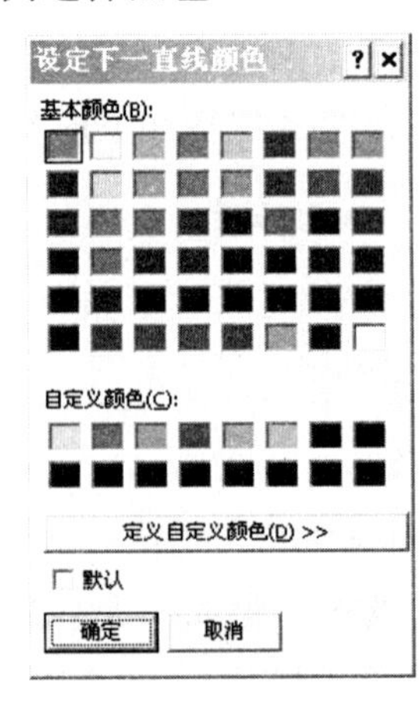

图 6.14　【设定下一直线颜色】对话框

5. 绘制图纸格式框

单击【草图】工具栏中的【矩形】按钮，在视图中绘制一个矩形。

6. 固定图纸左下角端点和右上角端点。

单击图框左下角的端点，此时系统弹出如图 6.15 所示的【点】属性管理器，在【参数】的 X，Y 一栏中分别输入“10.00”和“10.00”，然后单击【固定】按钮，将左下角端点约束。

重复上一步骤，将图框的右上角约束在坐标(287，200)处，如图 6.16 所示。

图 6.15　【点】属性管理器及设置点坐标

图 6.16　绘制的图纸格式框

7. 绘制标题栏外边线、内分隔线

单击【草图】工具栏中的【直线】按钮，在图框的右下角绘制标题栏的外边线，结果如图 6.17 所示。单击【线型】工具栏中的【线粗】按钮，在出现的菜单中选择细线，结果如图 6.18 所示。

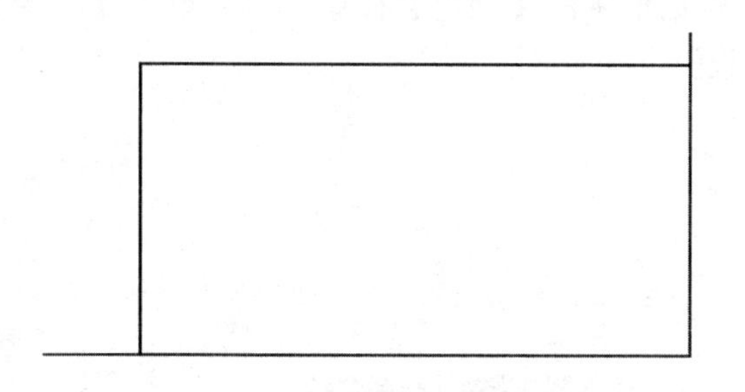

图 6.17　绘制的标题栏的外边线

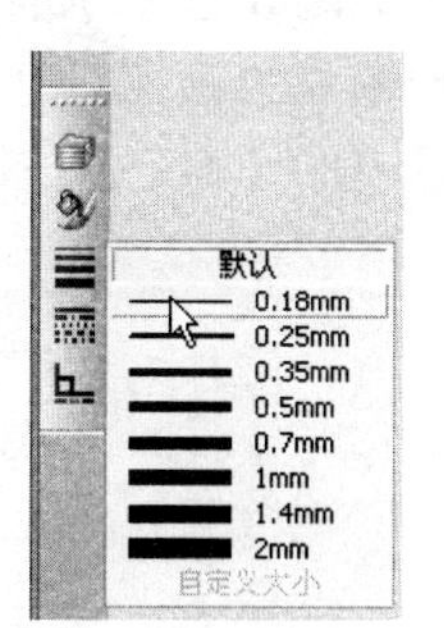

图 6.18　设置线型

单击【草图】工具栏中的【直线】按钮，在图框的右下角绘制标题栏的外边线内绘制内分隔线。

8. 标注标题栏的尺寸

单击【草图】工具栏中的【智能尺寸】按钮，标注标题栏的尺寸，结果如图 6.19 所示。

9. 添加注解文字和注释文字

单击【注解】工具栏中的【注释】按钮，弹出如图 6.20 所示的【注释】属性管理器。单击【引线】面板中的【无引线】按钮，然后在标题栏中添加需要的注解文字，并拖动文字调整其位置。

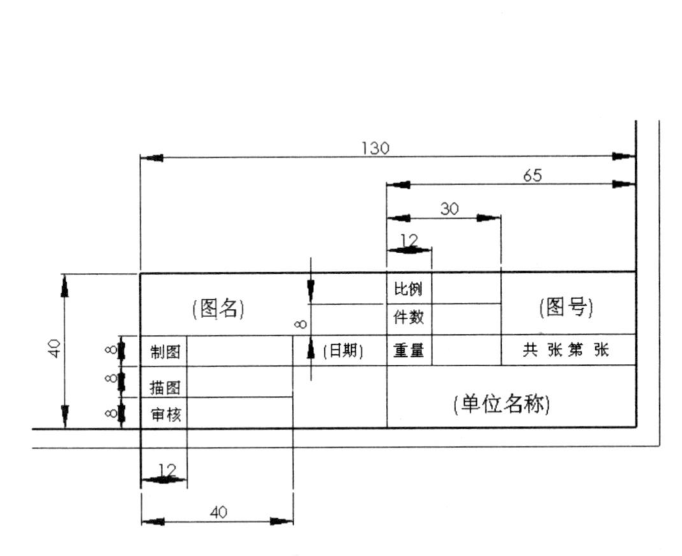

图 6.19　标注的标题栏

图 6.20　【注释】属性管理器

10. 修改注释字体

按住 Ctrl 键，选择图“(图名)”和“(单位名称)”注释字体，系统弹出如图 6.21 所示的【注释】属性管理器。取消【使用文档字体】复选框的选择，然后单击【字体】按钮，此时系统弹出如图 6.22 所示的【选择字体】对话框。

按照图 6.22 所示进行设置，然后单击对话框中的【确定】按钮，最后单击【注释】属性管理器中的【确定】按钮即可完成字体设置。

图 6.21　【注释】属性管理器

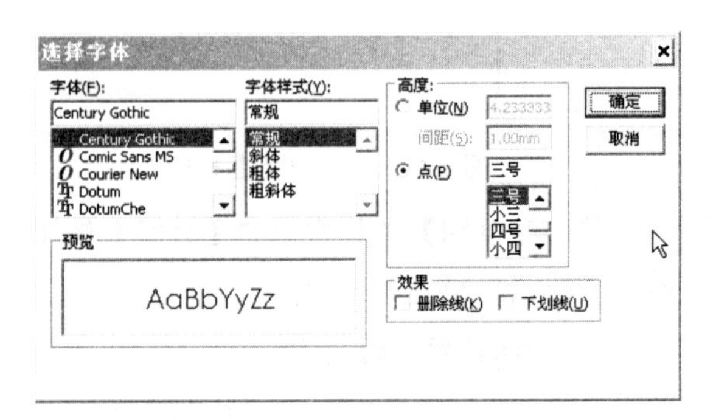

图 6.22　【选择字体】对话框

11. 保存图纸格式

选择【文件】|【保存图纸格式】菜单命令，此时系统弹出如图 6.23 所示的【保存图纸格式】对话框，在文件名文本框中输入“A4 横向”，然后单击【保存】按钮，保存自定义的用户图纸格式。

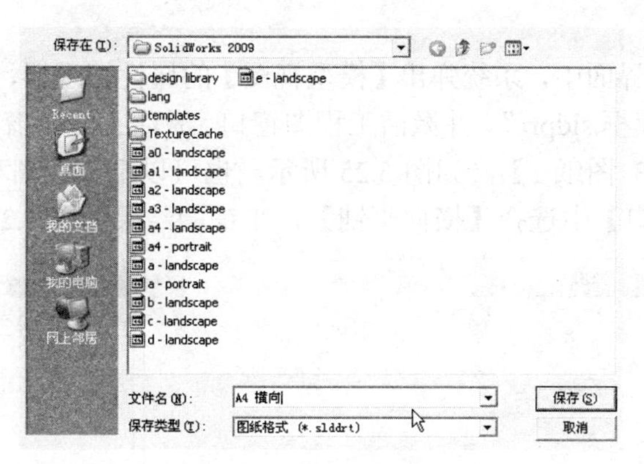

图 6.23　保存图纸格式

自定义的图纸格式创建好之后，以后绘制工程图时，直接调用该图纸格式的模板即可。新建自定义工程图的步骤如下：

1. 新建工程图文件

选择【文件】|【新建】菜单命令，或者单击【标准】工具栏中的【新建】按钮，系统弹出【新建 SolidWorks 文件】对话框。在对话框中选择【工程图】按钮，然后单击【确定】按钮。

2. 选择图纸格式

系统弹出【图纸格式 / 大小】对话框。单击【预览】按钮，系统弹出【打开】对话框，在【保存图纸格式】模板的路径下，选择需要的用户图纸格式。

3. 进入工程图工作界面

单击【打开】按钮，进入自定义用户图纸格式的工程图工作界面，如图 6.24 所示。

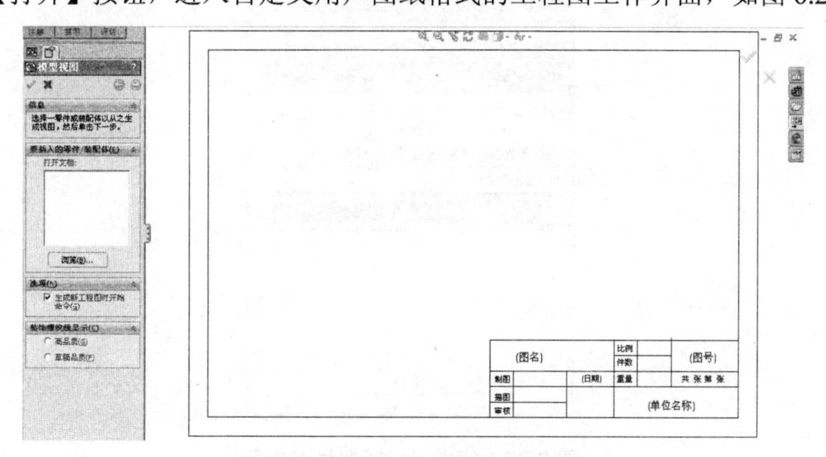

图 6.24　新建自定义工程图工作界面

6.2 工 程 视 图

6.2.1 标准三视图

在图 6.24 所示的界面中，系统弹出【模型视图】的属性管理器，单击【取消】按钮✖。打开零部件文件“凹模框.sldprt”，并激活工程图窗口。激活工程图窗口的操作是在菜单【窗口】中选择【工程图 3-图纸 1】，如图 6.25 所示。也可以把工程图和零部件窗口平铺，操作方法是在菜单【窗口】中选择【横向平铺】，平铺的结果如图 6.26 所示。

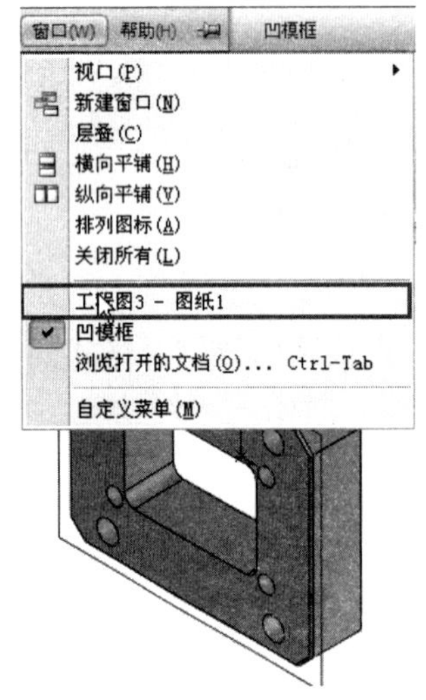

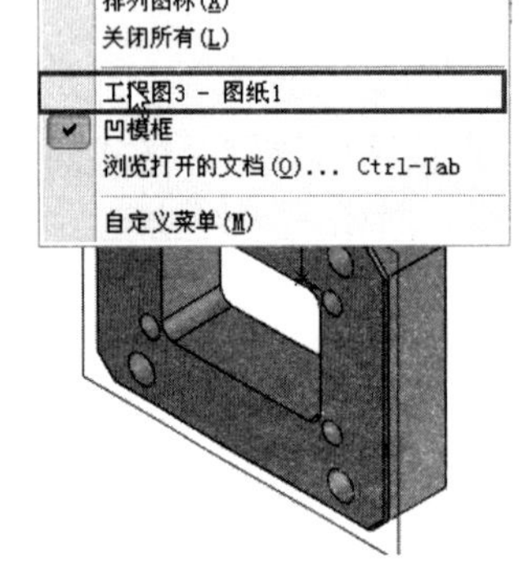

图 6.25　切换工程图和零部件窗口

图 6.26　横向平铺方式显示工程图和零部件

(1) 在【装配体工具栏】中单击【标准三视图】按钮，或【插入】|【工程图视图】|【标准三视图】。这时，系统弹出【标准三视图】属性管理器，如图 6.27 所示。注意此时光标的模样，此时需选择要建立标准三视图的零件或装配体。

图 6.27　标准三视图属性管理器

(2) 单击【标准三视图】属性管理器中的【确定】按钮，就可以在图纸中建立零件“凹模框”三个视图，如图 6.28 所示。如果要移动视图，将鼠标定位到该视图，移动鼠标，当光标变成模样后，即可拖动该视图(仍遵循三视图规则) 。

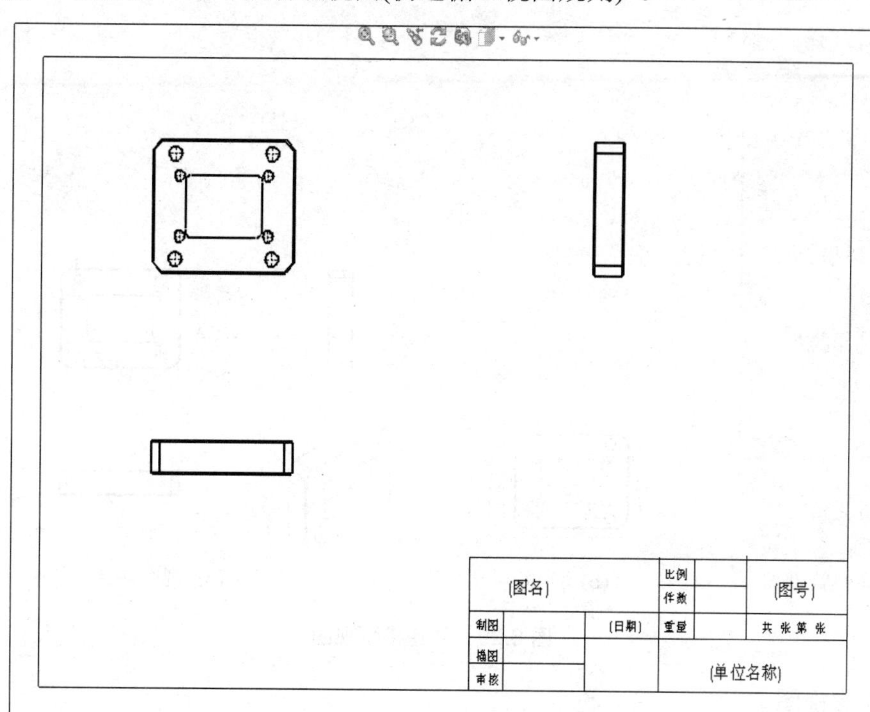

图 6.28 创建的标准三视图

按以上的方法，我们可以创建一个新的装配模型的工程图。除了标准三视图以外，我们在图纸中还可以加入其他的视图，包括：

① 准视图：前视图，顶视图或等轴测视图(Isometric)；

② 模型中命名的视图；

③ 当前模型工作窗口的视图。

6.2.2 模型视图

模型视图工具提供了多种视图以更准确、清晰地表达零部件。以凹模框零件为例，操作步骤如下：

(1) 首先新建一工程图文件，设置好图纸格式。在【注解】工具栏中单击【模型视图】按钮。SW 系统弹出【模型视图】属性管理器。根据属性管理器提示选择要生成模型视图的零部件，【模型视图】属性管理器变化为如图 6.29(a)所示。

(2) 在属性管理器中设置模型视图的个数、类别、比例等选项。如选中【预览】复选框，则想要生成的模型视图随鼠标移动，提示设计者在工程图的合适位置放置模型视图，如图 6.29(a)所示。

(3) 在【视图数】下选择“多个视图”可以一次生成多个视图，在【方向】下选择需要生成的视图类别。选择“一个视图”可以对要生成的视图进行预览，如图 6.29(b)所示。

(4) 这里选择“多个视图”，并在【方向】选项栏中选择“*前视”、“*上视”、“*右视”“*左视”和“*等轴测”。然后单击属性管理器中的【确定】按钮，即完成模型视图的生成，如图 6.29(c)所示。

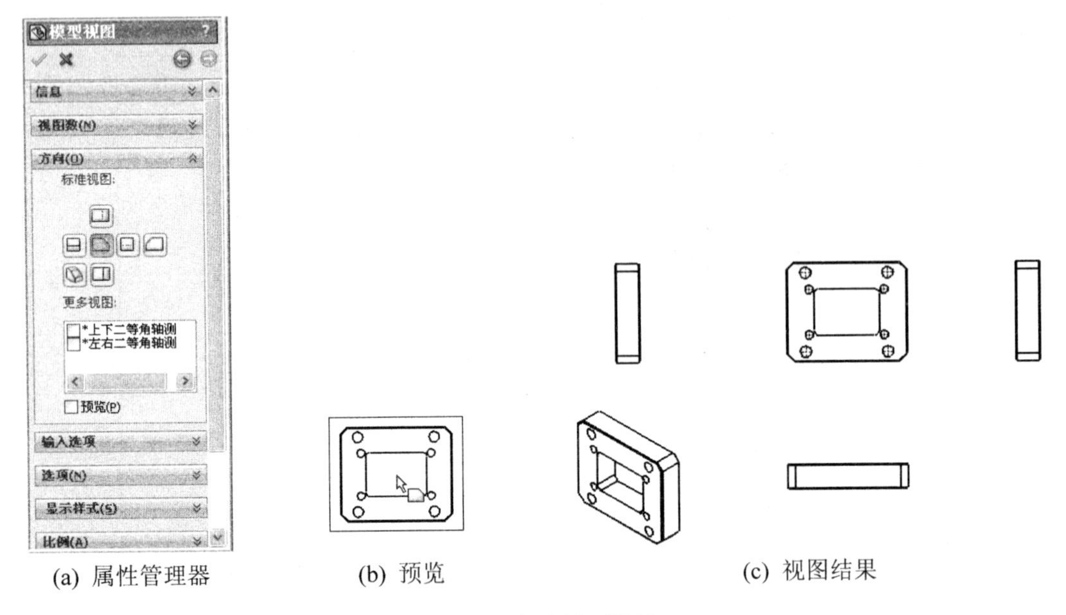

(a) 属性管理器　　(b) 预览　　(c) 视图结果

图 6.29　创建模型视图

6.2.3　投影视图

投影视图是指将工程图中已存在的视图，建立以该视图为前视图的上下左右 4 个正投影视图中的其中一个视图。投影视图的操作步骤如下：

(1) 新建工程图文件。选择【文件】|【新建】菜单命令，新建一个工程图文件。重复模型视图操作步骤，在【视图数】选项栏中选择“一个视图”，并在【方向】选项栏中选择“*前视”。在工程图中，添加一个凹模框零件的前视图，如图 6.30 所示。

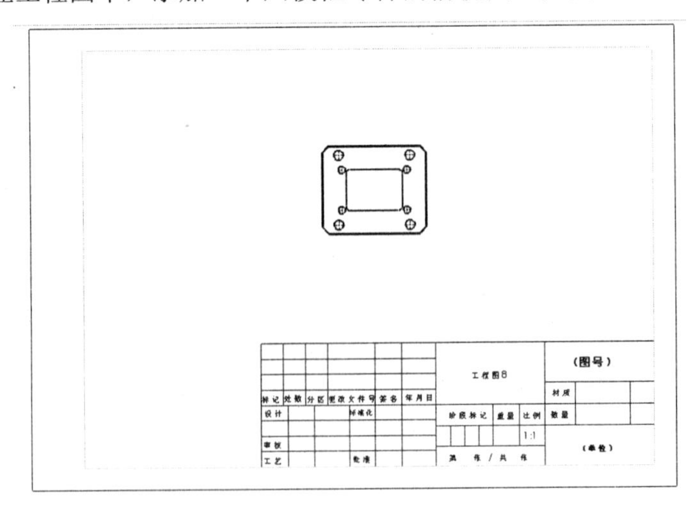

图 6.30　添加前视图后的工程图

(2) 执行命令。选择【插入】|【工程视图】|【投影视图】菜单命令，或者单击【视图布局】工具栏中的【投影视图】按钮，此时系统弹出【投影视图】属性管理器。

(3) 创建工程图视图。单击绘图区中合适的位置放置投影视图，注意每次只能生成一个方向的投影视图，生成前视图的上下左右四个正投影视图，而且还可以生成不同方向的投影视图，如图 6.31 所示。

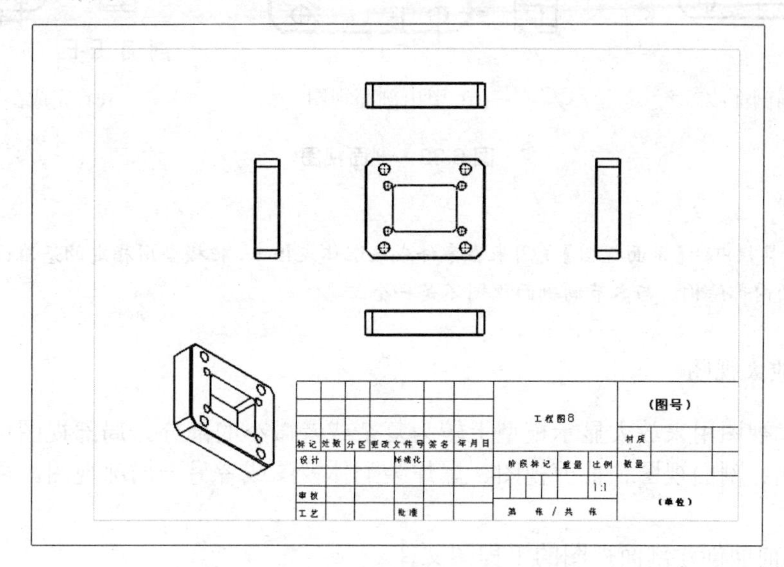

图 6.31　创建的投影视图

单击【确定】按钮，生成需要的投影视图。

特别提示

当【投影视图】属性管理器的保持可见按钮出现状态时，每添加一个投影视图后，【投影视图】属性管理器自动关闭；当保持可见按钮出现状态时，可以连续添加几个投影视图，需要关闭【投影视图】属性管理器时，单击【确定】按钮即可。

当工程图中有多个视图，建立投影视图时，需要先选择被投影的视图，然后再执行【投影视图】命令。

6.2.4　剖面视图

为了观察内部的细节，提供了剖面视图的工具。剖面视图的功能是在已经完成的视图中，用剖面线切割父视图形成剖面。操作步骤如下：

(1) 在 6.2.2 节创建的模型视图中，单击【剖面视图】按钮。

(2) 选择前视图，把鼠标移动到角上的螺栓孔的中心，系统自动拾取螺栓孔的中心点，左右移动鼠标，可以寻找螺栓孔的中心线作为剖面线，如图 6.32(a)所示。

(3) 将指针移动到凹面框上侧，单击来开始剖切线。拖动指针，移动到凹模框下面，单击来结束剖切线。

(4) 将指针移到主视图左面来放置视图并单击【结束】。剖面线和剖面视图的标识符“E”自动产生，如图 6.32(b)所示。

(5) 在剖切线下选择反向以反转剖面视图的方向。单击【确认】按钮即完成剖面视图，结果如图 6.32(c)所示。

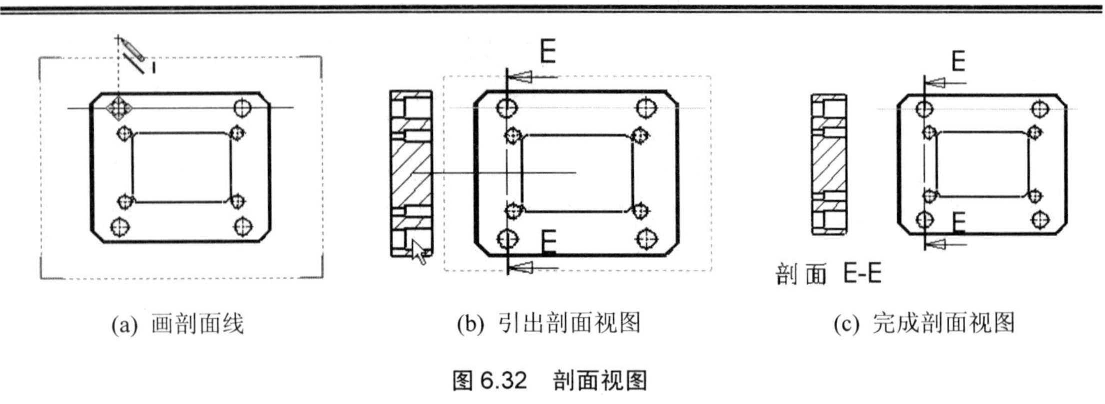

(a) 画剖面线　　(b) 引出剖面视图　　(c) 完成剖面视图

图 6.32　剖面视图

特别提示

【视图】工具栏中的【剖面视图】是用来在零件或装配体文档中，把模型用指定的基准面或面“切除”，从而显示模型的内部结构。与本节的剖面视图不是一个工具。

6.2.5　局部放大视图

局部放大视图用来放大显示模型上较为复杂或者微小的部分。局部视图可以是正交视图、空间视图、剖面视图、裁剪视图、爆炸装配体视图或者另一局部视图。局部视图的操作步骤如下：

(1) 打开前面创建剖面视图的工程图文件。

(2) 单击【工程图】工具栏中的【局部视图】按钮，此时系统弹出【局部视图】属性管理器。

(3) 绘制参考圆。按照【局部视图】属性管理器的提示，在工程视图中绘制一个圆，作为局部放大视图的轮廓，如图 6.33(b)所示。绘制参考圆后，【局部视图】属性管理器如图 6.33(a)所示，根据需要可以对比例缩放大小、显示样式等进行设置。

(4) 确认试图位置后，系统弹出【局部视图】属性管理器，单击【确定】按钮，生成需要的局部视图，结果如图 6.33(c)所示。

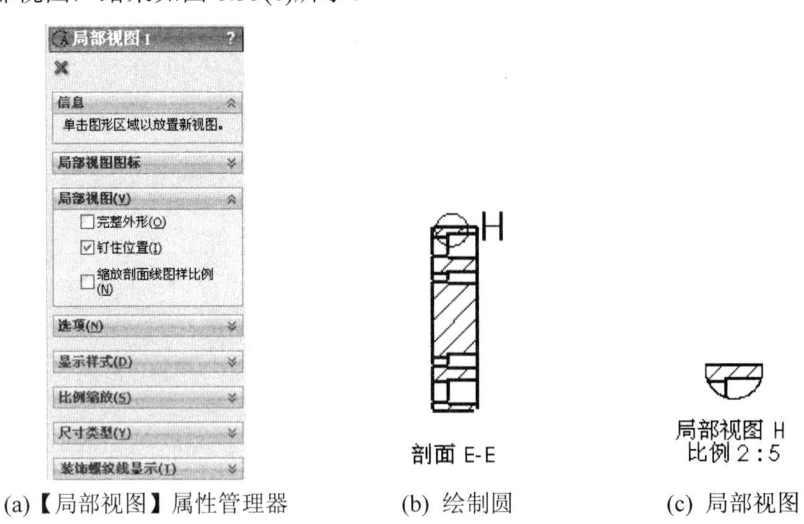

(a)【局部视图】属性管理器　　(b) 绘制圆　　(c) 局部视图

图 6.33　局部放大视图

6.2.6 等轴测图

等轴测图可以帮助用户在工程图中更直观地了解零件或装配体的形状。等轴测图属于模型视图的一种。

(1) 打开添加标注三视图的“凹模框”工程图文件。

(2) 在【工程图】工具栏中单击【模型视图】按钮。系统弹出【模型视图】属性管理器，如图 6.34(a)所示。单击【等轴测】按钮确定添加等轴测图。在【更多】视图里，等轴测图还有两种方式可以选择，包括上下二等角轴测和左右二等角轴测。

(3) 确定视图位置。随鼠标移动，等轴测图的预览图显示出来。在工程图中合适的地方单击鼠标左键，预览图即确定下来，如图 6.34(b)所示。

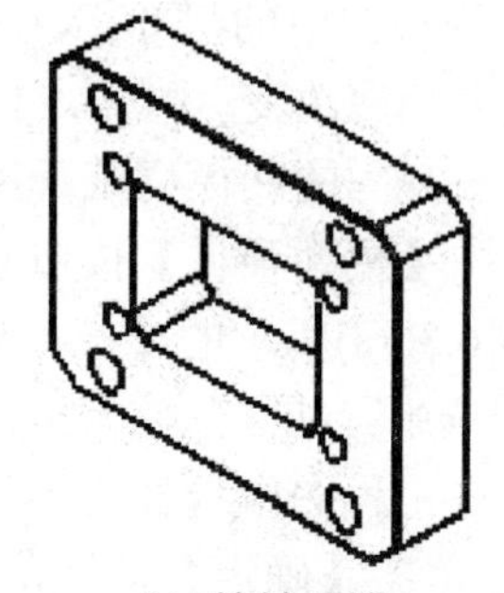

(a)【模型视图】属性管理器　　(b) 等轴测图

图 6.34 添加等轴测图

6.3 尺寸和注解

工程图绘制完成以后，必须为工程视图标注尺寸、几何公差、形位公差、表面粗糙度及技术要求等注释，才能算是一张完整的工程视图。SolidWorks 中添加注解的命令如图 6.35 所示。其中图 6.35(a)为添加注解命令的菜单方式，“模型项目”可以把模型文件(零件或装配体)中的尺寸、注解以及参考几何体插入到工程图中。注解菜单中为工程图常用的注释。图 6.35(b)所示为【注解】工具栏的命令按钮，包括智能尺寸、模型项目、注释等工具。下面介绍几种基本注解项目的设置和使用方法。

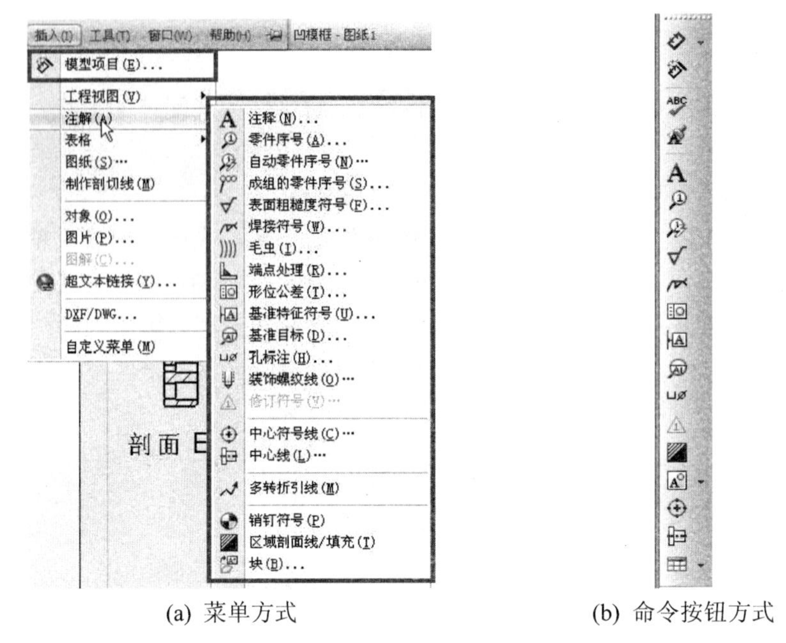

(a) 菜单方式　　　　(b) 命令按钮方式

图 6.35　添加注解的方式

6.3.1　插入模型尺寸

SolidWorks 工程视图中的尺寸标注与模型中的尺寸相关联，模型中尺寸发生改变，工程图中标注的尺寸会相应改变。同样，工程图中标注尺寸的改变会改变模型中相应的尺寸。

打开插入标准三视图的凹模框工程图，选择【插入】|【模型项目】菜单命令，或者单击【注解】工具栏中【模型项目】按钮，执行模型项目命令。

系统弹出如图 6.36(a)所示的【模型项目】属性管理器，【尺寸】设置框中【为工程按标注】一项自动选中。如果只将尺寸插入到指定的视图中，取消【将项目输入到所有视图】复选框，然后在工程图中选择需要插入尺寸的视图，此时【来源 / 目标】将自动显示【目标视图】一栏。单击【确定】按钮，完成模型尺寸的标注，如图 6.36(b)。

插入模型项目时，系统会自动将模型尺寸或者其他注解插入到工程图中。当模型特征很多时，插入的模型尺寸会显得很乱，所以在建立模型时需要注意以下几点。

(1) 因为只有在模型中定义的尺寸才能插入到工程图中，所以，在建立模型特征时，要养成良好的习惯，并且草图要处于完全定义的状态。

(2) 在绘制模型特征草图时，仔细地设置草图尺寸的位置，这样可以减少尺寸插入到工程图后调整尺寸的时间。

插入工程图中的尺寸，可以进行一些属性修改，如添加尺寸公差、改变箭头的显示样式、在尺寸上添加文字等。

单击工程视图中某一个需要修改的尺寸，系统弹出【尺寸】属性管理器。在管理器中，用来修改尺寸属性的通常有三个选项，分别是【公差 / 精度】选项、【标注尺寸文字】选项、【尺寸界限 / 引线显示】选项。

修改尺寸属性的操作步骤如下：

(1) 修改尺寸属性的公差和精度。尺寸的公差共有十种类型，单击【公差 / 精度】选项中【公差类型】下拉菜单即可显示。

(2) 修改尺寸属性的标注尺寸文字。使用【标注尺寸文字】选项栏，可以在系统默认的尺寸上添加文字和符号，也可以修改系统默认的尺寸。

选项栏中的 dim 是系统默认的尺寸，如果将其删除，可以修改系统默认的标注尺寸。将鼠标指针移到到 dim 前面或后面，可以添加需要的文字和符号。

(3) 修改尺寸属性的箭头位置和样式。使用【尺寸界限／引线显示】选项栏，可以设置标注尺寸的箭头位置和箭头样式。箭头位置有以下三种形式：箭头在尺寸界限外面，箭头在尺寸界限里面，只能确定箭头的位置。箭头有 11 种标注方式，可以根据需要进行设置。

图 6.36(c)为插入模型尺寸并调整尺寸位置后的工程图。

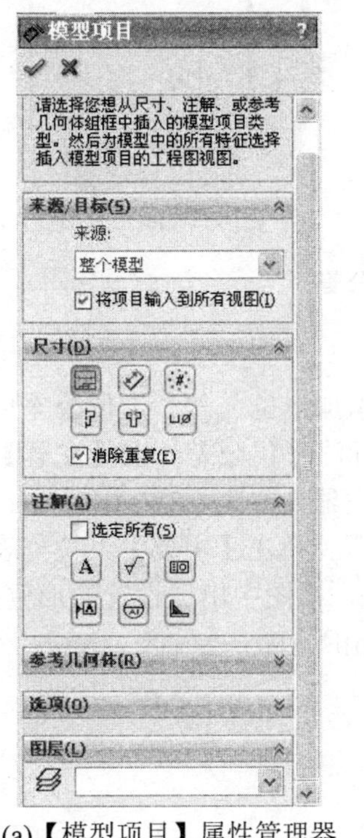

(a)【模型项目】属性管理器

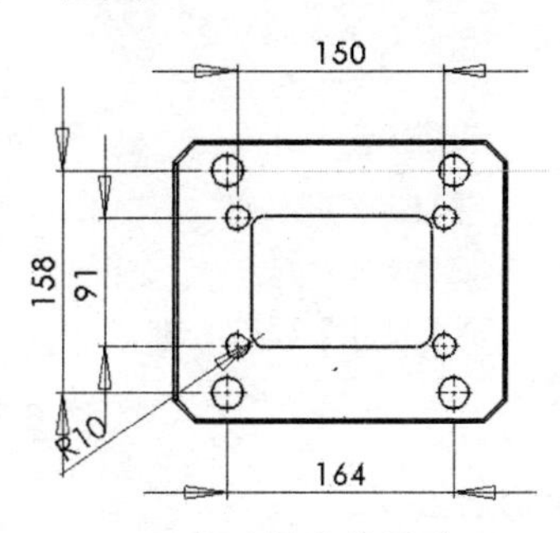

(b) 自动标注的尺寸

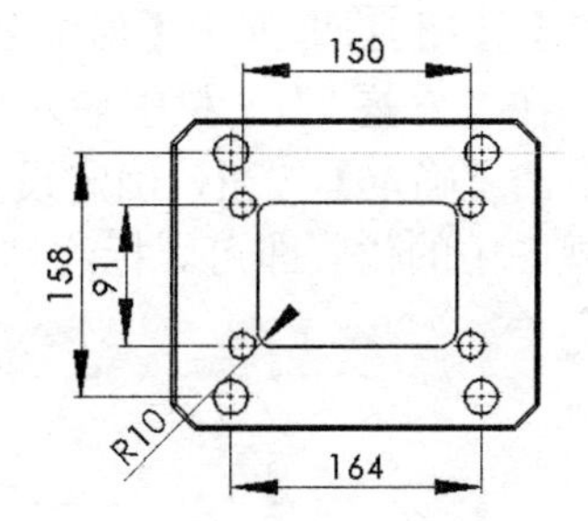

(c) 修改后标注的尺寸

图 6.36 使用【模型项目】命令插入模型尺寸

6.3.2 注解

1. 标注几何公差

单击工程视图中 158mm 这个尺寸，系统弹出【尺寸属性】对话框，在【数值】选项卡中，打开【公差／精度】，可以选择公差类型。如选择【双边公差】，分别在下面的文本框中输入公差大小，为 0.1mm 和-0.1mm。这时公差显示为图 6.37(b)所示，与通常的公差标注方式不太一致。单击【其他】按钮，在【文本字体】选项对公差字体取消【使用尺寸字体】选项，系统提供【字体比例】和【字体高度】两种字体大小选项，选择【字体高度】选项，并在文本框中输入值 2mm，公差字体变化为如图 6.37(c)所示的标准标注方式。

(a)【尺寸】属性管理器

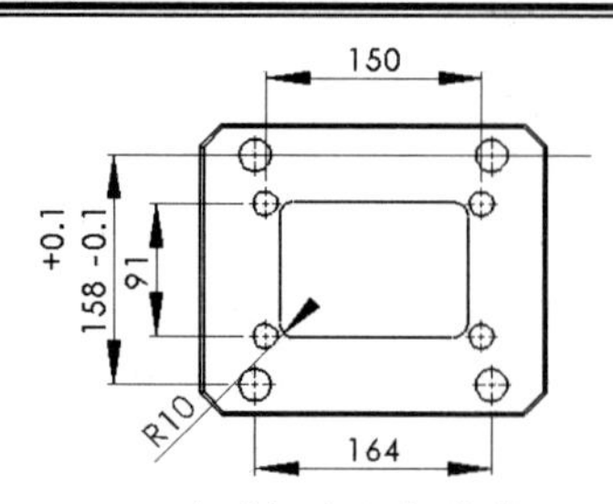

(b) 自动标注几何公差

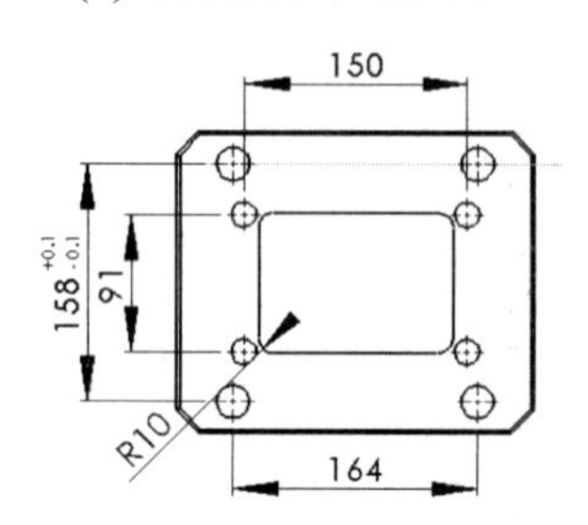

(c) 修改后的几何公差

图 6.37　标注几何公差

2. 标注形位公差

为了满足设计和加工需要，需要在工程视图中添加形位公差。形位公差包括代号、公差值及原则等内容。选择凹模框右视图中左侧平面标注形位公差，在【注解】工具栏中选择【形位公差】按钮即弹出【形位公差】属性管理器，如图 6.38(a)所示。在其中选择需要的垂直度，在“公差 1”一栏中输入公差值“0.05”；单击【主要】下拉列表并输入参考面 A。然后单击【确定】按钮，确定设置的形位公差，视图中出现设置的形位公差的预览，单击调整在视图中的位置即可。标注结果如图 6.38(b)所示。

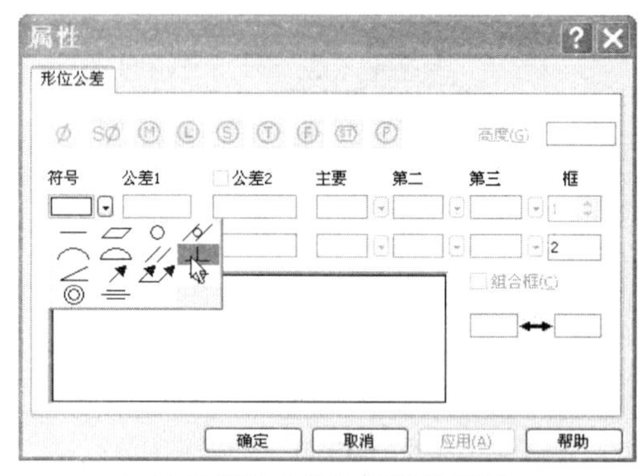

(a)【形位公差】属性管理器

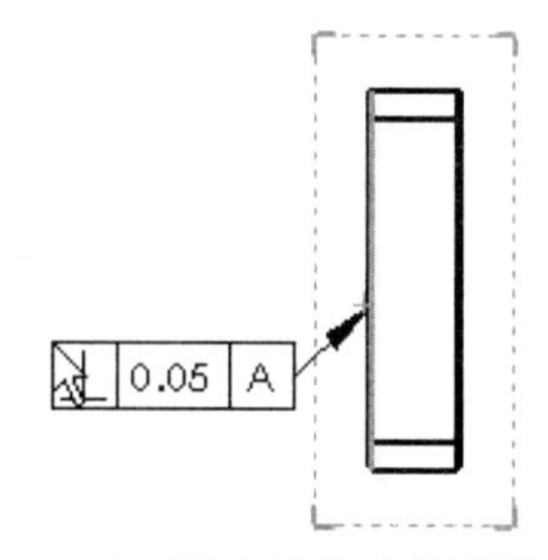

(b) 标注形位公差预览

图 6.38　标注形位公差

3. 标注基准特征符号

有些形位公差需要有参考基准特征，需要指定公差基准。图 6.38 中所标注的垂直度形位公差，需要标注参考面 A 的位置，即当前标注平面相对于哪个基准的垂直度。

单击【注解】工具栏中的【基准特征】按钮，执行标注基准特征符号命令。系统弹出【基准特征】属性管理器，如图 6.39(a)所示。在【基准特征】属性管理器中修改标注的基准特征：在【标号设定】中输入基准的标号，在【引线】中确定样式。在图 6.39(b)所示的剖视图中需要标注的位置单击放置基准特征符号，此时在视图中出现标注基准特征符号的预览效果，然后单击【确定】按钮，标注完毕。

(a) 基准特征属性管理器

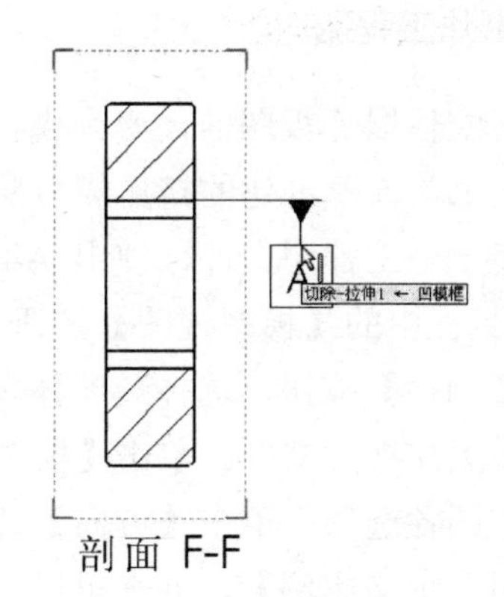

(b) 标注几何公差预览

图 6.39　标注基准特征

4. 标注表面粗糙度符号

表面粗糙度表示零件表面加工的程度，因此必须选择工程图中实体边线才能标注表面粗糙度符号。单击【注解】工具栏中的【表面粗糙度】按钮。系统弹出如图 6.40 所示的【表面粗糙度】属性管理器，单击【符号】选项框中的【要求切削加工】按钮，在【符号布局】选项栏中的【最大粗糙度】一栏中输入值“3.2”。选取要标注表面粗糙度符合的实体边缘位置，然后单击鼠标左键确认，如图 6.40(b)所示。

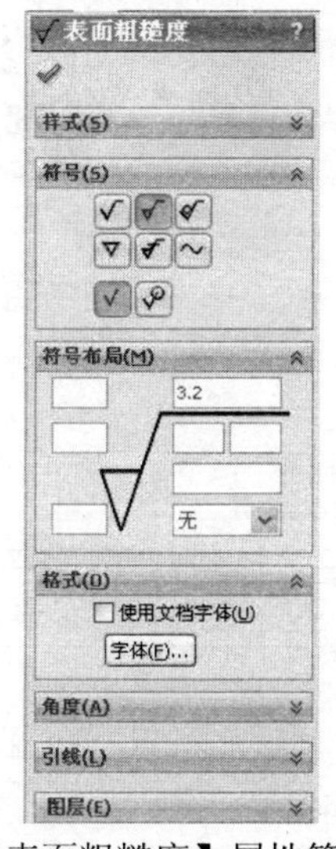

(a)【表面粗糙度】属性管理器

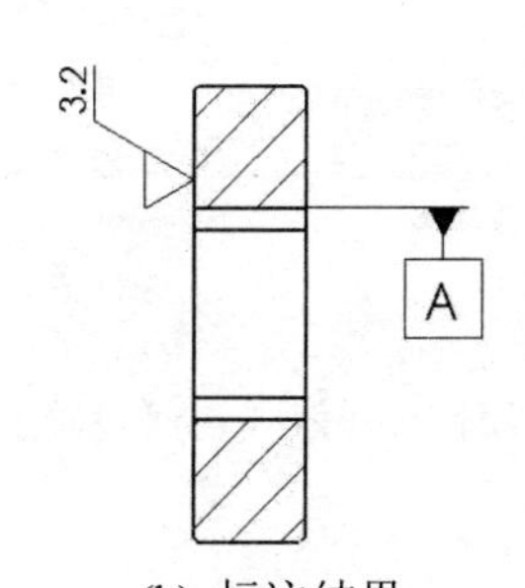

(b) 标注结果

图 6.40　标注粗糙度

6.4　装配体工程图

利用已经创建好的装配体文件，可以在工程图中建立装配体工程视图及爆炸工程视图，这样可以方便地观测装配体的装配状况。

6.4.1　建立爆炸工程图

在建立装配体爆炸视图前，必须先在装配体文件中完成爆炸图，然后再插入到工程图文件中。以本书第 5 章创建的挤压模装配体爆炸图为例，创建装配体工程图。

首先新建一个工程图文件，使用 A4 纵向图纸格式，并进入工程图的工作界面。单击【工程图】工具栏中的【模型视图】按钮，打开【模型视图】属性管理器，如图 6.41(a)所示。单击【浏览】按钮，选择装配体爆炸视图文件“模具装配.sldasm”，要建立爆炸工程图的装配体爆炸视图文件。单击【模型视图】属性管理器的【下一步】按钮，开始设置装配体工程图各选项：单击【方向】选项栏中的【等轴测】按钮；在【比例】选项栏中选择【使用自定义比例】，并在可以选择视图比例的下拉菜单中选择“1∶5”。然后在图纸中合适的位置插入模型视图，结果如图 6.41(c)所示。

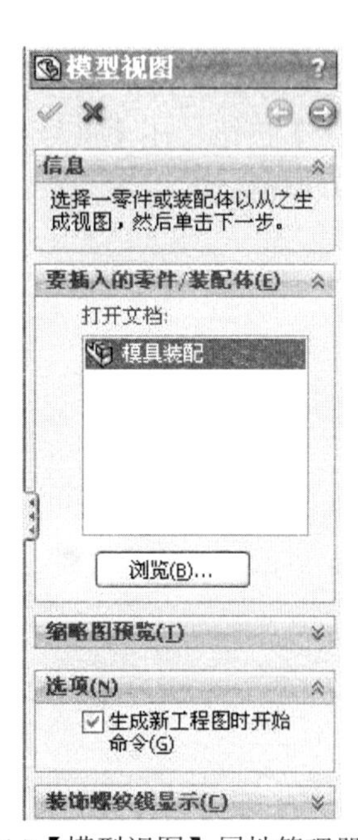

(a)【模型视图】属性管理器

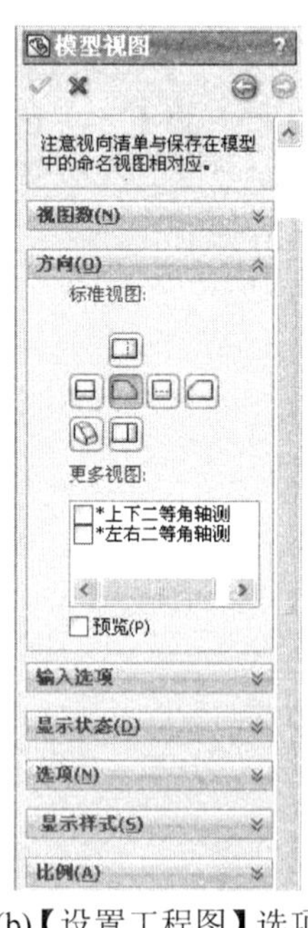

(b)【设置工程图】选项

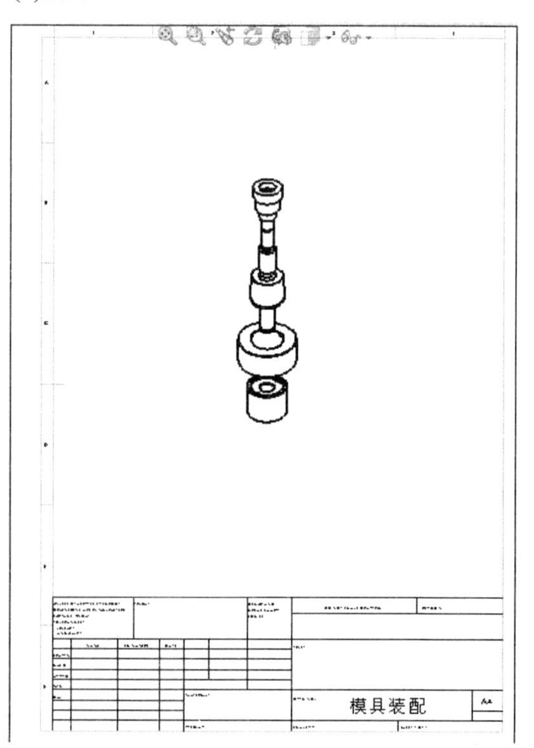

(c) 爆炸工程图

图 6.41　创建爆炸工程图

工程图的 FeatureManager 设计树显示如图 6.42(a)所示。利用设计树可以对爆炸工程图的【视图】选项进行修改。右键单击【工程视图 1】，在系统弹出的快捷菜单中选择【属性】选项，系统重新弹出如图 6.41(b)所示的【模型视图】属性管理器。

工程图的显示比例还可以重新修改：右键单击特征管理器中的【图纸 1】，系统弹出如图 6.42(b)所示的【图纸属性】对话框。在【比例】文本框中输入合适的图纸比例。

如果需要调整工程视图的位置，将鼠标指针移到视图上，当鼠标指针变为时，就可以拖动视图调整工程视图在图纸中的位置。

(a) 工程图设计树

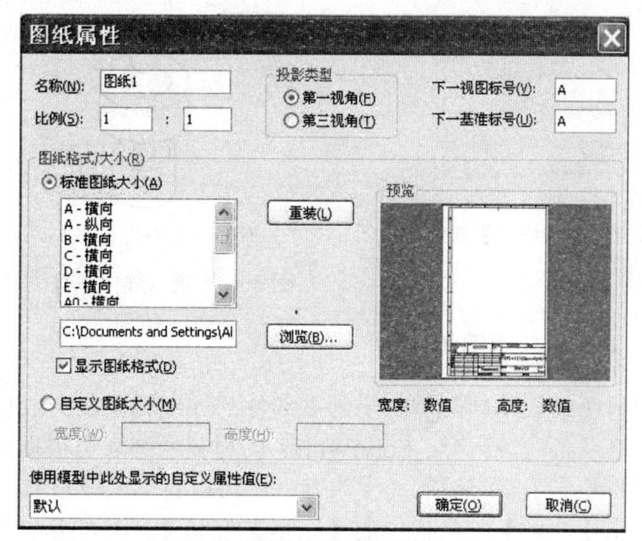

(b)【图纸属性】对话框

图 6.42　修改爆炸工程图

6.4.2　插入零件序号

零件序号用于标记装配体工程图中的零件，并将零件与材料明细表中的序号相关联。

1. 插入零件序号

单击【注解】工具栏中的【自动零件序号】按钮，此时系统弹出如图 6.43(a)所示的【零件序号】属性管理器，在其中设置标注零件序号的样式等，【零件序号布局】默认为“方形”布局。然后选择需要插入零件序号的视图，零件序号就会自动标注，如图 6.43(b)所示。标注完零件序号后，零件序号有时候会比较乱，单击需要修改的序号，序号上会出现 5 个绿色控制点，利用控制点可以调整序号的位置。

2. 设置字体高度

如果对使用自动零件序号方式添加的零件序号字体不满意，可以单击需要修改的序号，或用鼠标框选中所有序号，系统弹出【零件序号】属性管理器，单击下面的【更多属性…】按钮，则【零件序号】属性管理器替换为【注释】属性管理器，如图 6.43(c)所示。在文字格式选项栏中取消【使用文档字体】，单击【字体】按钮可以自定义零件序号字体的高度。

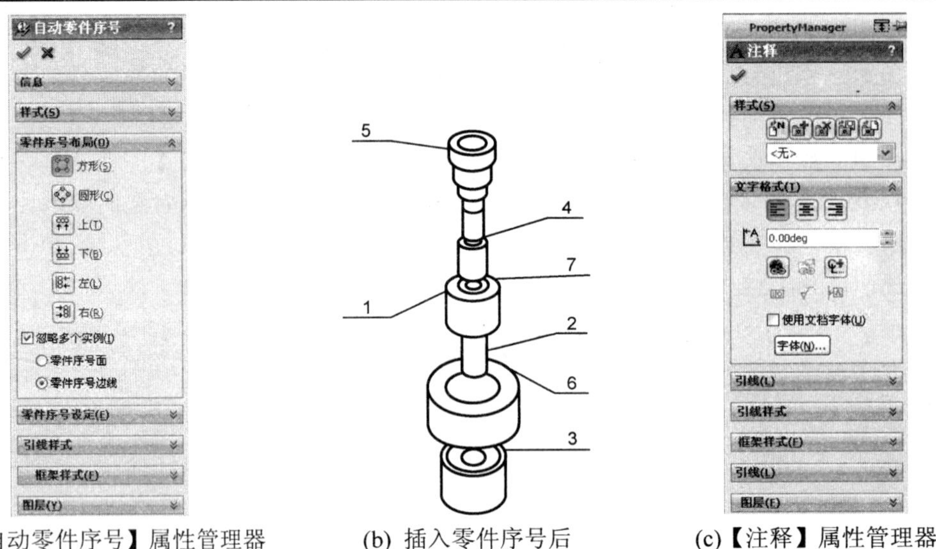

(a)【自动零件序号】属性管理器　(b) 插入零件序号后　(c)【注释】属性管理器

图 6.43　插入零件序号

6.4.3　建立材料明细表

材料明细表是装配体中全部零部件的详细目录，一般包括项目号、零件名、数量、材质、规格及备注等内容。SolidWorks 的材料明细表可根据插入零部件的属性自动生成，不需要用户绘制表格、输入文字内容，就可以自动生成材料明细表。

单击【注解】工具栏中的【表格】按钮，表格按钮展开成多种表格的添加菜单，单击其中的【材料明细表】按钮，激活【材料明细表】属性管理器。按照提示信息，选择需要添加材料明细表的装配体视图，在各种选项栏中设置材料明细表，如图 6.44(a)所示。单击【确定】按钮，预览的材料明细表随鼠标移动，用鼠标左键选择材料明细表的位置，材料明细表即自动添加到工程图中，如图 6.44(b)所示。

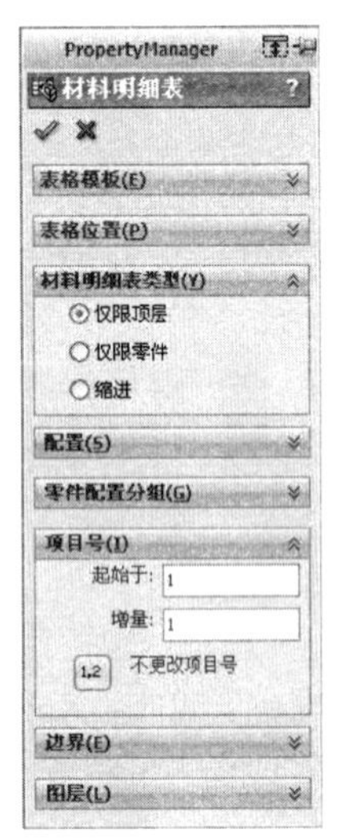

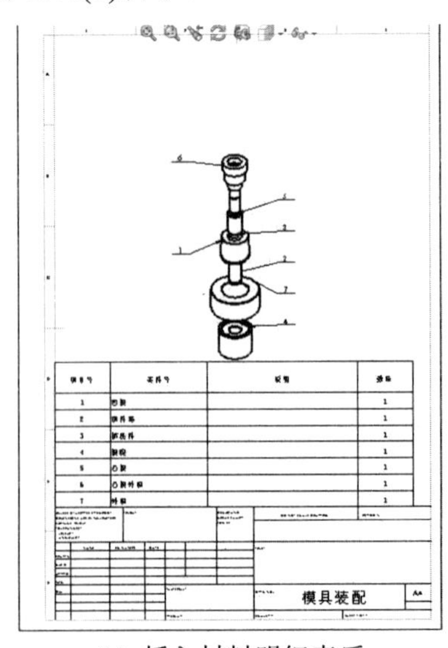

(a)【材料明细表】属性管理器　(b) 插入材料明细表后

图 6.44　建立材料明细表

6.5 综合应用案例

油缸盖零件工程视图的生成。

(1) 打开实体零件“油缸盖”。在【标准】工具栏中单击【生成工程图】图标。

(2) 进入工程图界面，在生成工程图之前，完成以下操作：

① 进入工程图环境，根据题目要求(或零件大小)设置图纸的图幅，如图 6.45 所示。本例中选择 A2 图纸。

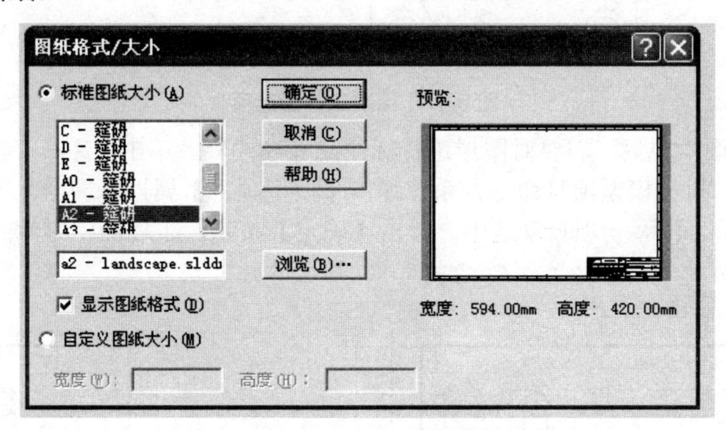

图 6.45 图纸格式选择

② 单击【确定】按钮，进入绘图状态。选择模型(实体)的一个视图方向作为二维图形的主视图，如图 6.46(a)所示，并将图形拖动到图纸幅面的适当位置。默认情况下生成工程图的比例和模型相同，即为 1∶1 如图 6.46(b)所示。这些选项完成后，在绘图区就出现主视图图形外形大小，拖动鼠标到合适位置，左键确定，则该模型主视图生成。

③ 选择对话框中【使用父关系样式】，会根据投影方向自动生成其他视图，如图 6.46(c)所示。图 6.46(d)为生成的主视图及俯视图。

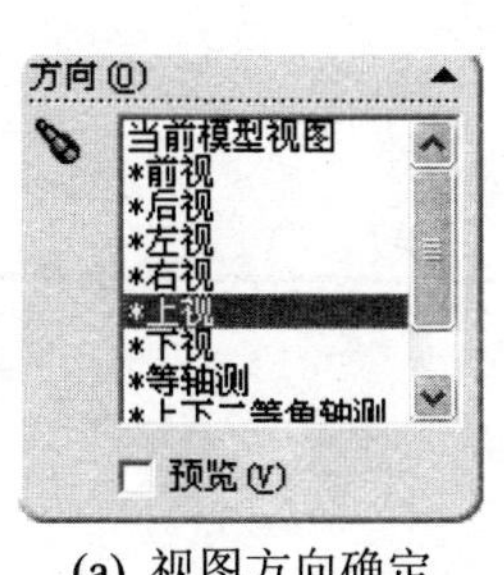

(a) 视图方向确定

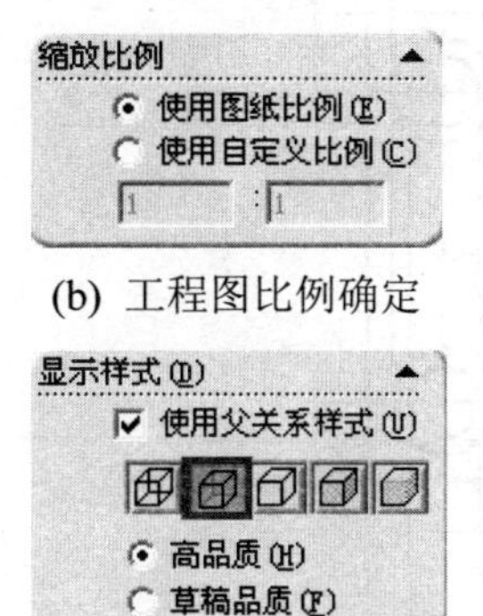

(b) 工程图比例确定

(c) 工程图显示样式确定

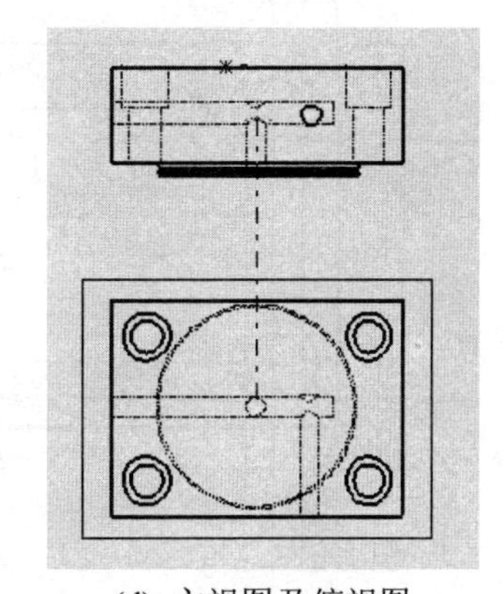

(d) 主视图及俯视图

图 6.46 视图选项

采用相同的方法生成其他所需要的视图，如图 6.47 所示。

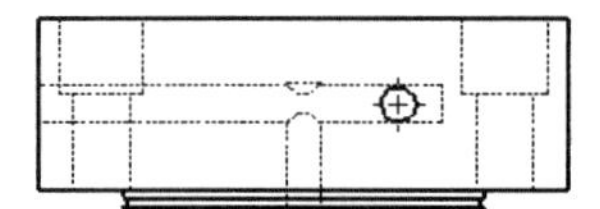

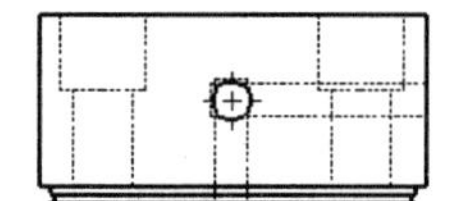

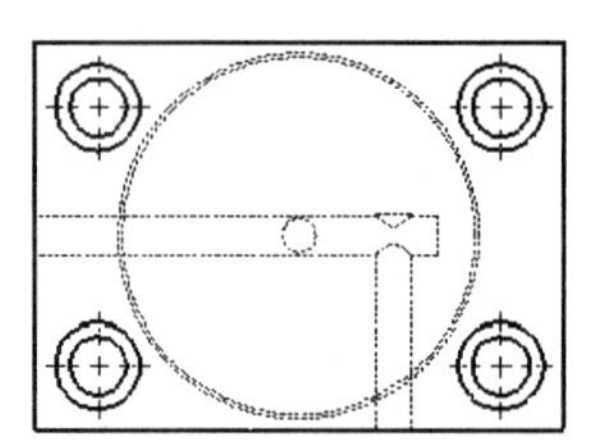

图 6.47　标准三视图选项

④ 工程视图生成后，需要对图形进行标注尺寸和注释。单击【注解】工具栏中【模型项目】按钮，执行模型项目命令。系统弹出【模型项目】属性管理器，【尺寸】设置框中【为工程按标注】一项自动选中。单击【确定】按钮，工程图中零件的尺寸会自动标出，如图 6.48 所示。

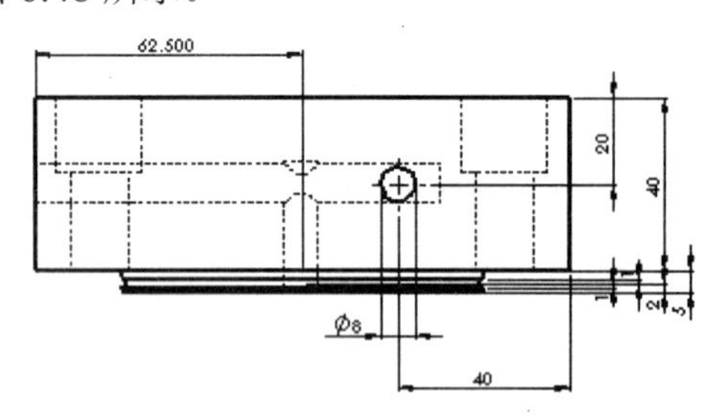

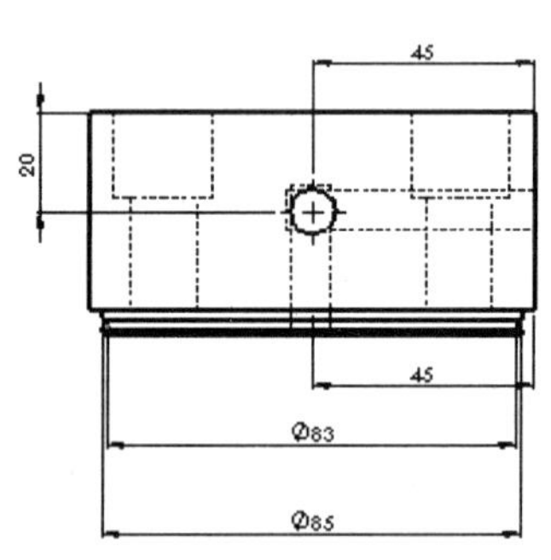

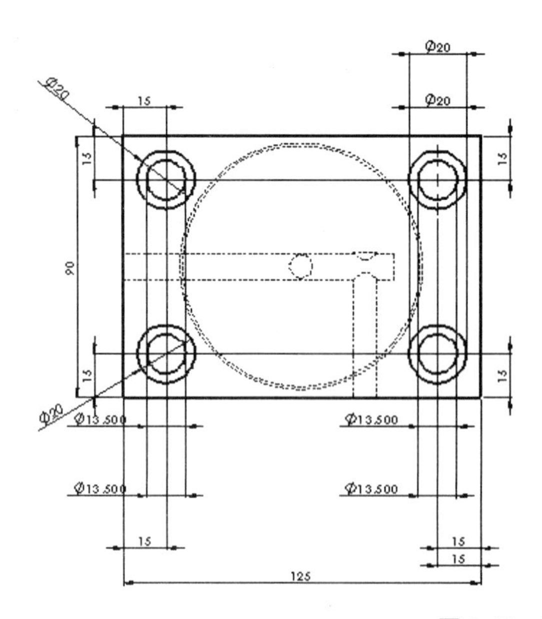

图 6.48　尺寸标注

⑤ 粗糙度、形位公差及中心线标注。在下拉菜单【插入】|【注解】中分别选择【表面粗糙度符号】、【形位公差】等可实现相关操作，如图 6.49 所示。

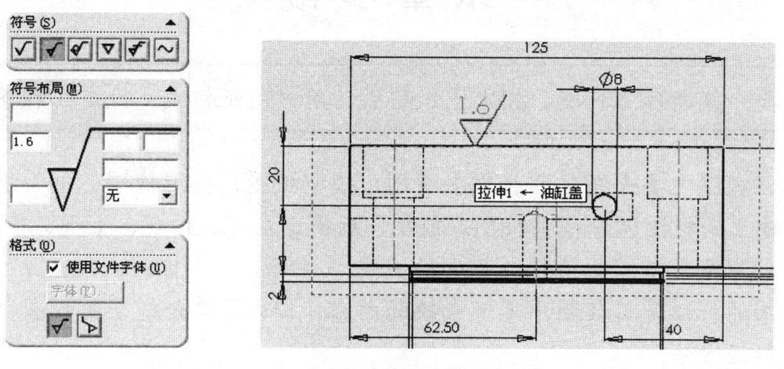

图 6.49 粗糙度标注

⑥ 图纸格式编辑。在绘图区单击鼠标右键，出现快捷菜单，选择【编辑图纸格式】进入图纸格式编辑状态，可对标题栏相关信息进行编辑，如图 6.50 所示。

图 6.50 标题栏选项编辑

⑦ 图纸格式编辑结束后，单击鼠标右键，选取【编辑图纸】则回到图纸绘制状态。图纸编辑结束后，对工程图进行保存即可。

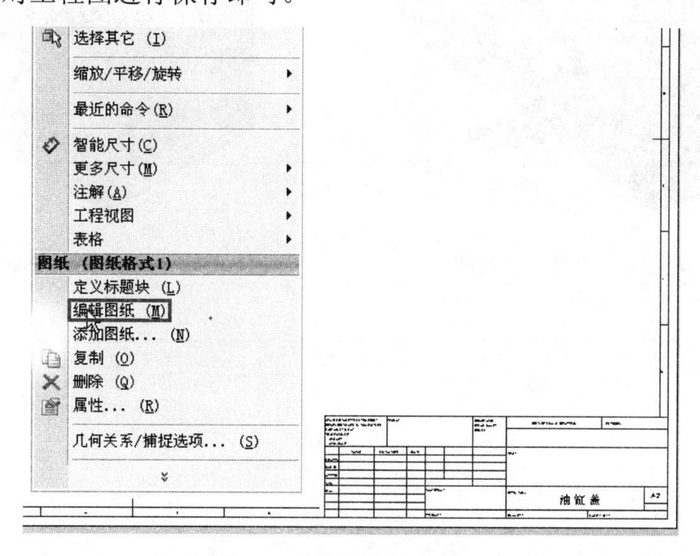

图 6.51 切换回图纸编辑状态

本 章 小 结

本章主要介绍新建工程图、指定图纸格式、用户图纸格式、设定工程图选项、设定图纸及图纸操作。

建立工程视图主要介绍建立标准三视图、模型视图、投影视图、剖面视图及局部放大视图等。建立的视图包含模型视图、前视、后视、左视、右视、上视、下视、等轴测、左右二等角轴测及上下二等角轴测等十种视图。

工程视图的标注是工程图中不可或缺的内容，本章简单介绍了工程图中尺寸标注和各种注解的标注方法。

最后介绍了创建爆炸工程视图，爆炸工程视图可以方便地观测装配体的装配状况及整个装配体中零件及标准件的明细等。

习　　题

6.1 图 6.52 为夹钳的零件图，请使用标准三视图和注解工具生成夹钳的工程图。

6.2 图 6.53 为机械手的装配体图，请使用标准三视图和注解工具生成机械手装配体工程图。

图 6.52　习题 6.1 用夹钳零件图

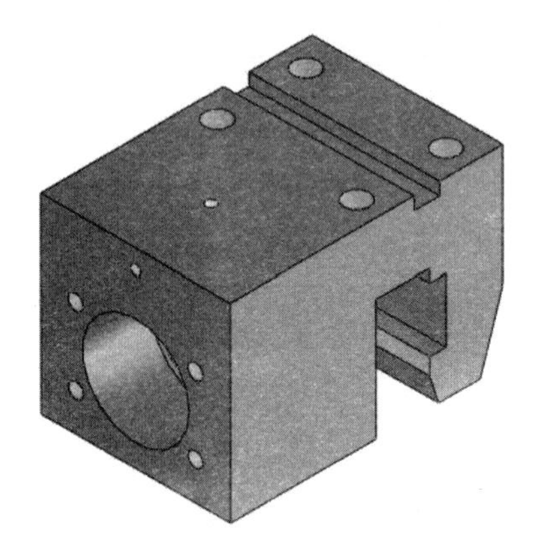

图 6.53　习题 6.2 用机械手装配体

第 7 章 SolidWorks 动画制作

教学目标

通过本章的学习，掌握 SolidWorks 软件动画制作的基本方法，会制作视像变化、产品拆装及机构运动的动画影片。

教学要求

能力目标	知识要点	权重	自测分数
掌握 MotionManager 基本操作	MotionManager 界面、动画制作基本步骤	30%	
掌握简单动画制作方法	平动、转动、视像变化、相机动画、路径动画的制作方法	40%	
了解 VBA 编程动画制作方法	VBA 编程动画制作步骤	5%	
了解复杂动画制作方法	对机构运动进行分解并选用适当方法	25%	

引例

某设计单位完成了一种新型 3300 吨大型造槽机的设计，设备制造投资大，没有订单不会进行生产。请思考设计单位怎样向客户介绍这台设备的结构组成和机构的运行情况才能达到最佳效果？

7.1 SolidWorks 软件动画制作概述

7.1.1 MotionManager 简介

动画是交流设计思想的一种强有力工具，能够方便地演示产品的外观、性能及机构的运行情况，达到直观和形象的交流目的。对使用 SolidWorks 软件的设计工程师来说，不必耗费大量的金钱和时间来学习复杂的动画制作软件，直接在 SolidWorks 软件中就可以实现产品的组装、拆卸及机构运动的动画模拟，生成可直接在 Windows 平台下运行的动画文件，供设计评审、产品宣传、用户交流时使用。

在 SolidWorks 2008 以前的各个版本中，Animator 只是一个与 SolidWorks 完全集成的

动画制作插件，必须单独安装或在安装 SolidWorks Office、SolidWorks Office Professional、SolidWorks Office Premium 版本之后才能使用。安装完成之后，系统默认没有加载 Animator 插件，必须手动开启该插件。

在 SolidWorks 2008 以后的版本中，Animator 已成为 SolidWorks 软件的核心模块，并更名为 MotionManager 运动算例，新的 MotionManager 将动态装配体运动、物理模拟、动画和 COSMOSMotion 整合到了单个易于使用的界面中，能够更方便地制作产品的演示动画。在 SolidWorks 软件启动后，单击工作区域底部的【模型】或者【运动算例 1】的标签，就可以方便地实现模型和动画两者之间的切换。

利用 MotionManager 运动算例制作的动画可分为三种形式。

(1) 零件或装配体的产品外观展示动画，它具有以下几种功能：

① 装配体或零部件的外观渐隐效果与色彩改变；

② 爆炸或解除爆炸动画，来展示装配体中零部件的装配关系；

③ 与 PhotoWorks 渲染软件完全集成，利用专业的灯光控制以及为零件增加材质，可在动画中创建逼真的图像；

④ 绕着模型转动或让模型转动，可以从不同角度观看零件或装配体设计模型；

⑤ 动画显示装配体的剖切视图，展示其内部结构。

(2) 装配体的产品模拟动画，它可以模拟产品的运行情况，将设计者的意图更好地传递给其他人员。其制作方法如下：

① 通过规定装配体零部件在不同时间的位置来模拟产品的运动；

② 在装配体上模仿马达、弹簧、碰撞、以及引力作用效果，来生成基于物理模拟的演示性动画；

③ 借助 SolidWorks Motion 插件，跟踪零件的运动轨迹，生成专业的全功能运动仿真模拟动画，来指导产品优化设计。

(3) 通过屏幕捕捉录制零件的设计过程。

7.1.2　MotionManager 界面

新的 MotionManager 使用基于“键码点”的界面，如图 7.1 所示，图形区域被水平分割为顶部模型区域和底部动画制作区域，动画界面可分为三个部分，上边是 MotionManager 工具栏，左边是 MotionManager 设计树，右边是带有“键码点”和时间栏的动画编辑区，每个键码点代表动画位置更改的开始、结束或者颜色、透明度等其他特性。无论何时定位一个新的键码，它都会对应于运动或视像属性的更改。它不仅支持空间位置的变化，也支持模型材质、颜色和透明度的变化。

MotionManager 设计树包括【视向及相机视图】设定、“光源、相机与布景”文件夹、出现在 SolidWorks FeatureManager 设计树中的零部件实体、所添加的马达、力、或弹簧等模拟单元。用右键单击【视向及相机视图】可切换“启用观阅键码播放”、“禁用观阅键码播放”、“禁用观阅键码生成”三种不同状态来实现播放和编辑动画时对模型视图的控制。【光源、相机与布景】主要用来添加动画光源与相机，控制显示效果。MotionManager 设计树中所列的零部件实体展开后会出现【移动】、【爆炸】和【外观】三个子菜单，表明 MotionManager 能够记录这三种状态的动态变化。

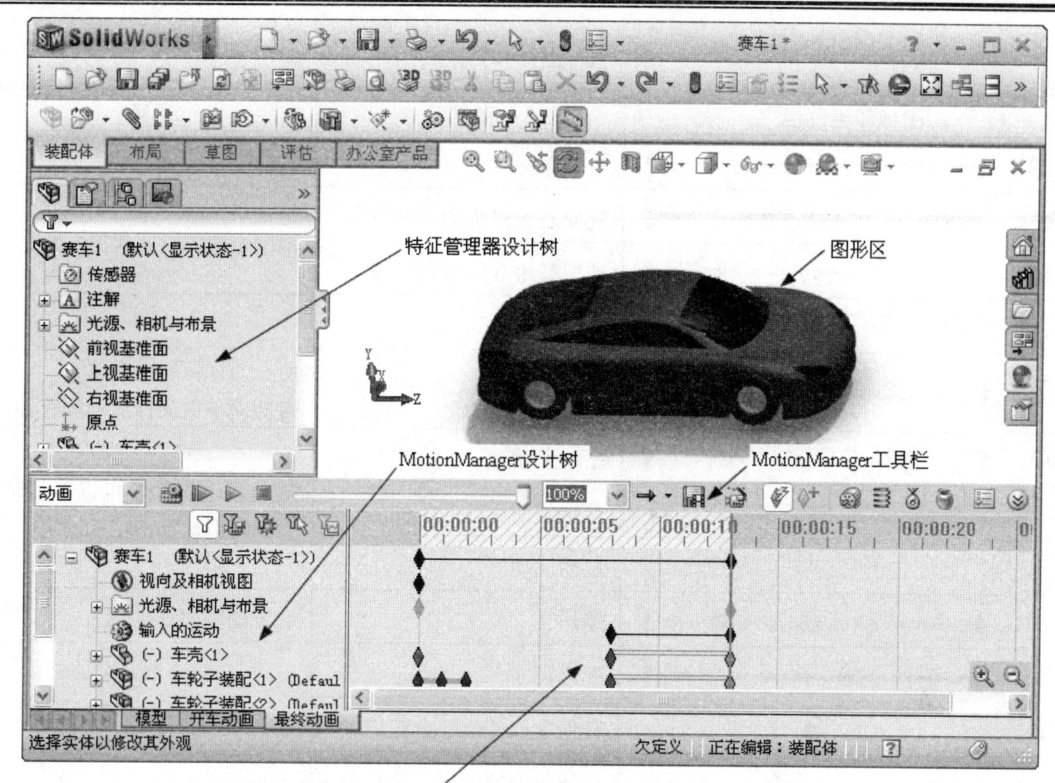

图 7.1　SolidWorks 的动画制作界面

所有对“键码点”的操作都在右边的动画编辑区进行，动画编辑区上主要由时间线、时间栏、更改栏、键码点等组成，如图 7.2 所示。时间线是动画的时间界面，被竖直网格线均分，这些网格线对应于表示时间的数字标记，数字标记从 00:00:00 开始，间距依赖于窗口大小和缩放等级。时间线上的纯黑灰色竖直线就是时间栏，代表当前时间，制作动画时拖动时间线到相应的位置，完成时间栏的定位，这时在图形区域中移动零部件或更改视像属性时，时间栏就会使用键码点和更改栏来显示更改。更改栏是连接键码点的水平栏。它们表示键码点之间零部件运动、视像属性、视图定向的更改。更改栏使用不同的颜色和形式来直观地区分不同的运动类型，如表 7-1 所示。

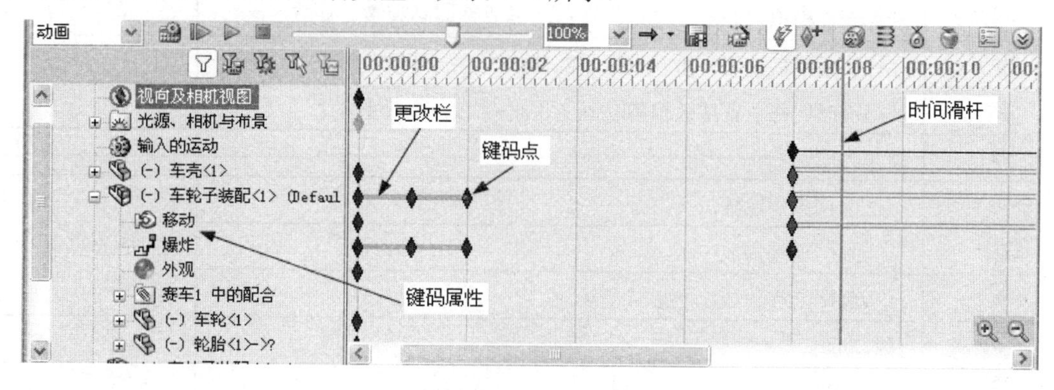

图 7.2　MotionManager 界面

表 7-1　图标和更改栏

图标和更改栏	函数	注释
	总动画持续时间	
	视向及相机视图	视图定向的时间长度
	选取禁用观阅键码播放	
	模拟单元	
	外观	所有的视像属性变化 可独立于零部件运动而存在
	驱动运动	从动运动零部件可以是运动的，也可以是固定的
	包括外观更改的驱动运动	
	从动运动	
	爆炸	通过动画向导生成
	配合尺寸	键码点
	任何零部件或配合键码	
	任何压缩的键码	
	位置还未解出，若在计算机屏幕上为红色显示表示位置不能到达	
	隐藏的子关系	折叠项目

动画界面上方的 MotionManager 工具栏主要用于添加模拟工具和对动画进行各项操作，各图标功能如表 7-2 所示。

表 7-2　MotionManager 工具栏

工具图标	功能	注释
	计算当前模拟，若更改模拟，在再次播放之前必须重新计算	
	在计算模拟后使用，重新设定零部件从头播放模拟动画	
	从当前时间栏位置播放模拟动画	
	停止	
	一次性从头到尾播放	播放模式
	从头到尾连续播放	
	从头到尾连续播放，然后从尾反放	
	保存动画	
	动画向导	

续表

工具图标	功能	注释
	移动或更改零部件时自动放置新键码	
	添加新键码或更新现有键码的属性	
	模拟线性作用力或旋转力矩	
	模拟弹簧作用力	
	定义 3D 接触	
	模拟引力作用	
	编辑运动算例属性	
	放大时间线以将关键点和时间栏更精确定位	
	缩小时间线以在窗口中显示更大时间间隔	

7.2　简单动画制作

MotionManager 工具栏中设置了【动画向导】，通过它可生成简单的动画，包括旋转模型、爆炸、解除爆炸、从基本运动输入运动和从 Motion 分析输入运动五种形式。单击工具栏上的【动画向导】按钮，系统自动判别当前可生成的动画类型，并以黑色激活状态显示，弹出对话框如图 7.3 所示。按照相应的提示进行对应的操作，最后就可以在 MotionManager 动画编辑区上生成键码点和更改栏，实现模型的控制。

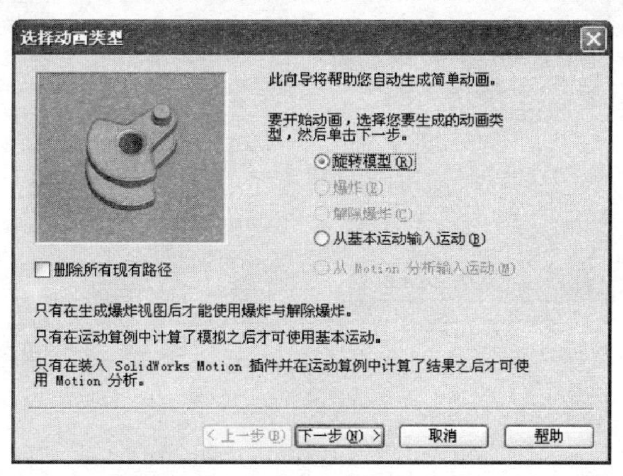

图 7.3　【动画向导】界面

7.2.1　MotionManager 基本操作

启动 SolidWorks 软件，在工作区域底部有默认的【运动算例 1】标签，在对应的位置单击鼠标就能够实现模型和动画间的切换。如果打开了包含有动画的旧版本 SolidWorks 模型文件，系统能够实现自动转换，并保留原有的动画路径。MotionManager 可以有多个动画配置，彼此间相互独立，用鼠标右键单击【运动算例 1】标签，可以选择【复制】、【重新命名】、【删除】或者【生成新的运动算例】，如图 7.4 所示。

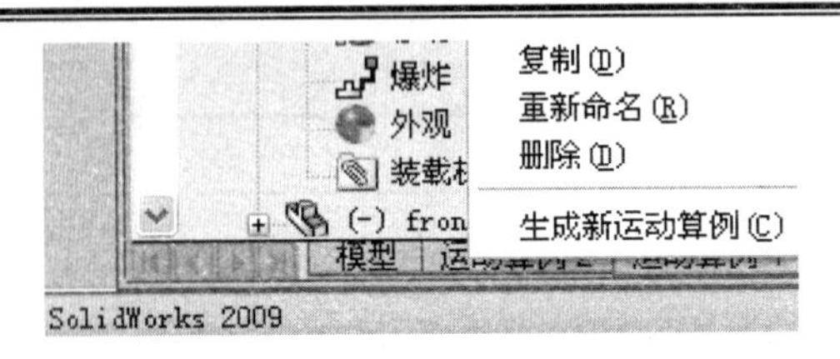

图 7.4　MotionManager 动画标签

制作动画的基本步骤：(1)切换到动画界面；(2)根据机构运动的时间长度，沿时间线拖动时间栏到某一位置；(3)移动装配体零部件到该时刻应到达的新位置。

图 7.5 所示的模型中，液压缸提供驱动力使活塞杆向前运动，活塞杆碰到球后，球以一定的加速度沿滑道向前运动。

切换到动画界面后，首先用鼠标拖动时间滑杆到 00：00：02 处，然后单击主工具栏上的【移动零部件】按钮，选择活塞杆零件，将其拖动到碰球位置；也可直接转到工作区域，利用鼠标拖动活塞杆到碰球位置。此时在状态栏出现了两个键码点，如图 7.6 所示，一个简单的运动设定完成，单击工具栏上的【从头播放】按钮即可预览活塞杆的模拟运动。

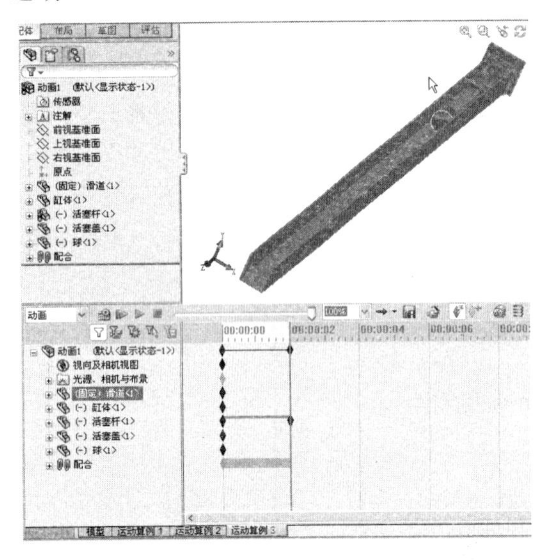

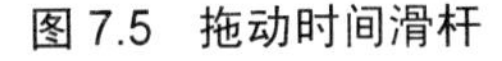

图 7.5　拖动时间滑杆

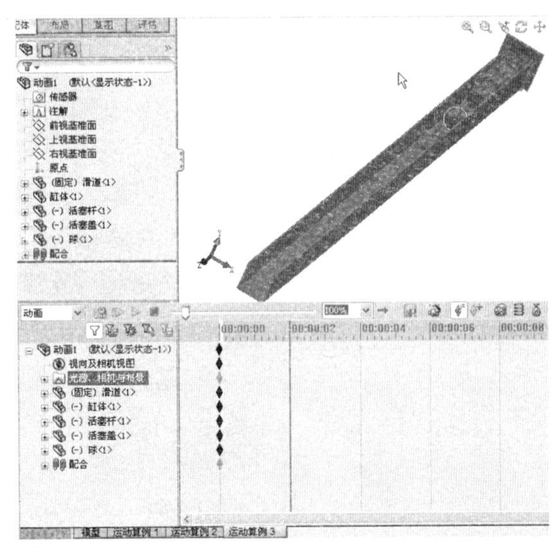

图 7.6　移动活塞杆到指定位置

特别提示

1. 养成每编辑完一段就预览动画效果和给运动算例命名的好习惯。在【运动算例 1】标签上双击鼠标左键将其名称改为“活塞杆运动”。

2. 系统默认设置为自动键码模式，若移动零部件或更改零部件属性时没有出现新键码，请检查 MotionManager 工具栏按钮是否处于按下状态。

为了让活塞杆运动得越来越快，给球提供更大的能量，可以添加【插值模式】到动画。用鼠标右键单击活塞杆零件的键码，选择【插值模式】中的【渐入】，单击【计算】按钮就可实现活塞杆的加速运动，如图 7.7 所示。

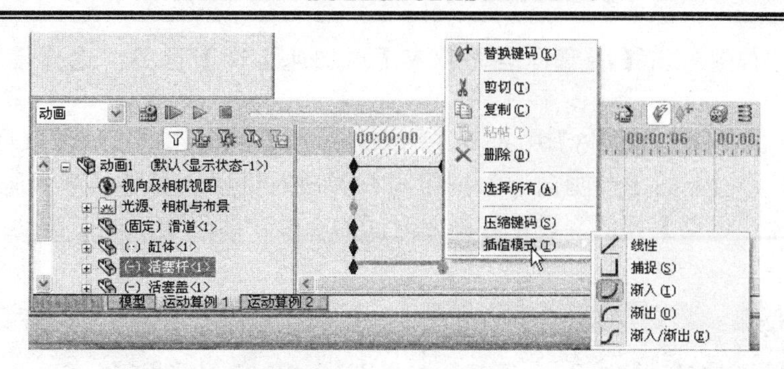

图 7.7　添加插值模式

MotionManager 动画使用【插值模式】来控制键码点之间变更的加速和减速运动。基本形式分为五种：

(1) 线性，此默认设置将零部件以匀速从位置 A 移动到位置 B。

(2) 捕捉，零部件从位置 A 突变到位置 B。

(3) 渐入，零部件开始从位置 A 缓慢移动，然后向位置 B 加速移动。

(4) 渐出，零部件开始从位置 A 快速移动，然后向位置 B 减速移动。

(5) 渐入 / 渐出，零部件向处于位置 A 和位置 B 的中间位置时间加速移动，然后在接近位置 B 的过程中减速移动。

7.2.2　从基本运动输入运动的动画向导制作

要实现球以一定的加速度沿滑道向前运动，除了采用【插值模式】来近似模拟外，最佳方法是利用模拟工具中的【引力】。

【引力】是仅限基本运动和运动分析的模拟单元，且在任何模拟中只可使用一个引力定义，所有零部件无论其质量如何都在引力作用下以相同加速度进行移动。在上述例子中，滑道、缸体和活塞盖三个零件已固定，只有活塞杆和球能够运动，要实现只有球一个零件作加速运动，必须在施加“引力”前将活塞杆压缩。

具体操作如下：

(1) 在 FeatureManager 设计树活塞杆零件上鼠标右键选择压缩；

(2) 用鼠标右键单击【活塞杆运动】标签，选择【生成新的运动算例】，在【算例类型】中选择【基本运动】；

(3) 单击【引力】图标，出现图 7.8 所示【引力】对话框，在【引力方向】上选择球的基准轴，方向反向，加速度设为“700mm / s^2”，单击【确定】按钮实现球的引力添加；

(4) 单击【计算】按钮，生成了球的基本运动。

图 7.8　【引力】对话框

特别提示

使用【引力】、【马达】等模拟单元，需将算例类型切换至【基本运动】模式，否则无法生成运动或者运动结果发生错误。

下面将以上两个运动进行合成来模拟该模型的实际运动情况。

(1) 在 SolidWorks FeatureManager 设计树活塞杆零件上鼠标右键选择【解除压缩】；

(2) 用鼠标右键单击【活塞杆运动】或【球加速运动】标签，选择【生成新的运动算例】；

(3) 在激活的【运动算例 3】中重复【活塞杆运动】的操作，实现活塞杆的移动；

(4) 单击工具栏上的【动画向导】按钮，弹出对话框选择【从基本运动输入运动】项，选择【球加速运动】算例，设定好开始时间为 2 秒，即可实现两个运动连接，如图 7.9 所示。

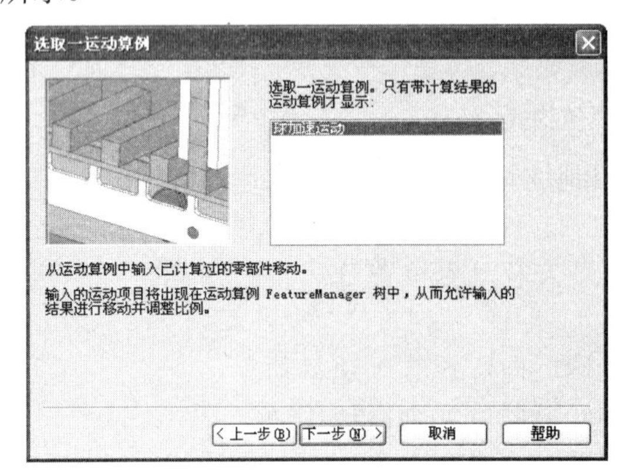

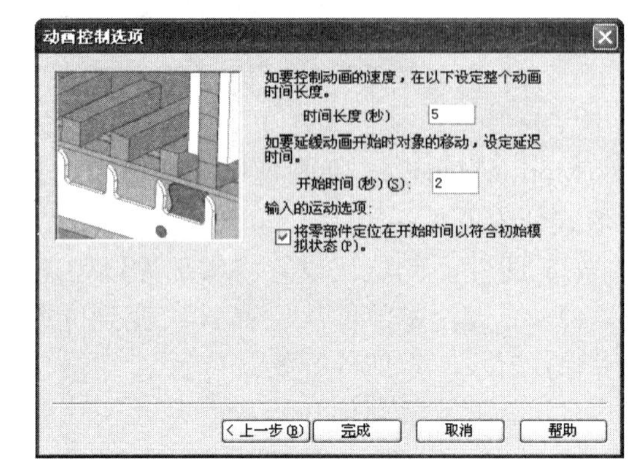

图 7.9　【从基本运动输入运动】的动画制作设置

使用技巧

对活塞杆零件解除压缩后，鼠标右键单击【活塞杆运动】标签选择【复制】，会自动生成包含活塞杆运动的新运动算例。

预览动画无误，单击 MotionManager 工具栏上【保存动画】按钮，弹出对话框，如图 7.10 所示。如果开启了 PhotoWorks 插件，则在【渲染器】中还可以选择【以 PhotoWorks 渲染输出】，经 PhotoWorks 渲染的动画更为逼真，可以得到照片级影片效果，但计算时间较长。压缩程序和压缩率一般按照默认值进行选取，压缩质量越高，生成的动画越清晰，生成的 Avi 影片文件也越大。【视频压缩】对话框如图 7.11 所示。

图 7.10　【保存动画到文件】对话框

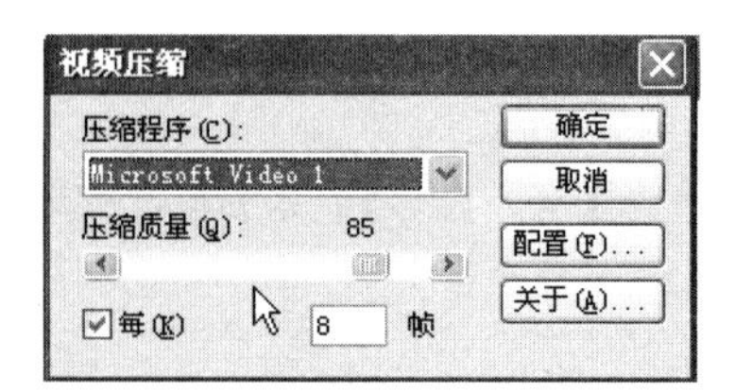

图 7.11　【视频压缩】对话框

使用技巧

1. 在生成 Avi 文件时，为了让产品模型显示的较大，激活【视向与相机视图】，将模型最大化，开始保存动画文件。

2. 在多次预览播放后，保存的动画文件可能会出现某个零件不清晰的现象，解决方法：先退出该模型文件，然后重新打开该文件，在第一次播放前保存动画文件。

7.2.3　视像属性的动画制作

SolidWorks 软件提供的视像属性非常丰富，包括零部件的视向角度、隐藏和显示、透明度、外观的变化，这些视像属性既可以单独动画，也可以随着零部件的运动而同时发生变化。

生成视像属性的动画也有三个步骤：

(1) 切换到动画界面；

(2) 沿时间线拖动时间栏到某一位置，设定动画序列的时间长度；

(3) 改变零部件的视像属性。

以图 7.12 所示的装载机为例来制作视像动画。

图 7.12　添加视像视图

首先切换到 MotionManager 动画界面，在【视向与相机视图】位置鼠标右键，选取【禁用观阅键码生成】来激活观阅键码生成状态，如图 7.13 所示，此时【视向与相机视图】图标变为蓝色。

在时间线 00：00：02 处，对应【视向与相机视图】位置鼠标右键，在视图定向中选择【左视】，在状态栏就出现了两个键码点，并在【视向与相机视图】对应的 00：00：00 到 00：00：02 时间段生成了更改栏，单击【预览】可从多个角度动画展示装载机的外貌。

在视像属性的动画制作过程中，采用在指定位置使用“放置键码点”的方法更方便，而且可以利用图形区中的放大、缩小、旋转、平移等视像控制按钮。具体操作如下：

(1) 在对应【视向与相机视图】时间线 00：00：02 位置，鼠标右键选择放置键码，在状态栏就出现了新添加的键码点；

(2) 拖动时间滑杆到 00：00：02 位置，或在时间线上 00：00：02 位置单击鼠标左键，时间滑杆也到达 00：00：02 位置；(这一步非常重要，否则会出现动画视像变化与自己的设置相反的情况)；

(3) 单击图形区中的放大、缩小、旋转、平移控制按钮即可得到我们所需的视像变化过程。

在挡风玻璃零件 00：00：02 位置处，鼠标右键添加键码点；再拖动时间滑杆到 00：00：04 处，单击 MotionManager 设计树中挡风玻璃零件的加号，出现【移动】、【爆炸】、【外观】和【装载机中的配合】4 个选项，在【外观】选项上鼠标右键选择【更改透明度】，如图 7.14 所示，单击【确定】按钮即可生成能观测驾驶室内部的视觉动画。

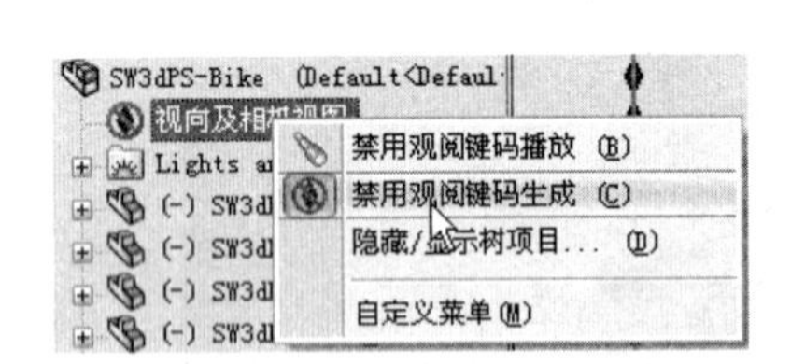

图 7.13　观阅键码生成

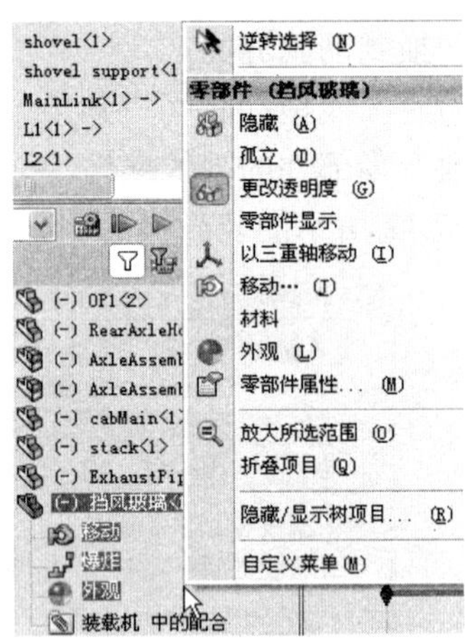

图 7.14　更改透明度

在车轮零件 00：00：04 位置，单击鼠标右键添加键码点；再拖动时间滑杆到 00：00：06 处，单击 MotionManager 设计树中车轮零件的加号，出现【爆炸】和【外观】选项，在【外观】选项上单击鼠标右键选择【外观】，在出现的【外观】对话框中更改外观或颜色，选择黄铜外观 matte copper.p2m 材质文件，单击【确定】按钮即可生成颜色变化的视觉动画。

特别提示

1. 为什么在后面两阶段动画制作前要先添加键码点？仔细观察不添加和添加键码点动画结果有什么不同。

2. 采用放置键码点方法编辑动画时要注意时间滑杆的位置，以防出现视像变化与自己的设置相反的现象。

7.2.4　基于相机的动画制作

使用基于相机的技术来生成动画，就是通过移动相机来更改相机位置、视野、目标点位置等相机属性，或使用相机视图方向来实现模型运动，其实质是通过相机的运动生成模型视像变化的动画。

生成基于相机的动画方法有两种，下面以装载机模型为例来详细说明其制作方法。

(1) 键码点使用键码点设置动画相机属性，如位置、景深、及光源。

① 打开装载机模型并单击【运动算例 1】标签，生成新的运动算例。

② 在 MotionManager 设计树中用右键单击【光源、相机与布景】按钮，然后选择【添加相机】。

图形区域被分割成两个视口，左侧包含有相机和模型，右侧为相机视图，如图 7.15 所示。

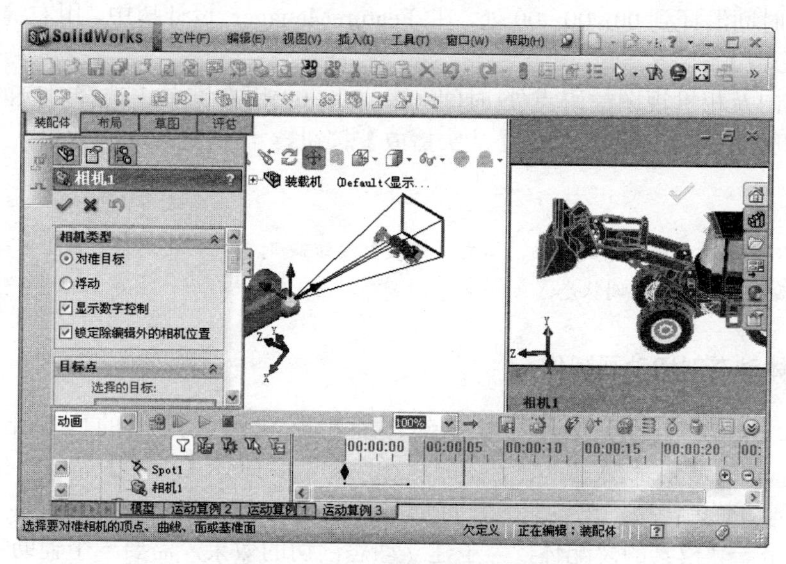

图 7.15　添加相机的视图界面

③ 设定好相机 PropertyManager 中相关参数，单击【确定】按钮即生成了相机 1，并在【光源、相机与布景】设计树中出现，如图 7.16 所示。可根据观测的需要添加多个不同的相机，而且添加的相机在该模型所有动画中都出现，也就是说相机在所有的动画配置中都可以发挥作用。

④ 拖动时间滑杆到 00：00：04 处，双击要编辑的【相机 1】，在图形区域左视口中拖动相机选取新位置，并单击【确定】按钮。

⑤ 在【视向与相机视图】键码点上单击鼠标右键，选择【相机视图】，【相机 1】关键帧中的更改栏变成，这时就生成了基于键码点的相机动画。如果添加了多个相机，必须选中所编辑修改位置的相机才能生成动画。

(2) 相机橇它通过添加一个辅助零件作为相机橇，并将相机附加到相机橇的草图实体来生成基于相机的动画。利用相机橇可以沿模型或通过模型来移动相机、观看解除爆炸或爆炸的装配体、导览虚拟建筑或者通过隐藏辅助零件来实现在动画过程中观看相机视图。

① 生成一辅助零件作为相机橇，相机橇的大小无关紧要，因为它在动画中会隐藏起来。

② 打开装载机模型，并将相机橇(假零部件)插入到装配体中，添加如图 7.17 所示配合，实现相机橇远离装载机模型定位。

③ 在动画中的每个时间点重复以下步骤来完成相机橇的路径设定：

a．在时间线中拖动时间栏；

b．在图形区域中将相机橇拖到新位置。

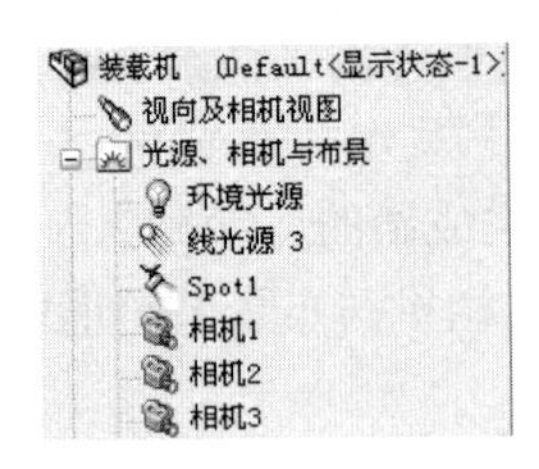

图 7.16　添加相机的设计树

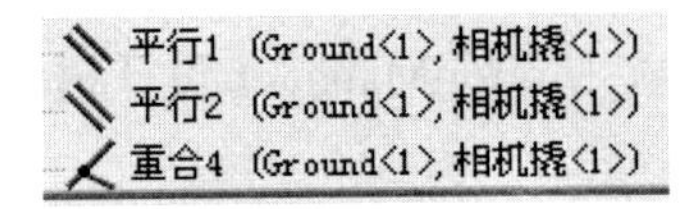

图 7.17　添加的相机橇配合

④ 拖动时间滑杆到 00：00：00 处，在 FeatureManager 设计树中，用右键单击相机橇，然后选择【隐藏】。

⑤ 在视向及相机视图键码点处(时间 00：00：00)用右键单击选择对应的相机视图，即完成了相机橇的动画制作。单击【从头播放】按钮可预览该动画效果。

特别提示

使用基于相机的技术制作完成动画，单击【播放】按钮时若经常出现模型静止不动的情况，需要检查是不是激活了该相机的观阅状态。

7.2.5　装配体动态剖切动画制作

虽然利用更改透明度或者隐藏零部件能粗略观测装配体的内部结构，但利用 MotionManager 能够记录模型即时更新的状态，配合装配体【切除】特征，能够动画显示装配体动态剖切效果，更清晰地显示产品的具体结构。

图 7.18 是一套模具的装配体，为了建立动态剖切的效果，需要一个辅助零件来控制切除的深度，随着该零件的位置移动，拉伸切除逐渐作用于整个装配体，达到动态切除的视觉效果。

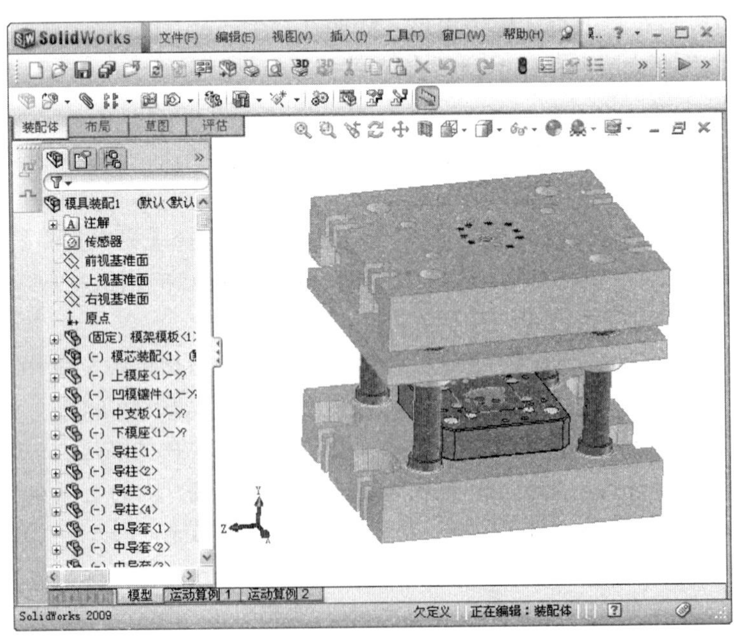

图 7.18　模具装配体

采用自上而下的设计方法，在该模具的装配体模型上添加辅助切除零件。

(1) 添加平行于上模座上表面且相距 460mm 的基准面。

(2) 单击【插入】菜单中的【零部件】，选择【新零件】，选取新添加的基准面为绘制平面，绘制一四边形，大小为上模座表面的 1 / 4，拉伸为 2mm 厚的平板，保存为【切除辅助零件】。

(3) 采用该方法生成的零件完全定义，无法运动，需要压缩其位配合，添加两个侧面的重合配合，来保证切除辅助零件只能在模具厚度方向上运动，如图 7.19 所示。

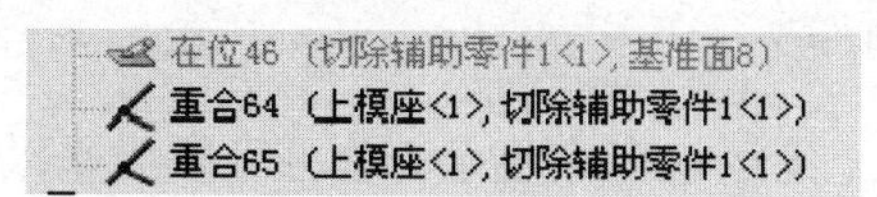

图 7.19 切除辅助零件的配合

(4) 选取切除辅助零件的下表面为草图绘制平面，利用【转换实体引用】命令得到一个四边形。

(5) 单击【插入】菜单中的【装配体特征】，选择【切除】中的【拉伸】项，拉伸深度为 410mm，特征范围选项中选择所有零件，单击【确定】按钮✔，得到属于装配体的切除－拉伸特征，由于当前位置没有切除到模具装配体，所以模具模型没有变化。

(6) 切换至【运动算例 1】状态开始动画制作，用鼠标拖动时间滑杆到 00：00：06 处，然后再切换到图形工作区域，移动切除辅助零件，移动高度以能完全切除模具装配体为限，则在动画区域自动生成模具动态剖切动画，如图 7.20 所示。

图 7.20 模具剖切图

(7) 在时间栏上单击 00：00：00 处，在 MotionManager 设计树隐藏切除辅助零件。

特别提示

隐藏切除辅助零件时，时间滑杆必须在 00: 00: 00 位置，否则会再生成一个切除辅助零件的隐藏视觉动画。

7.3 复杂动画制作

7.3.1 机械手运动的动画制作

在产品的实际工作中，无论运动多么复杂，总可分解为平动和转动等基本运动的组合。另外，零部件的运动是存在先后次序的，一个运动必须在另外一个运动完成之后才能进行，否则机构可能会发生物理干涉或无法实现预期的功能。为此，在制作复杂动画之前，必须清楚机构的运动情况，并将其进行分解。

机械手能按照预设的程序自动完成几个规定的动作，实现物料的自动夹取和运送，根据手臂的运动形式不同，机械手可以分为直角坐标式、圆柱坐标式、极坐标式和多关节式四种形式。图 7.21 为直角坐标式机械手简化装置，手臂在直角坐标系的三个坐标轴方向作直线运动，即立柱的前后移动、大臂的上下升降、伸缩臂的左右伸缩。

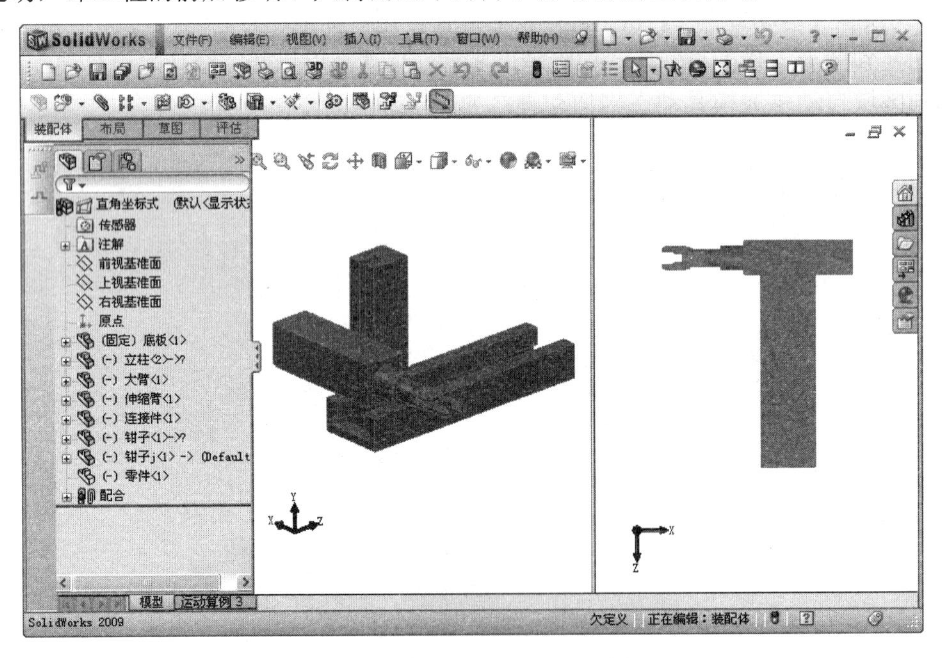

图 7.21　直角坐标式机械手

该单元动作分为 10 步：立柱平移、大臂上升、伸缩臂伸长、连接件延伸、钳子取物、连接件退回、伸缩臂回缩、大臂下落、立柱平移、钳子松开。

要实现该动作的视觉动画，首先必须在装配体模型中合理地约束自由度，既要保证零部件能合理的运动，又要保证零部件在运动之后模型不能发生错误。其次根据动作的需要，钳子所夹持的制品零件在刚开始时要隐藏，只有到开始夹持制品零件时才显示，并随着机械手相关零件的运动同步移动。机械手装配体配合关系如图 7.22 所示。

图 7.22　机械手配合关系

1. 制作直角坐标式机械手动画的基本流程(如表 7-3 所示)

表 7-3　制作直角坐标式机械手动画的基本流程

步骤	内容	结果示意图	主要方法和技巧
1	开始动画制作		在机械手装配体中添加合理的配合关系 单击【运动算例 1】开始动画制作
2	立柱平移		使用自由平移拖动立柱零件到达指定位置
3	大臂上升		使用【三重轴移动】拖动大臂零件到指定位置
4	伸缩臂伸长		选择一组零件一起【三重轴移动】到指定位置
5	连接件延伸		使用动画距离将连接件零件移动到 x=-100mm

续表

步骤	内容	结果示意图	主要方法和技巧
6	钳子取物		采用角度配合实现制品零件的夹紧
7	连接件退回		使用动画距离将连接件零件移动到 x=-60mm
8	伸缩臂回缩		选择一组零件一起【三重轴移动】到指定位置
9	大臂下落		使用【三重轴移动】拖动大臂零件到指定位置
9	立柱平移		使用自由平移拖动立柱零件到达指定位置
10	钳子松开		采用角度配合实现钳子的张开运动

2．制作直角坐标式机械手动画关键步骤的详细过程

(1) 将工作区底部的标签切换至【运动算例 1】开始动画制作，首先用鼠标拖动时间滑杆到 00：00：04 处，然后再切换到图形工作区域，单击主工具栏上的【移动零部件】按钮，利用鼠标拖动立柱到 4s 后应达到的位置，在动画区域自动生成新的键码点，单击【播放】按钮可以进行预览。

(2) 在自由拖动大臂时，立柱也会发生移动，影响了立柱的定位。可用【三重轴移动】的方式解决这一问题，将时间滑杆拖动到 00：00：06，在图形工作区或模型设计树用鼠标

右键单击大臂零件，选择【以三重轴移动】，此时就能保证立柱的相对静止，然后再拖动大臂到指定位置，如图 7.23 所示。

(3) 该机械手装配体的“连接件”零件与“伸缩臂”零件仅有【同心】一个配合关系，当伸缩臂左右伸缩时，连接件会静止不动，达不到预期的运动效果，为此，采用多个零件同时移动来解决这一问题。将时间滑杆拖动到 00：00：08，在模型设计树上选择伸缩臂、连接件、钳子和钳子四个零件，单击【移动零部件】按钮，利用鼠标拖动这些零件到 8s 后应达到的位置，为了保证仅在伸缩臂轴向上伸长，单击【视图定向】中【上视】按钮，如图 7.24 所示，再拖动零件或者选择【三重轴移动】来保证只在一个方向上移动。

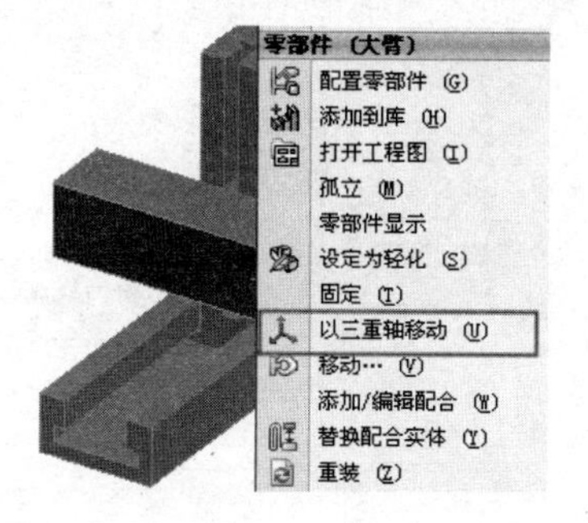

图 7.23　选择【以三重轴移动】

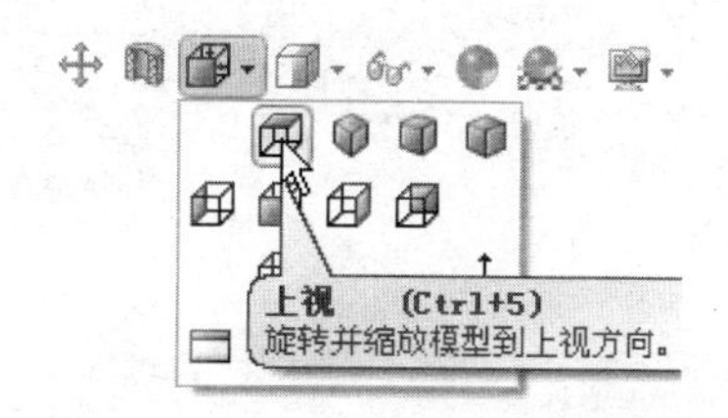

图 7.24　选择【上视】视图

使用技巧

在模型设计树上选择多个零件的方法：按 Ctrl 键的同时在对应的零件上单击鼠标左键；若被选择的多个零件在设计树上顺序排列，选取第一零件后，按 Shift 键同时单击鼠标左键选取最后一个零件。

(4) 在前面的操作中，立柱、大臂的移动及伸缩臂的伸缩距离都由手动设置，这种方式并不精确，如果要严格演示机构的移动距离，需要用动画距离来实现。下面利用该方法来实现连接件的精确移动。

将时间滑杆拖动到 00：00：10，在图形工作区或模型设计树中选择“连接件”零件，单击【移动零部件】按钮，在对话框中选择【到 XYZ 位置】，显示该零件坐标位置，如图 7.25 所示，将 X 坐标改为-100mm，单击【应用】按钮 应用(A) ，即可实现连接件零件沿 X 方向由-50mm 精确移动到-100mm。

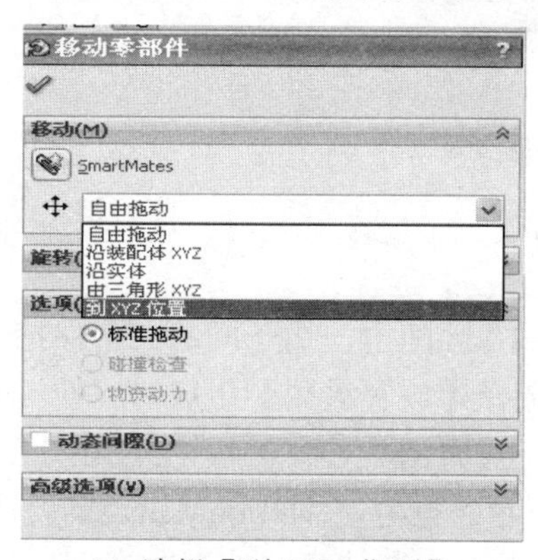

(a) 选择【到 XYZ 位置】

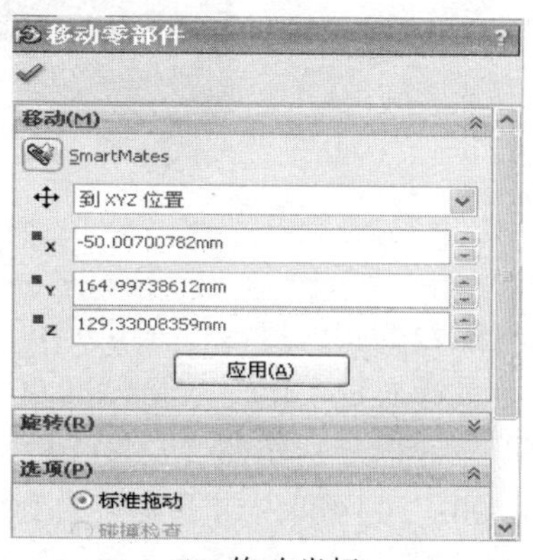

(b) 修改坐标

图 7.25　动画距离设置

(5) 通过移动立柱、大臂、伸缩臂及连接件等零部件，机械手钳子到达取件位置时，隐藏的制品零件显示，在 00：00：00～00：00：10 区间内，制品零件是不显示，因此在 00：00：10 位置需要用鼠标右键设置一个键码点作为制品零件显示的起始点，如图 7.26 所示，再将时间滑杆拖动到 00：00：12 处，在左边的 MotionManager 设计树制品零件上单击鼠标右键选择【显示】，在制品零件的 00：00：10～00：00：12s 区域出现一条红色的时间线，表示在这段时间里，制品零件由隐藏状态转变为显示状态。

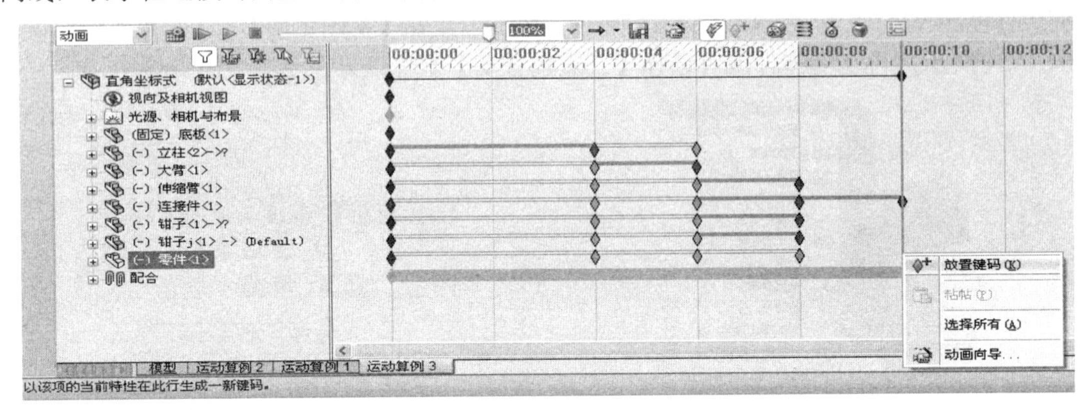

图 7.26　显示制品零件前添加键码点

要实现钳子的夹持动作，利用基于角度运动的动画技术来实现，该方法就是为零部件添加角度配合，在动画不同时间点更改角度值，实现零部件的移动。

在前面的装配体模型里，每个钳子侧面都与连接件的右视基准面设置了一个角度配合，如图 7.27 所示，初始角度分别为 172° 和 8° 。设定了配合角度之后，在 MotionManager 设计树【配合】中出现了【角度】项，通过更改不同时刻角度的参数值，就能动态显示出钳子夹持动作变化的整个过程。

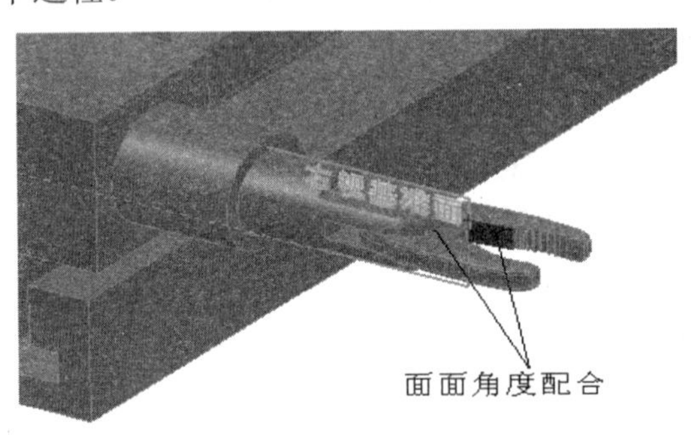

图 7.27　角度配合

角度配合的实现方法：在 00：00：00～00：00：10 区间内，钳子间的夹角保持不变，需要通过鼠标右键单击对应角度的 00：00：10 处，选择【放置键码】生成对应的键码点；再到模型设计树分别修改【角度 1】和【角度 2】配合值为 180° 和 0° ，实现在 00：00：10～00：00：12 区间内钳子夹角的变化，如图 7.28 所示。也可在 MotionManager 设计树中展开【配合】|【角度 1】|【角度】项，双击鼠标左键出现数值【修改】对话框，将数值修改即可，如图 7.29 所示。

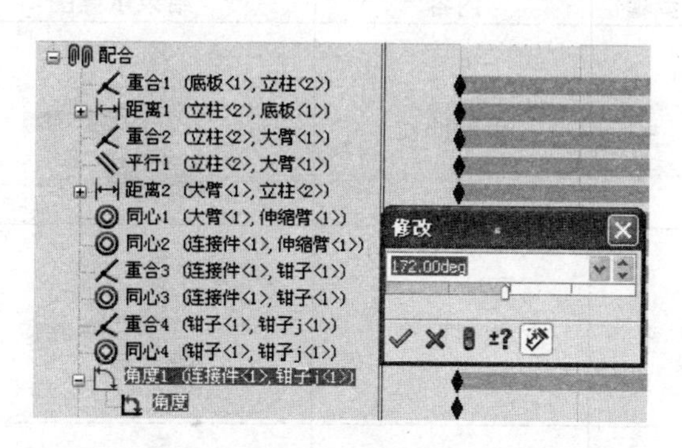

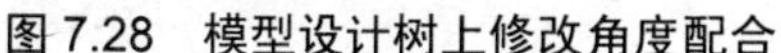

图 7.28　模型设计树上修改角度配合　　　　图 7.29　MotionManager 设计树上修改角度配合

特别提示

在第(4)步的操作中也可采用角度配合类似的方法来实现。先在模型中添加“连接件”零件的距离配合，然后在动画中改变距离的数值，实现连接件的精确移动。

(6) 余下的回程动画制作与前面类似，需要特别注意的是：在钳子夹取制品零件期间，除钳子零件以外的其他零件都静止不动，需要在每次改变该零件运动位置之前设置对应的键码点。如在 00：00：12～00：00：14 区间内需要移动“连接件”零件，必须先在连接件零件 00：00：12 位置设置一键码点。

特别提示

在需要改变一个零件运动或视像变化，且在前面紧邻的时间段没有发生变化时，必须先设置一个键码点作为变化的起始点。

【课内实验】根据所给的圆柱坐标式机械手简化装置模型和制作该动画的基本流程完成动画制作。

【思路提示】

本实验可按照表 7-4 中提示步骤操作。

表 7-4　圆柱坐标式机械手简化装置模型和制作该动画的基本流程

步骤	内容	结果示意图	主要方法和技巧
1	开始动画制作		在机械手装配体中添加合理的配合关系 单击【运动算例 1】开始动画制作
2	大臂下落		使用自由平移拖动大臂到达指定位置

续表

步骤	内容	结果示意图	主要方法和技巧
3	手臂伸长		使用【三重轴移动】拖动手臂到指定位置
4	吸盘取物		显示物体零件
5	手臂回缩		选择一组零件一起【三重轴移动】到指定位置
6	大臂上升		使用动画距离移动大臂

7.3.2　曲柄压力机运动的动画制作

图 7.30 所示为一曲柄压力机的简化结构，其工作过程如下：电动机通过皮带把运动传给带轮，再经过小齿轮、大齿轮传给曲柄，由曲柄连杆机构将旋转运动转换为滑块的往复直线运动。

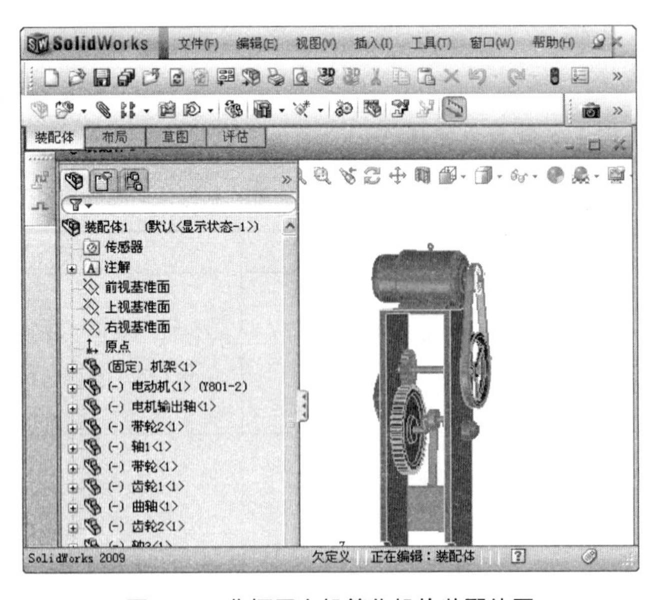

图 7.30　曲柄压力机简化机构装配体图

在 SolidWorks 软件中，通过计算齿形节点坐标来绘制样条曲线，利用【拉伸】、【阵列】等特征命令可绘制所需要的齿轮模型。但要精确地绘制齿轮，可以利用 GearTrax、FNTGear 等一系列专门的齿轮绘制插件。关于这些插件的具体应用操作，可查阅其帮助和使用手册。

曲柄压力机机构中有带轮传动和齿轮传动这两种最常见的机械传动形式。下面介绍一下这两种装配方法。

1. 皮带配合和皮带零件的生成

新建曲柄压力机装配体，导入机架、电动机、带轮、齿轮及各种轴等零件，添加同轴、面重合等一系列常规配合。单击菜单【插入】|【装配体特征】|【皮带 / 链】，出现【皮带 / 链】特征管理器对话框，如图 7.31 所示，在皮带构件属性中选取两个带轮的圆柱面，选取【启用皮带】项可使两带轮彼此相对旋转，选取【生成皮带零件】项可自动生成包含皮带草图的新零件，并将零件添加到装配体。单击【确定】按钮✔，在模型设计树上出现了新生成的皮带零件和皮带配合，如图 7.32 所示。

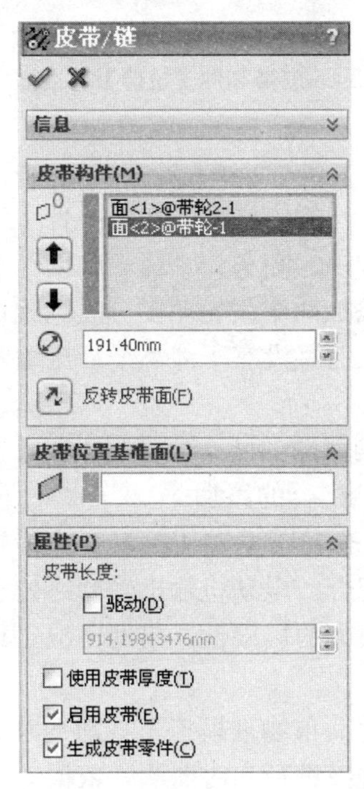

图 7.31　【皮带 / 链】特征对话框

图 7.32　新生成皮带零件和皮带配合

保存装配体文件时出现如图 7.33 所示的对话框，选择【外部保存】，指定保存的路径和文件名，单击【确定】按钮✔即可得到皮带零件。

打开皮带零件，选择派生草图薄壁拉伸，设置如图 7.34 所示，单击【确定】按钮✔即可生成皮带实体模型。

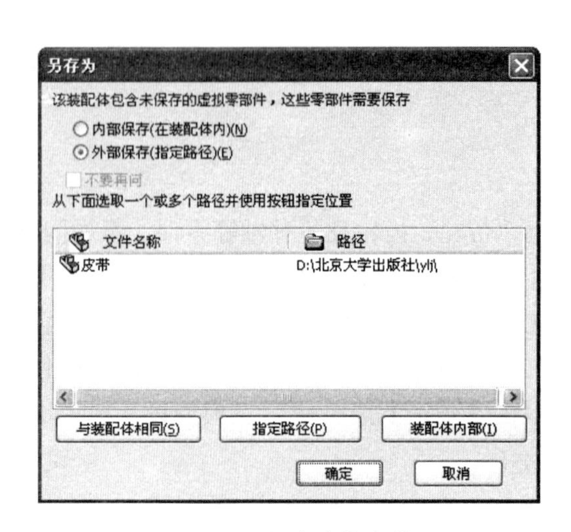

图 7.33　保存皮带文件

图 7.34　皮带零件【拉伸】对话框

2. 齿轮配合

在添加齿轮配合之前，首先要确定齿轮的初始位置，一般方法是在齿轮零件上添加辅助配合草图，辅助草图上绘制齿轮分度圆和一个齿形对称中心线(另一个齿轮辅助草图上绘制齿轮分度圆和一个齿槽对称中心线)，在装配体文件中添加两个齿轮草图分度圆相切和两条中心线共线的配合。这时两个齿轮刚好处于啮合状态，而且没有干涉，最后压缩两条中心线共线配合，为添加齿轮配合做好准备。

单击【配合】按钮，选择【机械配合】，选择辅助草图的两个分度圆，在【比率】中输入分度圆的半径，单击【确定】按钮即完成了齿轮配合的添加。

曲柄压力机机构中电动机输出轴带动小带轮运转、大带轮带动轴 1 运转、大齿轮带动曲轴运转，要实现以上运动，还必须在它们间添加齿轮配合。电动机输出轴始终处于旋转运动，利用拖动电动机输出轴旋转的方法来制作动画有很大的局限性，借助模拟工具的旋转马达就比较方便。

SolidWorks 提供的【马达】、【弹簧】、【引力】等简单物理模拟工具都不考虑零部件大小、质量、摩擦力等方面因素，但能够对零部件的碰撞进行实时监测，依据动力学关系和装配体的约束条件来决定零部件的运动状态。

【马达】是通过模拟各种类型的马达作用效果并在装配体中实现零部件移动的运动算例单元，可分为旋转马达和线性马达，旋转马达模拟旋转力矩的作用，线性马达模拟线性作用力的作用。

单击工作区底部的标签切换至【运动算例 1】开始动画制作，在【算例类型】下拉框中选取【基本运动】，单击 MotionManager 工具栏上【马达】按钮，出现图 7.35 所示【马达】对话框，在【零部件 / 方向】属性中选取电动机输出轴的圆柱面，输入马达速度值为 30PRM(在早期的版本中，无法设定具体参数值，只能拖动强度滑杆来增加和减少马达速度)，单击【确定】按钮✔实现旋转马达的添加；最后单击【计算】按钮，即可生成曲柄压力机的运动动画。

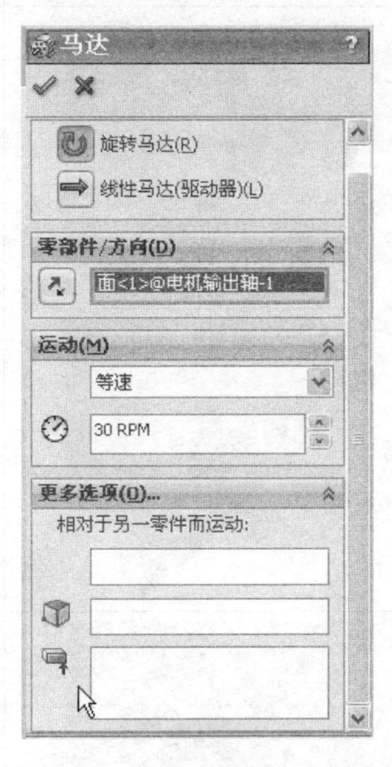

图 7.35　【马达】属性对话框

特别提示

装配体配合完成后，若存在齿轮干涉的现象，在动画中会出现不符合实际运动的情况。

7.3.3　飞机翱翔的动画制作

机械手和曲柄压力机运动比较单一，动画制作过程简单，对于有复杂轨迹的运动来说，利用前述方法就比较困难，必须通过路径配合来制作动画。路径动画是通过添加路径配合，使零件沿着设计者指定的路径进行运动。

飞机飞行轨迹比较复杂，下面具体介绍制作飞机翱翔动画的过程。

1. 制作飞机翱翔动画的基本流程(如表 7-5 所示)

表 7-5　制作飞机翱翔动画的基本流程

步骤	内容	结果示意图	主要方法和技巧
1	新建飞机翱翔装配体文件		绘制飞行轨迹 3D 草图 添加飞机上一点和飞行轨迹的路径配合

续表

步骤	内容	结果示意图	主要方法和技巧
2	飞机沿飞行轨迹开始第一段飞翔		通过改变【路径配合】中的路径距离来制作动画
3	飞机翻转表演		利用动画向导实现飞机翻转表演
4	飞机沿飞行轨迹开始第二段飞翔		通过改变【路径配合】中的路径距离来制作动画
5	飞机近距离观测		利用相机视图实现飞机近距离观测

2. 制作飞机翱翔动画的关键步骤的详细过程

(1) 新建飞机翱翔装配体文件，添加飞机零件，在 FeatureManager 设计树飞机零件上鼠标右键，单击【浮动】，将飞机零件改为浮动状态。

(2) 单击【插入】菜单中的【3D 草图】，绘制飞行轨迹，开始可选择上视面绘制样条曲线，因飞机在飞行时高度会发生变化，绘制样条曲线时需要不断改变绘制平面(按 Tab 键可实现快速切换)才能生成空间曲线，如图 7.36 所示。

(3) 添加配合，在【零部件顶点】项选取飞机底面上一点，【路径选择】项为绘制好的样条曲线。

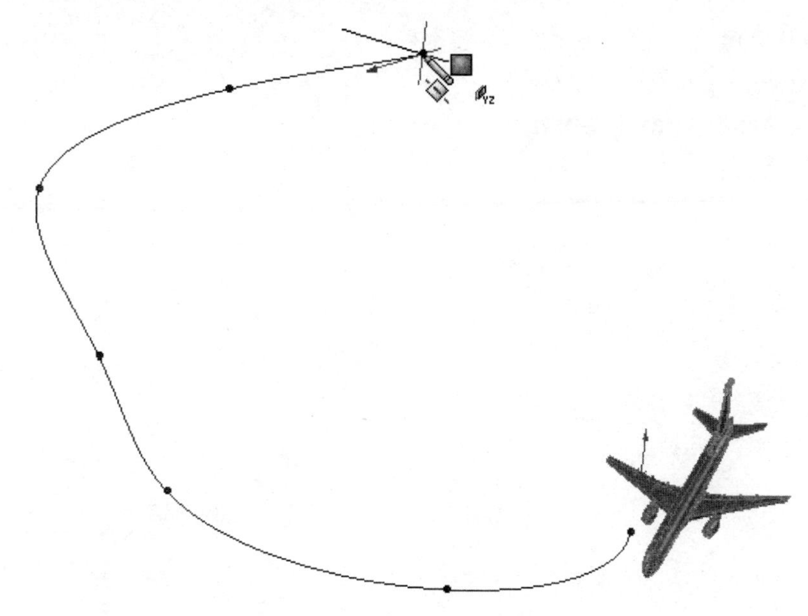

图 7.36 添加飞行轨迹 3D 曲线

单击【高级配合】，选择【路径配合】，激活了【路径约束】、【俯仰 / 偏航控制】和【滚转控制】三项，【路径约束】有三种选项可以选择：

①【自由】，表示设计者可以沿路径自由拖动零部件。

②【沿路径的距离】，表示设计者可以将顶点约束到路径末端的指定距离。输入的数值为距离。

③【沿路径的百分比】，表示设计者可以将顶点约束到路径的百分比长度处。输入的数值为路径长度的百分比。选取【反转尺寸】表示更改距离的测量起始端。

【俯仰 / 偏航控制】和【滚转控制】都有两种选项，用来控制所选取的顶点随路径发生变化时，零部件的方向是不是也随着发生变化。若选取了 X 轴随路径变化，当所选取的顶点随路径移动时，零部件的方向也随之发生变化，始终保证 X 轴与路径相切。

本例路径约束选择【沿路径距离】，初始距离设为 0mm，在【俯仰 / 偏航控制】项中选取【随路径变化】，方向为 Z 向，设置该项是为了保证飞机在飞行过程中随着路径发生偏转，如图 7.37 所示。

使用技巧

【路径约束】中的【沿路径的距离】和【沿路径的百分比】有变量名，可用于方程式、自定义属性及设计表中。

(4) 切换至【运动算例 1】开始动画制作，首先用鼠标拖动时间滑杆到 00：00：04 处，单击 MotionManager 设计树【配合】展开出现【路径】项，如图 7.38 所示，双击将其数值改为 400000mm(在模型中通过测量可知所添加的样条曲线长度为 539116mm)，单击【确定】按钮即可得到飞机沿飞行轨迹开始第一段飞翔的动画，单击【从头播放】按钮可以进行预览。

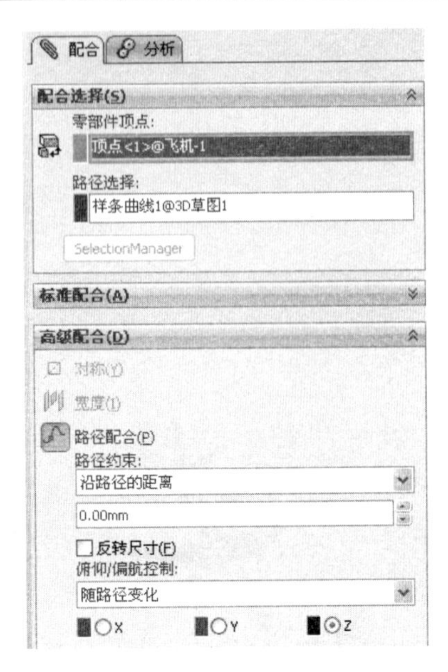

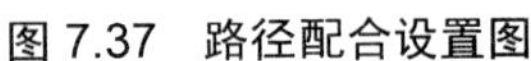
图 7.37　路径配合设置图

图 7.38　路径配合展开图

(5) 单击工具栏上的【动画向导】按钮，选择绕 X 轴旋转模型 1 圈，起始时刻为 4s，持续时间为 2s，生成飞机翻转表演段动画制作。

(6) 在时间栏 00：00：06【路径配合 1】对应位置添加键码点，鼠标拖动时间滑杆到 00：00：08 处，通过修改路径数值为 539116mm，生成飞机第二段飞翔的动画。

(7) 在 MotionManager 设计树中用右键单击【光源、相机与布景】，选择【添加相机】，设定好相机相关参数，生成相机；在时间栏 00：00：08【光源、相机与布景】对应位置添加键码点，拖动时间滑杆到 00：00：10 处，双击要编辑的相机，在图形区域左视口中拖动相机选取新位置，使飞机的成像越来越近，单击【确定】按钮，最后鼠标右键单击 00：00：08s【光源、相机与布景】对应位置的键码点选择相机视图，在【相机 1】对应位置生成了基于相机技术的动画。

(8) 隐藏飞行轨迹。在 FeatureManager 设计树【3D 草图 1】上鼠标右键选择【隐藏】，单击【从头播放】按钮可预览飞机飞行的全过程。

7.4　VBA 编程动画制作

SolidWorks 软件为用户提供了开放的、功能完整的二次开放接口，用户可以利用 Microsoft Visual Basic for Applications(VBA)、Visual C＋＋以及其他支持 OLE 的开发程序进行二次开发来满足自己的需求，VBA 具有易学易用，开发周期短，代码效率高的特点，是 SolidWorks 软件最为常用的开发语言之一。

利用 VBA 能非常方便地改变参数值，使模型发生实时更新的特点，将模型进行更新的整个过程动态录制下来就形成了动画，该方法非常灵活，可以实现非常复杂的动画制作。以图 7.39 所示的“人骑独轮车“为例简单介绍一下 VBA 编程动画制作方法。

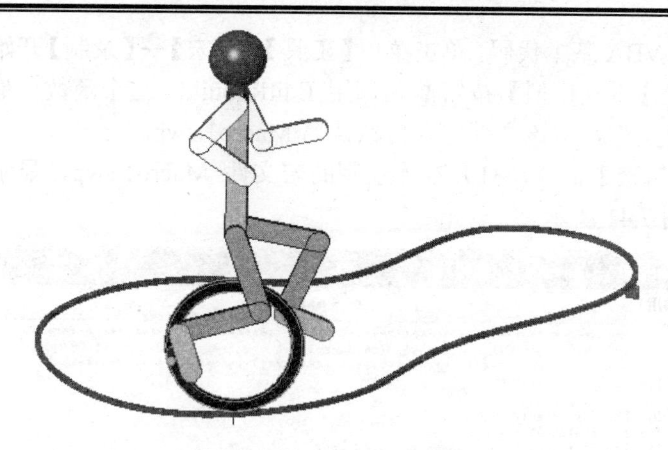

图 7.39　人骑独轮车模型

(1) 添加适当的配合和方程式，配合是为了保证模型各零部件间合理的相对运动，方程式则要实现模型的参数改变，这是 VBA 编程动画制作方法的核心和难点。本例添加的方程式如图 7.40 所示。

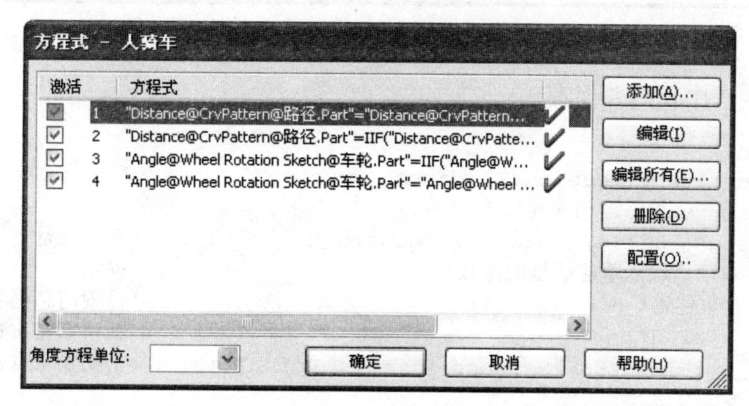

图 7.40　【方程式】界面

方程式 1："Distance@CrvPattern@路径.Part"="Distance@CrvPattern@路径.Part"+.05 表示每更新一次模型，路径零件中的曲线阵列距离增加 0.05in，如图所示，

方程式 2："Distance@CrvPattern@路径.Part"=IIF("Distance@CrvPattern@路径.Part">12.65,.003, "Distance@CrvPattern@路径.Part")为一个条件语句，表示含义为：更新模型后，若路径零件中的曲线阵列距离大于 12.65in，曲线阵列距离取值为 0.003in，其他情况则取当前值。

方程式 3："Angle@Wheel Rotation Sketch@车轮.Part"=IIF("Angle@Wheel Rotation Sketch@车轮.Part">360,9,"Angle@Wheel Rotation Sketch@车轮.Part")为一个条件语句，表示含义为：更新模型后，若车轮零件中轮旋转草图角度尺寸大于 360°，轮旋转草图角度尺寸取值为 9°，其他情况则取当前值。

方程式 4："Angle@Wheel Rotation Sketch@车轮.Part" = "Angle@Wheel Rotation Sketch@车轮.Part"+5 表示每更新一次模型，轮旋转草图角度增加 5°。

添加好了方程式，模型将根据数学方程式中的尺寸约束进行更新，多次单击【重建模型】按钮 可观测模型的变化是否满足动画设计要求。

录制宏，生成 VBA 基本代码。单击菜单【工具】→【宏】→【录制】开始记录 SolidWorks 操作，再单击一次【重建模型】按钮，调用 EditRebuild3 这个函数，最后单击停止录制宏命令，提示保存文件，将该文件保存为默认名 Macro1.swp。

(2) 单击【编辑宏】命令，打开刚才录制的宏文件 Macro1.swp，显示系统自动生成的宏程序代码，如图 7.41 所示。

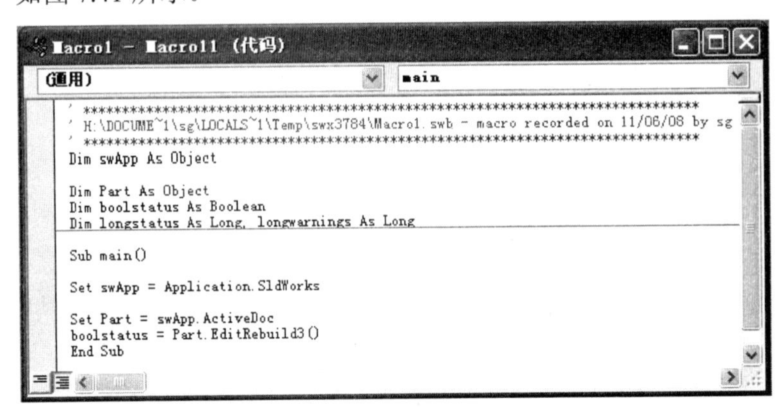

图 7.41　宏代码

(3) 编辑主程序代码并保存。

```
Sub main()
Set swApp = Application.SldWorks
Set Part = swApp.ActiveDoc
Dim Message, Title, Default, Rebuild_N                  '定义变量
Message = "请输入重建模型的次数"                          '提示
Title = "重建宏"                                         '设置消息框名称
Default = "200"                                          '默认重建次数
Rebuild_N = InputBox(Message, Title, Default)            '手动输入重建次数
If Rebuild_N = "" Then
End
Else
For i = 1 To Rebuild_N                                   '进行模型重建
Part.EditRebuild3                                        '调用 EditRebuild3
Part.GraphicsRedraw2
Next i
MsgBox "完成！"                                          '重建完成
End If
End Sub
```

(4) 运行宏文件，弹出对话框，输入重建次数 100 次，单击【确定】按钮，可以看到人骑独轮车在轨道上前进的视觉效果。

特别提示

若在运行宏文件时，反复出现重建模型提示时，退出运行宏文件，多次单击【重建模型】按钮让模型按照设定的轨迹运行一个完整的周期。

(5) 单击菜单【视图】|【屏幕捕获】|【录制视频】，再次运行该宏文件，即可录制该动画。

7.5　综合应用案例

为了提高动画制作的综合运用能力，以图 7.42 所示的赛车比赛为例来制作动画，达到综合运用的目的。

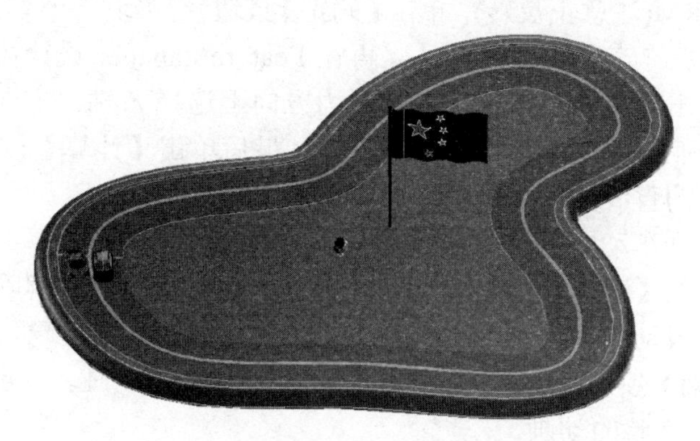

图 7.42　赛车场总体模型

1. 赛车模型建立及直线运动动画制作

赛车壳体是具有不规则表面的实体模型，需要使用曲线与曲面绘制工具，其具体使用需要参阅 SolidWorks 曲面造型相关书籍和手册。

赛车的真实结构复杂，零部件很多，在此仅给出简化机构。赛车装配体模型如图 7.43 所示，由壳体、车轴、轮毂和轮胎组成，且壳体和车轴是一个多实体零件。因赛车四个车轮完全一样，为提高装配效率，可将轮毂和轮胎作为子装配体。

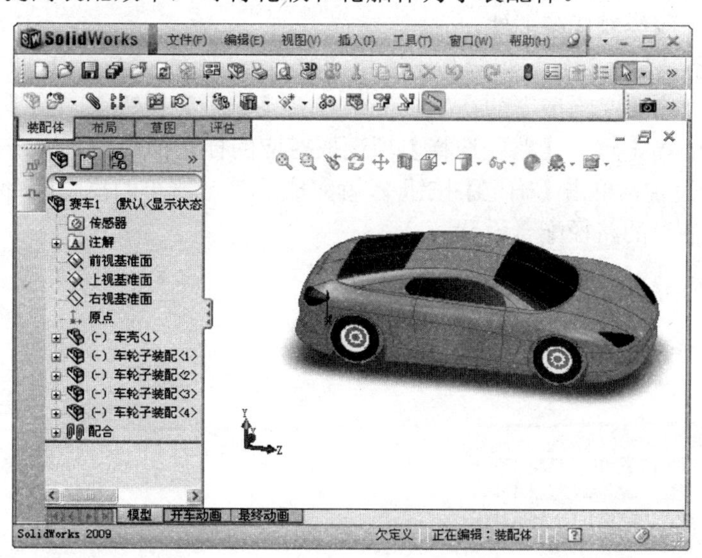

图 7.43　赛车装配体模型

单击菜单【插入】|【爆炸视图】，拖动四个车轮到相应位置得到赛车的爆炸视图，做好动画制作前的准备工作。

使用技巧

若希望装配体模型由爆炸视图状态回到原始状态，则生成一个“解除爆炸”动画，播放一次即可实现。

切换至【运动算例 1】开始动画制作，在【算例类型】中选择【基本运动】；单击 MotionManager 工具栏上【马达】按钮，选取轮胎边线或轮胎外圆柱面作为马达方向，马达速度值为 1000PRM(注意正反转)，单击【确定】按钮实现一个车轮的旋转马达添加；同样的方法添加另外三个车轮的旋转马达。再在 FeatureManager 设计树车壳零件上鼠标右键选择【浮动】，单击【引力】图标，在引力方向上选择 Z 轴，方向反向，加速度设为 100mm / s^2，单击【确定】按钮实现引力添加；最后单击【计算】按钮，即可生成赛车在车轮旋转驱动下的直线运动动画，重新命名为“开车动画”。

鼠标右键单击【开车动画】标签选择【生成新的运动算例】，算例为默认的“动画”类型，单击工具栏上的【动画向导】按钮，在弹出对话框选择【解除爆炸】项，按照默认设置添加车轮装配段动画；再单击工具栏上的【动画向导】按钮，在弹出对话框选择【从基本运动输入运动】项，按照默认设置添加赛车直线运动动画。单击工具栏上【从头播放】按钮即可预览完整的动画。

2. 赛车场装配体模型建立及赛车比赛动画制作

(1) 绘制好所有的赛车模型、企鹅模型、红旗模型和跑道零件。

(2) 新建装配体零件，添加跑道零件(固定)和其余装配体零件。

(3) 添加配合，如图 7.44 所示，使红旗插在草地的小孔上，企鹅在草地上，赛车在跑道上，保存装配体文件。

(4) 绘制赛车的运行轨迹。选取两辆赛车车壳上一点作为路径配合点，分别测量这两点至跑道前视基准面的距离，以该距离生成平行于跑道前视面的基准面，分别以这两个基准面为草图绘制平面绘制样条曲线。

(5) 添加路径配合。首先将车轮与跑道相切的四个初始配合进行压缩(每辆车各添加一个前后轮配合实现赛车在跑道上的初始定位)，单击【配合】按钮，在【零部件顶点】项选取赛车车壳上的指定点，【路径选择】项选取对应的样条曲线，再单击【高级配合】，进行图 7.45 所示设置，单击【确定】按钮就完成了第一辆车的路径配合设置。采用同样的方法完成第二辆车的路径配合设置。

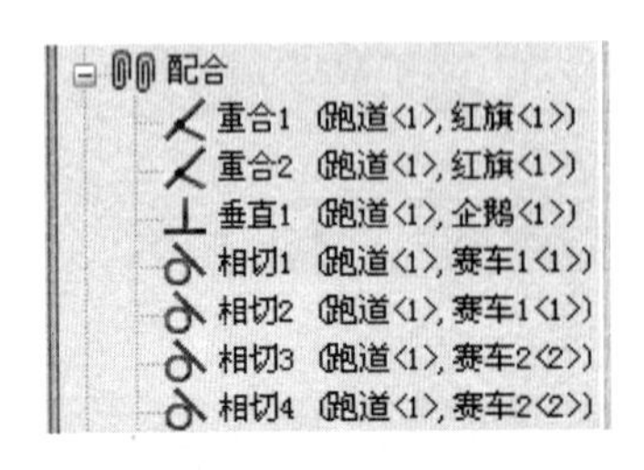

图 7.44　赛车配合

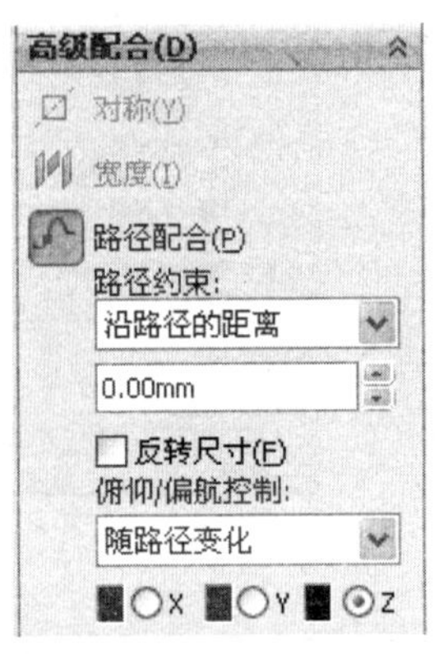

图 7.45　路径配合设置

(6) 制作赛车路径配合动画。切换至【运动算例 1】，鼠标拖动时间滑杆到 00：00：02 处，单击 MotionManager 设计树【配合】，找到黄颜色赛车路径配合项，双击展开项【路径】，将其数值改为 700mm，单击【确定】按钮得到黄颜色赛车启动运行动画。同样方法将红颜色赛车路径数值设定为 750mm 得到该车第一段运行动画。单击【从头播放】按钮预览观测到红色赛车超过黄色赛车。再拖动时间滑杆到 00：00：08 处，黄色赛车路径数值改为 5700mm，红色赛车路径数值改为 6000mm，完成中间段动画制作。采用同样方法完成最后一段动画制作，预览无误后切换到 FeatureManager 设计树隐藏“草图 1”和“草图 2”，并将【运动算例 1】重新命名为“赛车动画”。

特别提示

该段动画制作时，根据需要修改路径样条曲线，保证赛车不脱离跑道。为了仔细预览赛车是不是相碰，可将播放速度调低到 10％或更低来仔细观测。

3. 小企鹅在草地上跳跃动画制作

小企鹅越来越低的跳跃动作类似于线性弹簧作用，可利用弹簧模拟工具来实现。

线性弹簧是模拟弹性力作用的模拟单元，它能够沿特定方向以一定距离在两个零部件之间添加作用力。这就要求弹簧的一个端点必须位于零部件上，另一个端点必须在该零部件以外。线性弹簧将使零部件向其自由长度的点移动，一旦弹簧到达其自由长度，零部件的运动将自动停止。

切换至新的动画制作界面，在算例类型中选择【基本运动】，单击【弹簧】图标，在弹簧参数上选择企鹅零件图的坐标原点和辅助草图 2 上的点作为弹簧的两个端点，当前模型位置这两个点连线与企鹅临时轴平行，保证所加的弹簧力方向垂直。具体参数设置如图 7.46 所示，弹簧自由长度为 35mm，初始长度为 45.89856132mm，弹簧在目前状态下受拉力作用。单击【确定】按钮实现弹簧力的添加；最后单击【计算】按钮，就生成了小企鹅在弹簧力作用下的基本运动，预览无误后将该运动算例重新命名为“企鹅跳跃动画”。

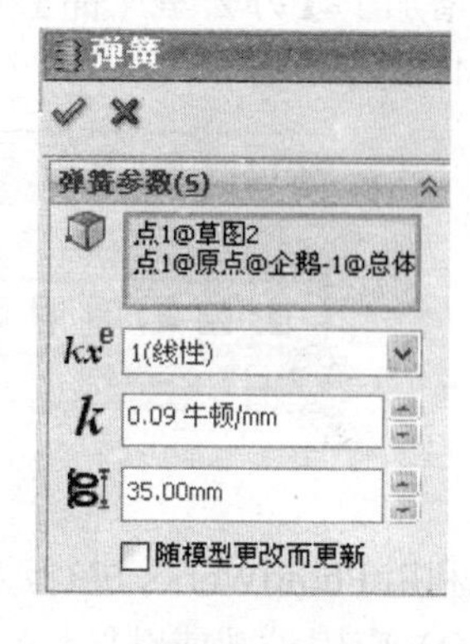

图 7.46 【弹簧】特征管理器对话框

特别提示

本例的目的是介绍【弹簧】模拟工具的使用，请思考如何添加添加弹簧力和参数，才能保证小企鹅始终在地面以上运动而且在停止跳跃时停留在地面上。

为了仔细预览赛车是不是相碰，可将播放速度调低到 10％或更低来仔细观测。

4. 综合动画制作

在【赛车动画】标签上鼠标右键选择【复制】，生成一个新的运动算例，单击工具栏上【从头播放】按钮，观察到该运动算例的运动情况与【赛车动画】的一样。再单击工具栏上的【动画向导】按钮，在弹出的对话框中选择【从基本运动输入运动】项和“企鹅跳跃动画”算例，设定好时间长度为 5s，开始时间为 10s，单击【完成】按钮就实现了两个运动连接。

为更清晰地观测企鹅的跳跃运动，使用基于相机的技术来生成动画。

(1) 在 MotionManager 设计树【视向与相机视图】位置鼠标右键，单击【禁用观阅键码生成】来激活观阅键码生成状态。

(2) 鼠标右键单击【光源、相机与布景】按钮，选择【添加相机】，设定好相机 PropertyManager 相关参数，单击【确定】按钮即生成了相机 1。

(3) 在【相机 1】对应的 00：00：11 位置鼠标右键选择放置键码，再鼠标右键【相机 1】选择属性，出现相机属性管理器后，移动对焦基准面，使小企鹅越来越清晰，单击【确定】按钮就在 00：00：11 至 00：00：15 之间生成了相机视图，最后拖动时间滑杆到 00：00：11 处，在【相机 1】上鼠标右键选择【相机视图】，激活了【相机 1】视图状态。单击【从头播放】按钮可预览该动画效果。

5. 生成 Avi 文件

为了赋予动画 Avi 文件更好的视觉效果，采用 PhotoWorks 来进行渲染，使其具有更好的真实质感。

PhotoWorks 是一款与 SolidWorks 软件无缝集成的渲染软件，在安装完成之后，系统默认没有加载 PhotoWorks 插件，必须手动开启该插件。

单击菜单【工具】|【插件】，弹出【插件】对话框，勾选“PhotoWorks”选项，单击【确定】按钮，可以看到主菜单栏增加了一个 PhotoWorks 项，CommandManager 工具栏上增加了【办公室产品】项，单击【办公室产品】标签出现了 PhotoWorks 工具栏，如图 7.47 所示。

图 7.47　PhotoWorks 菜单和工具栏

利用 PhotoWorks 进行渲染的工作流程如下：

(1) 应用外观或贴图；

(2) 设置布景和光源；

(3) 渲染观测效果。

为了提高使用效率，在 PhotoWorks 插件中已有大量的材质外观、设定好布景和光源的多种场景，一般情况下直接选用即可，若现有材质外观、布景类型或光源场景不能满足要求，可自行设定。下面以跑道零件为例对 PhotoWorks 插件外观添加方法进行简要的介绍。

在【装配体模型】特征管理器上展开跑道零件，在【道路】特征图标上单击鼠标左键，选择该特征的外观，如图 7.48 所示，SolidWorks 界面上左边出现了【外观】特征管理器对话框，右边激活了任务窗格上的【外观 / 布景】标签，如图 7.49 所示，在该对话框中可以设置零部件层或零件文档层的外观，单击【外观】展开出现了各种材料的外观选项，选择【石材】|【铺路石】，在 PhotoWorks 外观设置对话框的下栏中出现了“沥青”、“湿混凝土”等一系列铺路石及其图形，选择“黑混凝土 2”，单击【外观】特征管理器对话

框【确定】按钮✔即实现了道路面铺路石材质外观的添加；同样的方法添加“拉伸 1”、“拉伸 2”和“圆角 1”特征外观为“方格图案 2”、“绿色低光泽塑料”和“无光黄铜”，实现了其他跑道零件文档层的外观添加。若零件外观的颜色一样，可直接选择【应用到零部件层】选项，实现零件整体外观材质颜色的添加。

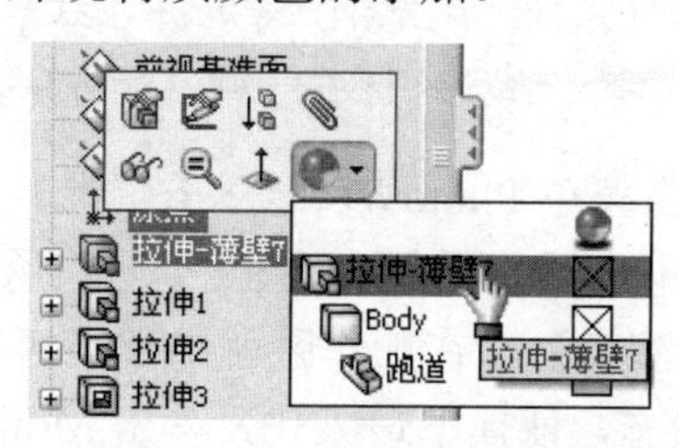

图 7.48　材质外观设置选择

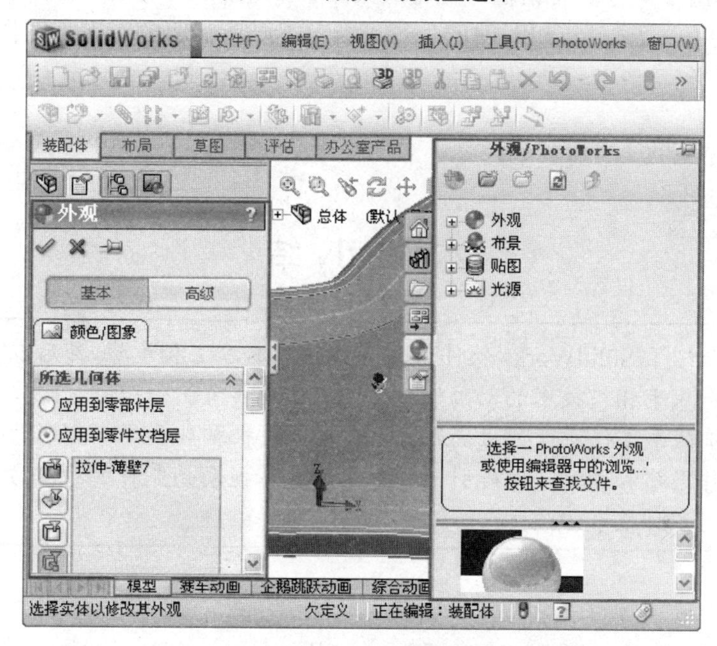

图 7.49　激活 PhotoWorks 外观设置后的 SolidWorks 界面

特别提示

在 SolidWorks 图形区域对应的零件表面上鼠标左键也可进行外观添加，如图 7.50 所示。

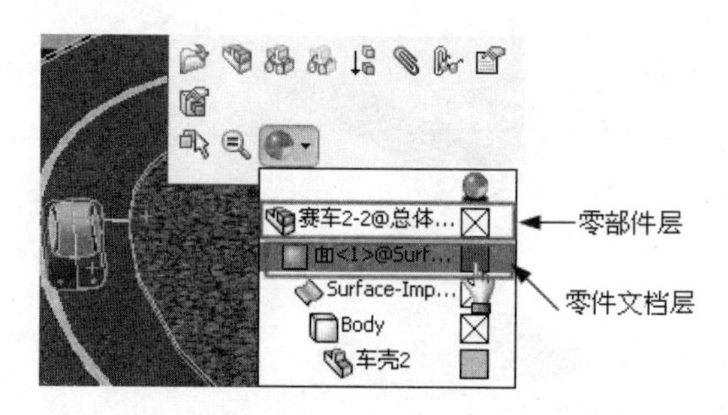

图 7.50　图形区材质外观设置选择

【课内实验】使用上述两种方法来设置赛车和其他零件的材质外观。

【思路提示】 材质外观可根据自己的喜好随意设置，如黄色赛车壳体选择“金属金色”，前视玻璃选择“半透明玻璃”，红旗旗面选择“红发光二极管”，五角星选择“黄发光二极管”，旗杆选择“抛光钢“等，并在红车某一面上贴图，通过以上练习，掌握零部件层和零件文档层的材质外观添加方法，得到真实质感的视觉图片。

添加完外观或贴图后，单击菜单 PhotoWorks→【布景】，在【布景编辑器】对话框中选择【背景一工作间】模式，单击【确定】按钮✔实现该场景的添加。

单击 PhotoWorks 菜单|【渲染】，在工作区就出现了渲染的逼真图像。切换至上节的【完整动画】状态，调整屏幕状态，使模型最大化，单击 MotionManager 工具栏上【保存动画】按钮，弹出【保存】对话框，在【渲染器】中选择以 PhotoWorks 渲染输出，将当前动画保存为影片，经过计算机长时间运行后就可得到所需要的有逼真图像的动画文件。

特别提示

要熟练掌握 PhotoWorks 的具体操作应用，可完成 SolidWorks 软件自带的 PhotoWorks 指导教程。

本 章 小 结

本章首先介绍了 SolidWorks 软件动画制作的基本方法和步骤，然后以装载机为例介绍了视像属性和基于相机技术的动画制作方法，以模具为例介绍了装配体动态剖切动画制作方法，以机械手工作原理、曲柄压力机运动、飞机翱翔和赛车比赛为例详细介绍了复杂动画的制作思路和方法。抛砖引玉，希望读者掌握动画制作的基本方法和技巧，并能熟练综合运用多种技术方法。

习　　题

7.1 图 7.51 为极坐标式机械手简化装置，请使用多种制作方法来制作极坐标式机械手吸盘取物动画。

图 7.51　习题 7.1 图

建模步骤和技巧见表 7-5：

表 7-5　习题 7.1 建模步骤

步骤	内容	结果示意图	主要方法和技巧
1	开始动画制作		在极坐标式机械手装配体中添加合理的配合关系 单击【运动算例 1】开始动画制作
2	转轴旋转		(1) 自由拖动转轴旋转 (2) 使用角度配合方法 (3) 利用旋转马达模拟工具
3	旋转臂上抬		(1) 自由拖动转轴旋转 (2) 使用角度配合方法 (3) 利用旋转马达模拟工具
4	手臂伸长		(1) 自由拖动手臂移动 (2) 使用动画距离方法
5	取物		显示制品零件

7.2 图 7.52 为冲孔简化装置，请制作冲孔工作过程模拟动画。

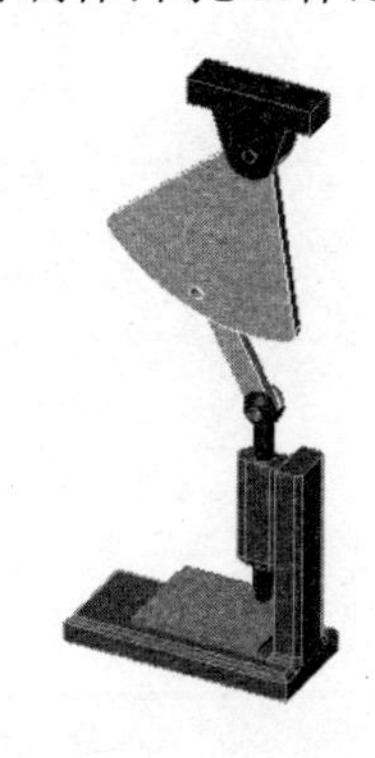

图 7.52　习题 7.2 图

【思路提示】 摆杆转动实现方法: (1)自由拖动转轴旋转; (2)使用角度配合方法; (3)利用【旋转马达】模拟工具。制品冲孔过程模拟使用装配体动态剖切方法。

7.3 制作小球在如图 7.53 所示滑道运行的动画。

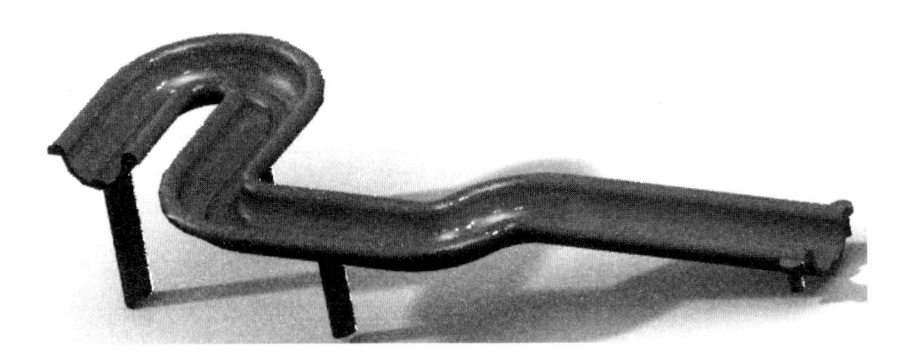

图 7.53　习题 7.3 图

【思路提示】参照赛车比赛动画制作案例，首先生成小球运动轨迹曲线，再利用路径配合来制作动画。

第 8 章　综 合 实 例

教学目标

通过本章的学习，使读者掌握草图、特征、零件、装配体、工程图、动画制作等功能模块的综合应用，提高对复杂零件的综合分析和建模能力。

教学要求

能力目标	知识要点	权重	自测分数
掌握零件绘制	绘制草图实体及建立特征	40%	
掌握零件装配	创建装配体	30%	
学会工程图生成的方法	建立工程视图	15%	
学会简单的动画制作	制作动画	15%	

引例

在电厂 50MW 水轮机组中，主轴与发电机轴是由 24 只 M140 六方头螺钉连接，实测螺钉的拆松扭矩为 46kN•m，最大可达 52kN•m，通常一个人可施加 490N 左右的力，靠人力作业显然不现实。因而，研制大型螺母拆装作业工具——便携式大转矩液压扳手就非常紧迫。

请思考如何高效高质量地研制液压扳手。

8.1　液压扳手结构分析及建模设计构思

8.1.1　液压扳手的结构组成及功能特点

液压扳手装配体模型如图 8.1 所示。

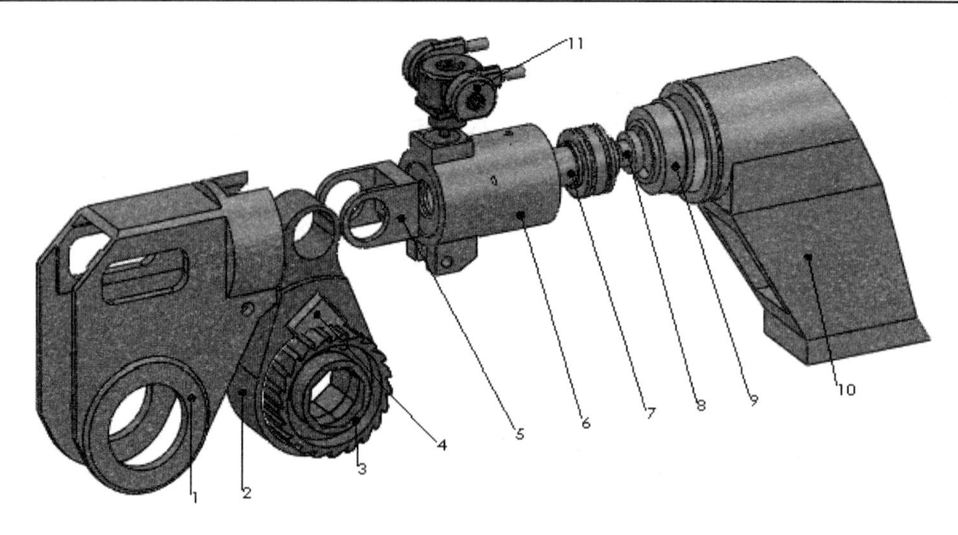

图 8.1 液压扳手结构组成

1—机壳 2—摇臂 3—棘轮 4—棘爪 5—连接叉 6—缸筒
7—活塞杆 8—活塞杆堵头 9—缸盖 10—反力臂 11—油管旋转接头

螺母拆装作业是单向的间歇运动过程。工作时，调整好反力臂 10，液压泵站的高压油通过油管旋转接头 11 进入缸筒 6，推动活塞杆(活塞)7、连接叉 5，并带动摇臂 2 转动，摇臂 2 通过棘爪 4 推动棘轮 3 转动，棘轮 3 与输出轴套接，从而使输出轴带动螺母转动，完成拆装作业的单向间歇运动过程。这就要求液压扳手执行机构重量轻，结构紧凑，便于单人操作；能够输出强大转矩，作业速度和定力矩可调。

8.1.2 建模分析

在开始建立模型之前，先对模型进行分析。棘轮有多个轮齿，采用在草图中只绘制一个齿，再圆周阵列的方法，以此提高绘图效率。摇臂通过棘爪与棘轮啮合传递运动，因此棘爪可以采用自上而下方法来设计，即首先将摇臂和棘轮装配起来，这样在设计棘爪时就可以使用其他装配体零件的几何特征。

机壳与缸筒之间通过油缸接头进行连接，而油缸接头与机壳是一体成型的，所以采用自上而下方法生成机壳与缸筒的油缸接头实体。

反力臂的力臂部分由于形状不规则，采用放样特征来生成。最后将各个零部件实体装配在一起，完成模型的建立。

8.2 主要零部件的建模

这一节对液压扳手的主要零部件建立实体模型，对于摇臂零件将详述其建模过程，使读者掌握零件建模的基本操作步骤；对于其他零部件主要是进行建模分析和采用表格的方式列出建模的基本流程，必要时对其中的难点部分详细说明，使读者学会建模前如何进行构思，进一步熟练掌握建模的方法和技巧。

8.2.1 摇臂

1. 建模分析

摇臂模型如图 8.2 所示。该模型的主体由三个凸台组成，在其上有棘爪腔、棘轮腔、销轴孔等，其中销轴孔为长孔且偏心，并有部分轮廓线为圆角过渡。因此，建模时，可以采用切挖式建模，先绘制摇臂基体，然后在其上切挖出用来安装其他零件的腔和孔，最后生成圆角过渡。

图 8.2 摇臂模型

2. 建模步骤

根据建模分析，摇臂的建模步骤如下：

(1) 单击【标准】工具栏中的【新建】按钮，在弹出的【新建 SolidWorks 文件】对话框中双击【零件】图标，新建一个零件文件。

(2) 在 SolidWorks FeatureManager 设计树中选择【前视基准面】，单击【草图绘制】按钮进行草图 1 的绘制。单击【草图】工具栏中的【中心线】按钮和【智能尺寸】按钮绘制中心线，以辅助确定草图实体的绘制位置；单击【圆心/起/终点】、【三点圆弧】按钮和【直线】按钮绘制如图 8.3 所示的草图实体，并用【添加几何关系】按钮和【智能尺寸】按钮使草图完全定义。

特别提示

中心线(构造线)不参与特征的生成，只起到辅助作用。因此，必要的时候可以使用构造线定位或标注尺寸。

(3) 单击【特征】工具栏中的【拉伸凸台/基体】按钮，弹出【拉伸】属性管理器，在【终止条件】选项框中选择【给定深度】，在【深度】文本框中输入“60”，单击【确定】按钮完成拉伸 1 特征的绘制，如图 8.4 所示。

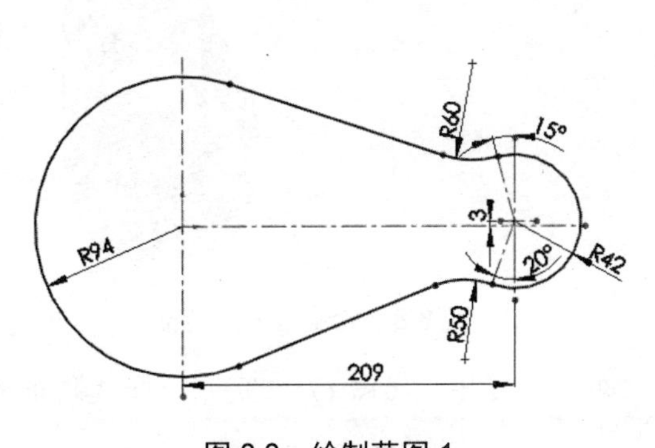

图 8.3 绘制草图 1

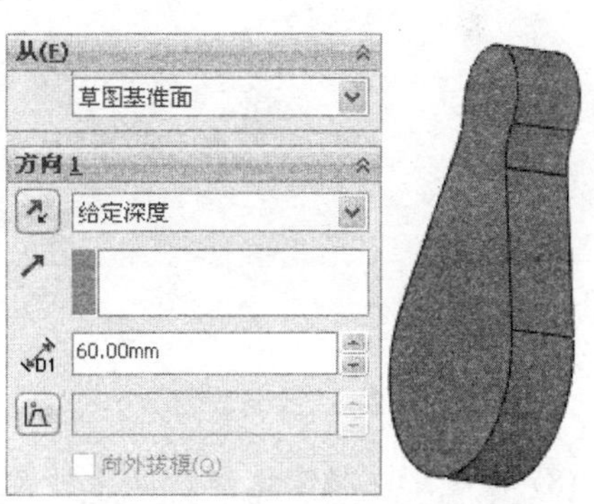

图 8.4 绘制拉伸 1 特征

(4) 在图形区域中选择拉伸 1 特征的一侧面，单击【草图绘制】按钮进行草图 2 的绘制。单击【草图】工具栏中的【中心线】按钮和【智能尺寸】按钮绘制中心线，以辅助确定圆弧的中心位置；单击【圆】按钮和【三点圆弧】按钮绘制如图 8.5 所示的草图实体，然后用【添加几何关系】按钮和【智能尺寸】按钮使草图完全定义，并用【剪裁实体】按钮剪去多余的线条。

(5) 单击【特征】工具栏中的【拉伸切除】按钮，弹出【拉伸】属性管理器，在【终止条件】选项框中选择【完全贯穿】，预览无误后，单击【确定】按钮完成拉伸 2 特征的绘制，如图 8.6 所示。

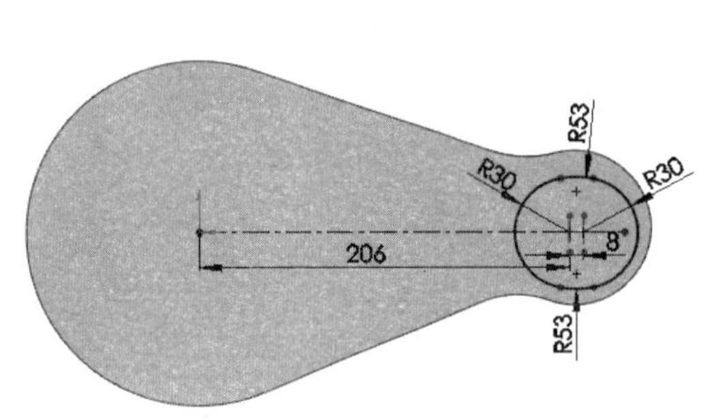

图 8.5　绘制草图 2

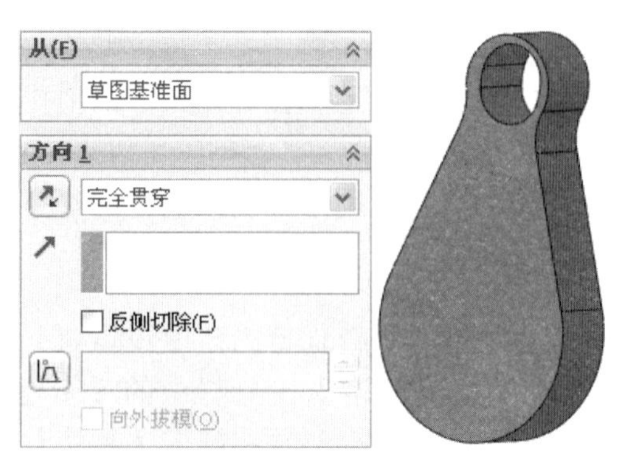

图 8.6　绘制拉伸 2 特征

(6) 在图形区域中选择拉伸 1 特征的一侧面，单击【草图绘制】按钮进行草图 3 的绘制。在图形区域中选择需要的边线，单击【转换实体引用】按钮，将实体边线复制到草图 3 上，然后使用【圆心 / 起 / 终点】按钮以“原点”为圆心，绘制一半径为 150mm 的圆弧，并用【剪裁实体】按钮剪去多余的线条，绘制的草图实体如图 8.7 所示。

(7) 单击【特征】工具栏中的【拉伸凸台 / 基体】按钮，弹出【拉伸】属性管理器，在【终止条件】选项框中选择【给定深度】，在【深度】文本框中输入“10”，单击【确定】按钮完成拉伸 3 特征的绘制，如图 8.8 所示。

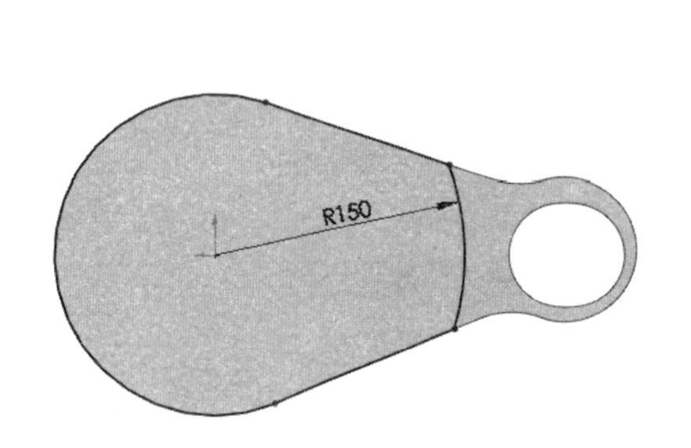

图 8.7　绘制草图 3

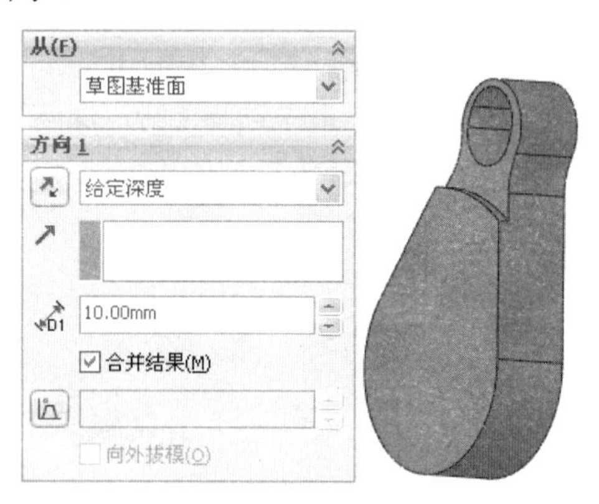

图 8.8　绘制拉伸 3 特征

(8) 在图形区域中选择拉伸 1 特征的另一侧面，重复步骤(6)、(7)，完成拉伸 4 特征的绘制，如图 8.9 所示。

(9) 在图形区域中选择拉伸 4 特征生成的平面，单击【草图绘制】按钮进行草图 5 的绘制。单击【草图】工具栏中的【圆】按钮绘制一直径为 168mm 的圆，并使草图中心与原点具有“重合”的几何关系，如图 8.10 所示。

(10) 单击【特征】工具栏中的【拉伸切除】按钮，弹出【拉伸】属性管理器，在【终止条件】选项框中选择【完全贯穿】，预览无误后，单击【确定】按钮完成拉伸 5 特征的绘制，如图 8.11 所示。

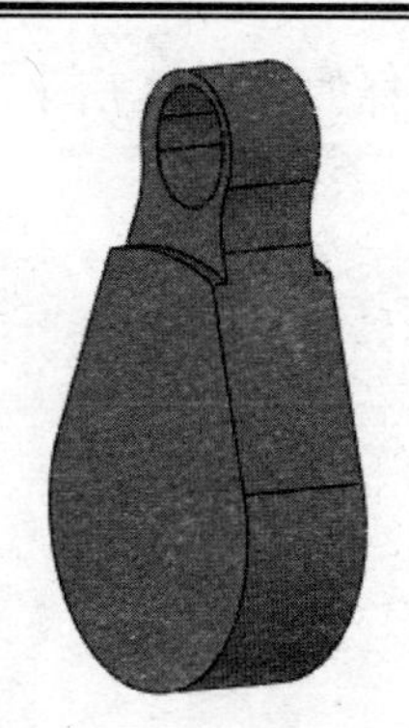

图 8.9　绘制拉伸 4 特征

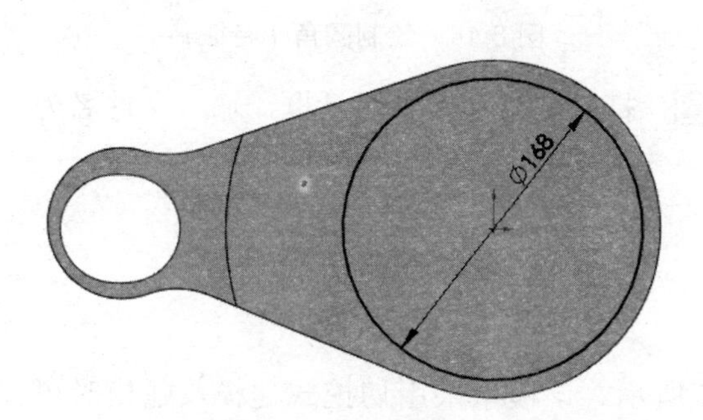

图 8.10　绘制草图 5

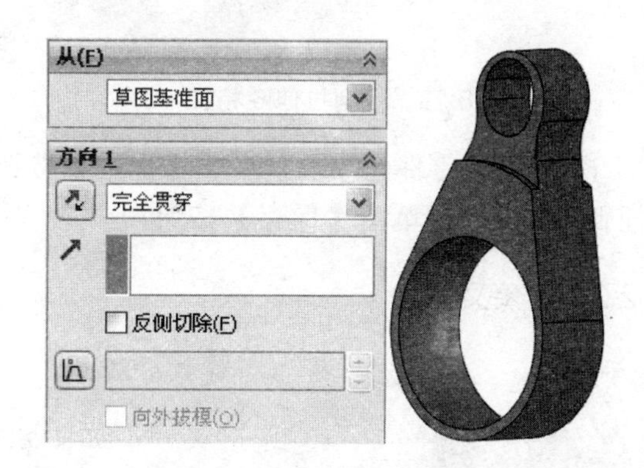

图 8.11　绘制拉伸 5 特征

(11) 在图形区域中选择拉伸 4 特征生成的平面，单击【草图绘制】按钮进行草图 6 的绘制。在图形区域中选择拉伸 5 特征的边线，单击【转换实体引用】按钮，将实体边线复制到草图 6 上；单击【草图】工具栏中的【中心线】按钮和【智能尺寸】按钮绘制中心线，以辅助确定草图的位置；单击【直线】按钮绘制如图 8.12 所示的草图实体，用【添加几何关系】按钮和【智能尺寸】按钮使草图完全定义，并用【剪裁实体】按钮剪去多余的线条。

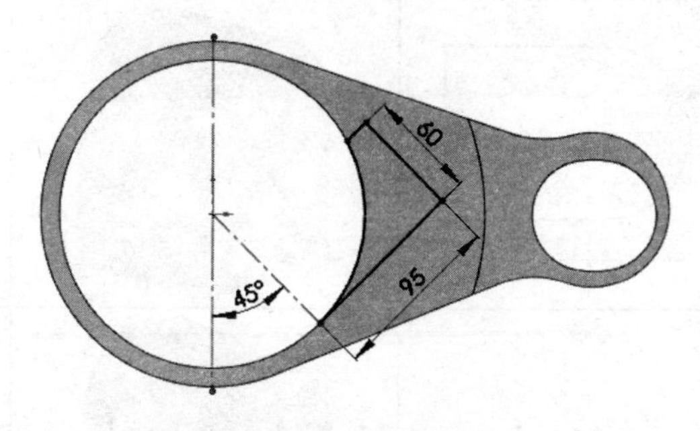

图 8.12　绘制草图 6

(12) 单击【特征】工具栏中的【拉伸切除】按钮，弹出【拉伸】属性管理器，在【终止条件】选项框中选择【完全贯穿】，预览无误后，单击【确定】按钮完成拉伸 6 特征的绘制，如图 8.13 所示。

(13) 单击【特征】工具栏中的【圆角】按钮，弹出【圆角】属性管理器，点选【等半径】单选按钮，选择如图 8.14 所示的 3 条边线，并设置半径为 2mm，单击【确定】按钮✔完成圆角 1 特征的绘制。

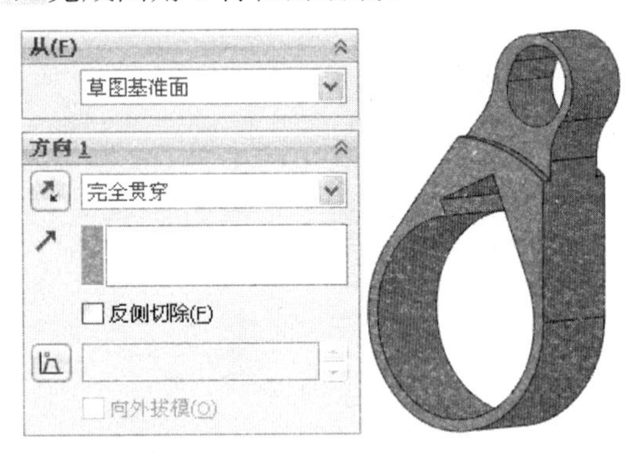

图 8.13　绘制拉伸 6 特征

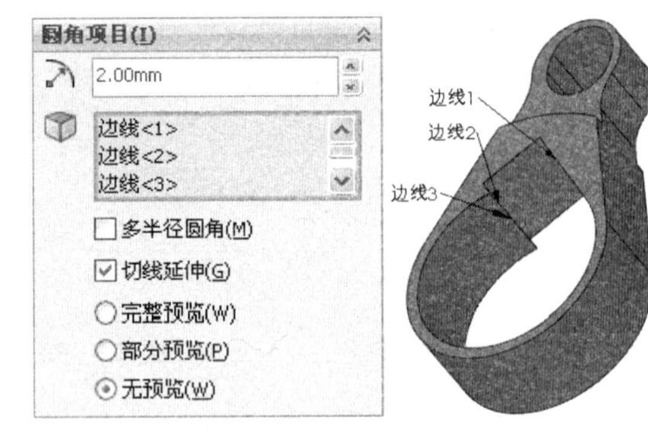

图 8.14　绘制圆角 1 特征

(14) 完成零件建模后，单击【保存】按钮，打开【另存为】对话框，输入文件名为“摇臂. sldprt”，单击【保存】按钮。

8.2.2　连接叉

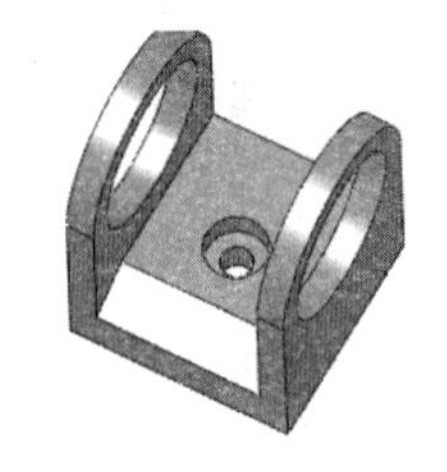

图 8.15　连接叉模型

1. 建模分析

连接叉模型如图 8.15 所示。该模型采用切挖式建模，建模时可以首先利用【拉伸基体 / 凸台】特征生成基体，然后在基体上切除多余的材料。

2. 建模的基本流程

根据建模分析，连接叉建模的基本流程如表 8-1 所示。

表 8-1　连接叉建模的基本流程

步骤	内容	草图示意图	特征示意图	主要方法和技巧
1	绘制拉伸 1 特征	R39 112		草图平面：前视基准面 特征：单向拉伸 80mm 绘制草图时，注意添加几何关系，实现设计意图
2	绘制基准面 1		28	基准面：拉伸 1 特征的底面 等距距离：28mm

续表

步骤	内容	草图示意图	特征示意图	主要方法和技巧
3	绘制拉伸2特征	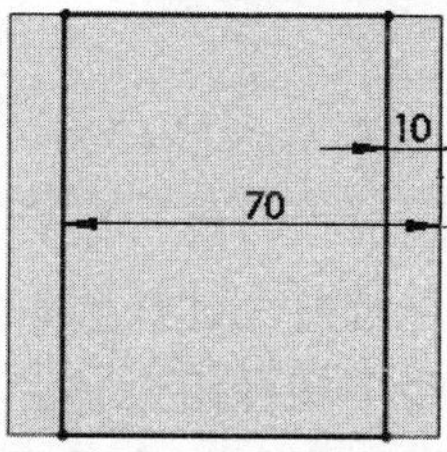 10 70	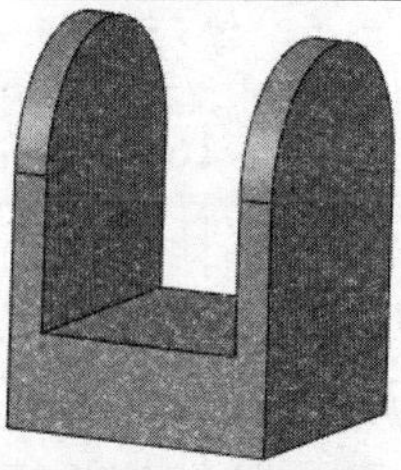	草图平面：基准面 1 特征：单向完全贯穿 绘制草图时，使用转换实体引用工具，将实体边线复制到草图上
4	绘制拉伸3特征	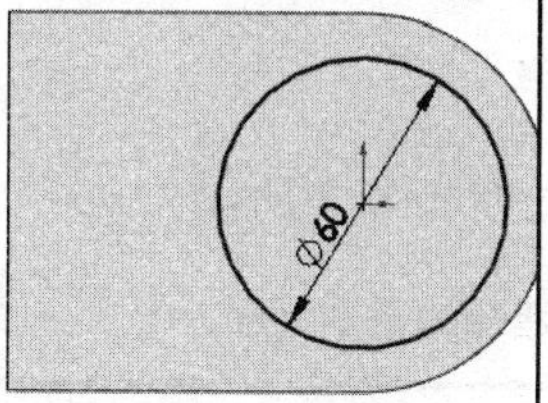 ⌀60		草图平面：前视基准面 特征：单向完全贯穿
5	绘制拉伸4特征	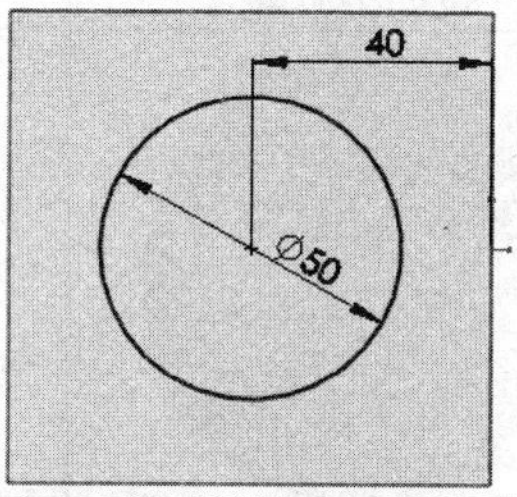 40 ⌀50		草图平面：拉伸 1 特征的底面 特征:单向拉伸切除 5mm
6	绘制拉伸5特征	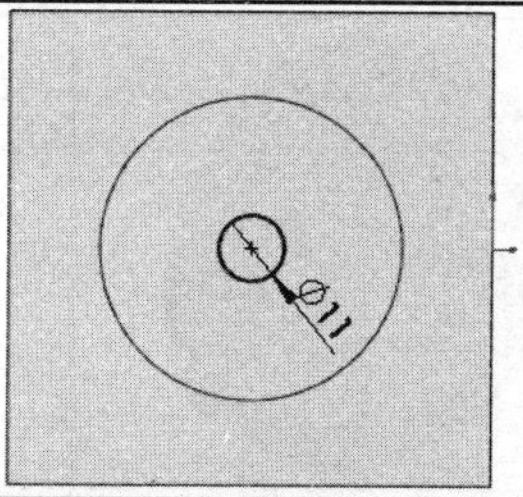 ⌀11		草图平面：拉伸 4 特征的平面 特征：单向拉伸切除13mm
7	绘制拉伸6特征	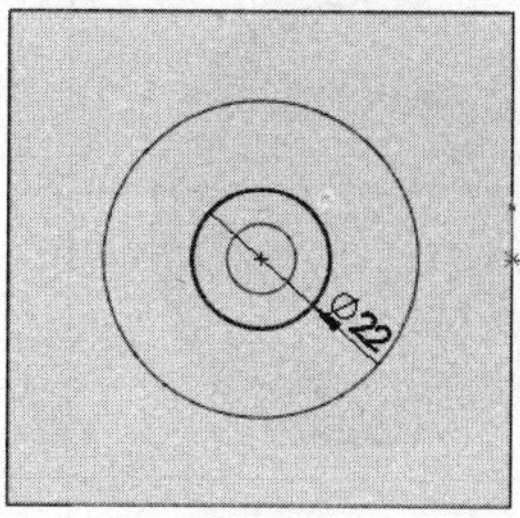 ⌀22		草图平面：基准面 1 特征：单向完全贯穿
8	绘制拉伸7特征	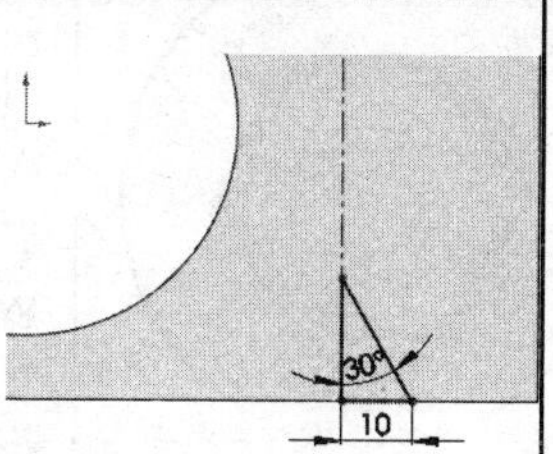 30° 10	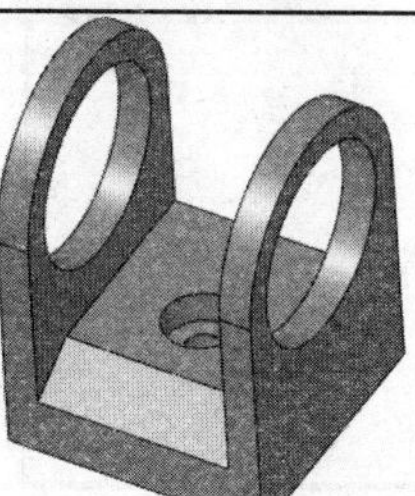	草图平面：拉伸 2 特征的一侧面 特征：单向拉伸切除60mm

8.2.3　活塞杆堵头

图 8.16　活塞杆堵头模型

1. 建模分析

图 8.16 所示为活塞杆堵头零件的模型。该模型属于圆盘类零件，其主体为两个同轴的圆柱组合体，组合体一端中心有一个六边形孔，部分轮廓线为圆角过渡。建模时，可以首先利用【拉伸基体 / 凸台】特征来构建两个圆柱组合体，然后在组合体一端中心利用拉伸切除特征构建六边形孔，最后生成圆角过渡。

2. 建模的基本流程

根据建模分析，活塞杆堵头建模的基本流程如表 8-2 所示。

表 8-2　活塞杆堵头建模的基本流程

步骤	内容	草图示意图	特征示意图	主要方法和技巧
1	绘制拉伸 1 特征	Ø55		草图平面：前视基准面 特征：单向拉伸 12mm
2	绘制拉伸 2 特征	Ø34		草图平面：拉伸 1 特征的一端面 特征：单向拉伸 14mm
3	绘制拉伸 3 特征	Ø36		草图平面：拉伸 1 特征的另一端面 特征：单向拉伸切除 8mm
4	绘制圆角 1 特征			圆角对象：拉伸 3 特征生成的平面 等半径：2mm

8.2.4　缸盖

1. 建模分析

图 8.17 所示为缸盖零件的模型。该模型的结构特点与活塞杆堵头相同，可以采用同样的方法进行建模。

2. 建模的基本流程

根据建模分析，缸盖建模的基本流程如表 8-3 所示。

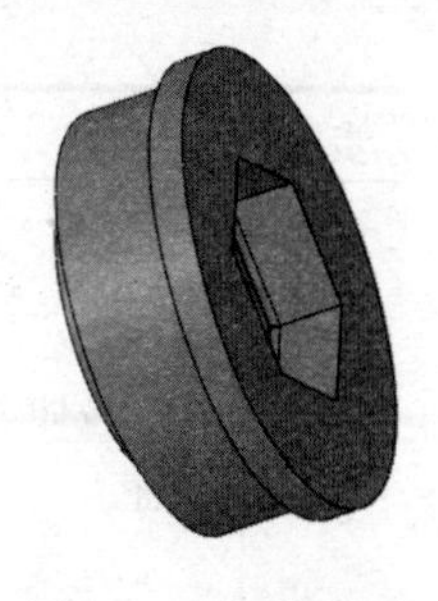

图 8.17　缸盖模型

表 8-3　缸盖建模的基本流程

步骤	内容	草图示意图	特征示意图	主要方法和技巧
1	绘制拉伸 1 特征	Ø125		草图平面：前视基准面 特征：单向拉伸 10mm
2	绘制拉伸 2 特征	Ø115		草图平面：拉伸 1 特征的一端面 特征：单向拉伸 30mm
3	绘制拉伸 3 特征	Ø84		草图平面：拉伸 2 特征的端面 特征：单向拉伸 8mm
4	绘制拉伸 4 特征	Ø70		草图平面：拉伸 3 特征的端面 特征：单向拉伸切除 15mm

续表

步骤	内容	草图示意图	特征示意图	主要方法和技巧
5	绘制拉伸 5 特征			草图平面：拉伸 1 特征的另一端面 特征：单向拉伸切除 20mm
6	绘制圆角 1 特征			圆角对象：拉伸 5 特征生成的平面 等半径：2mm

8.2.5　棘轮

图 8.18　棘轮模型

1. 建模分析

图 8.18 所示为要建立的棘轮模型，各结构尺寸为：齿数 z=21，模数 m=8，外径 D=168mm，轮齿厚度 δ_1 =80mm，八方孔厚度 δ_2 =90mm。该模型属于圆盘类零件，建模时，只要分别绘制好轮齿、轴孔、要切除的多余材料草图，就可以利用【拉伸凸台】和【拉伸切除】特征操作来生成棘轮的基本模型。因此建立棘轮模型的关键是绘制好轮齿的草图。由于轮齿均匀分布在圆周上，绘制轮齿草图时，可以先绘制一个棘轮轮齿，然后在圆周上进行阵列即可。

2. 建模的基本流程

根据建模分析，棘轮建模的基本流程如表 8-4 所示。

表 8-4　棘轮建模的基本流程

步骤	内容	草图示意图	特征示意图	主要方法和技巧
1	绘制拉伸 1 特征			草图平面：前视基准面 特征：单向拉伸 80mm

续表

步骤	内容	草图示意图	特征示意图	主要方法和技巧
2	绘制拉伸 2 特征	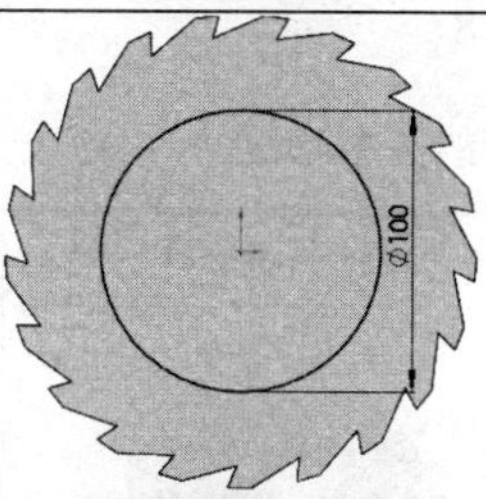		草图平面：拉伸 1 特征的一端面 特征：单向拉伸 5mm
3	绘制拉伸 3 特征	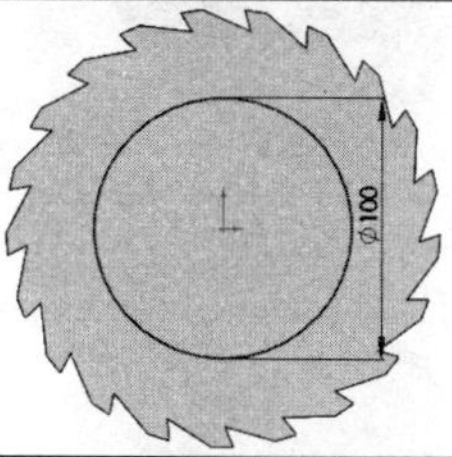		草图平面：拉伸 1 特征的另一端面 特征：单向拉伸 5mm
4	绘制拉伸 4 特征	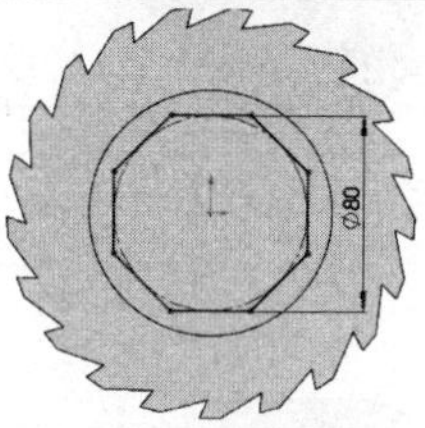		草图平面：拉伸 2 特征的端面 特征：单向完全贯穿
5	绘制拉伸 5 特征	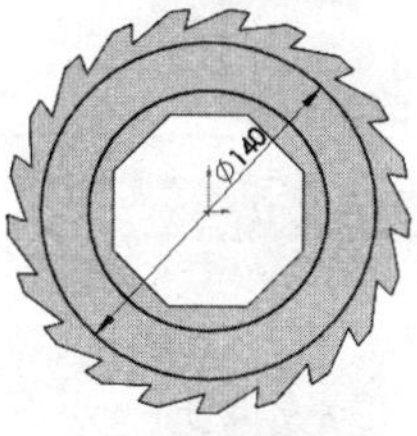	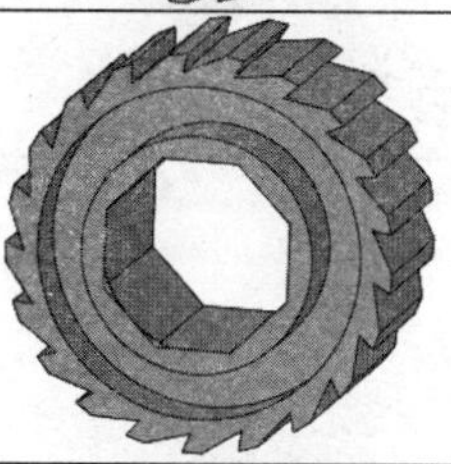	草图平面：拉伸 1 特征的一端面 特征：单向拉伸切除 27.5mm
6	绘制拉伸 6 特征	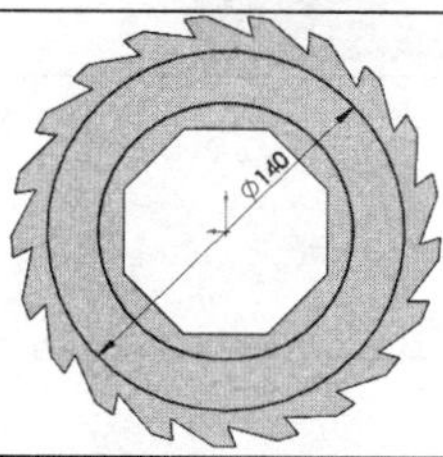		草图平面：拉伸 1 特征的另一端面 特征：单向拉伸切除 27.5mm

8.2.6 反力臂

1. 建模分析

图 8.19 为要建立的反力臂模型。该模型结构较为复杂、形状不太规则，上部为带槽的长方体，中部为带槽的梯形结构，下部为带孔的圆柱体。建模时，需要经过多步的【拉伸基体 / 凸台】和【拉伸切除】特征，另外，还采用了【放样】和【旋转切除】特征，并建立了多个基准面作为绘图平面。

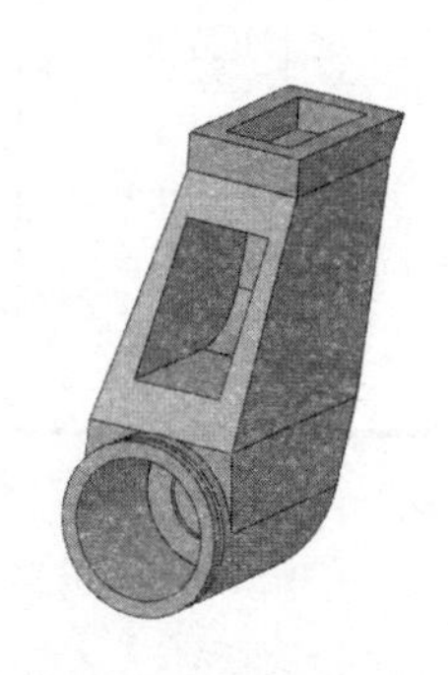

图 8.19 反力臂模型

2. 建模的基本流程

根据建模分析，反力臂建模的基本流程如表 8-5 所示。

表 8-5　反力臂建模的基本流程

步骤	内容	草图示意图	特征示意图	主要方法和技巧
1	绘制拉伸 1 特征	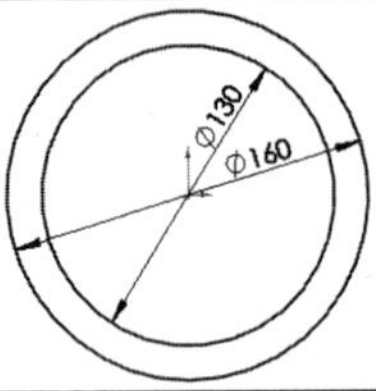 Φ130 Φ160	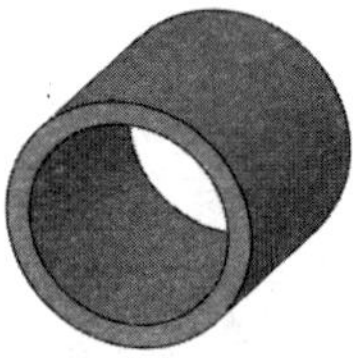	草图平面： 右视基准面 特征： 单向拉伸 170mm
2	绘制拉伸 2 特征	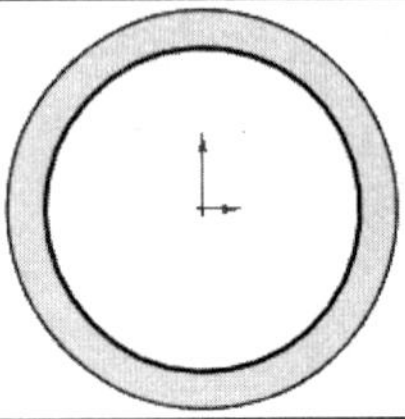	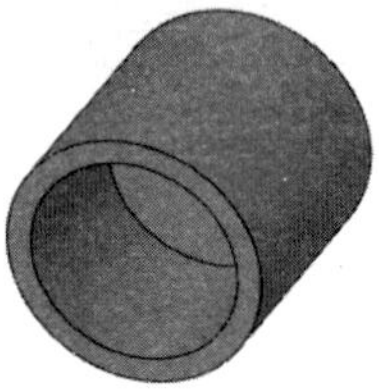	草图平面：拉伸 1 特征的一端面 特征：单向拉伸 50mm，注意拉伸方向
3	绘制基准面 1		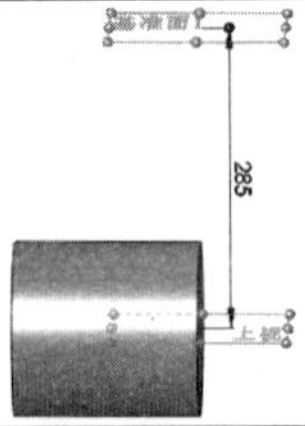 285	基准面：上视基准面 等距距离：285mm
4	绘制基准面 2		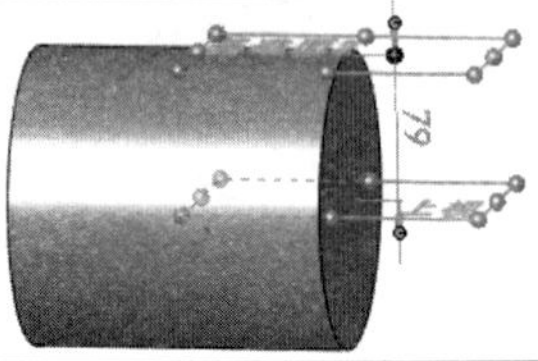 79	基准面：上视基准面 等距距离：79mm，方向与基准面 1 一致
5	绘制放样 1 特征	① 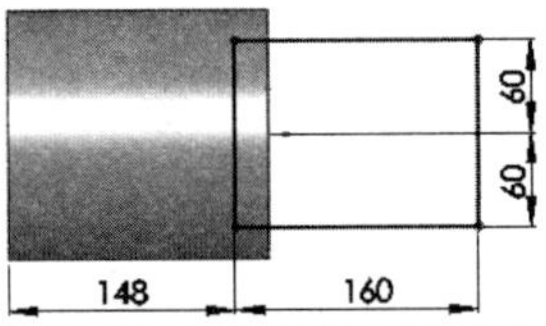 60　60 148　160		① 草图平面：基准面 1 ② 草图平面：基准面 2 特征：简单放样
		② 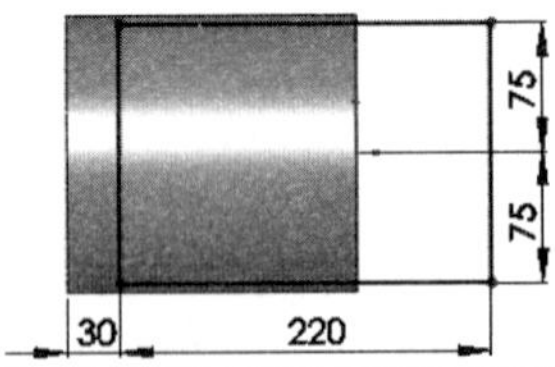 75　75 30　220	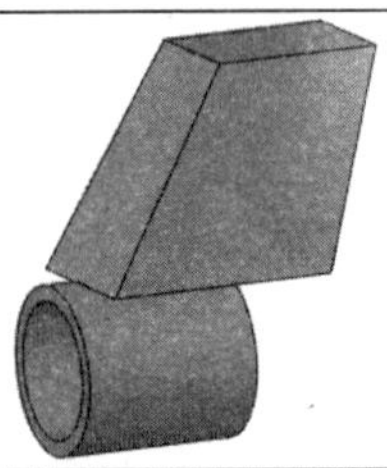	

续表

步骤	内容	草图示意图	特征示意图	主要方法和技巧
6	绘制基准面 3		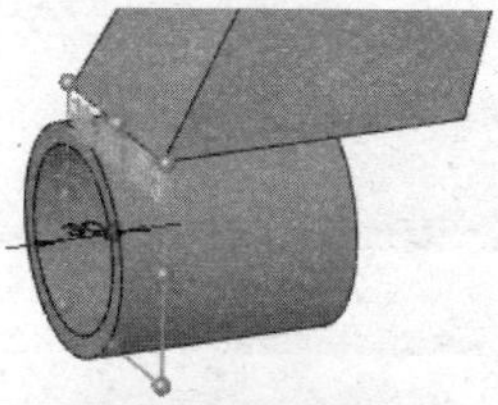	基准面：拉伸 1 特征的另一端面 等距距离：30mm，并勾选【反向】复选框
7	绘制拉伸 3 特征	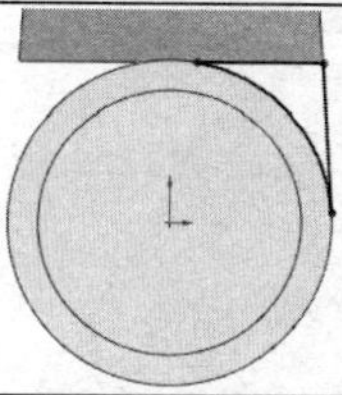		草图平面：基准面 3 特征：单向拉伸成形到右视基准面
8	绘制镜向 1 特征		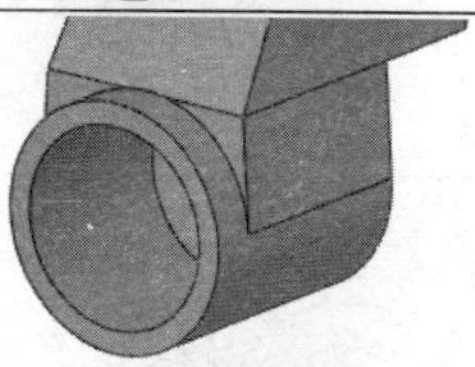	基准面：前视基准面 要镜向的特征：拉伸 3
9	绘制拉伸 4 特征	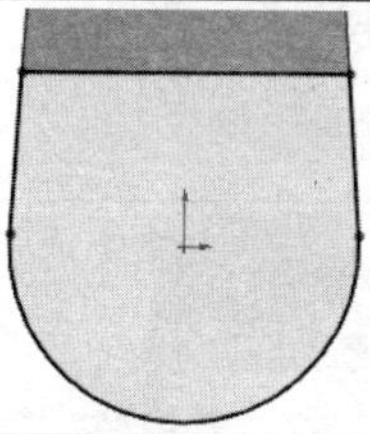	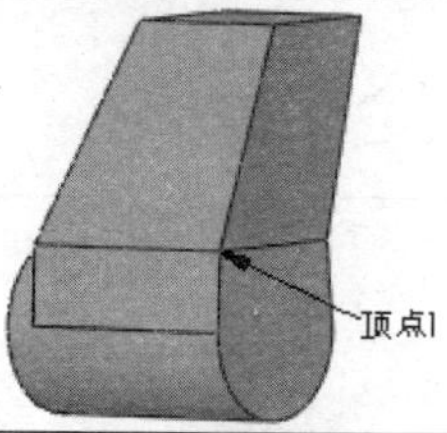 顶点1	草图平面：右视基准面 特征：单向拉伸成形到一顶点
10	绘制基准面 4		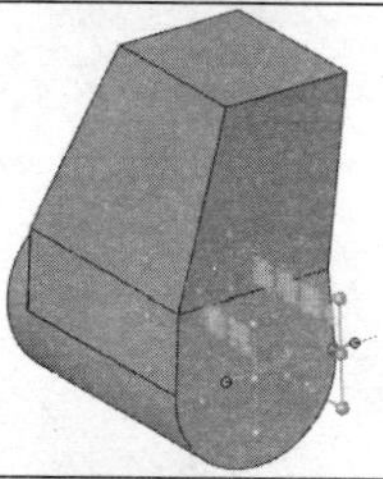	基准面：前视基准面 等距距离：85mm
11	绘制拉伸 5 特征	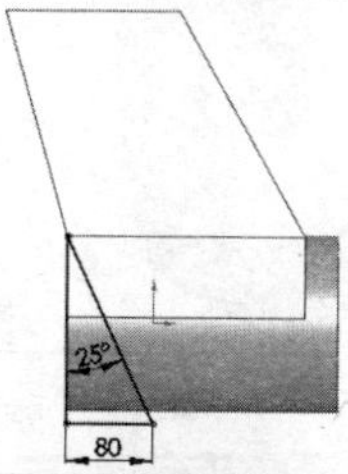 25° 80	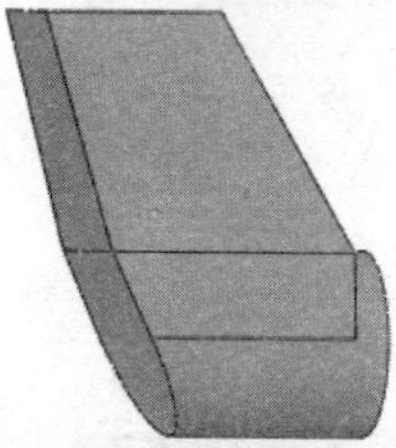	草图平面：基准面 4 特征：单向完全贯穿
12	绘制切除—旋转 1 特征	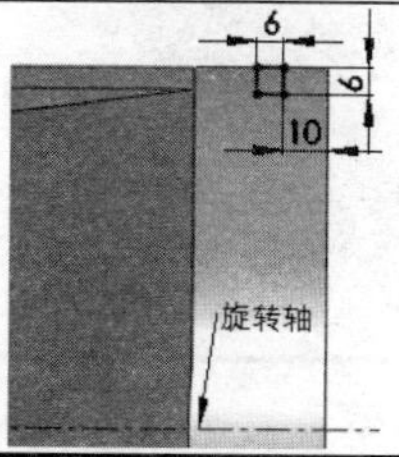 6 6 10 旋转轴	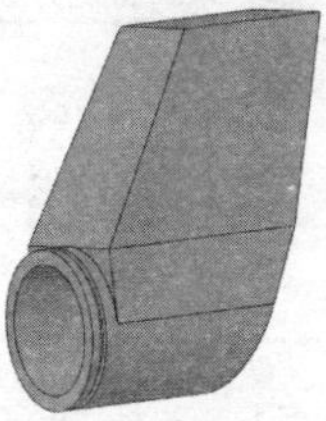	草图平面：上视基准面 特征：单向旋转切除 360°

续表

步骤	内容	草图示意图	特征示意图	主要方法和技巧
13	绘制拉伸6特征	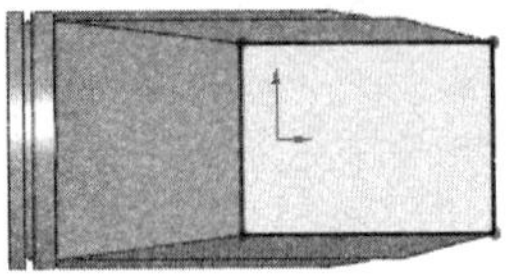	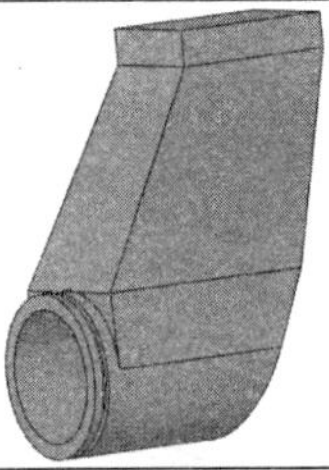	草图平面：放样1特征的上平面 特征：单向拉伸35mm
14	绘制拉伸7特征	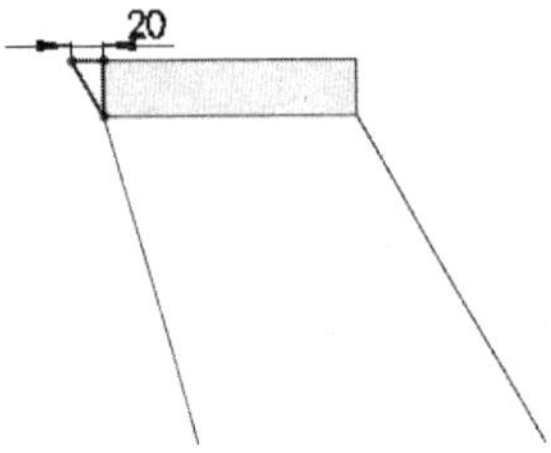	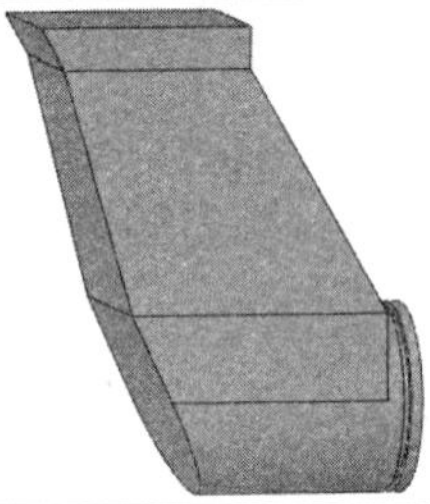	草图平面：拉伸6特征的一侧面 特征：单向拉伸成形到拉伸6特征的另一侧面
15	绘制拉伸8特征	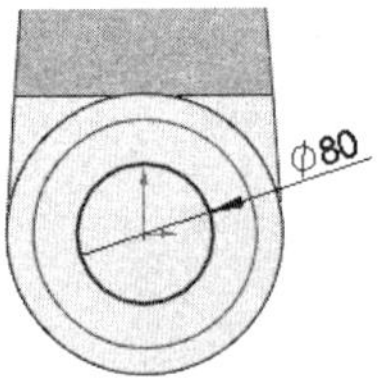	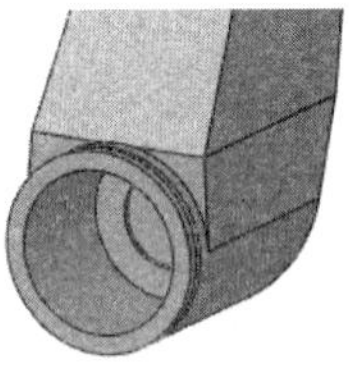	草图平面：拉伸2特征的内端面 特征：单向拉伸切除5mm
16	绘制基准面5		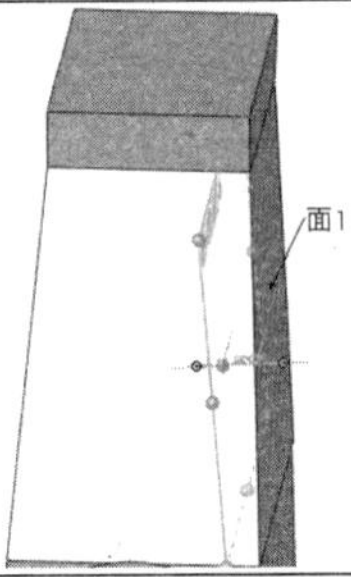	基准面：图示面1 等距距离：20mm，并勾选【反向】复选框
17	绘制拉伸9特征	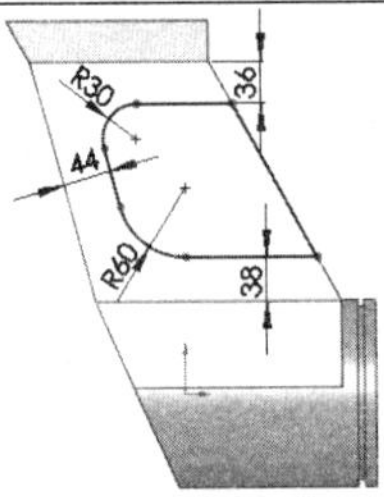	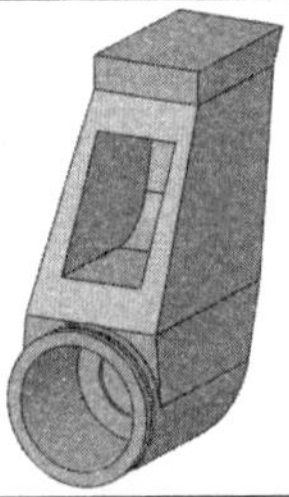	草图平面：基准面5 特征：单向拉伸切除90mm
18	绘制拉伸10特征	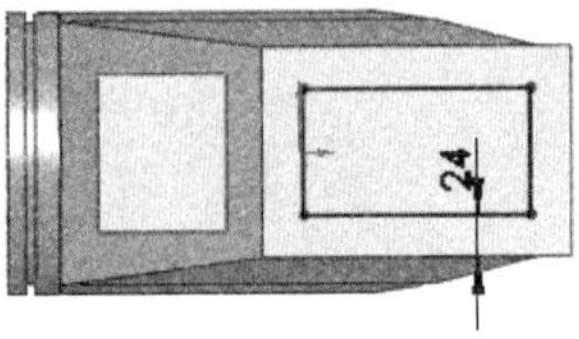	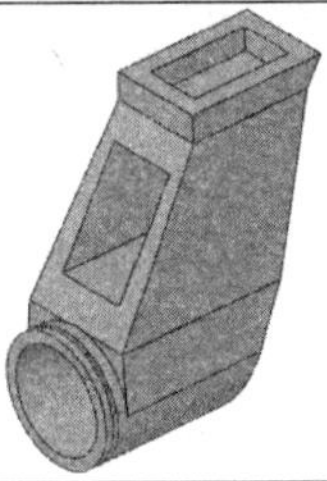	草图平面：拉伸6特征的上端面 特征：单向拉伸切除30mm

续表

步骤	内容	草图示意图	特征示意图	主要方法和技巧
19	绘制拉伸 11 特征			草图平面：放样 1 特征的一侧面 特征：单向拉伸切除 2mm

8.2.7　活塞杆

1．建模分析

图 8.20　活塞杆模型

图 8.20 为要建立的活塞杆模型。该模型结构类似于轴类零件，活塞杆与活塞一体成型，其主体由四个同轴心不同直径的圆柱体构成，一端有螺纹孔与连接叉相连，另一端为空心直孔，其中 1 个圆柱体上有两道沟槽，1 个圆柱体的外缘有 1.5×45° 倒角。建模时，所用的【拉伸】、【拉伸切除】和【旋转切除】特征是常见的特征，螺纹孔可以采用【异型孔向导】工具绘制，在此将详述其过程。

2．建模的基本流程

根据建模分析，活塞杆建模的基本流程如表 8-6 所示。

表 8-6　活塞杆建模的基本流程

步骤	内容	草图示意图	特征示意图	主要方法和技巧
1	绘制拉伸 1 特征			草图平面：前视基准面 特征：单向拉伸 40mm
2	绘制拉伸 2 特征			草图平面：拉伸 1 特征的一端面 特征：单向拉伸 6mm
3	绘制拉伸 3 特征			草图平面：拉伸 2 特征的端面 特征：单向拉伸 110mm

续表

步骤	内容	草图示意图	特征示意图	主要方法和技巧
4	绘制拉伸4特征			草图平面：前视基准面 特征：单向拉伸 14mm
5	绘制螺纹孔1 (难点)			草图平面：拉伸2特征端面 异型孔向导：单向拉伸切除 27.5mm
6	绘制切除—旋转 1特征			草图平面：上视基准面 特征：单向旋转切除 360°
7	绘制拉伸5特征			草图平面：前视基准面 特征：单向拉伸切除 130mm
8	绘制倒角1特征			对象：边线 1 特征：角度距离，距离为 1.5mm，角度为 45°

3. 难点操作步骤

螺纹孔 1 绘制的详细操作步骤如下：

(1) 在图形区域中选择拉伸 2 特征的端面，单击【特征】工具栏中的【异型孔向导】按钮，显示【孔规格】属性管理器，选择孔的规格，如图 8.21 所示。最后，指定终止条件。单击【确定】按钮完成孔特征的初步绘制，如图 8.22 所示。

(2) 在特征管理器设计树中展开，右击其项下的“草图 6”，并在快捷菜单中选择【编辑草图】按钮，进入异型孔草图的编辑模式。单击【添加几何关系】按钮，使草图圆心与原点具有“重合”的几何关系。单击图形区域右上角的【确定】按钮结束圆孔草图的编辑。

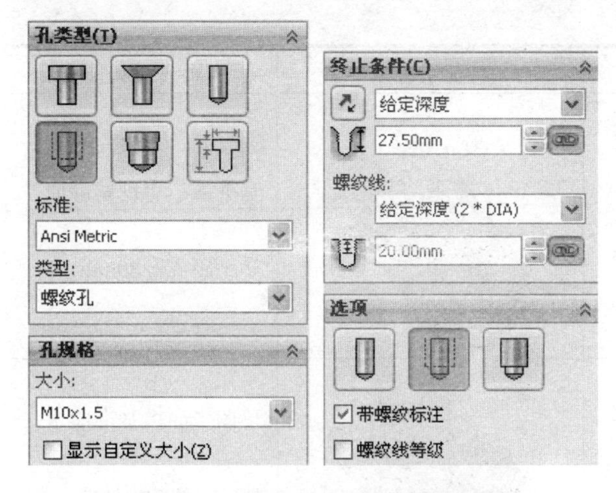

图 8.21　【孔规格】属性管理器

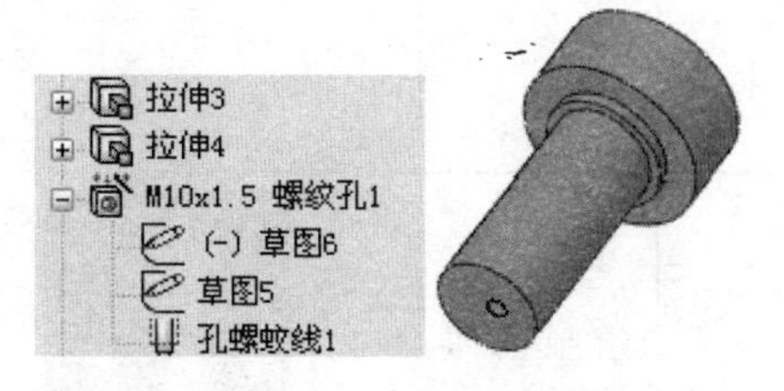

图 8.22　异型孔的初步绘制

8.2.8　缸筒

1. 建模分析

图 8.23 为要建立的缸筒模型。该模型形状较规则，但是结构较复杂，其主体主要由筒体、油口台和销轴台三部分组成，其中筒体是偏心的，即内孔圆柱面与外圆圆柱面轴线不重合，有一偏心距离，在主体上有油路、销轴孔、螺钉孔、进出油孔、与机壳连接处等多个孔和沟槽。建模时，所用的特征多是常见的【拉伸基体／凸台】、【拉伸切除】和【旋转切除】特征，只需一步一步地操作即可。对于简单直孔，可以通过绘制圆的草图、再拉伸切除得到，也可以通过简单直孔按钮得到，在此将详述后者的过程。

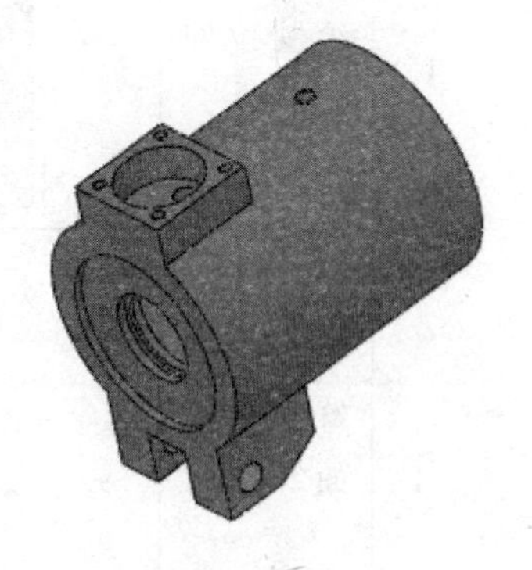

图 8.23　缸筒模型

2. 建模的基本流程

根据建模分析，缸筒建模的基本流程如表 8-7 所示。

表 8-7　缸筒建模的基本流程

步骤	内容	草图示意图	特征示意图	主要方法和技巧
1	绘制拉伸1特征	⌀130		草图平面：前视基准面 特征:单向拉伸 170mm

续表

步骤	内容	草图示意图	特征示意图	主要方法和技巧
2	绘制基准面 1		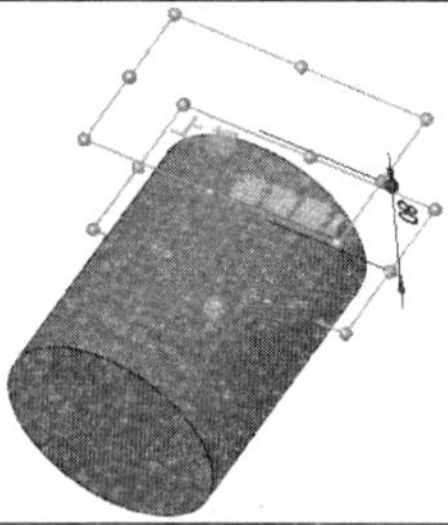	基准面：上视基准面 等距距离：80mm
3	绘制拉伸 2 特征	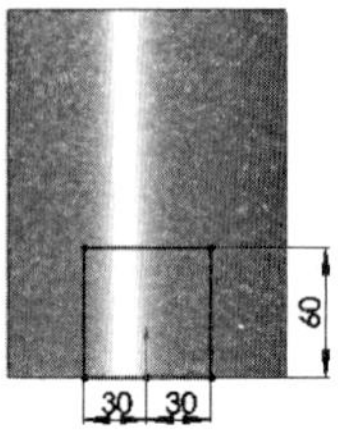	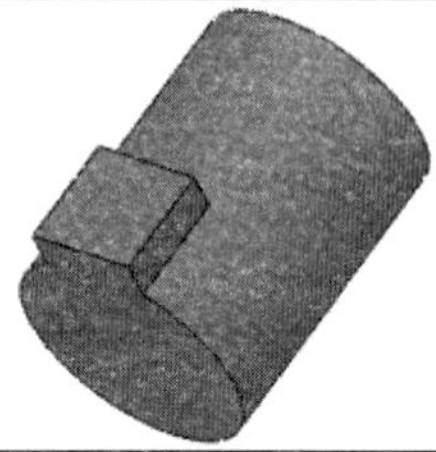	草图平面：基准面 1 特征：单向拉伸成形到拉伸 1 特征的圆柱面
4	绘制拉伸 3 特征	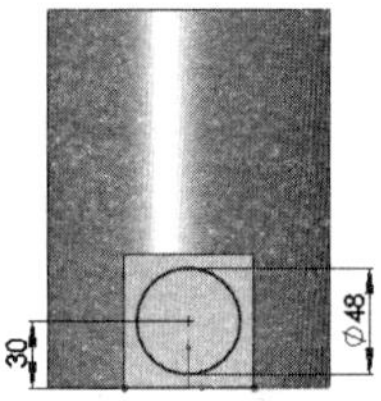		草图平面：拉伸 2 特征的上表面 特征：单向拉伸切除 20mm
5	绘制基准面 2		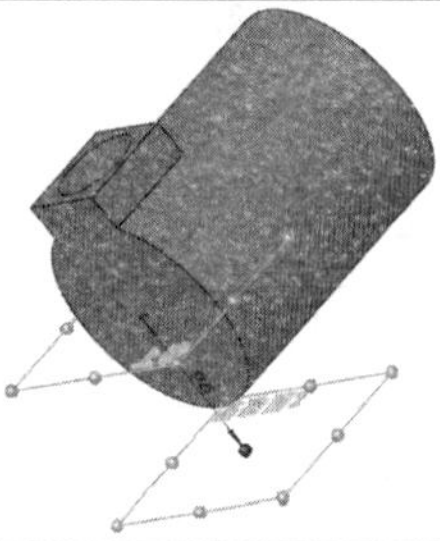	基准面：上视基准面 等距距离：95mm，并“反向”
6	绘制拉伸 4 特征	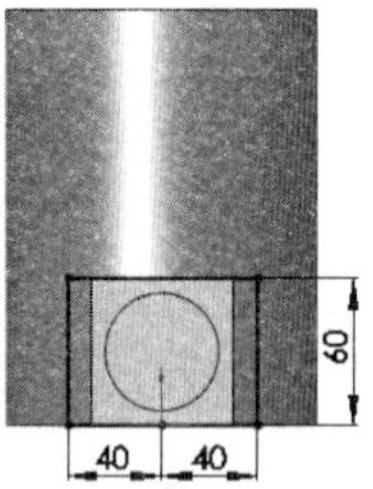	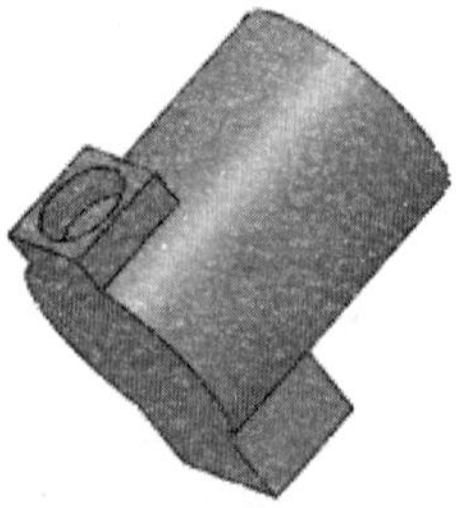	草图平面：基准面 2 特征：单向拉伸成形到拉伸 1 特征的圆柱面
7	绘制拉伸 5 特征	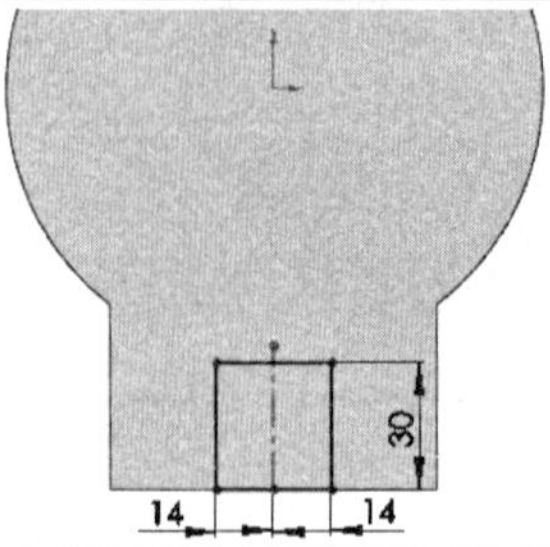	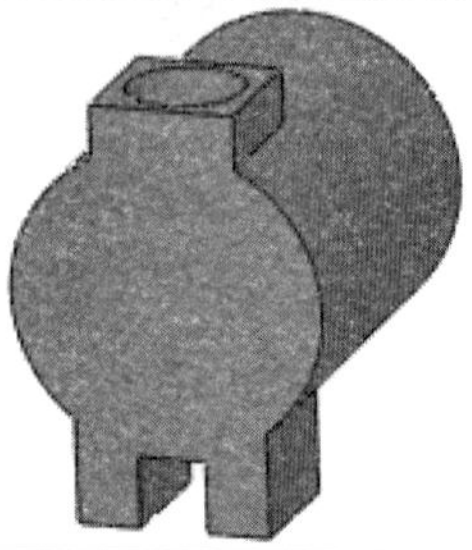	草图平面：前视基准面 特征：单向完全贯穿

续表

步骤	内容	草图示意图	特征示意图	主要方法和技巧
8	绘制孔 1 特征(难点)			草图平面：拉伸 4 特征的一侧面 特征：单向完全贯穿
9	绘制拉伸 6 特征	15 60°		草图平面：拉伸 4 特征的一侧面 特征：单向完全贯穿
10	绘制拉伸 7 特征	3 Ø90		草图平面：拉伸 1 特征的后端面 特征：单向拉伸切除 150mm
11	绘制拉伸 8 特征	Ø50		草图平面：拉伸 7 特征的端面 特征：单向拉伸切除 15mm
12	绘制拉伸 9 特征	Ø115		草图平面：拉伸 1 特征的后端面 特征：单向拉伸切除 30mm
13	绘制拉伸 10 特征	Ø12 25		草图平面：拉伸 3 特征生成的平面 特征：单向拉伸切除成形到拉伸 7 特征生成的圆柱面

续表

步骤	内容	草图示意图	特征示意图	主要方法和技巧
14	绘制拉伸 11 特征	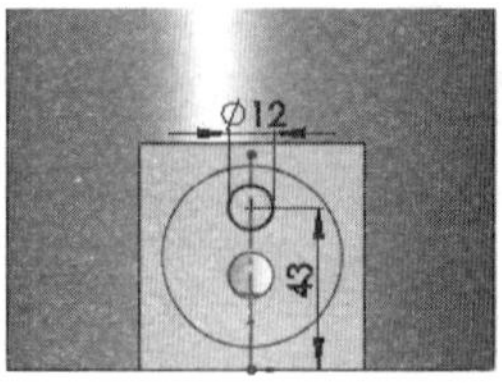		草图平面：拉伸 3 特征生成的平面 特征：单向拉伸切除 12mm
15	绘制拉伸 12 特征	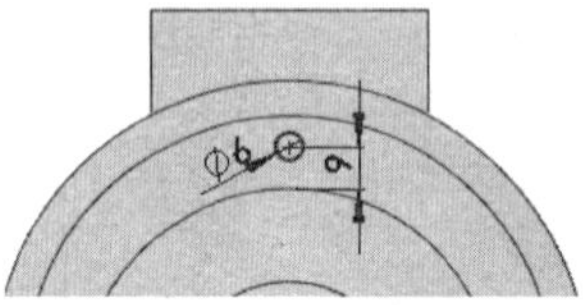		草图平面：拉伸 9 特征生成的平面 特征：单向拉伸切除成形拉伸 11 特征生成的圆柱面
16	绘制基准面 3		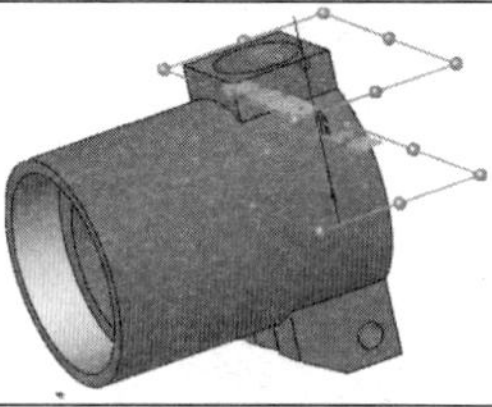	基准面：上视基准面 等距距离：65mm
17	绘制拉伸 13 特征	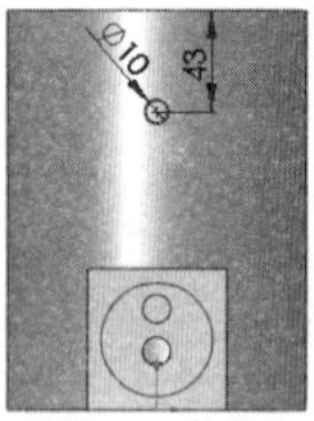	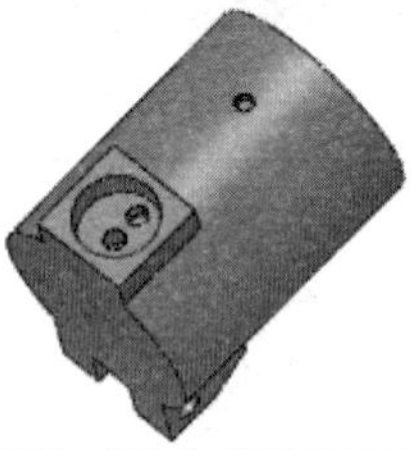	草图平面：基准面 3 特征：单向拉伸切除 7mm
18	绘制拉伸 14 特征	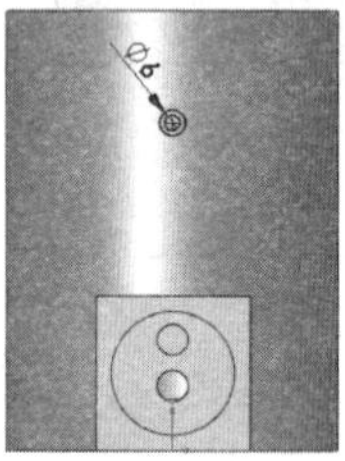	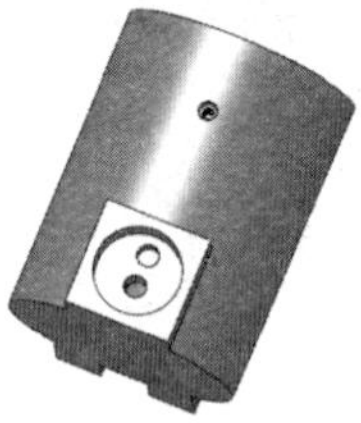	草图平面：拉伸 13 特征生成的平面 特征：单向拉伸切除成形到拉伸 8 特征生成的圆柱面
19	绘制基准面 4		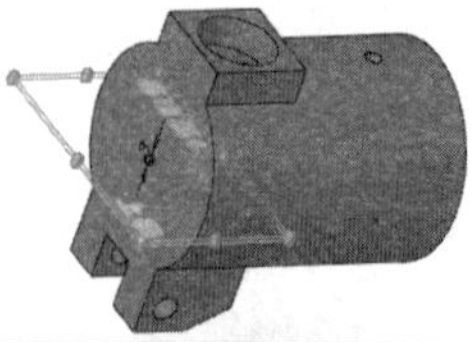	基准面：上视基准面 等距距离：3mm，并【反向】
20	绘制拉伸 15 特征	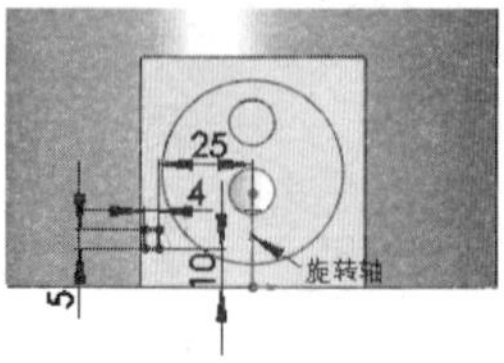	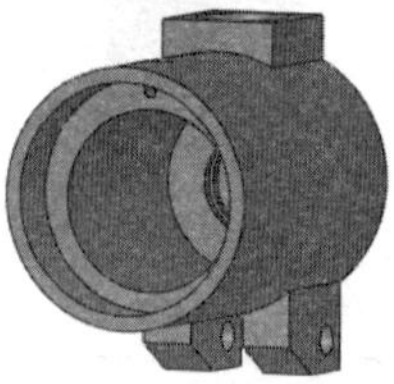	草图平面：基准面 4 特征：单向旋转切除角度 360°

续表

步骤	内容	草图示意图	特征示意图	主要方法和技巧
21	绘制拉伸16特征			草图平面：前视基准面 特征：单向拉伸切除5mm
22	绘制拉伸17特征			草图平面：拉伸2特征的上端面 特征：单向拉伸切除20mm

3. *难点操作步骤*

简单直孔 1 绘制的详细操作步骤如下：

(1) 在图形区域中选择拉伸 4 特征的一侧面，单击【特征】工具栏中的【简单直孔】按钮，显示【孔】属性管理器，在【终止条件】选项框中选择【完全贯穿】，并设置圆孔直径为 15mm，单击【确定】按钮完成孔 1 特征的初步绘制。

(2) 右击特征管理器设计树中的“孔 1”，并在快捷菜单中选择【编辑草图】按钮，进入圆孔草图的编辑模式。单击【智能尺寸】按钮为圆心定位，如图 8.24 所示。单击图形区域右上角的【确定】按钮结束圆孔草图的编辑。

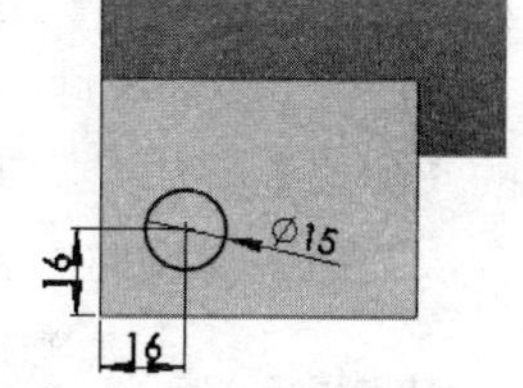

图 8.24　编辑孔 1 特征

8.3　装配体设计

在这一节中，将把上述绘制的所有零件通过配合关系组合起来，形成一个完整的装配产品。常用的配合关系有：重合、同轴心、角度、相切、距离、平行等。需要说明的是：液压扳手的各零件不仅仅包括上述绘制的一些零件，还包括销轴、筋板、导向套、盖板、接头等其他装配零件，由于零部件较多，加上篇幅有限这里不再详述。如果读者有兴趣，可以参考有关手册完成其他零件的绘制。

在装配体设计时，根据实际问题，可以选择使用自下而上的方法，或自上而下的方法，或两种方法相结合的方式。自下而上设计方法是比较传统的方法。自上而下设计方法优越性主要在于：在设计零件时可以参考其他装配体零部件的几何特征，通过与原零部件的几何关系，来控制模型的形状和尺寸，避免重复性的工作，以此提高设计效率；在设计更改时，由于设计的零件和原零部件是相互关联的，仅需改变一处即可快速地完成修改。

8.3.1　自上而下设计子装配体

1. 摇臂棘轮子装配体

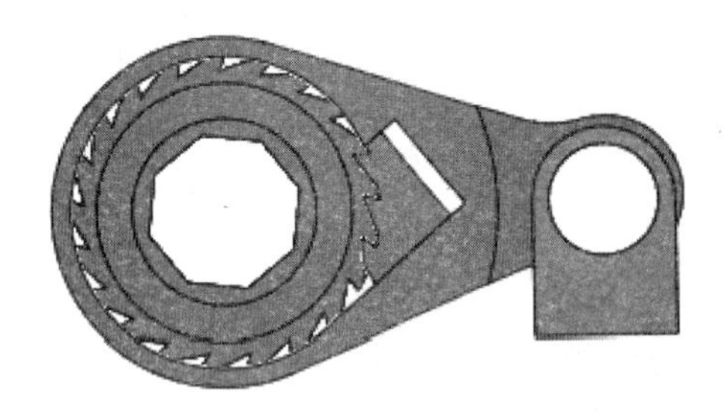

图 8.25　摇臂棘轮子装配体模型

图 8.25 为要建立的摇臂棘轮子装配体模型。通过以上对摇臂的建模，可知摇臂包含有棘轮腔和棘爪腔，又根据液压扳手的工作原理，需要棘爪与棘轮啮合来传递运动，因此可以采用自上而下方法来设计棘爪，使其参考棘轮和摇臂棘爪腔的几何特征。设计子装配体时，首先把摇臂、棘轮装配起来，再采用自上而下的方法，绘制棘爪，其具体的操作步骤如下：

(1) 单击【标准】工具栏中的【新建】按钮，在【新建 SolidWorks 文件】对话框中双击【装配体】模板，弹出【插入零部件】属性管理器。单击【插入零部件】属性管理器中的【浏览】按钮，并在【打开】对话框中选择“摇臂.sldprt”文件。单击【打开】按钮，此时鼠标指针形状变为，移动鼠标指针到图形区域的任意位置，单击鼠标左键调入摇臂模型。此时，在特征管理器设计树中显示摇臂，并默认此零件为固定。

(2) 单击【装配体】工具栏中的【插入零部件】按钮，或单击菜单栏中的【插入】|【零部件】|【现有零部件或装配体】命令，调入“连接叉.sldprt”文件。移动鼠标指针到图形区域的任意位置，单击鼠标左键确定特征实体的调入，如图 8.26 所示。

(3) 在图形区域中选择如图 8.26 所示的“面 1”与“面 2”，单击【装配体】工具栏中的【配合】按钮，显示【配合】属性管理器，在【标准配合】选项栏中选择【重合】配合，并单击【反向对齐】按钮，显示零件配合关系，如图 8.27 所示。

特别提示

在添加配合前将零部件拖动到大致正确的位置和方向，因为这会给配合解算应用程序更佳机会将零部件捕捉到正确的位置；可以拖动零部件来测试其可用自由度。

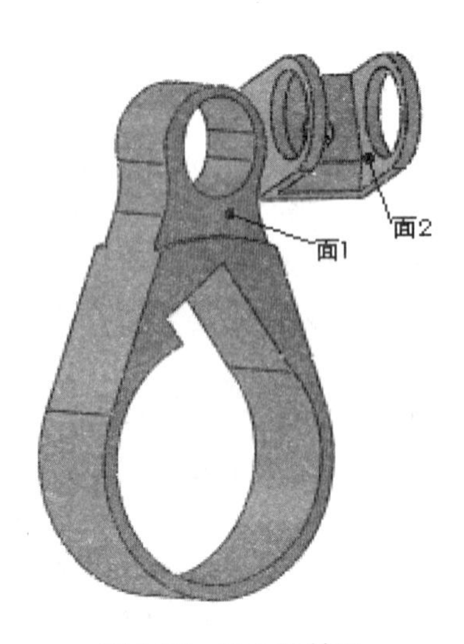

图 8.26　调入连接叉

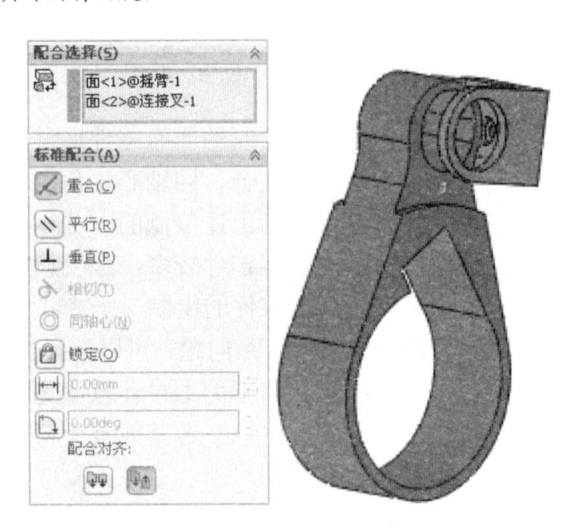

图 8.27　摇臂与连接叉面的【重合】配合

(4) 继续对摇臂与连接叉零件进行装配操作。在 FeatureManager 设计树中选择摇臂的上视基准面，单击【装配体】工具栏中的【配合】按钮，单击菜单栏中【视图】|【临时轴】，在图形区域中选择连接叉的销轴孔轴线，在【标准配合】选项栏中选择【重合】配合，显示零件配合关系，如图 8.28 所示。

(5) 单击【装配体】工具栏中的【插入零部件】按钮，调入“棘轮.sldprt”文件。移动鼠标指针到图形区域的任意位置，单击鼠标左键确定特征实体的调入，如图 8.29 所示。

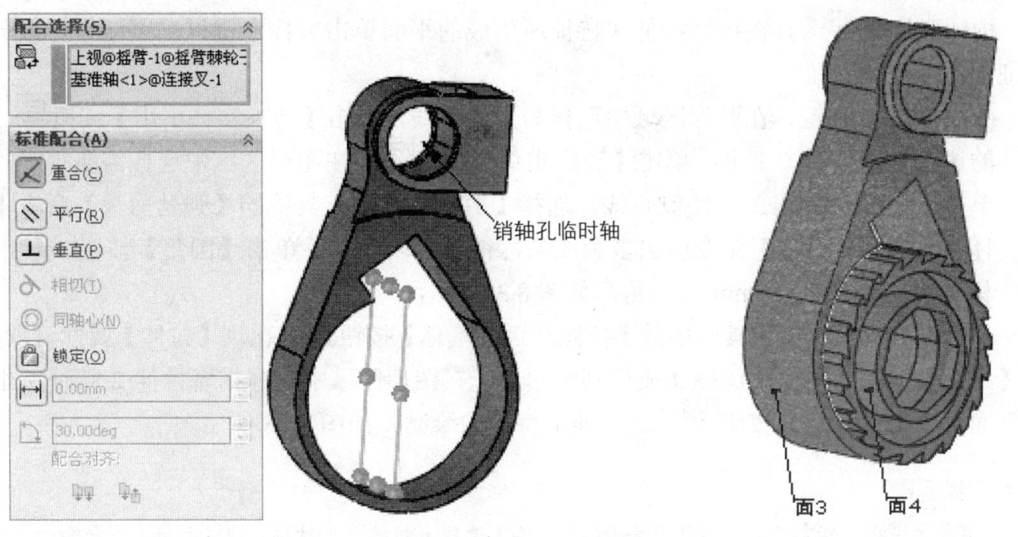

图 8.28 摇臂上视基准面与连接叉轴线的【重合】配合　　图 8.29 调入棘轮

(6) 在图形区域中选择如图 8.29 所示的“面 3”与“面 4”，单击【装配体】工具栏中的【配合】按钮，显示【配合】属性管理器，在【标准配合】选项栏中选择【同轴心】配合，显示零件配合关系，如图 8.30 所示。

(7) 继续对摇臂与棘轮零件进行装配操作。在图形区域中选择如图 8.30 所示的“面 5”与“面 6”，单击【装配体】工具栏中的【配合】按钮，显示【配合】属性管理器，在【标准配合】选项栏中选择【重合】配合，显示零件配合关系，如图 8.31 所示。

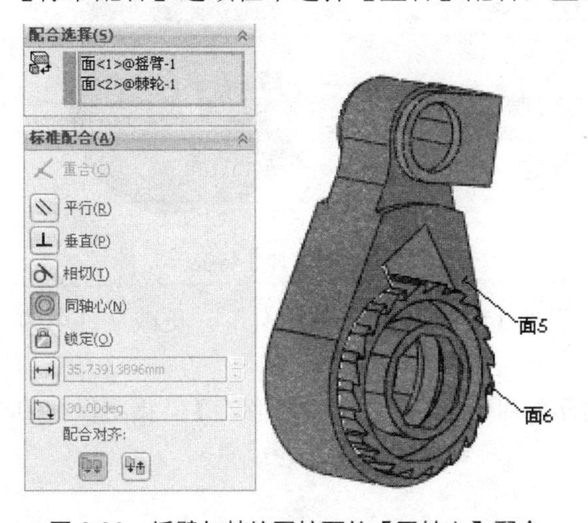

图 8.30 摇臂与棘轮圆柱面的【同轴心】配合

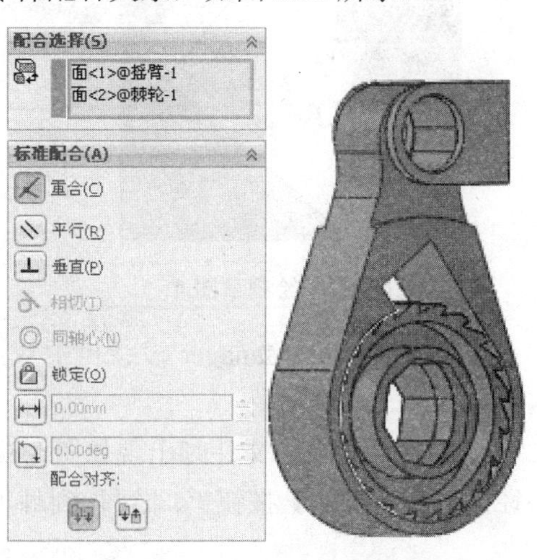

图 8.31 摇臂与棘轮面的【重合】配合

(8) 单击【保存】按钮，打开【另存为】对话框，输入文件名为“摇臂棘轮子装配体. asm”，单击【保存】按钮。

(9) 单击【装配体】工具栏中的【插入零部件】按钮，或单击菜单栏中的【插入】|【零部件】|【新零件】命令，此时在特征管理器设计树中，会出现一个名称形式为“零件1^摇臂棘轮子装配体”的新零件。

(10) 将鼠标移至图形区域的空白区域中，指针形状变为；将鼠标移至基准面或平面时，指针形状变为，在摇臂拉伸 3 特征所生成的平面单击鼠标左键以确定新零件第一个特征的草图绘制平面。

(11) 按住 Ctrl 键，在图形区域中选择需要的边线，单击【转换实体引用】按钮，将实体的边线复制到草图 1 上；单击【等距实体】按钮，在图形区域中选择需要等距的边线；单击【直线】按钮，绘制直线，选择【剪裁实体】工具中的【强劲剪裁】命令【延伸实体和剪裁到最近端】命令剪去多余线条，得到封闭图形；单击【圆角】按钮使部分直线相交处成为半径为 1mm 的圆角，如图 8.32 所示。

(12) 单击【特征】工具栏中的【拉伸凸台 / 基体】按钮，出现【拉伸】属性管理器，在【终止条件】选项框中选择【成形到一面】，在图形区域中选择摇臂拉伸 2 特征所生成的平面，单击【确定】按钮完成拉伸 1 特征的绘制，如图 8.33 所示。

特别提示

在装配体中生成新零件，如果使用【成形到一面】选项来拉伸一个特征，则该面与草图平面必须位于同一零件。

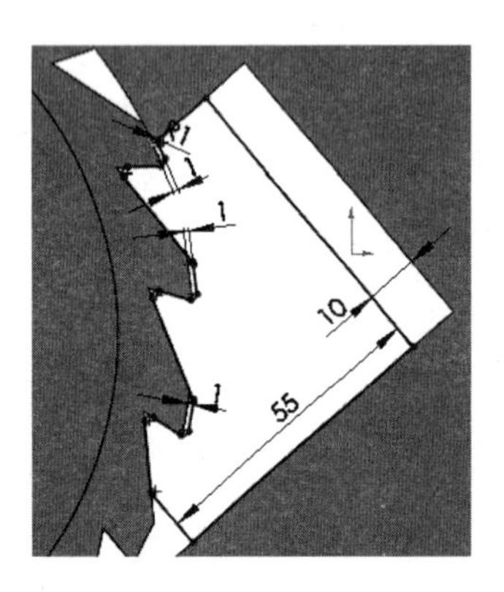

图 8.32　绘制草图 1

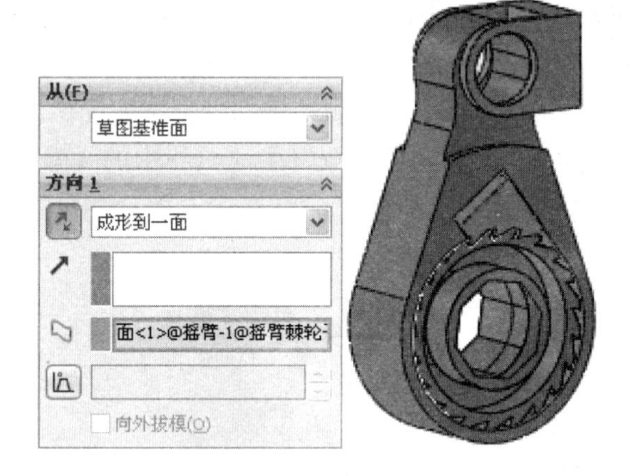

图 8.33　绘制拉伸 1 特征

(13) 在 FeatureManager 设计树中双击“零件 1^摇臂棘轮子装配体”，更改文件名为“棘爪”。

(14) 保存装配体文件时出现如图 8.34 所示的对话框，选择【外部保存】，指定保存的路径，单击【确定】按钮即可得到棘爪零件。

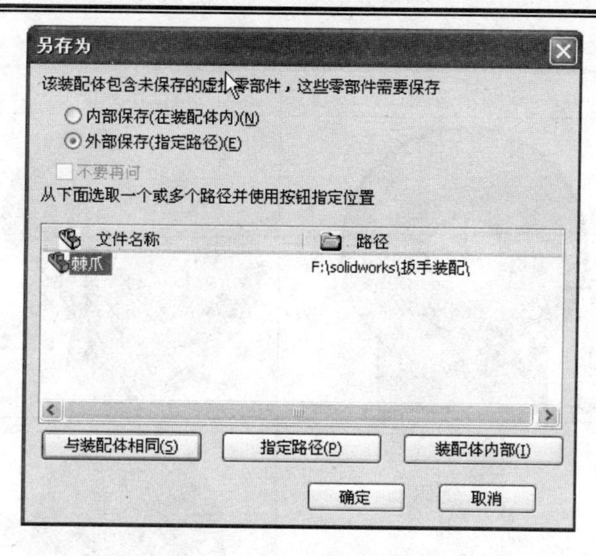

图 8.34　【另存为】对话框

2. 机壳缸筒子装配体

图 8.35 为要建立的机壳缸筒子装配体模型。机壳与缸筒之间通过油缸接头进行连接，而油缸接头与机壳是一体成型的，所以可以采用自上而下方法生成机壳与缸筒的油缸接头实体。为了参考缸筒的几何特征，首先要把缸筒调入装配环境中，形成机壳缸筒子装配体，参考引用结束后，可以更改文件名为机壳，并保存到外部文件，实体其余部分的建模同通常的零件一样，可以打开机壳零件进行编辑，其详细的操作步骤同棘爪。机壳实体模型结构较为复杂，需要多步来完成，但是结构关于纵向中心面对称，建模时可以根据实际情况在草图和建立实体特征之后应用镜向工具。

图 8.35　机壳缸筒子装配体模型

根据上述建模分析，机壳建模的基本流程如表 8-8 所示。

表 8-8　机壳缸筒子建模的基本流程

步骤	内容	草图示意图	特征示意图	主要方法和技巧
1	绘制拉伸 1 特征	镜向轴 15 10		草图平面：缸筒拉伸 1 特征的一端面 特征：单向拉伸 60mm，并注意方向 草图绘制时，转换实体引用后，用【等距实体】工具得到外部轮廓线；选择【强劲剪裁】命令得到封闭图形；草图可以采用镜向工具

续表

步骤	内容	草图示意图	特征示意图	主要方法和技巧
2	绘制拉伸2特征	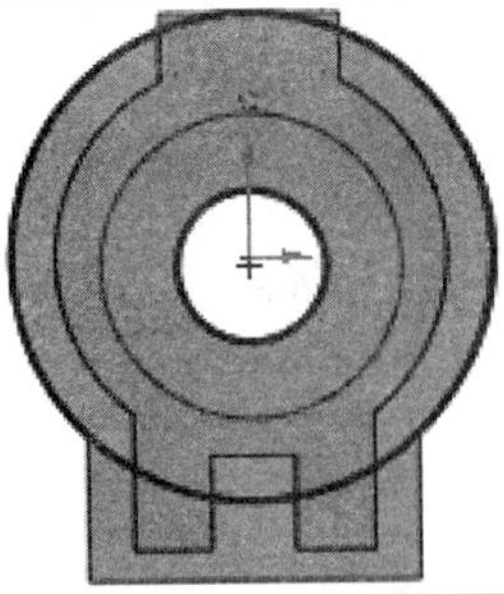	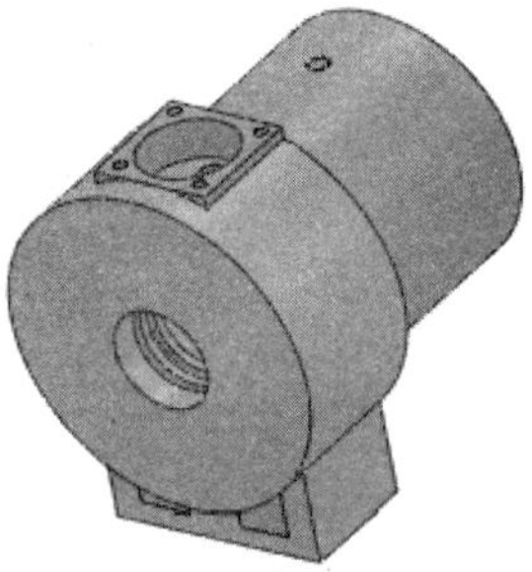	草图平面：机壳拉伸1特征的一端面 特征：单向拉伸15mm
3	绘制拉伸3特征	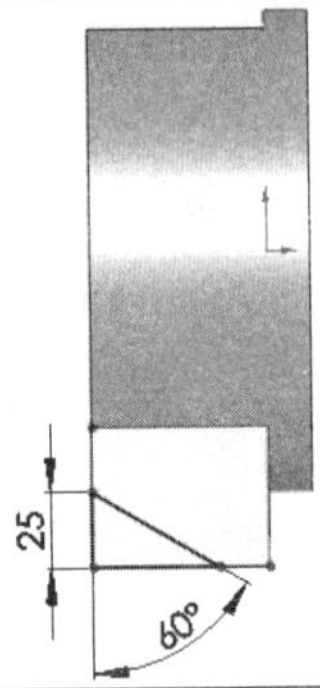 25 60°	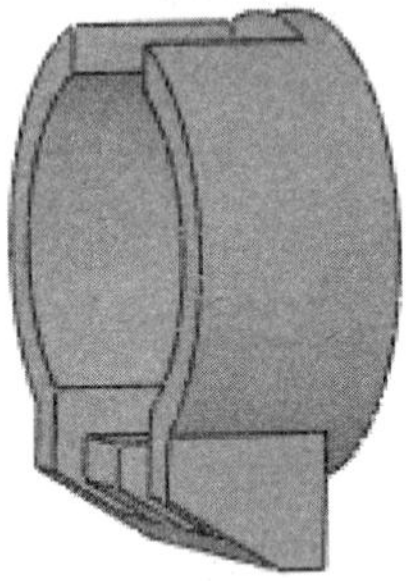	草图平面：拉伸1特征的一侧面 特征：单向完全贯穿
4	绘制拉伸4特征	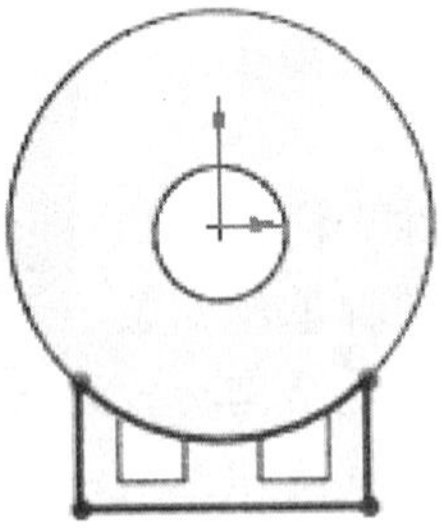	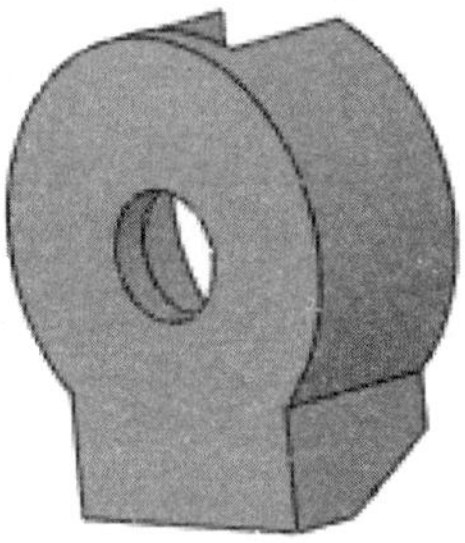	草图平面：拉伸1特征的一端面 特征：单向拉伸成形到拉伸2特征的端面
5	绘制拉伸5特征	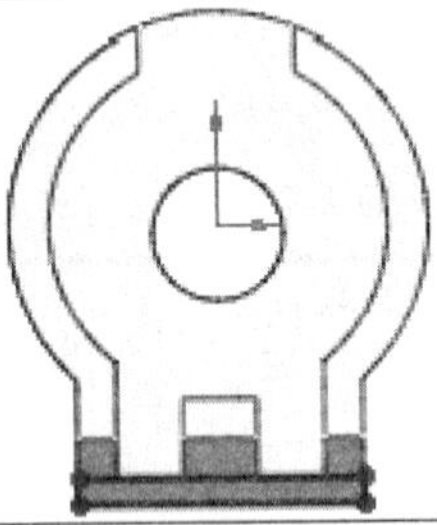	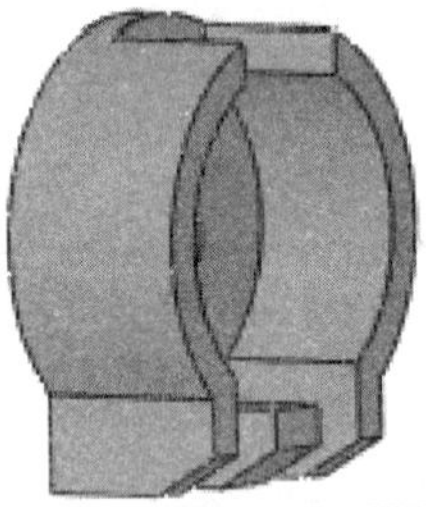	草图平面：拉伸1特征的另一端面 特征：单向完全贯穿
6	绘制拉伸6特征	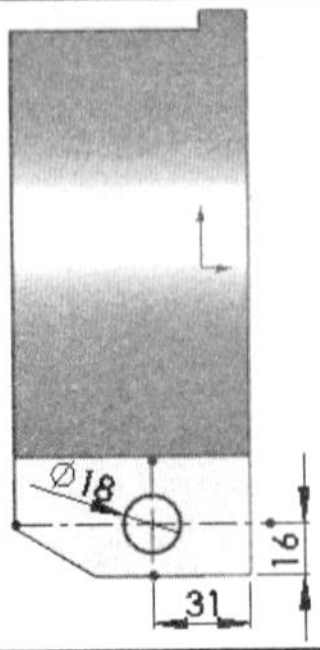 Ø18 16 31	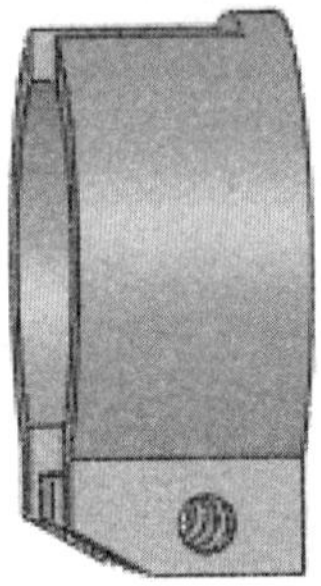	草图平面：拉伸1特征的一侧面 特征：单向完全贯穿

续表

步骤	内容	草图示意图	特征示意图	主要方法和技巧
7	绘制拉伸 7 特征	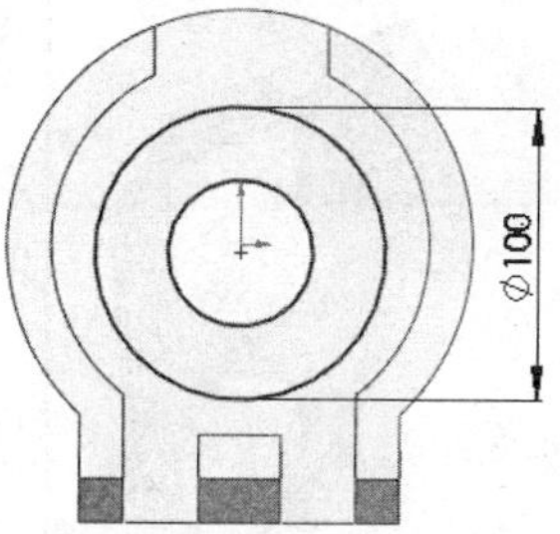 $\phi100$		草图平面：拉伸 2 特征的一端面 特征：单向拉伸切除 5mm
8	绘制拉伸 8 特征	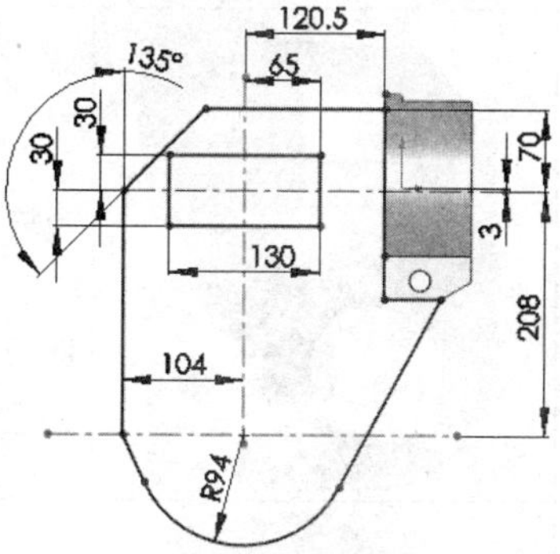 120.5 65 135° 30 30 70 3 130 208 104 R94	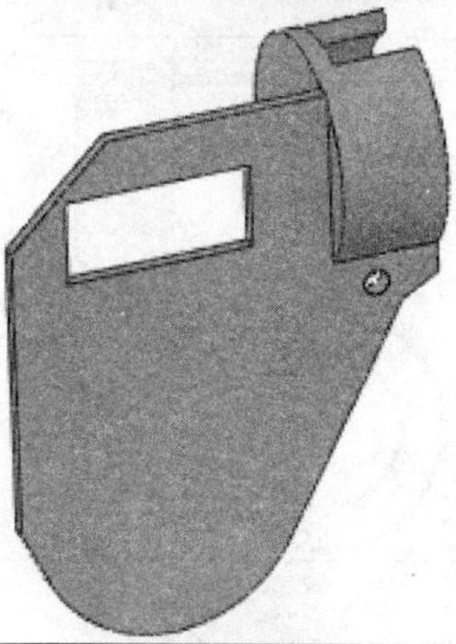	草图平面：拉伸 1 特征的一侧平面 特征：单向拉伸 10mm
9	绘制拉伸 9 特征	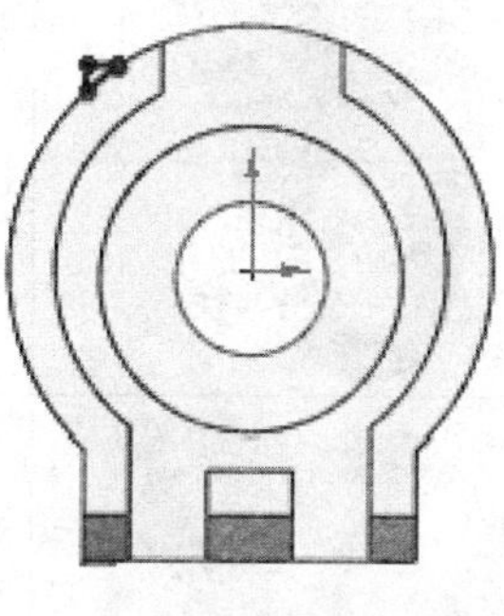	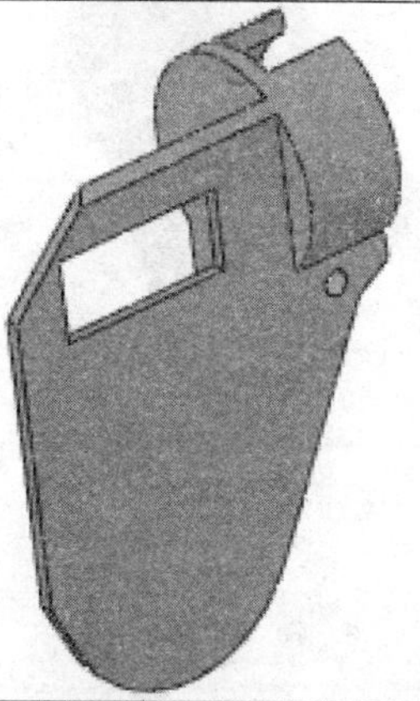	草图平面：拉伸 8 特征的一端面 特征：单向完全贯穿
10	绘制拉伸 10 特征	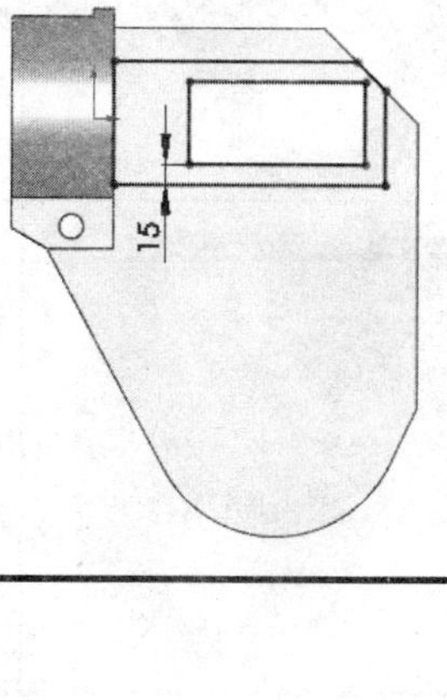 15	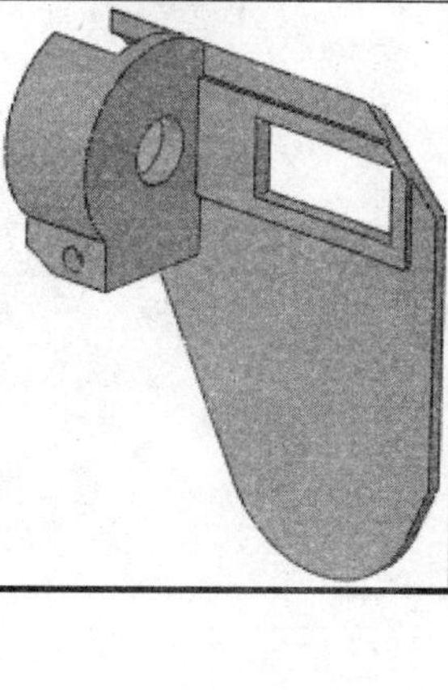	草图平面：拉伸 8 特征的一侧面 特征：单向拉伸 5mm

续表

步骤	内容	草图示意图	特征示意图	主要方法和技巧
11	绘制拉伸11特征			草图平面：拉伸8特征的一侧面 特征：单向完全贯穿
12	绘制拉伸12特征			草图平面：拉伸8特征的另一侧面 特征：单向拉伸6mm
13	绘制圆角1特征			对象：边线1 特征：等半径圆角6mm
14	绘制圆角2特征			对象：拉伸8特征的4条边线 特征：等半径圆角20mm
15	绘制镜向1特征			镜向面：右视基准面 要镜向的特征：拉伸8—拉伸12、圆角1、圆角2

续表

步骤	内容	草图示意图	特征示意图	主要方法和技巧
16	基准面的选择	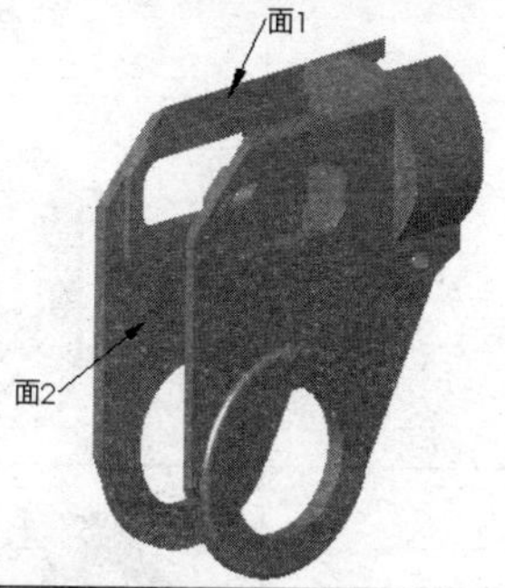 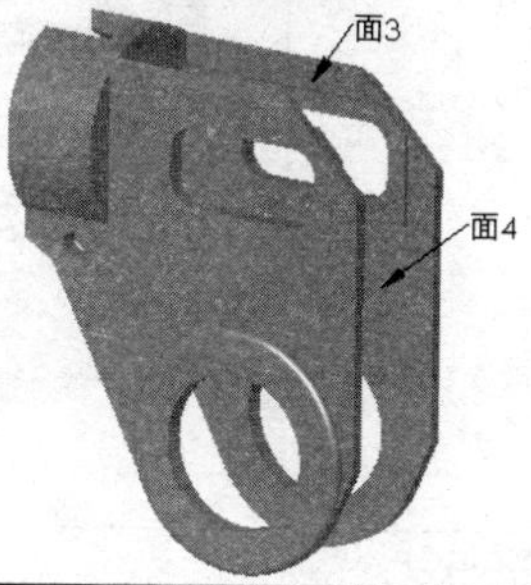 面1 面2 面3 面4		
17	绘制拉伸 13 特征	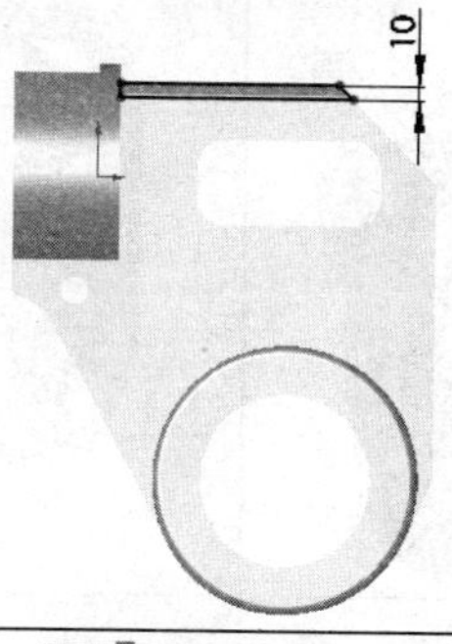 10		草图平面：第 16 步所示的面 1 特征：单向拉伸成形到第 16 步所示的面 3
18	绘制拉伸 14 特征	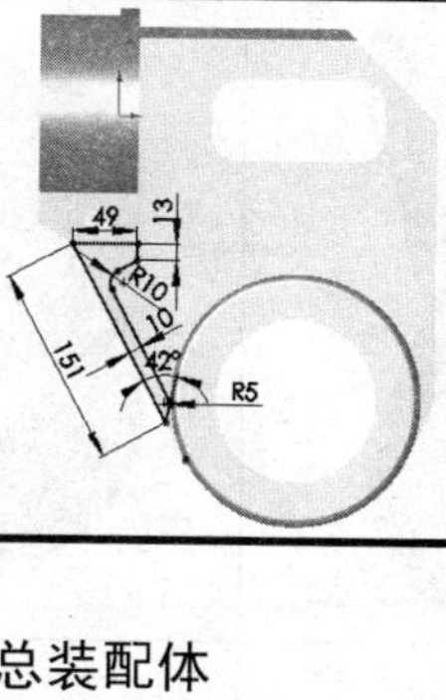 49 13 R10 10 151 42 R5		草图平面：第 16 步所示的面 2 特征：单向拉伸成形到第 16 步所示的面 4

8.3.2　自下而上设计总装配体

将上述绘制的零部件通过配合关系组合起来，形成液压扳手总装配体，装配的基本流程如表 8-9 所示。

表 8-9　液压扳手自下而上装配设计流程

步骤	内容	配合类型	要配合的实体	配合结果示意图
1	调入机壳缸筒子装配体(默认为固定)			
2	调入摇臂棘轮子装配体			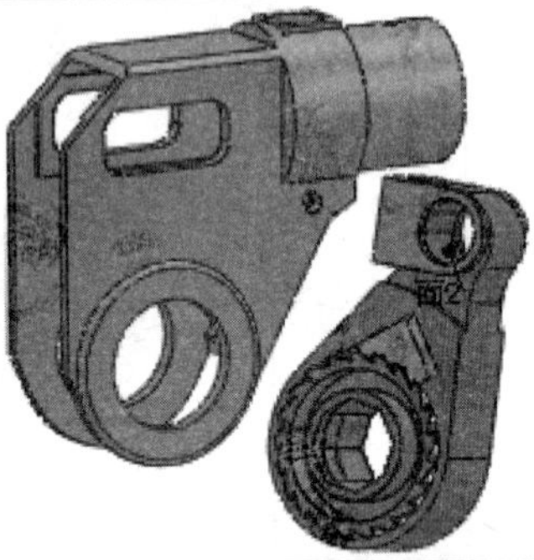 面2
3	机壳缸筒子装配体与摇臂棘轮子装配体装配	重合	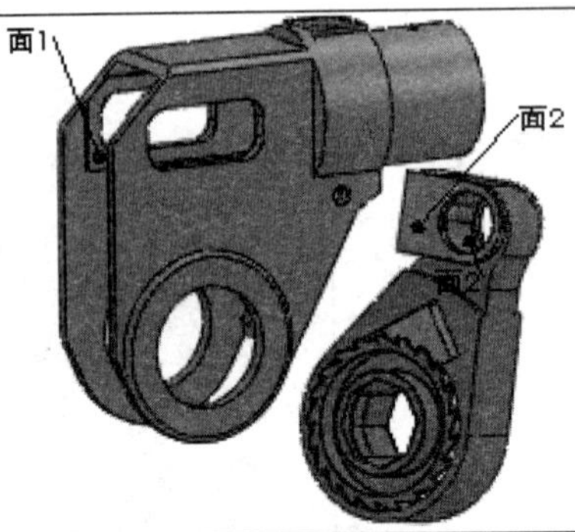 面1 面2	
4	继续对机壳缸筒子装配体与摇臂棘轮子装配体装配	同轴心	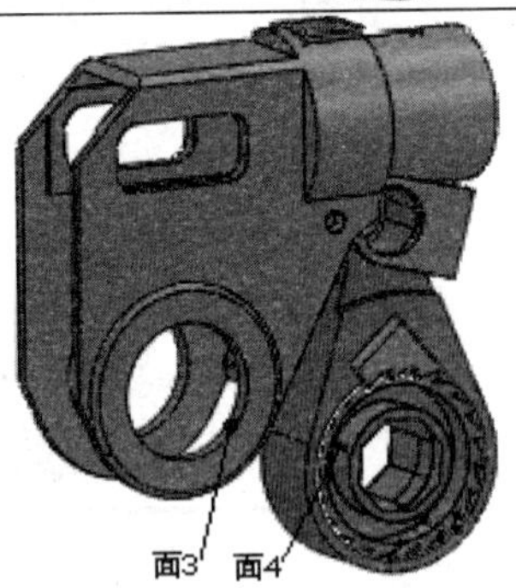 面3 面4	
5	调入活塞杆(隐藏机壳缸筒子装配体)			

续表

步骤	内容	配合类型	要配合的实体	配合结果示意图
6	摇臂棘轮子装配体与活塞杆装配	重合	面5 面6	
7	继续对摇臂棘轮子装配体与活塞杆装配	同轴心	面7 面8	
8	调入活塞杆堵头			
9	活塞杆与活塞杆堵头装配	重合	面9 面10	

续表

步骤	内容	配合类型	要配合的实体	配合结果示意图
10	继续对活塞杆与活塞杆堵头装配	同轴心	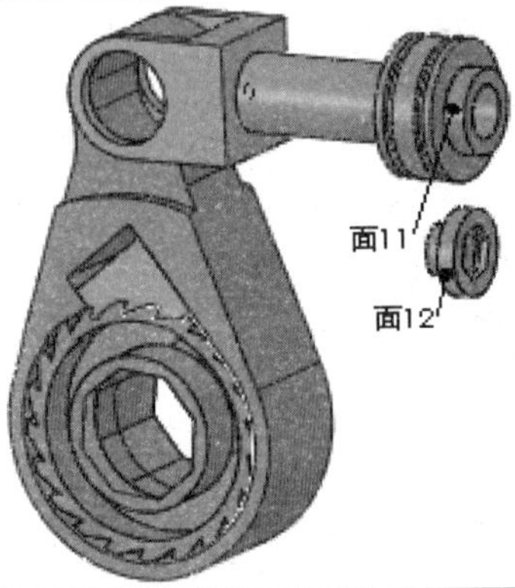 面11 面12	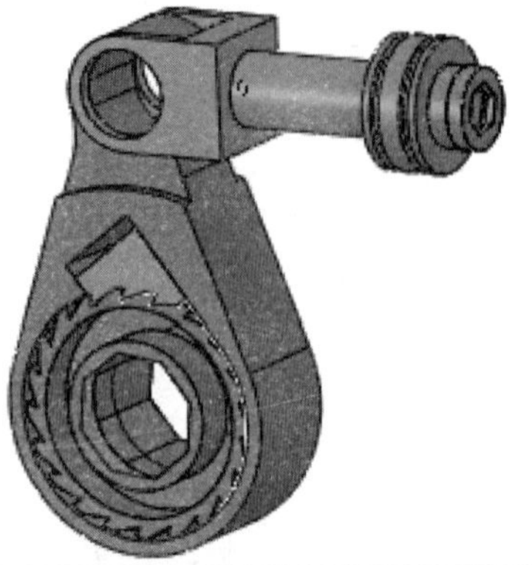
11	机壳缸筒子装配体与活塞杆堵头装配(显示机壳缸筒子装配体)	平行	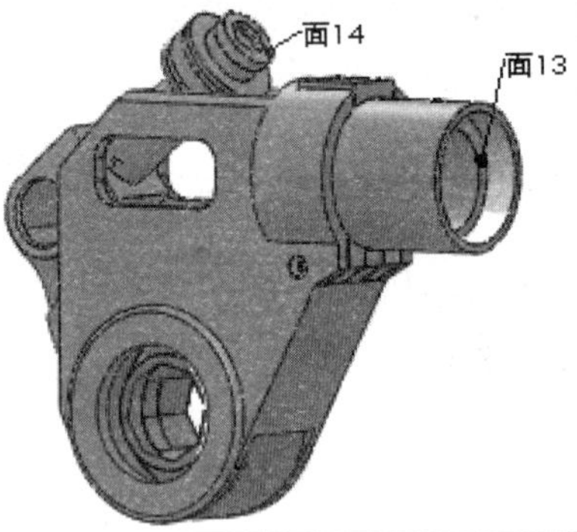 面14 面13	
12	调入缸盖			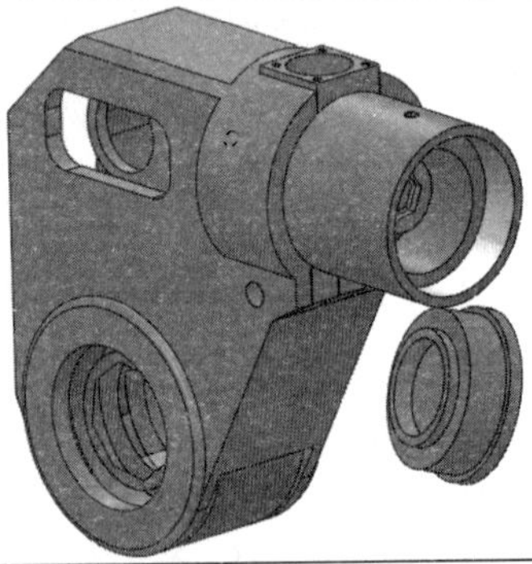
13	机壳缸筒子装配体与缸盖装配	重合	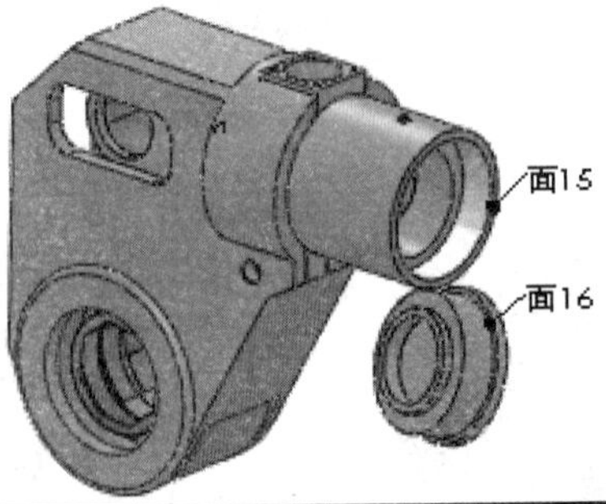 面15 面16	

续表

步骤	内容	配合类型	要配合的实体	配合结果示意图
14	继续对机壳缸筒子装配体与缸盖装配	同轴心	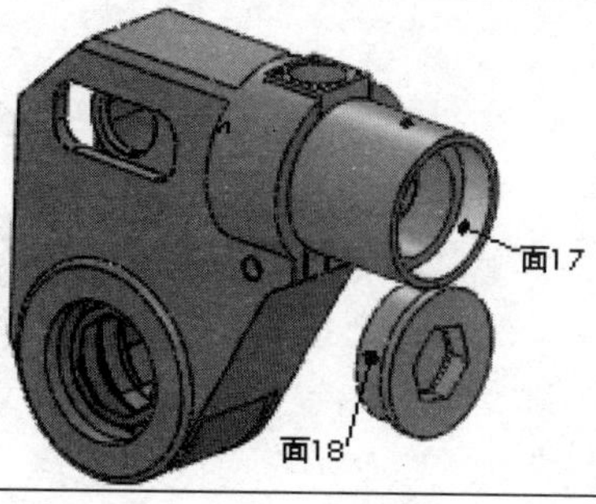 面17 面18	
15	调入反力臂			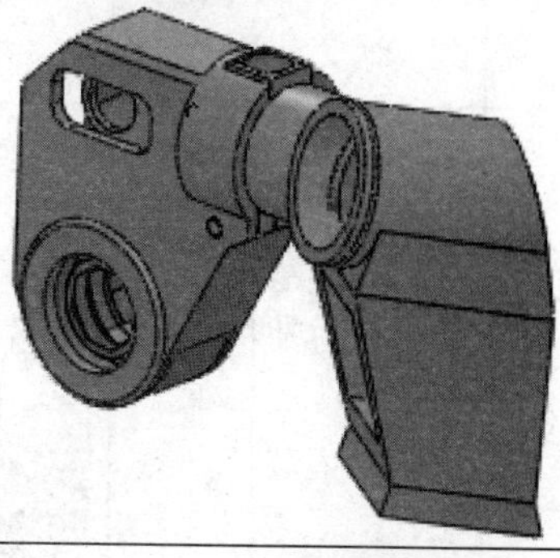
16	机壳缸筒子装配体与反力臂装配	重合	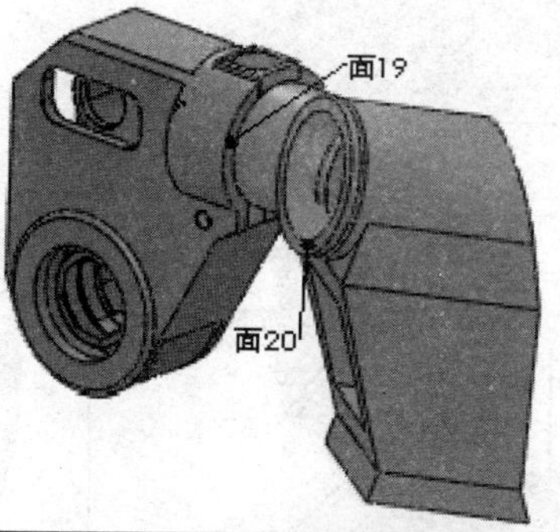 面19 面20	
17	继续对机壳缸筒子装配体与反力臂装配	同轴心	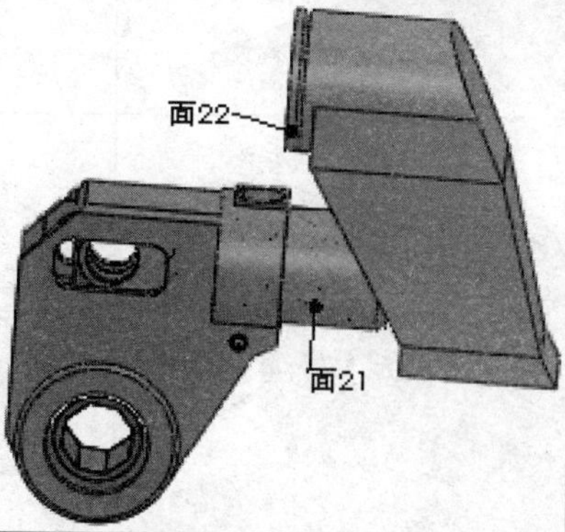 面22 面21	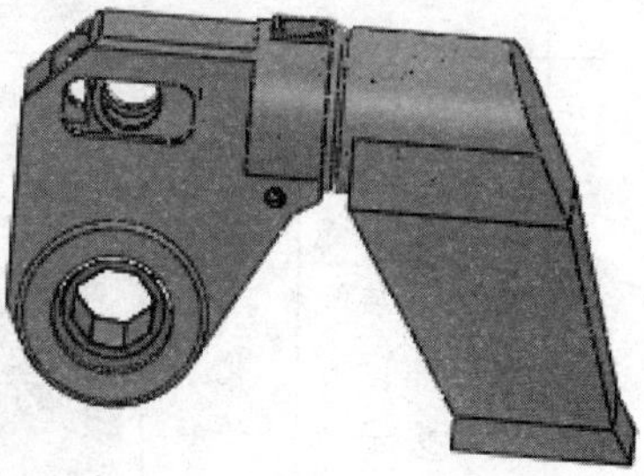

续表

步骤	内容	配合类型	要配合的实体	配合结果示意图
18	调入油管旋转接头子装配体			
19	机壳缸筒子装配体与油管旋转接头子装配体装配	重合		
20	继续对机壳缸筒子装配体与油管旋转接头子装配体装配	同轴心		
21	继续对机壳缸筒子装配体与油管旋转接头子装配体装配	重合		

8.4 动 画 制 作

装配体的产品模拟动画可以通过规定装配体零部件在不同时间的位置来模拟产品的运动。液压扳手在一个循环内的动作分为 2 步：油缸无杆腔进油推动活塞移至最大位移处和油缸有杆腔进油推动活塞返回到初始位置，即活塞的往复运动。

要实现活塞在油缸中的往复运动，利用基于相对距离的改变来实现，该方法就是为零部件添加距离配合，在动画不同时间点更改距离值，实现零部件的移动。

制作液压扳手动画关键步骤的详细过程如下：

(1) 为了使摇臂棘轮子装配体内各零件能够在总装配体中相对运动，需要首先解散该子装配。解散后，还要进行以下几方面的工作：

① 使摇臂状态由固定改为浮动；

② 在棘爪与摇臂间添加如图 8.36 所示配合，保证摇臂棘爪无相对运动；

③ 在棘轮棘爪啮合面间添加【重合】配合，以确定两者间初始啮合位置，然后压缩该配合。

重合12 (摇臂<1>, 棘爪11111<1>)
重合13 (摇臂<1>, 棘爪11111<1>)
距离4 (摇臂<1>, 棘爪11111<1>)

图 8.36　棘爪与摇臂间配合

(2) 设定活塞初始位置。在前面的装配体模型里，在活塞杆堵头和缸筒底部设置了一个【平行】配合，修改配合类型为【距离】，设置初始值为 0mm，并勾选【反转尺寸】复选框，如图 8.37 所示。

(3) 生成棘轮的旋转基本运动。将工作区底部的标签切换至【运动算例 1】，在【算例类型】中选择【基本运动】，单击【马达】图标，出现图 8.38 所示【马达】对话框，【马达类型】选择为【旋转马达】，在图形区域中选取棘轮作为要应用马达的零件，运动设为等速 1RPM，单击【确定】按钮完成马达的设置。单击【计算】按钮，生成棘轮的基本运动，并重新命名为“棘轮旋转”。

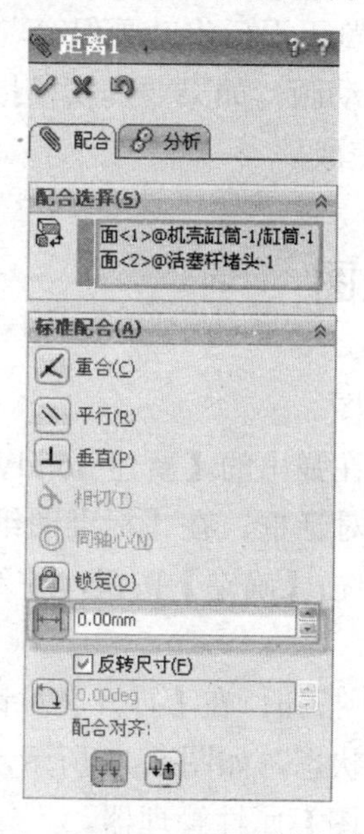

图 8.37　FeatureManager 设计树上修改距离配合

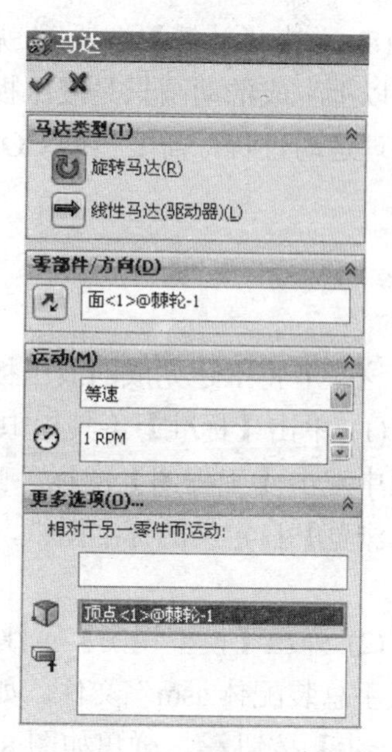

图 8.38　【马达】对话框

(4) 活塞移动。用鼠标右键单击【棘轮旋转】标签，选择【生成新的运动算例】，在算例类型中选择动画，用鼠标拖动时间滑杆到 00：00：05 处，在 MotionManager 设计树中展开【配合】|【距离 1】|【距离】项，双击鼠标左键出现数值【修改】对话框，将数值修改为 55mm，如图 8.39 所示，单击【确定】按钮就生成了活塞移动动画。

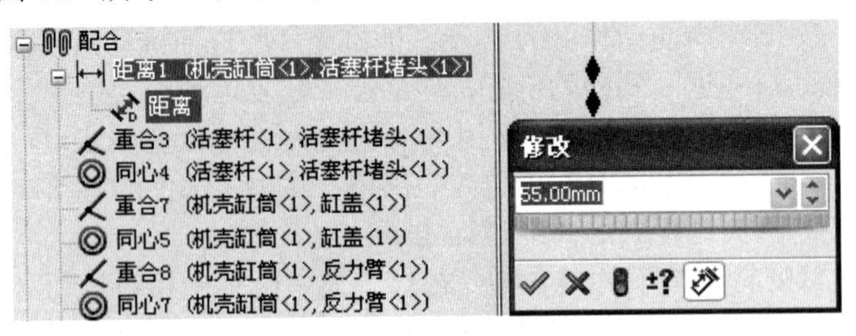

图 8.39　MotionManager 设计树上修改距离配合

(5) 活塞停止不动。MotionManager 设计树单击“活塞杆”零件前的加号，在【移动】子菜单对应的 00：00：06 处鼠标右键，选择【放置键码】，即可实现在 00：00：05～00：00：06 期间液压扳手停止运动。

(6) 活塞反向移动。用鼠标拖动时间滑杆到 00：00：08 处，按照同样的方法将数值修改为 0mm 即可实现活塞的反向移动。

(7) 将以上两个运动进行合成来模拟该模型的运动情况。单击工具栏上的【动画向导】按钮，弹出对话框选择【从基本运动输入运动】项，选择【棘轮旋转】算例，设定好开始时间为 0 秒，单击【确定】按钮即可实现两个运动连接。

特别提示

不要选上【输入的运动选项】复选框。

(8) 单击【计算】按钮就完成了动画制作，预览无误后将动画保存。

以上生成的动画只是液压扳手机构运行的演示性动画，如果要真实模拟零部件间的实际物理运动过程，需要借助 COSMOSMotion 插件来完成。

8.5　输出工程图

这一节将上述完成的液压扳手总装配体输出工程图。

(1) 单击【标准】工具栏中的【新建】按钮，在弹出的【新建 SolidWorks 文件】对话框中双击【工程图】图标。弹出如图 8.40 所示的对话框，在【标准图纸大小】下，通过【浏览】自定义的标准图纸，选择“A2-横向”，单击【确定】按钮，进入工程图的绘制模式。

(2) 弹出【模型视图】属性管理器，单击【浏览】按钮，在【打开】对话框中选择“液压扳手总装配体.asm”文件。如果该文件处于已打开状态，如图 8.41 所示，可以直接单击【下一步】按钮，弹出如图 8.42 所示新的【模型视图】属性管理器。

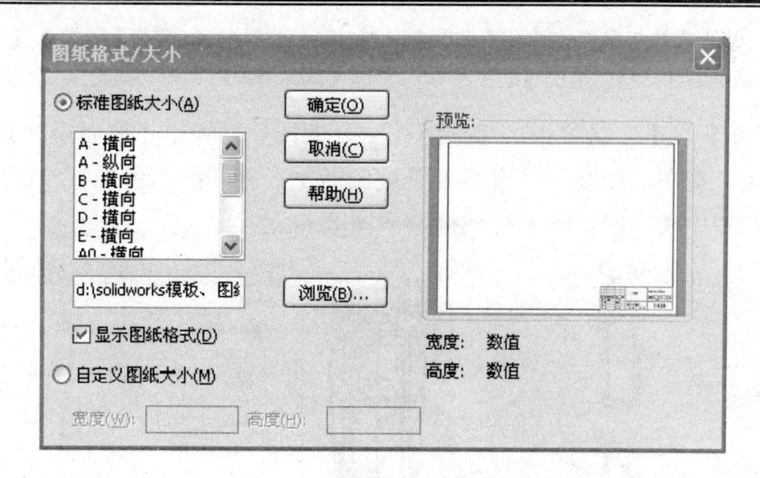

图 8.40　【图纸格式 / 大小】对话框

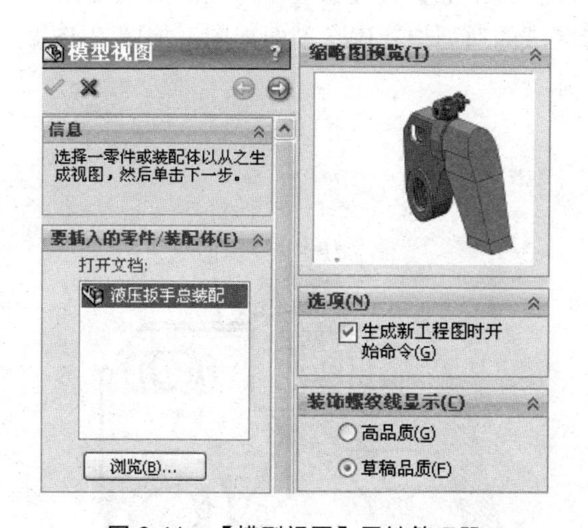

图 8.41　【模型视图】属性管理器

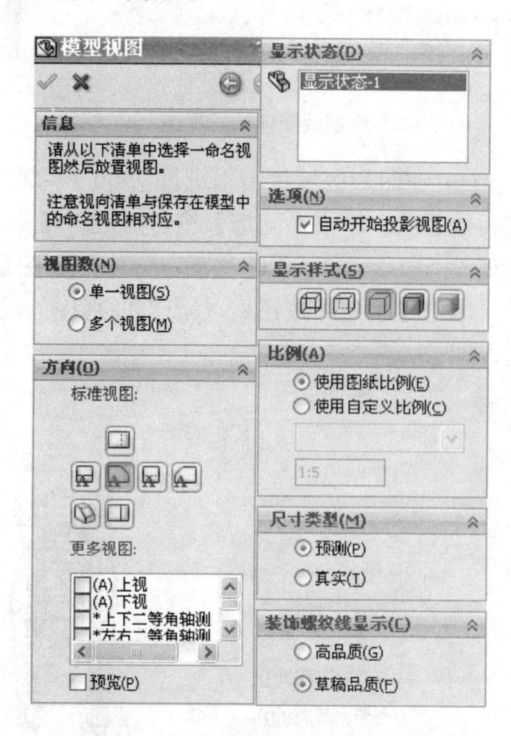

图 8.42　新【模型视图】属性管理器

(3) 在新【模型视图】属性管理器中，单击【方向】选择栏中的【前视】按钮，然后移动鼠标指针到图形区域，单击鼠标左键确定装配体的前视图；继续移动鼠标指针，在系统的引导下完成左视图、上视图和轴测视图绘制，如图 8.43 所示，单击图形区域右上角的【确定】按钮结束操作。将鼠标指针移到视图边界上以高亮显示边界，当移动指针出现时，可以把视图拖动到新的位置。

特别提示

当工程图中主视图的朝向不合适时，可以调整视图朝向达到要求，其具体步骤为：①切换回模型窗口，选择需要正视的平面，按下空格键，在【视图定向】中选择【*正视于】，此时还可以按住 Alt 键和左右箭头键旋转视图；②再次按下空格键，在【视图定向】对话框中选择【*前视】，单击【更新标准视图】按钮，出现【警告】对话框，单击【是】按钮，即可完成标准视图朝向的变更。

(4) 单击【工程图】工具栏中的【剖面视图】工具，弹出【剖面视图】属性管理器，移动鼠标指针到左视图的边线上，直线工具被激活，在推理线的引导下绘制竖直线作为剖切线，此时系统弹出【剖面视图】对话框，如图 8.44 所示。

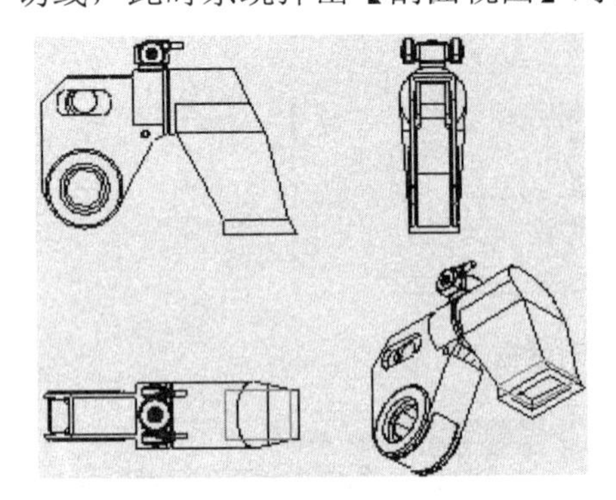

图 8.43　绘制装配体的三视图

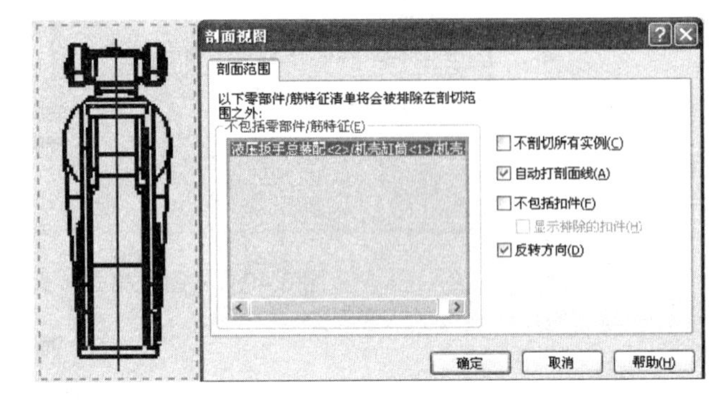

图 8.44　【剖面视图】对话框

(5) 在图形区域单击不进行切除的零部件和筋特征(如“机壳”)，还可以在对话框中设定其他选项，单击【确定】按钮，进入【剖面视图 A—A】属性管理器，在剖切线【标号】文本框中输入“A”，移动鼠标指针到图形区域的适当位置确定剖面视图，如图 8.45 所示，单击【确定】按钮完成剖面视图的绘制。

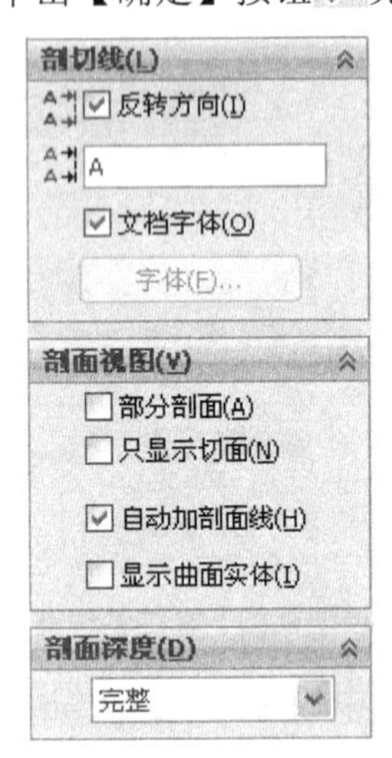

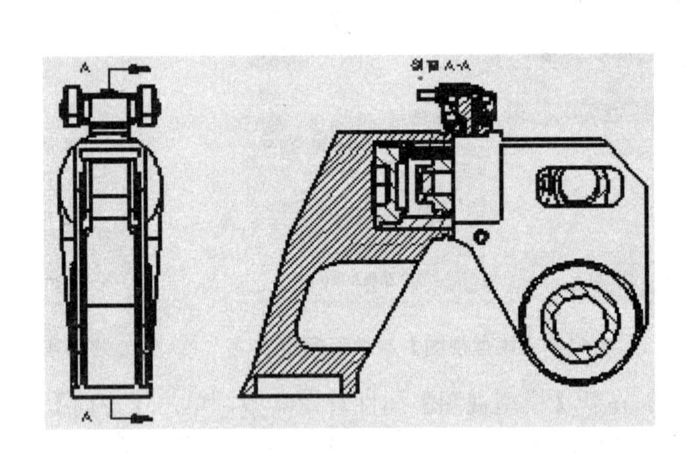

图 8.45　绘制剖面视图

当生成模型时，可包括出详图(尺寸、注释、符号等)，这些信息可以从三维模型环境下调入，也可以根据需求手动修改和添加，如图 8.46 所示。

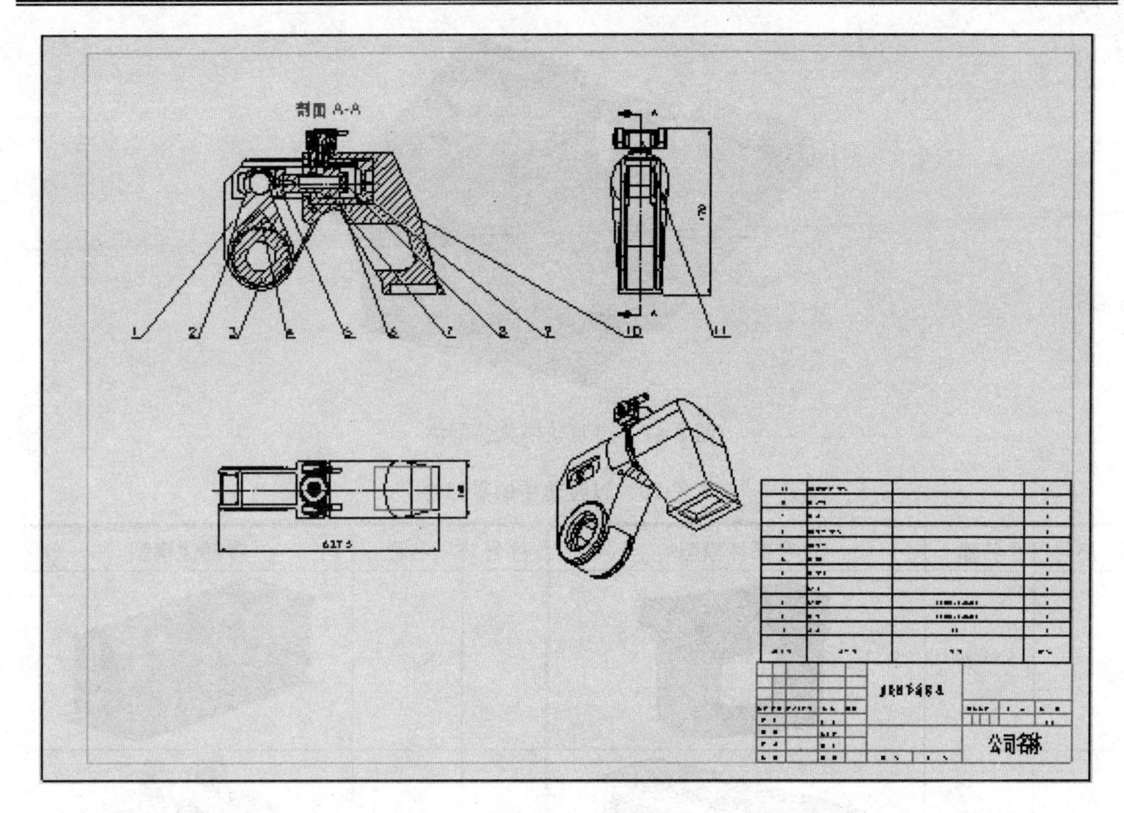

图 8.46　出详图

本 章 小 结

通过典型产品实例结构分析，融入设计构思，利用草图、特征、零件、装配体、工程图、动画制作等功能模块进行工程产品设计，实现读者从掌握 SolidWorks 基础知识到熟练精通的飞跃。

习　题

过渡轨桥装配体如图 8.47 所示，其零部件组成如表 8-10 所示。请制作轨道的对齐过程模拟动画。

【提示】 对齐时，若车辆轨道和连接梁轨道距离较近，连接梁上的连接块和轨道会受到碰撞作用，为了减小此作用力，连接梁能够相对导梁和下横梁摆动，同时底座能够相对下横梁横向移动；若车辆轨道和连接梁轨道距离较远，需要除车辆及其上的轨道外的零部件先整体作横向移动再对齐。

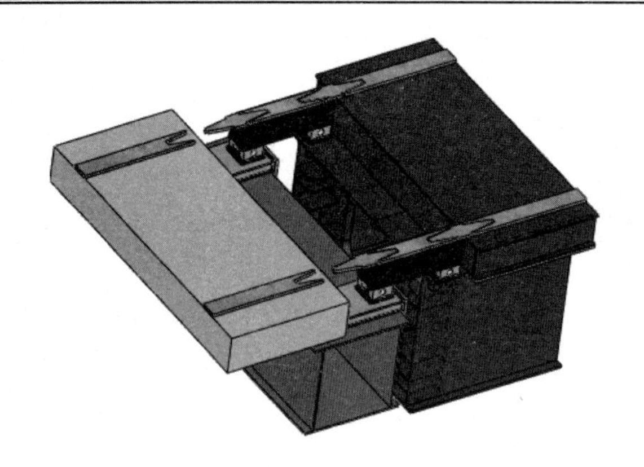

图 8.47　过渡轨桥总装配体

表 8-10　过渡轨桥的零部件

序号	名称	零部件模型	序号	名称	零部件模型
1	导梁		2	下横梁	
3	底座		4	铰座	
5	连接梁		6	车辆	
7	轨道		8	连接块	

模型分析：过渡轨桥模型关于纵向面对称。各组成零件除轨道外都是对称的，建模时，可根据需要镜向草图或已有特征，从而提高设计效率。各零件结构简单、形状规则，建模时，使用常用的【拉伸基体 / 凸台】、【拉伸切除】等特征即可完成建模。根据连接块的结构特点，可以采用自上而下设计方法建模。

参考文献

[1] 李新华，岳荣刚，宋凌珺．中文版 SolidWorks 2006 机械设计工程实践[M]．北京：清华大学出版社，2006.

[2] 康鹏工作室．SolidWorks 2006 三维建模实例教程[M]．北京：清华大学出版社，2006.

[3] 袁昕，姚林晓．便携式大扭矩液压扳手往复运动机构的创新设计[J]．机械设计与制造，2003(8).

[4] 谢忠佑，洪志贤，张文奖．SolidWorks 2000 中文版实作范例[M]．北京：北京大学出版社，2001.

[5] 江洪，陆利锋，魏峥．SolidWorks 动画演示与运动分析实例解析[M]．北京：机械工业出版社，2005.

[6] 何煜琛，陈涉，陆利锋．SolidWorks 2005 中文版基础及应用教程[M]．北京：电子工业出版社，2005.

[7] 戴向国，谷诤巍，贾志新．SolidWorks 2003 基础及应用教程[M]．北京：人民邮电出版社，2003.

[8] 邢启恩．SolidWorks 2007 零件设计及案例精粹[M]．北京：机械工业出版社，2006.

[9] 曹岩，赵汝嘉．SolidWorks 2007 基础篇[M]．北京：化学工业出版社，2007.

[10] 江洪，纪生，庞伟．SolidWorks 工程师基础教程[M]．北京：化学工业出版社，2007.

[11] 江洪，陈国纲，陆利锋．SolidWorks 专家疑难解析[M]．北京：化学工业出版社，2006.

[12] 三维资源在线．http://space.3dsource.cn/UID3b64f227987cd92c/classified.html.

[13] SolidWorks Modeling Techniques．http://www.mikejwilson.com/solidworks.

北京大学出版社教材书目

✧ 欢迎访问教学服务网站 www.pup6.cn，免费查阅下载已出版教材的电子书(PDF 版)、电子课件和相关教学资源。

✧ 欢迎征订投稿。联系方式：010-62750667，童编辑，13426433315@163.com，pup_6@163.com, 欢迎联系。

序号	书　　名	标准书号	主　　编	定价	出版日期
1	机械设计	978-7-5038-4448-5	郑　江，许　瑛	33	2007.8
2	机械设计	978-7-301-15699-5	吕　宏	32	2009.9
3	机械设计	978-7-301-17599-6	门艳忠	40	2010.8
4	机械原理	978-7-301-11488-9	常治斌，张京辉	29	2008.6
5	机械原理	978-7-301-15425-0	王跃进	26	2010.7
6	机械原理	978-7-301-19088-3	郭宏亮，孙志宏	36	2011.6
7	机械原理	978-7-301-19429-4	杨松华	34	2011.8
8	机械设计基础	978-7-5038-4444-2	曲玉峰，关晓平	27	2008.1
9	机械设计课程设计	978-7-301-12357-7	许　瑛	35	2012.7
10	机械设计课程设计	978-7-301-18894-1	王　慧，吕　宏	30	2011.5
11	机电一体化课程设计指导书	978-7-301-19736-3	王金娥　罗生梅	35	2012.1
12	机械工程专业毕业设计指导书	978-7-301-18805-7	张黎骅，吕小荣	22	2012.5
13	机械创新设计	978-7-301-12403-1	丛晓霞	32	2010.7
14	机械系统设计	978-7-301-20847-2	孙月华	32	2012.7
15	机械设计基础实验及机构创新设计	978-7-301-20653-9	邹旻	28	2012.6
16	TRIZ 理论机械创新设计工程训练教程	978-7-301-18945-0	蒯苏苏，马履中	45	2011.6
17	TRIZ 理论及应用	978-7-301-19390-7	刘训涛，曹　贺 陈国晶	35	2011.8
18	创新的方法——TRIZ 理论概述	978-7-301-19453-9	沈萌红	28	2011.9
19	机械 CAD 基础	978-7-301-20023-0	徐云杰	34	2012.2
20	AutoCAD 工程制图	978-7-5038-4446-9	杨巧绒，张克义	20	2011.4
21	工程制图	978-7-5038-4442-6	戴立玲，杨世平	27	2012.2
22	工程制图	978-7-301-19428-7	孙晓娟，徐丽娟	30	2012.5
23	工程制图习题集	978-7-5038-4443-4	杨世平，戴立玲	20	2008.1
24	机械制图(机类)	978-7-301-12171-9	张绍群，孙晓娟	32	2009.1
25	机械制图习题集(机类)	978-7-301-12172-6	张绍群，王慧敏	29	2007.8
26	机械制图(第 2 版)	978-7-301-19332-7	孙晓娟，王慧敏	38	2011.8
27	机械制图习题集(第 2 版)	978-7-301-19370-7	孙晓娟，王慧敏	22	2011.8
28	机械制图与 AutoCAD 基础教程	978-7-301-13122-0	张爱梅	35	2011.7
29	机械制图与 AutoCAD 基础教程习题集	978-7-301-13120-6	鲁　杰，张爱梅	22	2010.9
30	AutoCAD 2008 工程绘图	978-7-301-14478-7	赵润平，宗荣珍	35	2009.1
31	AutoCAD 实例绘图教程	978-7-301-20764-2	李庆华，刘晓杰	32	2012.6
32	工程制图案例教程	978-7-301-15369-7	宗荣珍	28	2009.6
33	工程制图案例教程习题集	978-7-301-15285-0	宗荣珍	24	2009.6
34	理论力学	978-7-301-12170-2	盛冬发，闫小青	29	2012.5
35	材料力学	978-7-301-14462-6	陈忠安，王　静	30	2011.1
36	工程力学(上册)	978-7-301-11487-2	毕勤胜，李纪刚	29	2008.6
37	工程力学(下册)	978-7-301-11565-7	毕勤胜，李纪刚	28	2008.6

38	液压传动	978-7-5038-4441-8	王守城，容一鸣	27	2009.4
39	液压与气压传动	978-7-301-13129-4	王守城，容一鸣	32	2012.1
40	液压与液力传动	978-7-301-17579-8	周长城等	34	2010.8
41	液压传动与控制实用技术	978-7-301-15647-6	刘 忠	36	2009.8
42	金工实习(第 2 版)	978-7-301-16558-4	郭永环，姜银方	30	2012.5
43	机械制造基础实习教程	978-7-301-15848-7	邱 兵，杨明金	34	2010.2
44	公差与测量技术	978-7-301-15455-7	孔晓玲	25	2011.8
45	互换性与测量技术基础(第 2 版)	978-7-301-17567-5	王长春	28	2010.8
46	互换性与技术测量	978-7-301-20848-9	周哲波	35	2012.6
47	机械制造技术基础	978-7-301-14474-9	张 鹏，孙有亮	28	2011.6
48	先进制造技术基础	978-7-301-15499-1	冯宪章	30	2011.11
49	先进制造技术	978-7-301-20914-1	刘 璇，冯 凭	28	2012.8
50	机械精度设计与测量技术	978-7-301-13580-8	于 峰	25	2008.8
51	机械制造工艺学	978-7-301-13758-1	郭艳玲，李彦蓉	30	2008.8
52	机械制造工艺学	978-7-301-17403-6	陈红霞	38	2010.7
53	机械制造工艺学	978-7-301-19903-9	周哲波，姜志明	49	2012.1
54	机械制造基础(上)——工程材料及热加工工艺基础(第 2 版)	978-7-301-18474-5	侯书林，朱 海	40	2011.1
55	机械制造基础(下)——机械加工工艺基础(第 2 版)	978-7-301-18638-1	侯书林，朱 海	32	2012.5
56	金属材料及工艺	978-7-301-19522-2	于文强	44	2011.9
57	工程材料及其成形技术基础	978-7-301-13916-5	申荣华，丁 旭	45	2010.7
58	工程材料及其成形技术基础学习指导与习题详解	978-7-301-14972-0	申荣华	20	2009.3
59	机械工程材料及成形基础	978-7-301-15433-5	侯俊英，王兴源	30	2012.5
60	机械工程材料	978-7-5038-4452-3	戈晓岚，洪 琢	29	2011.6
61	机械工程材料	978-7-301-18522-3	张铁军	36	2012.5
62	工程材料与机械制造基础	978-7-301-15899-9	苏子林	32	2009.9
63	控制工程基础	978-7-301-12169-6	杨振中，韩致信	29	2007.8
64	机械工程控制基础	978-7-301-12354-6	韩致信	25	2008.1
65	机电工程专业英语(第 2 版)	978-7-301-16518-8	朱 林	24	2012.5
66	机床电气控制技术	978-7-5038-4433-7	张万奎	26	2007.9
67	机床数控技术(第 2 版)	978-7-301-16519-5	杜国臣，王士军	35	2011.6
68	自动化制造系统	978-7-301-21026-0	辛宗生，魏国丰	37	2012.8
69	数控机床与编程	978-7-301-15900-2	张洪江，侯书林	25	2011.8
70	数控加工技术	978-7-5038-4450-7	王 彪，张 兰	29	2011.7
71	数控加工与编程技术	978-7-301-18475-2	李体仁	34	2012.5
72	数控编程与加工实习教程	978-7-301-17387-9	张春雨，于 雷	37	2011.9
73	数控加工技术及实训	978-7-301-19508-6	姜永成，夏广岚	33	2011.9
74	数控编程与操作	978-7-301-20903-5	李英平	26	2012.8
75	现代数控机床调试及维护	978-7-301-18033-4	邓三鹏等	32	2010.11
76	金属切削原理与刀具	978-7-5038-4447-7	陈锡渠，彭晓南	29	2012.5
77	金属切削机床	978-7-301-13180-0	夏广岚，冯 凭	28	2012.7
78	典型零件工艺设计	978-7-301-21013-0	白海清	34	2012.8
79	精密与特种加工技术	978-7-301-12167-2	袁根福，祝锡晶	29	2011.12
80	逆向建模技术与产品创新设计	978-7-301-15670-4	张学昌	28	2009.9
81	CAD/CAM 技术基础	978-7-301-17742-6	刘 军	28	2012.5
82	CAD/CAM 技术案例教程	978-7-301-17732-7	汤修映	42	2010.9
83	Pro/ENGINEER Wildfire 2.0 实用教程	978-7-5038-4437-X	黄卫东，任国栋	32	2007.7
84	Pro/ENGINEER Wildfire 3.0 实例教程	978-7-301-12359-1	张选民	45	2008.2

85	Pro/ENGINEER Wildfire 3.0 曲面设计实例教程	978-7-301-13182-4	张选民	45	2008.2
86	Pro/ENGINEER Wildfire 5.0 实用教程	978-7-301-16841-7	黄卫东，郝用兴	43	2011.10
87	Pro/ENGINEER Wildfire 5.0 实例教程	978-7-301-20133-6	张选民，徐超辉	52	2012.2
88	SolidWorks 三维建模及实例教程	978-7-301-15149-5	上官林建	30	2009.5
89	UG NX6.0 计算机辅助设计与制造实用教程	978-7-301-14449-7	张黎骅，吕小荣	26	2011.11
90	Cimatron E9.0 产品设计与数控自动编程技术	978-7-301-17802-7	孙树峰	36	2010.9
91	Mastercam 数控加工案例教程	978-7-301-19315-0	刘　文，姜永梅	45	2011.8
92	应用创造学	978-7-301-17533-0	王成军，沈豫浙	26	2012.5
93	机电产品学	978-7-301-15579-0	张亮峰等	24	2009.8
94	品质工程学基础	978-7-301-16745-8	丁　燕	30	2011.5
95	设计心理学	978-7-301-11567-1	张成忠	48	2011.6
96	计算机辅助设计与制造	978-7-5038-4439-6	仲梁维，张国全	29	2007.9
97	产品造型计算机辅助设计	978-7-5038-4474-4	张慧姝，刘永翔	27	2006.8
98	产品设计原理	978-7-301-12355-3	刘美华	30	2008.2
99	产品设计表现技法	978-7-301-15434-2	张慧姝	42	2012.5
100	产品创意设计	978-7-301-17977-2	虞世鸣	38	2012.5
101	工业产品造型设计	978-7-301-18313-7	袁涛	39	2011.1
102	化工工艺学	978-7-301-15283-6	邓建强	42	2009.6
103	过程装备机械基础	978-7-301-15651-3	于新奇	38	2009.8
104	过程装备测试技术	978-7-301-17290-2	王毅	45	2010.6
105	过程控制装置及系统设计	978-7-301-17635-1	张早校	30	2010.8
106	质量管理与工程	978-7-301-15643-8	陈宝江	34	2009.8
107	质量管理统计技术	978-7-301-16465-5	周友苏，杨　飒	30	2010.1
108	人因工程	978-7-301-19291-7	马如宏	39	2011.8
109	工程系统概论——系统论在工程技术中的应用	978-7-301-17142-4	黄志坚	32	2010.6
110	测试技术基础(第 2 版)	978-7-301-16530-0	江征风	30	2010.1
111	测试技术实验教程	978-7-301-13489-4	封士彩	22	2008.8
112	测试技术学习指导与习题详解	978-7-301-14457-2	封士彩	34	2009.3
113	可编程控制器原理与应用(第 2 版)	978-7-301-16922-3	赵　燕，周新建	33	2010.3
114	工程光学	978-7-301-15629-2	王红敏	28	2012.5
115	精密机械设计	978-7-301-16947-6	田　明，冯进良等	38	2011.9
116	传感器原理及应用	978-7-301-16503-4	赵　燕	35	2010.2
117	测控技术与仪器专业导论	978-7-301-17200-1	陈毅静	29	2012.5
118	现代测试技术	978-7-301-19316-7	陈科山，王燕	43	2011.8
119	风力发电原理	978-7-301-19631-1	吴双群，赵丹平	33	2011.10
120	风力机空气动力学	978-7-301-19555-0	吴双群	32	2011.10
121	风力机设计理论及方法	978-7-301-20006-3	赵丹平	32	2012.1